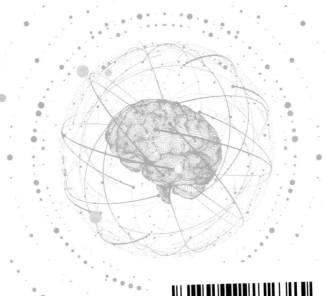

U0230630

RHYTHMS OF THE BRAIN

大脑节律

[美] 哲尔吉·布扎基（György Buzsáki）◎著

苗成林 赵嘉琳 ◎译

北京大学出版社
PEKING UNIVERSITY PRESS

著作权合同登记号　图字：01-2022-4545

图书在版编目(CIP)数据

大脑节律/（美）哲尔吉·布扎基著；苗成林，赵嘉琳译. -- 北京：北京大学出版社，2024.10. -- ISBN 978-7-301-35709-5

Ⅰ. Q418

中国国家版本馆 CIP 数据核字第 2024GL8974 号

书　　　名	大脑节律	
	DANAO JIELÜ	
著作责任者	[美]哲尔吉·布扎基（György Buzsáki）　著　苗成林　赵嘉琳　译	
策 划 编 辑	郑月娥	
责 任 编 辑	刘　洋	
标 准 书 号	ISBN 978-7-301-35709-5	
出 版 发 行	北京大学出版社	
地　　　址	北京市海淀区成府路 205 号　　100871	
网　　　址	http://www.pup.cn　　新浪微博:@北京大学出版社	
电 子 邮 箱	编辑部 lk2@pup.cn　总编室 zpup@pup.cn	
电　　　话	邮购部 010-62752015　发行部 010-62750672　编辑部 010-62764976	
印 刷 者	北京鑫海金澳胶印有限公司	
经 销 者	新华书店	
	720 毫米 × 1020 毫米　16 开本　19.75 印张　393 千字	
	2024 年 10 月第 1 版　2024 年 10 月第 1 次印刷	
定　　　价	98.00 元	

献给我爱的人。

中 文 版 序

在 过去30年里，大脑节律已经成为神经科学研究的一个重要领域。从大脑区域内和区域间神经元集群的时间协调到包括语言和脑部疾病在内的认知现象，它们已经成为讨论的焦点。这一关键性的变化主要是由于对各种节律的神经元峰电位内容、它们的生物物理特性、电路机制和药物反应性的研究，这些研究提供了与回路功能的联系，进而联系到了认知现象。神经振荡提供了神经元运作的途径，将微观和宏观机制、实验方法和解释带到了同一平台上。这种中观联系创造了一个新的平台，即"神经振荡"领域，它已经成为神经科学中发展最快的领域之一，并使细胞神经科学、网络神经科学与认知、神经学、精神病学之间进行了富有成效的交流。"大脑节律"这个词已经成为神经科学以外的一个家喻户晓的词。

真正令人兴奋的是人们认识到大脑节律的层级结构提供了神经元句法的基础，因此成为大脑内部和大脑之间进行交流的工具。一般来说，通信是发送者和接收者之间的一种协议。这个"协议"被称为双方都知道的密码。密码的一个关键方面是将信息分解成更小的信息块或片段，以及发送的信息由接收者转录和翻译的操作方法。按照约定的规则对信息进行分组，可以从人类大脑中可能的有限数量的元素中生成和读取（即"解密"）几乎无限的组合，这些元素包括符号、身体、人工语言、计算机语言、音乐、数理逻辑等。这一小组语法规则控制着离散元素（如字母或音符）的组合和时间顺序，将它们转换成有序的层级关系（单词、短语和句子，或者和弦、和弦进行），从而生成消息，接收方对这些消息进行解释后，这些消息就变成了信息。如果没有分段和双方有共识的密码，消息将仍然是毫无意义的官样文章。正如书中所解释的，几乎所有已知的网络振荡都是基于抑制，为解析和将神经元峰电位活动分块为细胞组件和组件序列创造了时间框架，以便在神经元网络之间有效地交换神经信息。对这种交流的干扰会导致大脑功能的失调。难怪几乎所有的精神疾病都与振荡问题有关。

　　大脑语法与人类语言的再生特性的类比不仅是一个隐喻。大脑和身体的共同演化可能限制了大脑节律控制运动系统和声音产生的方式。即使我们不懂汉语、匈牙利语或英语，我们也能很容易地识别出口吃者。我认为语言和音乐语法的根源源于大脑固有的神经语法，因为正是神经语法确保了既产生信息又解释信息的大脑之间的匹配。也许现在是人工智能学生开始思考如何利用分层振荡系统的原理将人工智能提升到一个新的水平的时候了。

　　非常感谢苗成林博士花时间和精力翻译这本书，我希望它能成为中国神经科学学生的宝贵指导。

哲尔吉·布扎基

2024 年 8 月 2 日

序　言

　　若大脑简单到能被人类理解的话,人类便会因过于愚钝而不能理解大脑。

——肯·希尔

这句开篇妙语简要地概括了本书内容:大脑[①],作为一种预测装置,从其自身不断产生的多种节律(rhythm,源于表示流动的拉丁语)中获得预测能力;与此同时,大脑中组织严密的系统性节律又可以调节脑活动,使其成为环境的理想反馈。大脑节律的具体生理功能有时显而易见,有时又令人费解。比如行走这一简单的动作就可以很好地证明上述这一说法:双足行走是一种周期性(periodicity)的动作序列,步行时,两条腿交替伸展,于是向前倾的动作会被规律性地中断,对我们来讲这几乎像呼吸一样自然。我们完成这种轻而易举的动作需要脊髓振荡器的预测能力,在平坦的地方,简单的两腿交替运动能使我们前行任意距离,而交替运动的计时系统中出现的微小波动则表明地形发生了变化。这一机制适用于所有动物,包括八条腿的蝎子和很多腿的蜈蚣。人们很早就提出了上述的"振荡器"(或"中枢模式产生器"[②])这一概念,它负责呼吸、行走等各种运动模式之间的协调,如

---

　　① 编者注:英文单词"brain"在日常语境中往往被翻译为"大脑",但这个单词在神经科学领域中实际上是脑的统称,并不只限于"大脑"。本书中文版兼顾这两方面的考虑,在大众读者已经完全习惯化并且不易引起歧义的地方译作"大脑",其余地方译作"脑"。

　　② 产生自我维持行为模式的神经回路被称作"中枢模式产生器"。被研究最多的中枢模式产生器是负责运动的椎管内神经元网络:格瑞纳(Grillner,1985)分别总结了支持或反对脊髓与大脑中枢模式产生器起搏器观点的实验证据;施泰因等人(Stein et al.,1997)和伯克(Burke,2001)的研究则补充更新了人们对这一领域的理解。除此之外,中枢模式产生器还负责许多其他节律运动,如呼吸运动、心脏搏动、胃肠蠕动、无腿动物的蠕动、蟋蟀歌唱时翅膀的节律运动等。就此话题,推荐阅读马尔德和卡拉布雷泽的综述(Marder & Calabrese,1996)。

今,这一概念已获得神经科学领域的认可。由此,产生了一种相当有吸引力的猜想,即这种神经元振荡器参与了包含认知功能在内的诸多脑功能的产生。这一猜想相当新奇且充满争议,但这正是本书想要探讨的主要内容,即神经振荡(oscillation)对许多不可见的脑功能的贡献。

过去,人们通过探究大脑中的复杂过程如何以协调有序的方式发生,获得了神经科学领域的许多惊人发现。然而,我并不想从一开始就误导诸位,不论时钟对时间的预测如何精准,它还是只能用于度量时间而不会产生思维。时间需要被具体的思维内容填充,这些活动由适当的神经元放电模式提供,而这些神经元活动的组合又受到大脑节律的调节。有趣的是,产生具体脑活动的神经元组合和产生对振荡的时间度量的神经元组合往往相同,而产生的振荡又会反过来组织神经元的组合模式。这是一种奇特的相互因果关系,这一由大脑活动的自组织(self-organized)特性带来的关系需要一个解释,本书中相当一部分内容将针对试图阐明神经网络此特性的研究进行讨论。

在生理层面上,振荡器能协调神经网络内部以及各神经网络之间的多种活动,也就是使这些活动"同步化"(synchronize),因此,振荡器对大脑工作有着重要作用。同步化(syn-表示"相同的",chronos-表示"时间")这一过程确保整体中的每一部分都能参与工作而不会被遗漏,乐队指挥正是通过这一方式协调管弦乐队中各种乐器的演奏顺序的。若我们对小泽征尔(Seiji Ozawa)在一场音乐会结束时的表现稍加注意,则会发现他时常汗流满面,这表明指挥管弦乐队演奏是一项对体力和脑力都有很高要求的工作。与指挥乐队相反,耦合振荡器几乎可以毫不费力地完成同步化任务。事实上,振荡器天生就是用于实现这一过程的,它们并不参与其他功能的实现,只是进行同步化和预测。然而,若没有振荡器的这些特点,我们的大脑将不能正常运作;而弱化它们的功能,人们则可能会患上各种节律相关的认知疾病,如癫痫、帕金森病、睡眠障碍等。正如我在本书各章节中反复指出的,无论是最简单的运动还是最复杂的认知行为,几乎没有不需要时间度量的神经功能。虽然我们对构成大脑的神经元和它们之间的连接已经有相当多的了解,但我们对这些模块和模块系统如何共同工作却知之甚少,而这正是振荡对大脑运作所起的作用。

我与大脑节律的初次接触是在 1970 年 4 月,当时安德烈·格劳什詹(Endre Grastyán)在美丽的佩奇(Pécs)小镇做了一场生理学讲座。小镇坐落于匈牙利迈切克山(Mecsek mountains)阳光明媚的山坡上。1367 年成立于此的佩奇大学(University of Pécs)曾培养出许多了不起的神经科学家,包括传奇的神经解剖学家亚诺什·圣阿戈陶伊(János Szentágothai)、神经内分泌学先驱贝洛·弗莱尔科(Béla Flerkó)和贝洛·豪拉斯(Béla Halász)、著名脊髓生理学家哲尔吉·塞凯伊(György Székely)、广泛用于神经元标记的银浸渍法发明者费伦茨·高尧什

(Ferenc Gallyas)。

　　和许多人年轻时一样,二十多岁时,格劳什詹也没有决定未来要做什么。起初,他并未找到什么有趣或充满挑战的事情,于是他决定学习神学和哲学,然而,他对世界充满好奇和疑问,这让他无法成为合格的传教士。最终,在第二次世界大战后的动荡岁月中,他进入医学院学习,并成为卡尔曼·利沙克(Kálmán Lissák)教授的助理。利沙克教授曾在奥地利格拉茨(Graz)跟随奥托·勒维(Otto Loewi)学习,之后在哈佛大学做沃特尔·坎农(Walter Cannon)的助理。战争爆发前,他回到匈牙利,成为生理学会主席。对格劳什詹来讲,遇到利沙克教授无疑是幸运的。利沙克教授对节律颇有研究,他曾与勒维一起工作,而后者正是证明迷走神经与心肌间神经肌肉接头处存在化学神经递质(neurotransmitter)的第一人。[①] 虽然格劳什詹与利沙克交情甚笃,但他们二人的风格却截然不同:利沙克是个沉默寡言的人,他的课几乎没人去听;而格劳什詹则精通演讲技巧,再加上他讲课的内容都会经过精心编排与巧妙设计,因而他的课堂相当令人着迷。格劳什詹讲课时,医学院的大讲堂中总是挤满了人,就连隔壁法学院的学生也会前去旁听,他的课堂充满热情与感染力,这让学生们深信课堂上所讨论的内容是全宇宙最重要的话题之一。

　　与传统对输入与输出关系的研究相反,格劳什詹在他1970年4月的那次讲座中谈到了诸如运动与认知等大脑输出是如何影响输入的。他认为,生命系统的控制应当始于输出,这是大脑演化的基础,即便是最高等的动物,认知的目的也是为行为提供指导。的确,最早的简单生命系统没有任何输入——因为它们并不需要输入,只需要进行节律性的肌肉收缩就够了,这使得它们的控制系统非常经济高效,不过这一仅靠简单动作输出的系统只适用于当时食物充足的海洋环境。以此为基础,从调节简单节律性输出开始,生命系统不断演化,只有在空间运动的概念产生后,才有了对方向和距离的感知。即使在今天,这种关于输出控制和反馈作用的思想也依然十分深刻。而在当时,巴甫洛夫的感觉-感觉联结在东方学界影响甚广,西方学界则为刺激-决策反应范式所统领,因此,格劳什詹的学说在当时可谓极

---

　　① 勒维将这种化学物质称为"迷走神经素"(vagusstoff),后来剑桥大学的亨利·哈里特·戴尔(Henry Hallett Dale)证明这种化学物质是乙酰胆碱,这是人类发现的第一种神经递质。因为这一发现,勒维和戴尔在1936年获得了诺贝尔奖。我从利沙克那里听到过各种版本的发现迷走神经素的故事,以下是勒维自己叙述的一个版本:

　　　　那年复活节前一天的晚上,我醒了,打开灯,在一张薄薄的纸片上草草记下了一些想法,然后我又睡着了。早上6点,我突然意识到我写下的是些非常重要的东西,但我无法辨认前一晚潦草的笔迹。第二天晚上3点,我回忆起前一晚的想法——那是个实验思路,用于验证我前几年提出的化学递质假说是否正确,于是我立刻起床去实验室,根据这一思路,使用青蛙的心脏做了个简单的实验。(勒维,1960,15)

　　戴尔后来因为他提出的"戴尔原则"而广为人知。"戴尔原则"指:如果某神经元的某一突触释放了某种化学物质,那么这一神经元的所有其他突触都会释放这种化学物质。

不寻常。

听了格劳什詹的讲座后,我冲回去读了课本中所有相关的章节,却发现书中没有任何一处提及我在讲座中的所闻。[①] 他关于大脑组织的讲座让我第一次找到了学医的意义。高中时,我想成为一名电气工程师,但我父母坚决反对,他们只允许我学习医学或法学。于是,当我的朋友们在布达佩斯工学院兴致勃勃地学习无线电传输、电子振荡器等各种有趣的内容时,我只能将大量时间浪费在无穷无尽的骨骼与韧带解剖细节上。但格劳什詹的生理学讲座激起了我的兴趣,他在讲座上讨论的一些问题引发了我的思考,于是我申请成为他的学生,并在他的实验室中度过了大半学生生涯。

在格劳什詹实验室中,对我最有影响的训练是定期进行的午餐讨论会,这些讨论会可能持续数小时,我们自在闲聊,从大脑的自稳调节讨论到复杂的哲学命题。正是在这些午餐讨论会上,我第一次接触到海马 θ 振荡,后来这成为我一直致力于钻研的领域。我在格劳什詹那里的第一个任务就是在哲尔吉·考尔莫什(György Karmos)的指导下研究声音诱导的听皮质活动变化和海马活动变化——这些变化是随后行为的依据。简而言之,我们的主要发现是:用来预测被诱发的脑活动变异的最重要因素是背景脑活动的变异。这是我第一次接触"状态""情境""自发活动"等令人着迷的话题,后来,我的研究一直围绕着这些话题进行。

在整个职业生涯中,我不止一次地体会到这种非正式午餐讨论会的重要性,它的意义很难被正式的讲座或大量的文献阅读所替代。正式讲座面向的是一群听众,其背后暗含的假设是听众能捕获演讲者讲话的所有细节,能跟上演讲者的逻辑,并能接受这种逻辑。而午餐讨论会的关键则在于质疑发表讲话者的逻辑,追求清晰与简化的知识,自由地寻找解释和答案,因而午餐讨论会不追求面面俱到,而注重对细节的充分理解。自然,听众可以通过寻找与阅读相关文献来帮助自己理解讲座内容,但神经科学领域最激动人心的发现往往都隐藏在专业期刊的小字中,且以一种晦涩的、只有极少数专家能理解的专业语言书写着。像我这样刚刚从业的神经科学工作者,时常会被各种各样细分专业的重要发现所淹没,而忘记神经科学其实与当代社会中的许多复杂问题密切相关,比如社会行为、抑郁、大脑老化等。我们很难说在基础研究领域的诸多发现中,究竟哪一项发现能对探讨这些重大议题带来革命性的影响。而且,除非这些基础研究领域的发现被传达给他人,为人知晓,否则,这些发现可能会被忽视,而无法产生任何影响,这是因为研究者在专业论

---

① 许多了不起的人物都反复强调过,大脑的首要目的是控制运动:无论是寻找食物,还是通过言语、手势、文章或邮件进行交流,大脑与世界只能通过运动系统进行互动。加利斯特尔(Gallistel, 1980)和利纳斯(Llinás, 2001)的著作有力地论述了这一观点;汉布格尔等人(Hamburger et al., 1966)、布洛克和霍利奇(Bullock & Horridge, 1965)则强调了运动的首要性。霍尔和奥本海姆(Hall & Oppenheim, 1987)、沃尔珀特和加赫拉马尼(Wolpert & Ghahramani, 2000)、罗宾森和克莱文(Robinson & Kleven, 2005)的综述也是有关这个话题很重要的参考。

文中对发现提供的解释是写给行业内顶级专家的,对于缺少相关领域研究经验的外行人士来说,这些解释可能很难理解。倘若我们不能把自己的工作与宏观议题结合起来的话,我们便无法在宏观与微观之间建立关联(association),也无法从两个角度出发来解读研究结果。新的发现与见解只有在被他人理解时才能产生影响、发挥作用。因而,我写这本书的主要动机便是希望能增进更多人对该领域基础研究和社会应用之间关联的理解。

神经科学研究已经取得了不少重大突破,无创人脑成像技术日益成熟,而且人们对一些复杂过程和疾病的分子机制也有了更多认识。然而,大脑之所以如此独特、与其他所有生命组织截然不同,是因为它能依照时序组织活动。这一时间窗口正是研究神经元振荡器的意义所在,本书中所探讨的内容正是通过时域与神经科学其他领域的研究相互关联的。

在神经科学取得惊人进展的同时,另一门横跨多个领域的新学科也逐渐兴起——它就是复杂系统科学。过去十年中,我对大脑的新认识不仅来自各种直接研究神经组织的文献,事实上,这些新认识中相当多的部分来自物理、工程、数学、计算机等多个学科的新兴研究。不必担心,人脑是自然界中存在的最复杂的机器,不过,能突破生物/非生物二元分类,去寻找不同系统中共有的概念、机制和解释,这的确令人激动万分。像自然分形和网络通信这种看起来似乎毫不相干的领域都曾为理解神经网络提供新线索。我的目标就是说明这些新知识如何以惊人的速度被神经科学研究领域吸纳;同时,我也希望能将一些激动人心的发现和成果分享给神经科学家、精神病学家、神经科医生,以及数目日益增多的对复杂系统感兴趣的计算科学家、物理学家、工程师和数学家。除此之外,我还有一个小小的野心,就是希望我对这些新发现的讨论能使更多的外行人对大脑节律这一领域产生兴趣。

解密大脑会给整个社会带来长远且持久的影响,对大脑的解读和破译将不再只是少数内行人所进行的高深莫测的研究,也不只是一个与世界范围内许多人相关的生物医学问题。正如集成电路的发明者之一罗伯特·诺伊斯(Robert Noyce)所言:"我们曾使用计算机作为模型研究大脑;不过,也许是时候调换这两者间的关系,改变这一说法了。为了明确计算机的发展方向,我们需要研究大脑。"当今世界,经济体系、金融机构、教育系统、科研项目、分配系统、人机互动、国防、政治等都越来越依赖计算机和网络,因而,对计算机发展方向的明确变得比以往任何时候都要迫切。我们希望,关于大脑的新知识不仅能为建造新的计算机架构提供灵感,还能帮助实现更高效、更安全的电子通信。此外,这些新知识也能让我们对自己有更进一步的了解。书本、电脑、网络通信等将大脑的存储功能外部化,并为人类知识提供了几乎无限的存储空间。然而,这些外部化存储的信息却受到可及性的限制,和大脑提取情境信息的能力相比,谷歌、雅虎等现有的搜索引擎只能以极低的效率提供对外部信息的访问路径(path),而这已经是我们目前可实现的最好的检索方式了。这是因为大脑中的神经网络使用与搜索引擎完全不同的策略将片段化的信息重构为事件,因而,增进对大脑检索策略的理解能够让我们以更高效的方式获取人类知识库中的知识。

给对神经科学感兴趣的普通读者写书比写论文要困难得多。在论文中只有科学事实,而在科普书中,研究这些问题的科学家被推到台前,而且,专业期刊中不会出现的种种比喻也会出现在科普作品当中。从专业角度看,这一过程无可避免地意味着过分简化、冗余与重复,以及粗糙的过渡。为了尽可能降低这些问题的影响,我写了一个简要版本的叙事,我希望在多数章节中,这种简化的叙事能方便读者阅读。在每个章节的最后,我会写一段简短的总结以突出这一章节的主要信息。此外,我加入了大量脚注用以补充正文中的内容,其中一部分脚注用于定义新的术语,不过,多数情况下,这些脚注会为相对有经验的读者提供更详细的信息,同时我也会在脚注中给出相关文献的链接。我有意选择了这种形式,这是因为,这能让我在不中断正文叙述的前提下,插入更多与文中叙述相关、但更为复杂的论述与观点。这些出现在脚注中的评论和引用就像一棵不断生长出枝干的大树,从主干中生发出的种种争论、假设与发现就像是树的枝叶,纵横交错,延展生长。

几年前的一个夏天,一位下定决心要征服纽约艺术品市场的画家朋友在我家借住。然而大概一个月之后,他便明白了,能被画出的画早就已经被画出来了,艺术品经销商也早就熟知哪些艺术家有创新的潜能,这样他们才不会在残酷的优胜劣汰中站错队伍、支持了错误的艺术家,于是这位朋友次日就回了欧洲。我写这本书的感受就与这位朋友当时的感受如出一辙。写一本书,最困难的部分在于要表述清楚、细节全面、评价中肯、内容合理。随着我对大脑振荡和神经元功能的理解逐步深入,我越来越清楚地认识到,许多我原以为属于我的基本观点早已被前人反复提及。多数情况下,这些思想和发现要么是在研究大脑外的其他系统时被提出的,要么是在不同的研究背景下被提出的,然而,无论如何,这些观点在我知晓之前便早已存在。因而,我对问题的钻研越深入,我就必须回到更久远的过去,去寻找这些观点与思想的起源。

近年来,我们时常听见有人宣称:过去十年中,人类对大脑认识的进步远超先前整个人类历史中积累起的对脑的认识。从事实知识的数量角度看,这种说法可能成立。但是,新发现并不(仅)是发现新的事实,新发现是能概括、简化大量事实知识的观点与思想,这样的思想很少会突然出现,通常,它们是在经历了颇长时间的酝酿与孵化后才产生的,而且是在众多支持者与批评者的讨论中逐渐成形的。这些思想十分难得,而且其中的很多观点是在近几十年现代神经科学兴起之前就已经被构想出来了,如今的研究者只需要了解这些先前的观点,再对其进行修补与调整,使之对最近新产生的术语和事实适用。我上学时,我的导师建议我不要在仅有数据的情况下发表文章,只有当我有了新颖的想法时,我才应该去发表文章。当然,如果严格按照导师的建议,我可能至今仍然在写我的第一篇论文,而这本书自然也不会存在。在成书过程中,尽管我已经在努力平衡总结大量工作和详述经典研究在书中的占比,但我明白我的这种努力并非总能成功。若是我无意中忽略了一些研究者的工作,请允许我对这些研究者致以诚挚的歉意。为了自证清白,我要把这一责任转移到一部分在本书成书过程中读过部分手稿且提出过修改建议的人身上,他们在阅读过程中并未长篇大论地抱怨我忽视了什么内容,因而我便假定自己在取材方面还是相对全面且公允的。同时我也要向这些为我提供慷慨帮助的同事表示感谢,包括:卡姆兰·迪巴(Kamran Diba)、卡罗琳·盖斯勒(Caroline Geisler)、罗伯特·L.艾萨克森(Robert L. Isaacson)、卡伊·凯拉(Kai Kaila)、克里斯托夫·科克(Christof Koch)、南希·科佩尔(Nancy Kopell)、鲁道夫·利纳斯(Rodolfo Llinás)、斯蒂芬·马尔盖(Stephan Marguet)、爱德华·莫泽(Edvard Moser)、丹尼斯·保雷(Denis Paré)、马克·赖希勒(Marc Raichle)、沃尔夫·辛格(Wolf Singer)、安东·西罗塔(Anton Sirota)、葆拉·塔拉尔(Paula Tallal)、吉姆·泰珀(Jim Tepper)和罗杰·特劳布(Roger Traub)。我的挚友米尔恰·斯泰里亚德(Mircea Steriade)不辞辛劳地阅读了整本书的手稿,而且给出了宝贵的意见和建议。另外,我要特别感谢玛丽·林恩·盖奇(Mary Lynn Gage),为她给我许多古怪的匈牙利习语寻找对应英语解释的努力——尽管这可能并不尽如人意。这都是我的过错,我为我的匈牙利式英语向诸位道歉,很抱歉我侮辱了这种莎士比亚使用过的优美语言。

最后,我要向许多在瓶颈期为我提供支持与鼓励、帮助我克服困难的人致以谢意;我还要向许多同我合作研究、探讨问题、提出疑问的同事致以谢意,正是他们的帮助与批评让我时刻感到这一研究领域中深深的同事情谊。这些人包括:戴维·阿马拉尔(David Amaral)、佩尔·安德森(Per Andersen)、阿尔贝特-拉斯洛·鲍劳巴希(Albert-László Barabási)、雷金纳德·比克福德(Reginald Bickford)、耶海兹克尔·本-阿里(Yehezkel Ben-Ari)、安德斯·比约克隆德(Anders Björklund)、布莱恩·布兰德(Brian Bland)、亚历克斯·博尔贝伊(Alex Borbely)、特德·布洛克(Ted Bullock)、简·布雷斯(Jan Bures)、加博尔·采赫(Gábor Czéh)、亚诺什·佐普夫(János Czopf)、爱德华多·艾德尔贝格(Eduardo Eidelberg)、杰罗姆(皮特)·恩格尔[Jerome (Pete) Engel]、史蒂夫·福克斯(Steve Fox)、沃尔特·弗里曼(Walter Freeman)、佛瑞德(拉斯提)·盖奇[Fred (Rusty) Gage]、梅尔·古德尔(Mel Goodale)、查利·格雷(Charlie Gray)、詹姆斯·麦高(James McGaugh)、米歇尔·菲(Michale Fee)、陶马什·弗罗因德(Tamás Freund)、赫尔穆特·哈斯(Helmut Haas)、迈克尔·霍伊译尔(Michael Häusser)、沃尔特·海利根贝格(Walter Heiligenberg)、鲍勃·艾萨克森(Bob Isaacson)、迈克尔·卡哈纳(Michael Kahana)、乔治·考尔莫什(George Karmos)、南希·科佩尔、拉尔纳德·凯伦尼

（Lóránd Kellényi）、吉勒斯·劳伦特（Gilles Laurent）、乔·勒杜（Joe LeDoux）、斯坦·莱昂（Stan Leung）、约翰·利斯曼（John Lisman）、鲁道夫·利纳斯、尼科斯·洛戈塞蒂斯（Nikos Logothetis）、费尔南多·洛佩斯·达·席尔瓦（Fernando Lopes da Silva）、杰夫·麦基（Jeff Magee）、乔·马丁内斯（Joe Martinez）、布鲁斯·麦克尤恩（Bruce McEwen）、布鲁斯·麦克诺顿（Bruce McNaughton）、理查德·迈尔斯（Richard Miles）、伊什特万·莫迪（István Mody）、罗伯特·马勒（Robert Muller）、约翰·奥基夫（John O'Keefe）、马克·赖希勒、吉姆·兰克（Jim Ranck）、梅纳昂·西格尔（Menahem Segal）、特里·谢诺沃斯基（Terry Sejnowski）、拉里·斯夸尔（Larry Squire）、沃尔夫·辛格、戴维·史密斯（David Smith）、彼得·索莫吉（Peter Somogyi）、米尔恰·斯泰里亚德、史蒂夫·斯特罗加茨（Steve Strogatz）、卡雷尔·斯沃博达（Karel Svoboda）、戴维·汤克（David Tank）、吉姆·泰珀、亚历克斯·汤姆森（Alex Thomson）、朱利奥·托诺尼（Giulio Tononi）、罗杰·特劳布、科尔内留斯（凯斯）·范德沃尔夫［Cornelius (Case) Vanderwolf］、奥尔加·维诺拉多娃（Olga Vinogradova）、肯恩·怀斯（Ken Wise）、汪小京（Xiao-Jing Wang）和鲍勃·王（Bob Wong）。这些年来，这些杰出伙伴中的一些人成了我的挚友，包括鲍勃、布鲁斯、戴维、加博尔、赫尔穆特、伊什特万、卡雷尔、米尔恰、彼得、鲁道夫、罗杰、拉斯提、特德、陶马什和沃尔夫。最重要的是，我要感谢我的学生和博士后研究员，没有他们的贡献与工作，这本书中讨论的许多实验将不会存在。

　　成为科学家需要奉献自身，而写书更甚。的确，这些都是非常有趣的工作，但这些事情都需要花费宝贵的时间。所以我不得不从其他地方挤出时间来做这些事情，尤其是不得不压缩我与家人相处的时间。亲爱的妻子韦罗妮卡（Veronika）和可爱的女儿莉莉（Lili）、汉娜（Hanna），请原谅我有很多个周末没能陪伴你们一起度过，也请原谅我常常在晚餐和家庭活动中走神。你们的支持让我感到自己十分幸运，没有你们的理解与鼓励，我所做的这些冒险行为便将毫无价值。

　　读者朋友们，请不要读到这里就止步不前。接下来，关于大脑节律的鼓点和节奏即将敲响！

目　　录

第 1 章　引言 ……………………………………………………… (1)

自然周期现象 ……………………………………………………… (3)

时间与周期性 ……………………………………………………… (3)

时间、预测和因果 ………………………………………………… (6)

自组织是大脑运转的基础 ………………………………………… (7)

涌现、自因果和适应 ……………………………………………… (9)

大脑的灵活性来自哪里？ ………………………………………… (11)

因果与演绎 ………………………………………………………… (12)

科学词汇和逻辑方向 ……………………………………………… (14)

另一些自上而下的研究策略 ……………………………………… (18)

自下而上的研究进展和逆向工程 ………………………………… (19)

由外而内和由内而外的策略 ……………………………………… (20)

本书内容范围 ……………………………………………………… (21)

研究的最佳策略 …………………………………………………… (22)

第 2 章　结构决定功能 …………………………………………… (23)

基本回路：多重并行回路的层级结构 …………………………… (24)

大尺度上大脑网络的组织 ………………………………………… (26)

不同体积的大脑中的度量尺度问题 ……………………………… (27)

无尺度系统(scale-free system)受幂律支配 …………………… (31)

大脑皮质构建的张拉整体性（tensegrity） ……………………… (32)

一千个鼠的大脑与一个人的大脑等同吗？ ……………………… (37)

新皮质中连接的复杂性 …………………………………………… (40)

兴奋性皮质网络：简单化后的观点 ·· (43)

本章总结 ·· (46)

第3章 皮质功能多样性通过抑制性作用实现 ···························· (47)

抑制性网络产生非线性效应 ·· (48)

中间神经元成倍地扩大兴奋性神经元的计算功能 ··························· (50)

皮质中间神经元的多样性 ··· (52)

中间神经元系统：分布式计时器 ·· (55)

不同体积大脑中中间神经元的连接变化 ··· (58)

本章总结 ·· (60)

第4章 打开"窗口"看大脑 ··· (61)

脑电图和记录局部场电位(local field potential，LFP)的方法 ············ (62)

脑内电极和硬膜下网格电极记录 ·· (63)

脑磁图 ··· (64)

局部场电位的源头 ··· (65)

功能磁共振成像 ··· (70)

正电子发射断层成像 ··· (71)

提高时空分辨率：光学方法 ·· (72)

体外单神经元记录 ··· (73)

单神经元细胞外记录 ··· (74)

使用四端电极(tetrode)对神经元进行三角测量 ······························ (75)

使用硅探针进行高密度记录 ·· (76)

分析大脑信号 ··· (77)

振荡同步的形式 ··· (80)

本章总结 ·· (81)

第5章 脑中的各种节律：从简单到复杂的动态过程 ·················· (83)

神经振荡的种类 ··· (83)

次昼夜节律和昼夜节律 ·· (87)

脑电图的$1/f$统计特点 ··· (89)

心理物理学韦伯定律和大尺度脑动力学 ··· (92)

脑电图的分形性质 ··· (93)

噪声和神经节律的无尺度动力学：复杂性与预测性 ·························· (95)

噪声和自发脑活动 ··· (98)

本章总结 ·· (100)

第6章 通过振荡而同步 ··· (101)

什么是振荡？ ··· (102)

共振器 ·· （106）

单神经元的振荡和共振 ································ （106）

集体性神经元行为可通过同步实现 ················ （110）

同步的外部来源和内部来源 ························ （113）

随机共振 ·· （114）

通过同步产生细胞群组 ······························ （117）

整合、分离、同步：它们之间如何实现平衡？ ······ （120）

振荡同步的耗能很低 ································ （123）

振荡网络遵循怎样的规则？ ························ （125）

本章总结 ·· （127）

第7章　大脑的默认状态：休息与睡眠中的自组织振荡 ·· （129）

丘脑——新皮质的搭档 ······························ （130）

单个细胞对丘脑-皮质振荡的作用 ·················· （133）

从单神经元到网络振荡 ······························ （136）

睡眠中的振荡模式 ···································· （138）

各类 α 振荡：部分脱离环境影响的表现 ············ （146）

α 节律的起源 ·· （148）

本章总结 ·· （151）

第8章　经验对大脑默认模式的干扰作用 ················ （153）

睡眠和休息期间自组织神经振荡的行为学影响 ······ （154）

清醒经验对自组织模式的干扰 ······················ （157）

长期训练对大脑节律的影响 ························ （159）

大脑和身体：最早的皮质振荡如何产生，又如何被干扰？ ···· （163）

本章总结 ·· （170）

第9章　γ 高频活动：在清醒大脑中通过振荡实现结合 ·· （171）

通过自下而上的连接绑定 ···························· （172）

去中心化的"平等主义"大脑通过时间实现绑定 ······ （176）

人类皮质中的 γ 振荡 ································ （179）

为什么 γ 振荡是大脑选择的高频活动？ ············ （181）

γ 振荡依赖快速抑制 ································ （183）

远距离 γ 振荡间的耦联 ······························ （186）

外部振荡和中央产生的振荡都能引发同步性 ········ （188）

γ 振荡的内容：来自昆虫研究的见解 ·············· （190）

本章总结 ·· （192）

第 10 章 认知和运动依赖大脑状态 ·············· (194)

　平均化大脑活动 ·············· (195)

　神经元在其偏好的皮质状态下放电效果最好 ·············· (199)

　行为表现受大脑状态影响 ·············· (202)

　本章总结 ·············· (205)

第 11 章 "其他皮质"内的振荡：在真实空间和记忆空间中导航 ·············· (206)

　异源皮质夹在最古老和最新的大脑区域之间 ·············· (208)

　海马——一个巨大的皮质模块 ·············· (210)

　海马是新皮质的图书管理员 ·············· (212)

　如何在动物中研究外显记忆的机制？ ·············· (215)

　在二维空间中导航 ·············· (216)

　海马和内嗅皮质中的位置细胞和地图 ·············· (217)

　海马中的航位推算法：通过运动行为构建地图 ·············· (222)

　θ 振荡：与在物理空间和神经元空间中导航相关的节律 ·············· (226)

　位置细胞的放电由 θ 振荡相位引导 ·············· (230)

　神经元集群受 θ 振荡相位指示，进行序列性编码 ·············· (231)

　时空情境的生理学定义 ·············· (239)

　在真实空间和记忆空间中导航 ·············· (240)

　本章总结 ·············· (242)

第 12 章 通过振荡进行系统耦联 ·············· (245)

　海马和新皮质回路之间借助 θ 振荡发生耦联 ·············· (246)

　非 θ 振荡状态下，海马与新皮质之间的交流 ·············· (251)

　通过多路复用振荡进行多重表征 ·············· (258)

　振荡耦联的其他可能 ·············· (260)

　本章总结 ·············· (261)

第 13 章 棘手的问题 ·············· (263)

　如果大脑中没有振荡 ·············· (264)

　意识：没有准确定义的大脑功能 ·············· (265)

　没有感觉的网络 ·············· (267)

　持续性活动需要正反馈 ·············· (271)

　只有表现出持续性神经元活动和包含大量神经元的
　　结构才能支持意识 ·············· (272)

参考文献 ·············· (275)

索引 ·············· (276)

译后记 ·············· (295)

引　言①

本章其他注释

> 有件毫无道理的事情，那就是假定大脑是遵照常识心理学中的种种概念运行的。

—— 科尔内留斯·H. 范德沃尔夫

一切都始于一个梦。一天，普鲁士军队的一位年轻军官收到了他妹妹的一封信。信中，妹妹描述了自己的一个梦，她梦到自己亲爱的哥哥从马上摔了下来，摔断了腿。巧合的是，这位军官当时的确从马上摔了下来。当时的这位军官，汉斯·伯格（Hans Berger）医生，已经是德国耶拿大学临床精神病学医院（University Clinic for Psychiatry in Jena）的一位脑循环系统研究者，他认为，这种巧合只可能通过某种大脑之间的神秘交流产生，用更通俗点的说法，只可能通过心灵感应（telepathy）②产生。

伯格医生退役回到耶拿大学后，于 1919 年荣升精神病学和神经病学系主任，并将他后续职业生涯的大部分时间用于对大脑电活动的研究。伯格认为，大脑产生的电磁力——心灵感应的载波，可能是他真正感兴趣的话题。但由于当时心灵感应被视为一种超自然现象，因而他的实验都是在医院里一所小房子中的实验室里绝对秘密地进行的。他最初的研究基本是将他自己、他的儿子克劳

---

① 编者注：由于原书注释过于庞多，为方便读者阅读，在编排时将较重要的注释以脚注形式呈现在书中（注码为①、②、③……形式），其他注释则列于 PDF 文档中（以 1、2、3……形式标明文中位置），读者可通过扫描每章章标题下的二维码查看。

② 心灵感应：有时也被称为"先知"（precognition）或"千里眼"（clairvoyance），是一种直接将思想、感受、欲望、画面等从一个人的大脑中转移到另一个人的大脑中的能力，这一转移过程通过超感官途径实现，不依赖已知的物理手段。

斯(Klaus)和有颅骨病变的病人作为研究对象。他进行了很多实验,最重要的是证明了弦式电流计记录到的电压变化并非由血压变化导致的,也并非来自头皮。经过 5 年的实验,他得出结论:当被试闭上眼睛时,在枕骨(头骨的下后方)部位可以记录到最明显的电活动。他在 1929 年发表的具有开创性意义的论文中写道:"脑电图(electroencephalogram,EEG)描绘了不间断振荡的连续曲线……从中人们可以区分较大的、平均持续时间为 90 毫秒的一阶波和较小的、平均持续时间为 35 毫秒的二阶波。较大的波至多可导致 150~200 微伏的电压变化……"[1] 也就是说,大脑皮质(cortex)中数以百万的神经元放电产生的电场是 5 号电池提供的电场的 1/10 000。

　　伯格把在清醒、平静的被试闭眼时所测到的高振幅波(大约 10 个波/秒,即 10 赫兹)命名为 α 波,因为这是他最先发现的振荡。他把被试睁眼时出现的速度更快、振幅更小的波命名为 β 波。然而,伯格对脑电波的记录恰好提供了有力的物理证据来反驳他先前的观点,即一个人的大脑产生的电波可被其他人的大脑探测到。因为这些哺乳动物大脑中神经元协同(synergy)活动产生的电压变化太小,而电流的传播需要低电阻导体,所以这些大脑电活动无法穿过导体,如空气传达到其他大脑中。尽管伯格没能证明大脑间通过心灵感应交流的假设,但他的工作开创了一种科研和临床领域用于研究快速变化脑活动的有效方法。[2]

　　发现动态的大脑活动并不意味着理解它的意义,也不意味着理解其在行为和认知过程中的作用。自从有了伯格的早期观察结果后,神经科学家们就深受 3 个问题的困扰:脑电图模式如何产生? 为什么它们会规律性振荡? 它们表示什么内容? 本书的首要目的正是为这 3 个问题提供答案。在第 2 章与第 3 章中,我将讨论大脑大小差异巨大的小型哺乳动物与大型哺乳动物如何保持相似的皮质交流速度,通过对这一重要议题的讨论,逐渐引入对正题的介绍。已经有神经生理学方法基础的读者可以跳过第 4 章。在这一章中,我会介绍目前可以用于活体组织中研究脑活动模式的主要方法,另外,我还会介绍产生脑电图电场的机制。第 5 章和第 6 章将介绍不同类型的振荡器,同时讨论哺乳动物大脑皮质产生的多种振荡。第 7 章和第 8 章致力于讨论大脑的"预设"状态,即睡眠时和早期发育阶段大脑的状态。在第 9~12 章,将介绍大规模单神经元记录技术,这种技术将振荡的宏观特征和神经元机制联系起来,帮助我们更深入地了解大脑振荡的具体内容。最后,在第 13 章中,我会讨论一些跨脑区振荡,通过对比支持自发模式和长距离通信的脑结构与不支持这些功能的脑结构,检验意识产生的结构需求与功能需求。

自然周期现象

大自然是循环往复无穷无止的,周期性是宇宙最基本的法则之一。[①] 这一法则支配着一切生命与非生命。广义地讲,周期性是指有规律地进行重复的一种性质、状态或现象,即在时间或空间维度上不断重复的模式和结构。有升必有落,日出日落,月圆月缺,这便是自然周期现象。没有周期性就没有时间;没有时间,就不会有过去、现在和将来。在生命系统中,个体生命的周期性导致地球生命的延续。只有在时间中,我们的存在才有意义。音乐与舞蹈的本质是节奏。人类文化中很重要的一部分就是对生命周期的庆祝。犹太教和伊斯兰教采用阴历,而基督教使用阳历纪年。人每月有一次受孕的最佳时间窗口,这亦是周期性的体现。

"周期性""振荡""节律""循环过程"(cyclic process)实际是表示同一物理现象的词语。历史上,不同学科采用了各自偏好的术语来描绘和周期变化相关的现象:社会科学和地球科学领域常用"周期性";物理学中常用"振荡";工程师习惯使用"循环发生器"或"周期发生器";而先前的神经科学家在提及各种脑活动模式时几乎只会使用"大脑节律"这个词语。直到最近,其他词语才开始出现在神经科学当中。神经科学家使用"振荡"这一词语的历史非常有限。[3] 长期以来,研究大脑的学者一直在避免使用这一术语,这或许意味着在过去公认的观念里,大脑节律与物理教科书中讨论的振荡器存在本质的区别。的确,神经元振荡器相当复杂,然而它们工作的原理与其他物理系统中的振荡器并无质的差异。如今,人们普遍认为,大脑产生与感知时序信息的能力是进行行为和认知过程的先决条件,而这一能力则源于脑中不同时间尺度下的振荡活动。人类的创造力、精神体验、运动行为都具有不同时间尺度下的周期性调节与变化。然而,振荡状态如何产生? 特别是当没有外部影响的条件下,振荡状态如何产生? 在本书的第5 章与第 6 章中,我会使用一些物理学与工程学理论为这一问题提供某种可能的解答。

时间与周期性

神经科学家每天都在和时间打交道,但却很少思考时间的本质,我们想当然地认为时间就是真实的,而我们的大脑有追踪时间的机制。鉴于时间是本书中的关键概念,我需要给"时间"一个有效的定义,以明确书中的这一概念,避免与物理学、

---

① 当然,自然本不存在所谓的法则、要求、目标或动力,它只是生成某些规律,而我们只是简单地假设这些规律被某种外部力量控制,并将这种控制实体化,称其"支配"某些自然现象。

哲学对时间的定义相混淆。① 牛顿认为时间的间隔是绝对的,它独立于物理宇宙存在;康德认为,空间与时间是不可简化的类别,我们的大脑正是通过这两个类别感知现实的;爱因斯坦则把时间与空间组合为"时空"这一概念。据他的观点,时间是运动的量度,因此也是物理宇宙的一部分,是物理宇宙的属性之一,空间和时间随物质的消逝而消失。与此相反,有人认为时间是一种主观抽象概念,它不存在于任何物理介质中,其真实性差不多就像一条数学公理。广义上讲,时间是对变化和演替的度量,是区分不同事件的参数。从现实角度讲,对时间的一个实用定义为:时间就是被钟表衡量和记录的信息——对大多数物理学和神经科学研究来说,这一从实际应用角度出发进行的定义已经足够。②

我们处理时间的方式在很大程度上决定了我们对周围世界的看法。首先,我们需要区分时间的两个方面:时间点(绝对时间)和时间段(持续时间)。时间点,即时钟时间,指的是时间序列中特定的某个点(例如,某人的出生日期)。时间点是存在的基本要素,一切事物都存在于时间中。时间段是指时间的变化,即两个时间点的间隔。因此,时间段是相对的,有间隔跨度(如一小时),而时间点没有间隔跨度(如某天的日期)。类似这种绝对与相对的区分还见于对空间的研究,位置对应的是绝对空间,而距离对应的是相对空间。不过,空间中的距离是有多个方向的,也就是说是一个矢量,但时间是标量,其序列中只有一个方向。

空间与时间之间的密切关联被置入"时空"(x,y,z,t 维度)这一概念中,振荡可以从空间或时间来构想与表示。正弦谐振子③的相平面是一个圆,我们可以沿着圆的周长走一圈、两圈,甚至几十亿圈,但我们最终都会回到起点。"已有的事,后必再有。已行的事,后必再行。日光之下无新事。"4 这就是所谓的"生命之圈",我们沿着它的周长行走,本质上是一种错位(图 1.1 左)。

在循环观点外,另一种看待宇宙周期性的方法是用一系列正弦波来表示事物的周期。此时,我们会沿着这条正弦曲线的波峰与波谷不断前行,不会再回到起点(图 1.1 右)。此处的时间是一个以周期为度量单位的连续体,每个周期的形状都是相同的,这些周期的起点和终点彼此相连,无穷无尽,通往宇宙永恒。这样一条波动曲折的正弦曲线反映出我们人类的时间观:线性变化、向前演替,我们正是基于时间的这一特点来论证事物之间的因果关系的。每个时刻都独一无二、永不重复,正如古希腊谚语所言,"万物恒变"(*Panta rhei*),"人不能两次踏入同一条河

---

① 霍金(Hawking,1992)对这一复杂话题进行了很好的介绍。霍尔(Hall,1983)关于这一话题的书也值得一读。莱顿(Leyton,1999)提出了一种完全不同的对时间的定义,他从空间对称性及其破缺中获得灵感,认为时间的本质是一种对称性破缺(如,通过振荡相位对平面对称的非对称表征,见第 11 章)。

② 在物理学中,标准时间间隔(1 秒)是由一个振荡器所定义的:铯-133 原子基态超精细能阶间跃迁 9 192 631 770 一个周期的持续时间。

③ 本书第 6 章中会讨论不同类型振荡的定义和特性。

流"。⁵ 然而,无论选择用圆还是用正弦曲线表示周期性,过去的位置或时刻都可以预测未来。

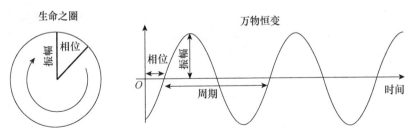

图 1.1 振荡说明了频率和时间与空间和时间之间的正交关系。事件可以不断循环往复,给人留下未曾变化的印象(如生命循环);或者,事件也可以随时间发展(即万物恒变)。演替以向前的顺序持续进行,这正是因果律的核心。右图中的一个周期对应左图中的一圈。

　　关键的问题在于,时间与空间是只存在于我们头脑中的概念,还是独立于我们而真实存在的事物。不过,好在无论是研究通过节律进行预测的过程,还是研究其他多数大脑活动,都不需要建立在对这一问题有明确答案的基础上。时钟时间有时被称为客观时间,它独立于意识存在,表示一种绝对的物理事实,不被主观因素控制。我们使用时钟时间来校准(calibration)我们对时间流逝的主观体验,并以此来协调思想与行为。人们认为时间流逝(即时间段)是从一个时刻到另一个时刻的线性事件,我们对时间流逝的感知范围非常有限,仅从几十毫秒到几十分钟之间。在第 5 章中,我会提到,持续时间与大脑中振荡器的时间范围相对应,可作为时间校准的内部度量。人类无法感知微秒、纳秒等程度的过短持续时间,而感知长达数小时或更长的持续时间则需要诸如饥饿等身体状态或来自环境的反馈信息等作为参考。对人类来说,最佳时间分辨率是在亚秒量度内,这对应着我们完成典型运动动作的时长和音乐与语言的节奏。①

　　时间的线性特点是西方文化背景下人们世界观的一个主要特征,时间从过去到现在再到未来,人们对这种时间流的体验和其日常生活中的逻辑、预测、线性因果之间有着错综复杂的联系。伟大的法国分子生物学家弗朗索瓦·雅格布(Francois Jacob)说过:"生命最深刻、最普遍的能力就是推测和创造未来的能力。"⁶ 我想借本书阐明的是,这些最深刻、最普遍的能力离不开神经元的振荡。

---

　　① 音节(syllable,所有语言中词语的基本分割片段)的平均持续时长约为 250 毫秒。在口语中,音节只能在很有限的范围内被延长或缩短,超出这一限度后,人们无法随意改变音节的持续时间,因此,要想使讲话速度变慢,只能在音节之间加入长时间的停顿,这就是为什么咏叹调(总是以拉长的音节被演唱)的歌词常常很难让听众理解。

时间、预测和因果

现实事件之间的因果关系与我们对时间的感知有关。[①] 在提及因果推理(reasoning)时,"预测"(prediction)、"推断"(inference)、"预言"(forecast)、"演绎"(deduction)常被用作同义词。生物整合过去和现在的信息,据此计算未来最可能出现的结果,这一归纳的过程正是这些词语所描述的过程。[7] 大脑通过预测与解读自身行为后果和其他现实事件,帮助生物体维持生存与繁衍。我们根据时间流逝的主观感受对一系列事件进行先后排序,通过此过程,我们得以进行预测和构建关联。通常情况下,我们能区分两个事件发生的先后顺序,而随时间推移,这种区分的准确性会逐渐降低。因果关系通常被认为是单向的过程,因为因果关系的建立是在嵌入时间的背景下进行的,而时间是单维不对称的。在时间关系上,因总是早于果,比如,若神经元 a 总是先于神经元 b 放电,并且在破坏了神经元 a 后,神经元 b 停止放电,那么便可以推断在神经元 a 的放电与神经元 b 的放电之间具有因果关系。多数情况下,线性因果关系是成立的,无论是准确接住飞来的球,还是在重重迷雾中破解命案,线性因果可以说是许多重要过程的基础。然而,线性因果关系并非始终成立的,例如,在振荡系统中,大多数反向连接、单向连接或没有直接连接的神经元,可能以零延迟同时放电,此时,线性因果关系便不存在于这些放电的神经元之间,在本书后续几个章节中我们将继续讨论这一问题。通常情况下,可以用客观时间(即外部时间)和主观时间(即大脑记录的时间)之间的差异来解释因果关系不成立的情况。

根据牛顿第二定律,除非受到外力作用,否则物体倾向于保持原有的静止或运动状态。[②] 外力是物体运动状态改变的原因,假设一个运动的台球撞上另一个静止的台球,那个静止的台球便会开始运动,这是因为运动的台球具有动能,它给了静止球一个作用力,从而导致静止球运动。如果用电脑模拟类似的过程,我们可以考虑如下心理物理学实验:在屏幕上,一个球向另一个球运动,如果第一个球到达位置后,第二个球向同一方向运动,我们便会根据事件发展的时间顺序得出结论,是第一个球导致了第二个球的运动。然而,我们进行如此推论的关键在于前一个球抵达和后一个球开始运动这两个事件之间的确切时间。只有当第二个球在第一个球抵达后的 70 毫秒内开始运动,我们才能得到上述因果推论;若第一个球的停

　　[①]　弗里曼(Freeman,2000)认为,时间存在于物质世界中,但因果关系不存在于此。他延续物理学家的看法,认为时间是衡量运动、生物以及非生命物质的标准,因此,时间是个客观的维度;与之相反,他认为因果是衡量意图的标准,而只有人才有意图。

　　[②]　牛顿第二定律也很好地说明了预测行为符合简化论的本质,即在知晓所有上游(upstream)事件(过去事件)的情况下,人们可以计算出下游(downstream)事件(未来事件)的概率,这一过程不受目的、愿望、目标的影响。

止与第二个球的运动之间相隔超过 140 毫秒,那么这两个事件之间便被认为毫无因果关系;而若两个事件间隔超过 70 毫秒,但小于 140 毫秒,那么我们会认为这两个物体看起来像是粘在了一起,不过我们仍能从中获得某些间接的因果关系。[8] 由此可见,对感知因果关系及其他关系而言,时序条件是十分重要的。大脑根据其在时间上组装信息的能力对感知到的事件进行组块(chunking)或分割,我认为这一功能是通过神经元振荡器实现的(见第 9、11 章)。

10

再举一个由于大脑错误地重构事件发生的先后顺序而导致逻辑错觉的例子:你在高速路上开车,同时一只鹿横穿马路,你猛踩刹车,没有撞上鹿。此时,你在意识中会将这一系列事件重构为:你注意到一只穿过马路的鹿(原因),意识到撞上它会带来危险,于是为了避开它,你踩下了刹车、转动了转向盘(结果)。在实验室中对此真实世界中事件的复现提供了和上述重构不同的解释。事情发生的顺序应为:首先,鹿出现(尽管这时你还没有意识到这是一只鹿);然后踩刹车;最后才注意到这是一只鹿。这是因为我们对于意外事件的反应时间要小于半秒,而意识到这一事件的具体内容则需要很多脑区协同工作,而且需要通过复杂回路中大量神经元的参与,这一过程远比半秒要长,因此我们实际上是先做出反应,然后才认出物体的。[9] 这类逻辑错觉的产生是因为外部实际时间和脑中重构时间之间存在差异。

尽管在上一事例中存在一个简单的因果关系——因为意外物体出现而刹车,但心理重构使得我们产生了另一种因果关系——因为鹿而刹车。事实上,大脑在解读事件时会将自己的传导速度考虑在内,并通过种种代偿机制将这些自身造成的影响排除在外。例如,在同一个时刻摸自己的鼻子和脚趾(或是用脚趾碰鼻子),在主观感受上,我们也会感到这两个事件是同时发生的,但实际上大脑中表征这两部分被触摸的神经元活动之间会相差几十毫秒。由此可以得出结论,我们对时间的重构是过去经验积累的结果,而非对现实时间的真实复现。在上述事例中,尽管对其进行因果推断已经存在困难,但这些都还是相对简单的情况,因为它们只涉及一个原因,且这一原因已被明确界定。而多数情况下,事件发生的原因是多重的,几乎不可能指向单一的明确原因。当原因牵涉部分与整体间相互作用时,推导因果关系变得尤为困难,而对于神经元振荡和复杂系统的其他过程来说,情况往往如此。

自组织是大脑运转的基础

即便没有来自环境和身体的刺激,大脑也是始终保持活跃的。事实上,在本书中,我想要强调的一点便是,大部分脑活动是由大脑内部引发的,这种内部产生和控制的脑活动模式非常稳定,在任何给定的时间内,外部输入对大脑默认活动模式

11

的干扰只会导致很小的改变。① 然而,这些外界干扰对于调节大脑内部运转是绝对有必要的,如此大脑才能进行种种有效的运算。如果缺乏以外部世界的时空指标为依据而对内部连接和运算过程进行的调节,大脑就无法进行构建,也无法适应真实世界。② 在工程学的术语中,这一过程被称为"校准"。从大脑的初级功能区到次级功能区再到更高层级功能区,脑回路与感觉输入的关联逐渐减弱,与此同时,脑回路的自依赖性逐渐增强。

因为大脑能产生自发活动,所以它不仅能处理信息,还能产生信息。因此,外部世界并非简单地被"神经元动作电位有无"这种无意义的二进制信息所编码,它会被内嵌到相关情境中呈现,而一个重要的情境信息便是时间。因此,对外部现实的"表征"是大脑持续性地根据外界影响对自发模式所进行的调整,这一过程被心理学家称作"感受"。所以,从这一角度来讲,工程学上的"校准"和心理学上的"感受"表达的是相同的含义。

这一理论直到最近才出现在神经科学研究领域中,而对于信奉亚里士多德关于事物不变性理论的人来说,这种观点显然很难立得住脚。很多学科的研究领域中都出现了这种自发性(spontaneous)起支配作用的新观点,相关的词语包括内源性(endogenous)、自起源(autogenous)、原生性(autochthonous)、自生论(autopoietic)、自发损耗现象(autocatakinetic)、自组织、自生成(self-generated)、自组装(self-assembled)、涌现(emergent)等。具有此类特征的系统通常被称为"复杂系统"。[10] 此处的"复杂"并非简单意义上的复杂,它指的是各组分之间的非线性(nonlinearity)关系、过去状态依赖性、模糊边界,以及正反馈与负反馈。因此,非常小的扰动便可以引起很大的影响或根本没有影响。平衡的系统很简单,而且很难被干扰;但是复杂系统是开放的,信息可以不断地跨越边界,实现交换。从大时间尺度上看,复杂系统似乎是平静而稳定的,但是,永恒的变化才是复杂系统最本质的特征。多数情况下,复杂系统不仅在整体上具有复杂性,其组成部分(比如大脑中的神经元)本身也是复杂的自适应系统,因而,复杂系统通常是多层级嵌套的。大脑动力系统便是一个复杂系统,因而其具有上述所有特点。

自人们记录到大脑电活动且发现这些活动不需要外部因素诱发以来,这一脑电活动便被称为"自发性"活动。自发性活动很难被解读,因为产生自发性活动的系统似乎独立于外界影响,看起来就好像在这种系统中存在着选择、目标与自由意志。尽管观测到的自发脑活动基本上等同于托马斯·阿奎那哲学角度上的自由意

① 许多哲学家和神经科学家都探讨过类似观点。关于此话题最全面详细的论述或许来自利纳斯和保雷的综述(Llinás & Paré,1991)。不过,我并不认为任何有用的功能会自发出现在某个与环境和其他外界影响相孤立的大脑中,在第 8 章中,我会论证为何来自环境的输入对有用脑活动的出现是必要的。

② 有时,区分内部和外部的算子(运算关系)相当复杂,大脑、身体、环境构成了一个高度耦合的动态系统,它们之间并非互相独立地存在于内部或外部,事实上,这三者之间存在复杂的两两作用。这种复杂的嵌套关系必定会对脑活动的各个方面产生巨大影响(Chiel & Beer,1997)。

志[11]，但要完全用后者替代前者，我们会面临两个巨大阻碍：第一，自发脑活动并非仅限于人类，而是在所有生物的大脑中都存在的，但阿奎那的哲学认为，只有人类有选择善与恶的能力和自由；第二，大脑皮质中振幅最大、规律性最强的自发振荡发生于"错误"的时间——睡眠期间或环境、躯体等信息对大脑影响减少时。当被试做决定时，大脑中反而不常出现大振幅的节律活动，此时，传统头皮记录方法会记录到不同步、平缓的波形。① 出于这些因素，一些神经生理学家认为自发脑活动并不那么重要，它们并不反映"信号"（对事件的表征），而只是反映了"噪声"（不表征事件的脑活动）。讽刺的是，尽管"自组织"这一术语是由英国精神病学家 W. 罗斯·阿什比（W. Ross Ashby）[12] 提出的，但最终激发大家对自发脑活动真正感兴趣的却不是神经科学，而是其他学科领域的研究和思考。

涌现、自因果和适应

经典热力学理论的基本假设是对结构的破坏，这是一种随时间进展不可避免的从有序到无序的过程，伴随着单调熵增加的特征。[13] 在经典物理学中，自然秩序必须由外部力量创造。设计一辆汽车需要先进行许多理性考量，例如，汽车的动力、尺寸、外观、成本以及其他目的。也就是说，在汽车还没有实际存在于这个世界上时，设计师便能设想到它的多个特性。此类自上而下的设计需要设计师具备数学、物理、工程、计算机图形学、美学、市场营销等多个复杂领域的非凡的先验知识。那么，像大脑这样的复杂结构能在没有设计师和明确目标的情况下自发形成吗？

尽管稳定、闭合的系统并不违反热力学第二定律，但对于与平衡状态相去甚远的开放、复杂系统而言，情况则完全不同。物理学家认为，复杂系统通常从无序向有序变化，事实上可能也确实如此，要建造出用途各异、结构复杂的蛋白质，只需要极其简单的算法——4 种构成 DNA（脱氧核糖核酸）的核苷酸之间的排列组合。大脑的组织和运行背后的智慧与灵活性（smartness）是否也可以用某种简单的算法解释？本书的第 5～8 章中，我们会就这一问题展开讨论，并提供支持这种简化论思想的证据。

物理学家对复杂系统的新解释始于开放系统。开放系统的运行远非热力学平衡状态，因而它能够与外部环境之间进行能量、物质或熵的交换。开放、复杂系统的典型例子包括雪崩、地震、星系和整个宇宙的演化。比利时裔美国化学家伊利亚·普里高津（Ilya Prigogine）提出了"耗散结构"（dissipative structure）这一概念，用以代指远离平衡状态下的自组织模式。此处"远离平衡状态"是指这样的系统无法用标准的线性方程进行描述。由于没有普遍的解，对耗散系统的描述需要用到

13

---

① 在后面的章节中我会提到，在清醒大脑中同样存在大量节律活动，看起来比较平缓的脑电图实际是快速、低振幅的 γ 振荡。

非线性微分方程。复杂系统遵循非线性动力学规则,也就是更广为人知的混沌理论。[14] 神经元通信和动力系统理论①(dynamical system theory)之间最直接的关联在于,二者都涉及变化的基本方面和变化发生的时间背景。在复杂系统中,系统的演化被描述为多维空间中的一个运动向量,这一在多维状态空间中相继访问的点的连接被称为"轨迹"(trajectory)。例如,在视觉感知中,"轨迹"对应的便是从视网膜到高级视皮质和记忆系统的神经元集群按一定顺序的相继调动。神经元活动的时空轨迹不仅取决于照射到视网膜上的光线,还依赖于感知者的大脑状态和过去接收类似物理输入的经验,因此,当出现相同的刺激时,在神经元空间中产生的轨迹却可以是不同的、独特的。

理论上,系统的复杂性可以用非线性来定义,但非线性方程的解无法事先预料,这是因为我们不能简单地根据每一个系统中低层级实体的行为而推导出整个动态系统的复杂行为。系统行为并不是因素的简单加和,涌现出的秩序和结构来自大量的系统组分间的复杂交互,同时,涌现出的自组织动力系统(如节律)会给系统组分施加情境的约束,因而限制组分的自由度。由于系统的组分在多个层面上是互相影响的,因而复杂系统的演化无法通过将局部互动加和来进行预测。组成部分之间相互合作或竞争,在这一基础之上,整个系统得以建立。在演化过程中,某些组分会超过其他组分而占据相对优势。这种相对优势地位在混沌理论中被称为"吸引子"(attractor),它们会影响其他的组分,从而降低整个系统的自由度。这种对复杂系统自由度的压缩(即熵的增加)可以用一个集合变量表示。以上这些观点对于解释自发组织的脑活动模式影响巨大(在本书第5~7章中会展开讨论)。

德国激光物理学家赫尔曼·哈肯(Hermann Haken)将元素与集合变量之间的关系称为"协同",他也称这种关系为"指令参数"(order parameter),即同时存在的涌现现象和下行因果(downward causation)。根据哈肯的协同理论,自组织产生的涌现现象有两个方向:一个自下而上,由局部影响整体,从而涌现出与部分不同的整体动力;另一个自上而下,是整体对局部的影响,此时整个系统的指令参数会控制系统组分的行为和它们之间的互动。这样的系统是自组织的,不需要监督,也不需要代理,系统内层级次序自发产生。鬼魅的地方在于,部分的变化会导致整体的变化,而与此同时,整体也会依据少数服从多数的原则约束部分的行为——它们之间形成了循环因果。在这里有必要明确的是,单独的部分或整体本身都不是原因,真正的原因内嵌于它们之间的循环关系中。哈肯认为,在协同系统中,原因总是循环的,对此更确切的说法可能是"非对称相互因果关系"(nonsymmetrical reciprocal causality)。[15]

---

① 译者注:动力系统理论是一种用来处理动力系统的长期定性行为理论,主要利用微分和差分方程来描述和研究复杂的动力系统。

暂且抛开哲学问题不谈,非线性动力学带来了一种新的思维方式,在这种思维方式下,系统不再是由部分简单地组合成整体,而是部分与整体之间的双向互动。[16] 能接收外界干扰并能依据外部信息改变其行为模式的系统具有非凡的学习成长能力,尽管它们可能被限制在由简单规则定义的边界中。系统遵循这些简单规则,由此,比部分加和更多、更重要的东西得以涌现,因此,涌现出的事物与产生它的组分本质上处于不同的层级。如果某个系统中各个组分之间的关系能够依照外部干扰的影响为特定任务而优化,那么这一系统就被称为自适应系统,大脑正是这样一个自适应的复杂系统。[17]

现在的系统神经科学是在一般系统理论(general systems theory)的基础上诞生的,虽然它以量化方法进行研究,但它的本质其实是一种现代化的格式塔理念。系统学方法论帮助我们将变化视为一个连续的、内嵌于时间流中的、受情境影响的过程,而非仅是关注每一个离散的时间点。系统学思维和对混沌的研究很快被应用在神经科学研究中,用以探索大脑的生物电活动,并且取得了一定的成功(虽然仍处于未成熟阶段):基于这些的研究证明了大脑活动和一些行为反映了混沌现象。本书主要讨论的是大脑以振荡模式运转并实现多种预测任务这一话题,那么上述成就与本书的这一论点之间有什么联系呢?我们将在第 5 章中继续讨论这一问题,同时,在更后面的章节中我们会接着讨论神经元网络的内部复杂性和它们对外部事件的可靠预测之间的关系。

大脑的灵活性来自哪里?

尽管在没有外部作用的条件下大脑会产生自发脑活动,但这些脑活动只有通过适应外部世界才能对脑功能的实现具有意义,也就是说,大脑必须依据其所处的环境进行校准,大脑内部的连接也需要依据环境进行相应的修改。大脑不是固化不变的,如果环境的统计信息反映了某一特定的兴奋丛(constellation),那么大脑便需要有能力改变其内部结构,从而使其动力系统能最有效地预测外部干扰的影响。相当一部分的大脑适应性调节能力(即大脑的灵活性)来自脑与脑之间的互动,也就是说,大脑与身体、与物理环境,以及与其他生物之间存在互动,而大脑的功能连接和不断修正过程中产生的算法都来自这些互动。

我们同样可以从大脑的单组分水平提出一个相似的问题:一个神经元的灵活性有多高?这一问题没有固定的答案,因为灵活性(或者说调节的智能)是一种相对判断,所以答案取决于进行比较的基线值以及拥有该神经元的大脑的大小。在很小的神经系统中,每个神经元至关重要,每个神经元也都存在特定的可辨功能;然而,在更大些的神经系统中,单一神经元的复杂性往往被低估,很大程度上,这是因为单个细胞对整个网络复杂工作过程所做的相对贡献看起来似乎很小。个体(单一神经元的)智能与群体(整个系统的)智能的比值随大脑大小的增加而迅速下降,但这不只是由神经元的数量增加导致的,实际上,很大程度上,是神经元的连接和以此为基础的信息交流决定了单一神经元的灵活性和其在全脑计算中所占的份额。这和人类智慧的特点颇为类似,在人类文化演变之前,我们与其他动物一样,属于个体的知识和属于全物种的知识之间并没有什么区别;但随着书籍、电脑、网络的出现,越来越多的原先属于个体的知识得到了外化,于是,全物种的知识的主要载体不再是部族长老个人或集体的智慧(即不再是这些人的大脑)。技术的进步带来了信息的外化,信息的外化使得人类累积的知识稳步增加,然而,令人难过的是,每个普通个体在这之中的相对份额却在逐渐下降。与之类似,随着大脑体积的增加,单神经元的适应性调节能力会相对降低,即便这些神经元的生物物理属性可能类似(甚至优于)较小大脑中神经元的生物物理属性。这是因为神经元的适应性调节能力来自它与周围神经元之间的互动,而随着大脑体积的增大,单一神经元所获取的关于整个系统、全脑决策的信息便会逐渐减少。在哺乳动物大脑皮质等紧密相连的系统中,单神经元或神经元集群的变化会波及并扩散到整个皮质,然而,随着大脑体积的增大,对单神经元的远距离作用的影响会迅速减弱,这是因为维持远距离连接的代价较高。单细胞的选择性和特异性反应(即它们外显表现的程度)并非由其生物物理属性或形态学属性所决定的,事实上,这些在很大程度上取决于细胞在整个网络中的功能连接。因此,并不存在"有智慧的"神经元(即能进行适应性调节的神经元),它们的外显表现仅仅是在特定时刻出现在特定位置的结果。因此,我们面对的一项挑战便是解答大脑的复杂性如何随神经网络规模的增加而增加,并且还能始终保留简单脑的有用功能。本书将在第 2 章和第 3 章中从大脑解剖结构的角度讨论这一问题,并在第 5 章和第 11 章中试图从全脑活动的统计特征角度阐明这一问题。

因果与演绎

或许有人会驳斥上述观点,认为在这一"动态系统"的整个过程中存在循环因果的问题,这种理论只是在削弱因果关系这一真正问题的重要性。不源自外界、由自己涌现出的自发性系统活动这一概念确实不易理解,这是因为人们总认为应当存在"目的"或"愿望"一类的元素。我们可以从实际角度出发,认为此类元素主要是一种口头指代,并没有什么哲学意义,因而不需要以多么认真的态度看待它们,然而,日常经验让我们认定,逻辑应当遵循线性因果关系,避免循环因果论。但是,线性因果也并非完全可靠,伟大的逻辑大师亚里士多德所犯的基本演绎错误便充分说明了这一点。亚里士多德断然否认大脑和任何运动与认知功能间的关系,他说:"灵魂的居所和自主运动控制中心(也就是说所有神经活动)都应当位于心脏。大脑不过是个没什么用的器官,可能只能用于冷却血液。"这一宣言是亚里士多德对希波克拉底观点的攻击,希波克拉底早在先于亚里士多德约一个世纪的时候就提出了关于大脑的正确观点："要知道,人类的快乐、喜悦、欢笑、打趣,以及悲伤、痛苦、哀愁、泪水都来自大脑,而且只诞生于大脑。我们通过大脑思考、观察、聆听、辨别善恶、感受悲欢……大脑是意识的信使。"①亚里士多德由线性因果关系得到的错误结论压制了关于大脑的正确观点长达一千余年。他通过演绎推理得到了这样的结论,这些推理建立在一些基本前提上:心受到情绪的影响(而大脑不会反应);所有动物都有心脏,血液对于产生感觉很有必要(亚里士多德认为大脑没有血液);心脏是温暖的(亚里士多德认为大脑是冰冷的);心脏和身体的各个部位之间存在联系(他不知道脑神经的存在);心脏是生命的必需(他认为大脑并非必需品);心脏是最先开始工作、最后停止工作的器官(大脑的发育较晚,所以在某种程度上这是正确的);心脏非常敏感(而大脑并不敏感);心脏在躯体中心,受到很好的保护(而大脑是暴露在外的)。但亚里士多德并非唯一抱有这些错误观点的人,埃及的国王在死后会保留几乎所有的身体部位,但他们的大脑会被挖出来扔掉;《圣经》中从来就不曾提到大脑,而是率先将情绪、道德行为等与心脏、肠道、肾脏的作用相联系。有趣的是,关于各器官重要性的类似观点同样存在于其他文化中,比如,犹太法典中提到(两个肾中)一个促人行善,另一个促人作恶;再比如,普韦布洛印第安人宣称"我们红人用心脏思考"。[18]

上述"逻辑演绎"的过程中存在具有压倒性优势的直觉(instinct)"证据",我们该如何反驳这类直觉呢?② 无疑,我们需要事实,但是我们对事实的解读永远是在情境中进行的,然而,什么样的情境才是合适的? 是线性时间,还是大脑重构的时间,抑或是其他情境? 当然,这样的质疑在动态复杂系统的理论框架中同样存在,我们假设大脑被非线性动力规律支配,是一个可以产生模式的自组织非平衡系统,但这一假设意味着什么,我们又如何才能证明或反驳这个假设呢? 自组织、自发行为这类直觉上简单的概念很难被正式、清晰地界定,这一点已经得到公认。[19] 对系统神经科学研究而言,如何超越一些最常见的解释并阐明特定存在于大脑中的机制,始终是个具有挑战性的任务。一般系统理论和非线性动力理论为我们思考这一问题提供了有用的概念和全新的思路,但机制水平的研究还需要神经科学家进行。[20]

系统学观点的引入给实验科学家带来很大困难,理解孤立的神经元和神经回路已是一项艰巨的任务,而系统学观点还要求他们去研究神经元集群指令的参数与大量神经元个体之间的关系,并且还要同时考虑神经元过去的活动模式,这使得实验科学家的研究更为艰难。尽管如此,系统神经科学的研究仍旧取得了惊人的

18

---

① 亚里士多德的话引自努斯鲍姆(Nussbaum,1986,p.233)。希波克拉底的话引自琼斯(Jones,1923,p.331)和希波克拉底(Hippocrates,公元前400年)。

② 马文·明斯基(Marvin Minsky)有句常被引用的名言:"逻辑对现实世界不适用。"这句话便说明了亚里士多德逻辑和因果关系的悖论。

进展,我们将在第 9～12 章中提到这些进展。不幸的是,试图立即就能观测并理解所有事情往往是不现实的。即便我们已经明白多个层次上的相互作用有助于生理功能的实现,然而,我们通常也只能在简化了研究对象(如只看脑中的一小部分)或大脑工作过程(如麻醉大脑或保持环境不变)的情况下才能取得研究进展。尽管非线性动力理论至关重要,然而,可以说,到目前为止,我们的绝大部分关于大脑和其生理过程的知识都来自使用简化模型和线性方法进行的研究。在神经科学中,部分和整体之间的关系也是个备受争议的话题。这并不奇怪,因为过去的大多数研究都是在自上而下或自下而上的框架中进行的,因此,尽管我们想要表明这些框架已然过时,但在此之前,我们应当先充分理解它们的优点。

科学词汇和逻辑方向

曾四处游历的伟大数学家保罗·埃尔德什(Paul Erdös)将上帝想象为一名建筑师,他主张上帝将其造物的建筑设计图详细地画在一本隐藏的"书"中,我们需要通过数学来发现上帝设计图纸的奥秘。他认为,数学家能遇到的所有问题都能在这本"书"中找到详尽的解答。因此,据埃尔德什和支持他的其他数学家所说,数学不是一个由人类创造出的、由建立在公理之上的种种关系构成的宇宙,他们认为数学应当是独立于数学家而先验存在的现实。[21] 数学家要做的只是发现这一现实。自然,与之相对的另一种观点便是数学是由人类创造的。在神经科学中,我们同样可以提出类似的问题:诸如思维、意识、情绪等自上而下的概念是真实存在的吗?也就是说,我们语言中的这些概念是不是能找到对应的、有类似区分的脑机制? 还是说,大脑工作中的关系和性质与这些概念并不相同,我们只能通过寻找新的、意义仍有待确定的术语才能恰当地描述脑机制? 只有持后一种看法时,我们才会设法弄清楚现有的概念是不是只是哲学家和心理学家通过内省(reflection)发明出的东西,而没有任何与真正脑机制之间的关联。我认为,现有的概念究竟是发现还是发明是一个十分重要的问题,因而值得用一些神经科学研究史来加以说明。

倘若大脑节律是大规模神经元活动的重要顺指令参数,那么,我们便会自然而然地将它们与认知过程联系起来。我们最早发现的具有这种独特作用的节律是海马中的 θ 振荡(在啮齿动物中的频率为 4～10 赫兹)。当时,人们在麻醉状态下的兔子大脑中最先记录到这一大振幅的突出节律。然而,直到安德烈·格劳什詹证明了 θ 振荡与猫的朝向反射(orienting reflex)间的关系后,这一振荡才成为人们关注的焦点。在他的这一发现之后,近 50 年来,人们一直在试图寻找和准确界定 θ 振荡的行为学相关表现。1981 年,我作为博士后研究员进入加拿大韦仕敦大学(University of Western Ontario)康尼留斯(凯斯)·范德沃尔夫的实验室。到当时为止,几乎所有可想象的外显(explicit)行为和内隐(implicit)行为都曾被认为与 θ 振荡具有最强的相关性,而每一种观点被提出后,持不同观点的竞争者间常会就此展开激烈的讨论。在格劳什詹的开创性工作之后,注意、选择性注意(selective attention)、觉醒(arousal)、信息加工(information processing)、视觉搜索(visual search)、决策(decision making)等许多相关术语和概念都被认为与 θ 振荡相关,并且这一"θ 振荡相关性过程"的列表仍在不断增长,这些研究都认为海马 θ 振荡和一些对环境输入的高水平加工相关。与之不同,另外一系列观点则假设海马 θ 振荡具有控制输出或运动的作用,这些假说中最有影响力的就是范德沃尔夫的自主运动假说(voluntary movement hypothesis)。范德沃尔夫认为,在有意或自主运动过程中才会产生 θ 振荡,而在静止不动时或在非自主运动(也就是说在缺乏自主性的行为过程中)时则不会产生 θ 振荡。[①] 在从加工处理到主动生成的整个 θ 振荡假定功能谱系上,很多功能非常独特,如催眠、大脑搏动、温度调节、性行为(或者准确地说结合与交配)(图 1.2)。作为博士后研究员,我要想扬名学界,最佳的办法似乎是提出某一新术语,它要与从前的概念相区分,但又要能保留我的导师们先前所提概念中的核心内容。很快,我便意识到这是不可能的。格劳什詹强烈反对使用"自主"这个词语,因为他认为这个词语的含义中带有过强的主观性,但是他又无法完全回避这个词语的含义。[②] 范德沃尔夫使用了复杂的行为学方法和精细的行为分析,并试图避免各种主观性术语。[22] 然而,自他引入"自主"这一术语之后,对 θ 振荡的研究在无意中逐渐滑入了"意向性"与自由意志领域,而意向与意愿(will)自然也属于定向、注意和其他主观行为的一部分。[23]

　　尽管我的许多杰出同行以兔子、大鼠、小鼠、沙鼠、豚鼠、羊、猫、狗、猴子、黑猩猩和人类为对象进行了长达 70 年的研究,但到目前为止,仍没有一个大家公认的、能够明确描述海马 θ 振荡相关行为的术语。颇为讽刺的是,不可避免地会有一部分人得出结论:"意愿"在 θ 振荡产生过程中具有关键作用。相对而言,一个更为理智与稳妥的结论应是:用来描述行为与认知过程的术语只是一些假想的概念,这些过程并不一定要与任何具体的脑机制一一对应。

　　当代认知神经科学研究中涉及的种种用于描述行为和认知过程的概念从何而来?这一问题的答案是亚里士多德和他的哲学体系。而亚里士多德认为心才是核心,他的哲学学说也是建立在此认识之上的,与脑机制无关。后来,亚里士多德所用的种种术语被基督教哲学家沿用,在笛卡儿(Descartes)和英国经验主义哲学家约翰·洛克(John Locke)与戴维·休谟(David Hume)的学说中,这些术语也被广

　　① 参见 Vanderwolf(1969,1988)的文章。神经外科医生约翰·休林斯·杰克逊(John Hughlings Jackson)区分了自主运动和反射运动(automatic-reflexive movement)。自主运动的前提在于存在充分的内部动因,柏拉图和圣奥古斯丁认为,自主行为(或者说自愿行为)是自由的,与外部世界中的任何事物完全无关。然而,有些人可能会反驳,即便是出于需求的自由选择也是能被外部事物诱发的,因为大脑处在身体-环境的交互当中。

　　② 在他生命的最后十年中,格劳什詹致力于理解游戏行为的神经生理学基础,他得出结论:θ 振荡与游戏行为之间始终存在关联。据格劳什詹最喜欢的哲学家赫伊津哈(Huizinga,1955)的说法,游戏是"在特定时间和地点范围内进行的自愿活动或消遣"。

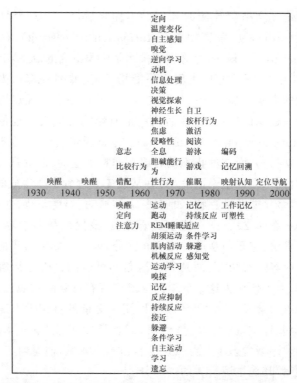

图 1.2　假说的时间演化：海马 θ 振荡相关行为的各种假说发展时间线。大多数假说一致认为 θ 振荡反映了输入功能，如格劳什瑞的定向反应假说（orienting response hypothesis）。在 θ 振荡与输出过程相关的假说中，最有影响力的是范德沃尔夫的自主运动假说。参考自 Buzsáki（2005b）的文章。

泛使用。不过，他们只把这些表述认知过程的术语作为假想概念使用，这其实也是他们相当大的贡献了。但是，到了威廉·詹姆斯（William James）之后，自他在其著作《心理学原理》（*Principles of Psychology*）中定义了注意、概念、关联、记忆、知觉（perception）、推理、直觉、情绪和意愿这些概念后［后来这些概念作为威廉·詹姆斯的心理内容清单（list of the mind）而广为人知］，它们就变成了"真实"的内容，而非先前的假想概念了。[24]

如今的认知神经科学或多或少都会建立在詹姆斯的这些心理内容基础上，同时也会或多或少遵循他自上而下的研究方法。"众所周知何为注意"，詹姆斯在试图定义这一概念时声称。而且，为了让自己听起来更加准确、学术，他甚至使用了必要的"近似属"（*genus proximum*）这一古老的亚里士多德逻辑所要求的内容，他说："它（指注意）是心理所具有的特性。"[25] 毫无疑问，只要其中较为有概括性的术语（即上位词），也就是此处的"心理"的定义是基于假设原则而非观察到的事实，那么这种从一般到特殊的推论方法便十分有效。[26] 对有意识心理（conscious mind）的精确认知和定义肯定有助于我们寻找策略以理解注意等其他所谓的大脑认知能力。[①] 在当代认知神经科学中,对詹姆斯自上而下研究过程的应用主要分为以下几个步骤:第一,找到意识和神经元之间的关联;第二,识别意识过程中充分必要的神经元事件并识别负责产生心理内容(即詹姆斯心理内容清单中的概念和其他心理过程)的机制;第三,进行心理旋转——这一步操作会假设主体的感知体验实际是由被识别的大脑过程所引发的。毕竟,有了大脑才会有种种心理内容。在我看来,这一系列研究过程更符合应用研究,而不是基础研究,因为这一自上而下的策略会假设哲学与心理学已经明确并充分定义了知觉、意志等概念(自变量),因而神经科学研究的主要任务是揭示产生这些概念的脑机制(因变量)。由此,如果我们认为大脑产生认知行为(此时大脑的活动是自变量,知觉、意志等认知过程是因变量),那么,这一想法就和自上而下的研究策略之间构成了悖论。

　　我们会自然而然地认为,前面提到的“发现还是发明”本应是自神经科学诞生以来就存在的根本性问题,然而,实际却并非这样。无论是分子生物学还是计算生物学(当然还有之前的各种学科),每一个新学科都是通过建立自己的专有词汇库而从过去的学科中独立出来的。那么,为什么神经科学(尤其是认知神经科学)如此与众不同呢?倘若詹姆斯心理内容清单中的概念的确来自诸位先哲,那么对这些概念的定义多半仅凭空想而无实据,在这种情形下,我们又有多大的可能弄清楚与这些概念相映射的神经元结构与机制呢?神经科学中这一“发现还是发明”的争论尚未大规模爆发,我怀疑其原因在于认知领域中围绕大脑的研究尚处于初期阶段,因而摆在我们面前的事实便是:到目前为止,从对大脑的研究中发现的功能还太少,无法挑战传统研究方法(即从发明的概念出发寻找对应脑机制)的地位。当然,只要我们牢记这些承继自哲学和心理学的术语只是假想出来的概念,那么使用它们便无可非议,毕竟这些口头使用的术语对学科内交流和跨学科信息传递十分必要。不过,如果能创建一个结构性的词汇库,以明确界定每个术语的确切含义和适用范围,使得不同实验室、语言、文化之间能摆脱对先验哲学意义的依赖,使用词汇库中的术语进行客观交流,那么,学科内和学科间的交流将取得最佳效果。要想确证或驳斥某一概念的正确性,唯一有效的方法便是研究相关的机制,考虑到我们面对的概念都是从其发明者那里继承而来的历史术语,这将是一项十分艰巨的任务。虽然如此,在彻底否认詹姆斯式研究策略之前,我们还是应当先考察一些其他的研究策略。

　　[①]　科赫(Koch,2004)在其可靠且可敬的研究中试图确定意识与神经之间的关系。支持这一自上而下研究方法有效性的一个论据是分子生物学。如果没有 DNA 的发现,建立在共有生物学词汇基础上的通天塔将变得难以想象。而一旦类似的“心理密码”具有了明确的定义,那么对认知功能的分类将会被大大简化,而且所有的认知功能都可以通过这些密码导出。两位诺贝尔奖得主杰拉尔德·埃德尔曼(Gerald Edelman)和弗朗西斯·克里克(Francis Crick)曾倡导进行“意识解读计划”,我猜想这一倡导背后的驱动力正是来自分子生物学的巨大成功。

23

另一些自上而下的研究策略

艾伦·图灵(Alan Turing)是一位优秀的数学家和专业的密码破译者,但是,这位古怪的剑桥大学年轻老师被全世界铭记的原因却是他想象出了一台机器。根据他的说法,这样一台机器能够复现人类的逻辑思维。[27]1950 年,图灵曾信心满满地宣称:到 20 世纪末时,机器的智慧将能够与人类匹敌。图灵自上而下的策略极其直接明了:完全通过计算理论便可以理解内心,不必考虑理论实施的具体细节。这种方法甚至比之前的哲学-心理学-神经科学研究方法更为简单直接,它规避了解密大脑硬件这一十分困难的过程,从而提供了一条充满诱惑力的大脑研究捷径。图灵声称,要想理解大脑,我们所需要做的只是编写足够多的密码来模拟它的种种功能。①

为强调自己对机器智能的严谨态度,图灵提出了一个测试标准:若一个人在与某个机器交谈时无法分辨自己是在与人交谈还是在与机器交谈,那么这个机器便具有智能。图灵的追随者们(即人工智能开发者们)取得了不少令人惊异的重要成果,比如击败了象棋大师的象棋程序、实用的言语和字符识别系统等。然而,这些都仍旧只是精心设计的用于执行特定任务的程序,人类制造的机器和设计的运行它们的算法都是为了服从而非创新,它们从不会想出有趣的笑话。无论是日渐强大的计算机还是越来越复杂的软件,它们都不曾像真正会思考的机器那样工作。人们不再幻想通过人工智能模拟来研究人类思维,这不仅体现为对技术的批评,也体现为在此过程中出现的认识论争议。[28] 来自美国罗格斯大学(Rutgers University)的杰里·福多尔(Jerry Fodor)是探讨图灵心理计算理论的哲学家中最有影响

24
力的一位,他指出:"到目前为止,认知科学对人类心理的研究发现最主要的是未知,也就是说,通过认知科学研究,我们发现自己并不清楚心理是如何工作的。"更糟的是,他补充道:"认知科学的主要成就就是'让我们看到了有多少我们看不到的东西'。"[29]对实体基质具体内容的忽视往往让我们面对太多种可能,因而要想检验每一种可能就成了一件不切实际的事情。我想,我们有把握得到结论:即便是那些一再狂妄宣称很快就能征服"人类理智的最后疆域"的极度狂热分子,也同意仅靠自上而下的方法不太可能破解大脑算法的奥秘。尽管如此,图灵的研究方式还是为我们研究大脑提供了一个新的角度:复杂模式如何通过遵循简单的算法规则而形成(具体到本书内容,即自发脑活动如何通过遵循简单算法而产生,详见第 5 章)。

---

① 参见 Turing (1936)的文章。在神经科学领域,戴维·马尔(David Marr)可能是目前最直接公开地支持图灵式策略的研究者。对马尔来说,若计算机模拟能实现某一问题,那么我们就有充分理由认定,大脑中处理这一问题使用的也是类似的算法(Marr,1982)。在我看来,图灵式策略的谬误在于,它不能区分不依赖实体的概念和依赖实体的机制。

自下而上的研究进展和逆向工程

尽管在理解大脑的过程中存在种种障碍,但神经科学家已在研究策略上达成了共识——要理解大脑运作的复杂性,我们至少需要对三个主要成分具有详细、系统的理解,这三个主要成分为:大脑的动态结构组织、脑组成部分运作的生理过程,以及某些操作的计算模式——这些操作使得神经元能在特定解剖结构中执行行为。[①] 如果詹姆斯和图灵所提倡的自上而下的研究方法不能满足神经科学研究的需求,那么我们不妨尝试自下而上地构建高级功能。

想要获得关于某系统如何运行的知识,我们可以从产生此系统的实质与基础入手,这便是除自上而下途径外研究系统的另一种方法(准确来说,应当是一种对前述方法的补充)。阿尔贝特·圣哲尔吉(Albert Szent-Györgyi)对此方法曾有明确的论述:"若我们无法从结构中获取任何关于功能的知识,那只意味着我们没能以正确的方式研究结构。"[30] 描述这类研究哲学的术语是"逆向工程"(reverse engineering)。[31] 在实践中,逆向工程就是拆开某个物体以研究它是如何工作的,这种拆解的目的是希望能复制出这一物体,当然,复制过程中往往会改变原来物体的一些组分,但并不会改变这些组分的真正功能。和前述一样,让我们继续用汽车进行类比,我们可以拆卸一辆莲花爱丽斯(Lotus Elise)跑车,研究它的引擎、刹车、方向盘、变速器和其他各个部分,以实现我们的最终目的——制造出一辆性能类似的跑车。要想最终能成功实现目的,在进行逆向工程的过程中,我们就必须清楚每个部件如何独立工作,而且我们还必须清楚每个部件如何作为整辆车的一部分而工作。[②] 将这一思路应用于神经科学研究,对大脑的各个细节功能进行破译,可使最终理解整个大脑成为可能。就大脑的解剖学连接、神经元的生物物理特性、神经元连接的药理学特征,以及支配各组分工作的规则等,其中的详细知识可以被系统性地整合到一起,最终,所有这些知识的集合将有望解释大脑运作的过程和由大脑运作而产生的主观经验。

政治军事领域中分而治之(*divide et impera*)的智慧在科学研究领域中也是一种十分有效的策略。面对一个非常复杂的问题,解决它的一个明智的方法便是将其分解为可被处理的子问题,然后逐一解决这些子问题。在实际中,对脑电波和大脑节律的解读便是这样一个多次利用逆向工程进行研究的领域。如前所述,脑电波是对无数神经元间互动的大规模表征,是一种集体的指令参数。尽管脑电波确实表现出某种可以预期的、和外显或内隐行为之间的关联,但如果没有明确的证

25

---

① 这种切实可行的还原论背后的哲学是:如果不能理解部分及部分之和的性质,我们便不能完全理解整体。

② 从定义上讲,汽车是一个构造复杂的系统,但它并不是一个复杂系统。它由许多部件线性组合而成,部件的组合与工作都遵循一定的设计蓝图,因而能够被预测。

据证明它们对大脑执行功能的必要性,怀疑论者就可能声称它们不过是果冻状的大脑在工作过程中附带振动的结果,因而对脑电波的重要性不予理睬。要想消除这种质疑,只能通过在逆向工程框架下研究脑电波在神经元水平的表征,这是一类十分重要的研究,具体的内容我们将在第 10 章和第 12 章中讨论。在神经科学中,自下而上的研究方法从研究孤立的神经元开始,然后探究小片脑切片中的局部网络,然后在便于操作的麻醉过程中研究局部网络之间的互动,我们不断在较低层级的知识基础上向上推进,研究更高层级的知识,那么,这种方法能让我们前进到哪一步、哪个层级呢?无疑,这种方法让研究变得令人舒适,因为在每一个层级内部都可以找到因果关系——但这是每个层级内部的因果,而这正是这种方法中问题的关键所在。几乎可以肯定,仅靠自下而上的方法绝不可能完全解释大脑中最复杂的工作过程。也许您已经猜到,这是因为大脑是一个非线性的装置,将其分解为各个组分之后,我们永远也无法把这些组分重新组合成一个能实现各种功能的整体。每一个组分的所有行为并不都仅由它本身决定,这些组分和整个大脑之间的相互作用才是决定组分功能的关键。整个大脑中复杂网络的运行无法借由不协同的算法产生。因此,要想理解局部过程,我们就需要掌握控制整个大脑的算法,也就是"大脑蓝图",而这又将我们带回到詹姆斯式的研究方法中,如果我们一开始就知道大脑整体的蓝图(即詹姆斯所言的上位概念"心理"),那么对剩余部分的研究就变得容易多了。

由外而内和由内而外的策略

神经科学中一类颇有成效的研究方法是使用感觉刺激来探查大脑行为,研究单个神经元的反应。在这类研究中,每次只关注一个特定的神经元,因而被称为单细胞生理学研究。戴维·休伯尔(David Hubel)、索斯藤·威塞尔(Thorsten Wiesel)和弗农·芒卡斯尔(Vernon Mountcastle)在猫和猴子的大脑新皮质(neopallium)中运用这种单神经元记录技术取得了令人惊叹的研究成果,他们设计精妙的实验开启了对躯体感觉皮质进行研究的新时代。这种方法最有吸引力的地方在于它的简洁性和可控性——实验者能对输入进行操控。通过记录神经元对由实验者控制的输入做出的反应,便能够研究所呈现的刺激是如何转化为神经元表征的。

然而,这一由外(输入)而内(反应模式)的前馈策略存在两个基本的问题:第一个问题是对神经元网络的这种输入-输出分析非常复杂,因为大脑活动的不同模式并不只是用以表征外部环境信息。客观物质世界的特征本身并不会告诉大脑这一情境是熟悉的还是新颖的,也不会告诉大脑这个刺激是令人愉快的还是反感的。对同一刺激不稳定的响应可能正是神经元对感觉刺激反应的特性(见第 9 章)。从另一个角度来说,造成这种多样性的原因在于,在前馈过程中,神经元不是独立的元素,它们内嵌于整个神经网络中,而整个神经网络的状态会对每一个神经元都产生强烈且多样的影响。也就是说,大脑不断地以自发活动的形式给被记录的单独神经元提供"信息",而仅仅通过分析刺激与单独神经元之间的输入与输出关系是无法解释上述多样性的。忽视这一源自大脑的多样性会造成研究的重大缺陷,因为这种自发协调的多样性可能正是认知的本质(就认知本质这件事我会在书中许多章节里加以论述)。大脑会对一部分外界的物理特征进行解释,这些特征与解释过程可以反映在神经元的群体活动上。即便刺激本身是不变的,但是大脑的状态却不会保持不变(见第 10 章)。

　　除此之外,这种由外而内的方法还存在一个问题——我们并不确定自然条件下哪些刺激能引起大脑的反应。在研究中,呈现给大脑的"简单"刺激十分抽象,而且,实验室条件下给予的刺激可能与自然条件下神经系统适应的刺激相去甚远。随着我们开始尝试解释一些和感觉输入并不直接相关联的神经元反应,这一问题变得越来越不可忽视。甚至在很多时候,神经活动完全由大脑过去的经历所决定,比如看到结婚戒指可能使人回想起关于婚礼的愉悦记忆或关于葬礼的悲伤记忆——而一个人回想起的是前者还是后者取决于他过去的经历。

　　在由外而内的方法之外还有另一种研究大脑的方法,这是一种由内而外的方法,它首先研究的是默认的、相对不受干扰的大脑状态和具有高度自治性的脑结构。神经元在群体网络层面相互作用,从而涌现出各种各样的集体功能,而这种方法研究的重点就是单独的神经元和神经元集群功能之间的关系,因此,使用这一方法并不需要我们拥有对相关刺激的先验知识。在研究的过程中,一旦建立了相关关系,研究者就有可能通过施加人为的干扰去试图寻找隐秘的因果关联。我在本书中将遵循这种由内而外的研究逻辑进行讨论,这不是因为这种方法最好,也不是因为只有这种方法才能取得成果,而只是因为我对这一逻辑了解最多、最有经验。此外,自生成的行为和涌现出的大规模大脑振荡往往出现在未受干扰的大脑中,因此使用这种方法进行的研究可能也更有指导意义。因此,在本书的第 7 章和第 8 章中,我会关注最基本的大脑自组织行为——睡眠,并且对睡眠可能具有的功能展开讨论。而在第 9～12 章中,我会重点关注清醒状态下的大脑及其与环境输入之间的相互作用。最后在第 13 章中,我会对结构连接和整体功能之间的密切关系加以阐释。

本书内容范围

　　通过前面对本书各章节内容的快速浏览,您可能会发现,相比于书中十分有限的内容,《大脑节律》这个书名可能有点夸大,很多重要的话题在书中其实都被忽略或遗漏了。比如我们完全忽略了由脊髓和脑干①(brainstem)产生的重要神经振

---

① 脑干是对位于脊髓上方的各种结构的统称,包含延髓、脑桥和中脑(mesencephalon)。

荡,仅重点围绕哺乳动物大脑皮质的节律和振荡进行讨论;再比如,对于昼夜节律和其他周期较长的振荡行为,我们只讨论它们和较快的神经活动相关的部分,而对剩余部分则并未关注;还比如,我们也没有过多涉及和疾病相关的大脑振荡。直到近来,人们一直对大脑振荡存在误解,认为它们只和疾病相关,因而进行了大量关于神经振荡和疾病的研究,一些具体的疾病包括癫痫、帕金森病、亨廷顿病、原发性震颤、小脑震颤、昏迷以及精神疾病等——这里的每个话题都值得单独写一本书来进行讨论。但是,即便我们在这本书中忽略了这么多方面,大脑的节律和振荡这一主题下仍有许多值得讨论的地方。神经节律是正常大脑运转的重要部分,而我的目标便是使读者们相信:神经元振荡是一种基本的大脑生理功能。进而,我希望这些基础性内容将有助于增进我们对病理性节律的理解,并且能让我们进一步理解药物对大脑振荡产生的有利或有害改变。

研究的最佳策略

认知神经科学中"发现还是发明"的问题并没有简单的解决方案。虽然我在前面既指出了内省法、哲学和心理学路径的缺点,又指出了逆向工程和还原论方法的不足,但这并不意味着我完全否定这些方法,我只是想借此强调:没有一种全能的最佳策略能解决所有复杂的问题。取得研究进展的"最佳"方法始终依赖于可用的技术手段,而且,研究能否取得进展也依赖于已有的概念能否被检测。与此同时,使用的研究方法也会反过来决定下一步研究问题的提出。尽管我们有充分的理由承认,我们目前根本看不到一个能引领我们前行的、关于脑和心理的统一理论的曙光,但这并不意味着我们不应该努力去建立这样的统一理论。本书中所要讨论的话题包括自发性秩序的涌现、神经振荡、同步性、结构-功能关联,以及合作细胞群进行的表征和存储,这些内容代表了微观的、没有意识的神经元和智慧的、有功能的大脑之间的过渡。我写作此书的目的便是揭示大脑如何从其组分的有组织的复杂性中获取灵活的调节能力(即"智慧")。接下来的内容将会向您呈现神经科学中各种引人入胜的工作所取得的成绩和进展,这将是一趟不同寻常的旅程,因为它会呈现许多不同领域的工作,而通常情况下,这些内容往往不会在一篇单独的科学研究中被联系在一起。

第2章

结构决定功能

本章其他注释

建筑是转化为空间的时代意志。

——路德维希·密斯·凡·德·罗

如果我们能记录下一个人大脑中所有的连接及其布局,那么我们能知道这些连接怎样引发了这个人的行为吗?[①] 这是生理学家常常戏谑地向兢兢业业的形态学家提出的问题。这一问题的答案自然是否定的,但也并不全是——如若不先弄清楚大脑的基本连接,我们便永远无法发现大脑运算的奥秘。解读脑活动需要从两方面同时入手:第一,我们需要对大脑回路在微观和宏观层面上的基本构造有一定的了解。第二,我们还必须破解支配神经元间和神经元集群间相互作用的法则,这些相互作用是种种外显行为和内隐行为的基础。大脑神经网络的复杂性和精确性使我们必须进行实验研究,倘若缺乏实验研究,再多的内省思辨或计算建模都对我们理解大脑毫无裨益。我们需要理解神经元连接的原理,因为这将为我们思考执行功能的过程提供指导。相对而言,把少数几个神经元连接起来就比较简单直接了。但是,在人类的大脑中进行线路布局,把脑中所有的神经元都连接起来,这一任务的难度不啻连接起宇宙中的所有恒星。如果每一个物种都有其独特的、与其他物种完全不同的大脑连接方式,那么这一理解神经元连接的任务将不可能完成。然而,如果神经元之间的连接在不同物种中都遵循相同的规律,那么我们便有可能在这个问题的研究上取得进展,也有可能获得对此更充分深入的理解。

---

① 本章中我们将"线路布局"(wiring)视为轴突连接的同义词。这样使用有一个重要前提:此处"布局"指的是大脑中的精细连接,它是灵活且一直在变化的,因此,没有任何两个大脑的连接和布局完全相同。这和严格确定的、由设计蓝图决定的机器线路布局完全不同。

而当我们理解并掌握了支配神经元连接的法则时,我们便可以开始理解神经网络的规模问题——在演化过程中,随着脑的体积不断增大,原先在较小的脑中发展出的功能是如何被保留下来的,抑或如何被开发利用、赋予其他用途的。这将是这一章要讨论的主要话题。不过,在此我们重点关注大量神经元的连接问题,因为这正是哺乳动物大脑皮质的特点。① 下面我们将描述一些构造的基本法则和约束条件,它们被认为对皮质局部和整体运算功能的实现具有决定性作用。

基本回路:多重并行回路的层级结构

所有大脑都有一个共有的功能——控制身体。即便缺乏有生物学意义的感觉信息的输入,移动特定身体部位或整个躯体的能力仍然是十分必要的。在周围有充足食物的海水中,简单的节律性运动便足以维持最简单动物的生存。而当它们发展出运动控制能力时,相应地,它们的感觉系统便开始发展,从而能更有效地指导各种对自身生存最有利的运动行为,如寻找食物、避免有害刺激、根据光的昼夜变化调整行为等。②

不论大脑的体积大小如何,所有脊椎动物的大脑中都存在具有上述控制功能的基本回路。在生物演化的过程中,这一基本回路的本质并没有发生改变,只是一些起中间连接作用的神经元链和更长的神经元链逐渐并行叠加在原有的大脑回路之上。无论我们研究的是大脑网络的哪个部分,神经元回路几乎都是大脑在所有层级上的首要组织形式。物理学家会将这种多层级、自相似的组织形式称为"回路的分形"(fractal of loop)。[1] 在这些多重并行的回路之外,大脑还会发展出低层级和高层级之间的连接,由此形成并行回路的层级组织。③

31

从零开始建造一座房子往往比扩建一座房子更为容易,如果大脑是根据先验的原则和设计构建的,那么在构建大脑时这一点也基本适用。然而,对所有演化出的新物种来说,在构建大脑时,没有任何蓝图可供使用,新演化出的大脑由过去已有的大脑改造而来,它具有先前大脑的所有特征。就像考古遗迹中的不同分层一样,大脑中最古老的神经回路位于底层,随后发展出的层级位于中间过渡部分,而最新发展出的结构则位于顶层。这些并行的层级或神经回路之间存在相互作用,

32

---

① 在这一章中,我们并不会对不同皮质区域的组织形式展开详细论述,本章重点关注的是大脑局部区域内的连接和跨区域的远距离连接。在本书的第 11 章和第 13 章,我们将分别讨论海马中的随机空间排布和基底神经节(basal ganglia)与小脑(cerebellum)中的严格区域内连接,但本章中讨论的新皮质构建与这二者均不相同。

② 这些运动控制能力在单细胞有机体,如草履虫、哺乳动物的精细胞等中同样存在。

③ 大脑是由多重并行的回路构成的层级结构,大脑皮质中的各个回路之间通过中间连接和远距离连接相互联系。感觉信息通过丘脑传入,而丘脑受新皮质反馈的控制。海马中的突触连接相对较灵活,而基底神经节和小脑中严格并行的神经回路主要起抑制性作用。基因会决定主要的神经回路,但是对大脑连接的精细调整(即基于输入-输出关联进行的校正)需要来自身体、环境以及大脑与其他大脑之间的互动来控制。

演化上较新的层级能抑制原先在较短(较旧)的回路中传递的神经元冲动,并通过重新组织,使冲动通过高层级中更长的神经元回路继续传递。从这一演化的角度来看,低等动物的大脑和高等动物的大脑之间主要的区别只在于连接输入与输出的神经回路的数量差异:在低等动物的简单大脑中,感觉输入与动作输出之间仅有很少的传递节点(node),而在高等动物的复杂大脑中,由于存在长短不同的神经回路,神经信号传递经过的节点数也有更大的变化范围。在很大程度上,神经元组织的这种简单的定量细节便能解释演化上较古老的生物和较新的生物对相同物质世界的不同反应。

例如,当突然听见意外的巨响时,我们会瞬间收缩大量肌肉,这一反应被称为惊跳反射。这是一种古老但十分重要的反射行为,负责这一反射的神经回路十分简单,它存在于所有哺乳动物中,而且我们对这种反射行为已有颇为充分的理解。[2]然而,同样的巨响若是出现在不同的情境下,如亨德尔的《弥赛亚》中的定音鼓,可能会在人类大脑中引发截然不同的反应:这样的声响不仅不会引发惊跳反射,相反,这些传入耳中的鼓声会触发人们对过去经验的神经元表征,让人们回想起曾给自己留下深刻印象的表演。这一过程涉及的神经回路十分复杂,而且我们对此仍没有充分的理解和完备的知识。简而言之,在复杂的大脑中,不同的情境中呈现的相同物理刺激会引发差异巨大的输出。需要再次强调的是,物理世界中没有任何东西能先验地预测大脑对某一刺激的反应,决定行为结果的通常是大脑的状态。诚然,我们深谙此点,然而,我们不清楚的是"状态"这一词语背后的神经元过程,本书中的部分内容将被用以探究"状态"这一概念。

在进行下一步讨论之前,我们还需要对大脑回路的组织进行一些探究。这些回路在大脑神经网络中并不是闭合的,感受器接收到的信息在输入到输出的过程中被传递,而在控制输入和输出的神经元连接之间存在着一个"缺口"。① 这个缺口可能会通过大脑引发的、针对躯体和环境的行为而被填补,这一过程便是大脑依据物理世界的标准对神经回路进行校正的过程,也正是这一过程使得我们的大脑学会了感知物理世界。这种行为指导下的学习过程使得我们的感受器变得更加可靠和高效。这一校正-学习过程最终将使得大脑能够根据过去的经验推算出可能的结果,并将这一预测的结果传递给效应器(如骨骼肌)。在第 8 章和第 11 章中,我们会进一步讨论大脑演化过程中的这种"行为-脑-感受器"排布。

① 中枢运动区和感觉区之间的长距离回路[作为"感知回馈"(corollary discharge,德语:*reafferenz prinzip*)]很可能是在环境的作用下最终形成的(见第 7、8 章)。举个例子来说明这些由运动系统到感觉系统的投射的作用,它们能帮助我们区分物理世界中物体实际的运动和由我们自己的眼睛或头运动所导致的外物位置的变化。

大尺度上大脑网络的组织

任何一门给新生讲授的大脑解剖学课程都会告诉我们,人类的大脑约有 1000 亿(即 10^{11})个神经元,它们之间大约有 200 万亿(即 $2×10^{14}$)个连接。[3] 此外,我们会从解剖学课程中学到,虽然神经元之间的连接相当稀疏,但每个神经元都会通过几个突触和其他神经元相关联。[①] 但是,我们不会学的是支配这些复杂连接的组织中有哪些一般原则。

尽管一代又一代的优秀科学家都曾对大脑的结构进行过研究[4],但大脑的连接以及连接与功能间的关系仍是未解之谜。下面,请允许我简要地概括一下问题的核心,随后再通过一些详细展开对这一问题进行论述。假设大自然产生了一种有用的神经功能(如某种控制肌肉运动的机制),鉴于脊椎动物肌肉的收缩速度取决于肌球蛋白——一种在所有哺乳动物中都相同的收缩蛋白的特性,那么肌肉协调的速度应当在很大程度上保持跨物种的一致性,而与神经系统的大小无关。[②] 物理世界中的一些其他时间方面的信息对不同的哺乳动物会产生相似的影响,因此,很多情况下,较小的大脑和较大的大脑在处理很多问题时的时间尺度或多或少是一致的。

对于电子设备来说,如何保证不同尺度上时间的一致性可能并不重要,毕竟电脉冲是以光速行进的,然而,大脑中神经元连接之间的传导速度相对缓慢,这使得如何保证信息跨神经元的传递时间始终一致成为一个必要且充满挑战的问题——毕竟在更大的大脑中神经元间的距离显然也更远,那么自然信息传递所需要的时间就会更长。总之,我们必须要解决的问题是,如何保证不同大小的大脑中存在一个相对固定的必要时间窗,使得在这段时间中,行为输出和感知输入能被用来实现大脑的正常功能。本书第 6 章中也会提到,随着哺乳动物逐渐演化,纵使大脑中神经元和神经元连接的数量都大大增加,但各种动物大脑振荡的频段却一直保持相对恒定。如何既能保留某一功能并在某个固定的时间尺度上实现它,同时又能增加参与实现这一功能的神经元数量?这一问题并没有简单直接的答案。如果在实现某一整体功能时,大脑皮质中的每个神经元都有同等的机会参与其中,那么在较小和较大的大脑中这些神经元应如何互相连接呢?目前我们尚不清楚神经元连接和组织的一般原则,但是,我们可以将大脑的一些行为与其他已知的有组织系统进行比较,并从中学到一些东西。接下来,我们会从神经元连接的问题开始,一步步对其中涉及的问题展开讨论。

---

① 突触(synapse)是神经元间的连接结构,神经元间的单向交流通过突触进行(Peters et al., 1991)。

② 肌球蛋白是一种在骨骼肌中发现的收缩蛋白,人类肌球蛋白的体积是大鼠的 100 倍,但收缩的速度仅比大鼠肌球蛋白慢 50%(Szent-Györgyi, 1951)。

不同体积的大脑中的度量尺度问题

让我们将关注点重新放回到我们大脑中的那 10^{11} 个神经元上。在我们容量仅有 1.5 升的颅骨中,存在着这样数量众多的神经元,而且,每个神经元都是一个相当复杂的装置——也许是自然界中存在的最复杂的细胞类型。神经元具有树状结构,它们的形态和分支模式多种多样,既有像小盆栽那样的,也有像巨杉一样的。这种构造上的特性看起来复杂,但实际上,这是一种能简洁高效地增大表面积的方式,因而每个神经元得以有最大的面积用于与其他神经元相连接并接收信息。而且,为了进一步增加感受器的数量,大多数神经元的树突(也就是它们的分支)还被大量的树突棘所覆盖。通过这些树突和树突棘,一个神经元可以产生成千上万个位点用以接收信息,这些位点便被称为"突触后受体"(postsynaptic receptor)。位于不同演化层级上的不同哺乳动物,树突棘的密度和树突的范围有所不同,但差别不大。皮质中最多的神经元——锥体细胞,拥有 5000~50 000 个突触后受体,不同的神经元之间正是通过这些突触彼此连接在一起的。在人类大脑皮质中,这些锥体细胞连接的 90% 都是与其他新皮质锥体细胞共同建立的。

从以上信息中我们可以得到另一个数据:假设每个神经元只有 5000 个连接,那么人脑中所有神经元(10^{11} 个)将会通过细而长的轴突侧支建立大约 5×10^{14} 个连接。轴突通常从胞体发出,经过一段漫长而曲折的旅程后到达或近或远的几十到上万个神经元。在大脑中,轴突所占的体积比胞体、树突、树突棘合起来所占的体积都要大。然而,我们不可能把颅骨内有限的空间全都给神经元及其连接,那显然过于奢侈。神经元及其轴突周围包绕着大量胶质细胞和庞大的脑血管系统。[①]这些支持结构需要大量的空间,事实上,神经元及其连接作为大脑中真正用于计算和工作的部分,其总体积还不到 1 升。

让我们暂时把和物理实体相关的细节放在一边,看看仅用数学方法将如何处理神经元连接的问题。简单起见,就从 50 个神经元开始。让这 50 个神经元中每一个都与其他神经元相连,那么我们至少需要 1225 个双向连接。然而,我们知道,大脑并不是这样连接的,每个神经元不会与其他所有神经元都建立连接,它们只会与其中一部分相连,那么,要让这些神经元互相连接,即让每个神经元至少和一个其他的神经元相连,此时所需的最少连接数是多少?对这类问题的解答正是图论

---

① 没有胶质细胞的支持,神经元就无法生存。此外,神经元需要消耗大量能量,因而需要持续性的能量供应,所以大脑中分布着全身密度最高的血管网,并不间断地消耗血液中 20% 的氧气和能量,即便在睡眠中也是如此。新生儿的大脑相对而言需要更多的能量,因此多达 40% 的能量被用来支持大脑发育。即便对于可以冬眠的动物来说,在冬眠期间,它们大脑的新陈代谢也不会明显下降(Meyer & Morrison, 1960)。

研究最经典、最广为人知的部分。① 两位天才数学家保罗·埃尔德什和奥尔弗雷德·雷尼（Alfréd Rényi）解决了这一谜题。[5] 他们告诉我们，仅使用 98 个随意排布的连接（上述所有 1225 个连接的 8%）就能将这 50 个节点（即神经元）全部彼此相连。当然，随机图论的数学基础为完全连接任意数量的神经元提供了解决方法。好消息是随着神经元数量的增加，实现节点互相连接所需的连线数占节点间完全两两相连所需连线数的比例会急剧下降。例如，对 1000 个神经元来说，只需要所有可能连线中 1% 的连接就能实现所有神经元间的互相连接，而对于 10 亿个神经元来说，这一比例会下降至低于 0.000 001，也就是说，只需要所有可能连接中的百万分之一的连接就能实现将这 10 亿个神经元彼此相连的目标。因此，在演化过程中，神经元的数量不断增加，更大、更复杂的大脑逐渐建立，但这并不需要神经元间的连通性（connectedness）线性增加，尽管神经元间的连接仍然越来越多，数量惊人。

理论上讲，我们可以轻易地将 10^{11} 个神经元通过 5×10^{14} 个突触连接起来，并且不会遗漏任何一个神经元。在随机图模型中，如果每个神经元接受 100 次输入，那么每个神经元平均应产生 100 次输出，因为会聚（convergence）的总数目和发散（divergence）的总数目是相同的。根据任何一个普通皮质锥体细胞的发散度，我们可以得到，每个神经元能向 5×10^{3} 个随机选择的其他神经元传递信息，而和这 5×10^{3} 个神经元随机相连的二级神经元便能和 2.5×10^{7} 个神经元相连——这一切仅经过两步突触传递。因此，根据随机图的数学原理，仅通过 3 个突触，我们就能实现大脑中一个神经元到其他任何一个神经元间的信息传递。② 讲到这里，任何一个看过《六度分离》(Six Degrees of Separation)这部电影或读过同名书籍的人，或是任何一个熟悉关于埃尔德什数相关网站的人可能会认为：大脑网络和这些从属于迥异领域的理论之间存在某种相似之处。[6] 然而，有经验的读者可能会质疑，在这一类比过程中，某个环节产生了严重的逻辑问题。

仅使用 3 个突触就能实现在大脑的神经元丛林中快速导航——这一理论听起来过于理想，让人怀疑其真实性。上面介绍的这种间隔 3 个突触的说法比之前的神经解剖学家猜测的 5 或 6 个突触听起来好得多，但这一差距并不是问题所在，因为神经解剖学家提到的 6 个突触指的是将任意两个神经元相连，也就是一种在最坏的情况下的情形，因而，神经元的平均间距（间隔的突触数目）应当

① 在图论中，图是网络结构的符号表征，是一组抽象出的互相连接的节点。节点［或顶点（vertex）］是图里的终点或交点，如一个神经元就是一个节点。这些节点被边线或连线（link）相连，如一根轴突就是一条连线。在大脑网络中，这些连线是有方向的，而路径代表的是不间断的连线序列。找到一张图中所有可能的路径对于评估这张图里节点间（对脑科学而言就是神经元间）的信息流至关重要。

② 有趣的是，这种使用随机图对神经元连接的错误类比让布赖滕贝格和许茨（Braitenberg & Schütz, 1998）假定任意两个神经元之间只需要不到 3 个连接神经元就能实现信息传递（第 193 页）。鉴于他们认为多数皮质的连接是局部的，他们提出这一说法属实令人惊异。

小于神经解剖学家提到的 6 个。所以三级理论对神经元间距的低估应当发生在其他什么地方。在抽象的数学空间中,将一个节点连接到其相邻节点或距其遥远的节点难度相当,这是因为在数学空间中并没有相邻或遥远之分,也不需要有物理实体的线路连接。然而在实际物质世界中,如果要将神经元以完全随机的方式连接在一起,那么就需要大量代价高昂的连接,还需要巨大的颅内空间予以支持。不仅如此,我们已经知道,大脑中的很多区域,如视皮质中的神经元并非随机地在局部与其他神经元相连,也并非随机地与听皮质、运动皮质或额叶中的神经元相连。而且我们已经清楚,在大多数脑结构中,多数神经元间的连接都是局部的。

这样一来,我们可以构建出一张与随机图完全不同的连接图。在这张新图中,**37** 可能存在相当多的局部连接集群。如此,一个全新的困局便出现在我们面前:在一幅仅有相邻神经元集群间才彼此连接的图中,要在视觉区域的神经元和运动皮质中控制肌肉运动的神经元间传递信息,所需的突触数目将高达上千个。如果大脑是通过这样一系列按顺序相连的神经元来工作的,那么要想感知一个快速接近的物体并通过控制适当的身体肌肉进行躲闪将是不可能的,因为轴突中脉冲的传导速度相当缓慢。大量按序连接的突触意味着信息传递所需的时间很长,这可能也会破坏大脑皮质的主要计算优势——将局部处理的信息与其他所有神经元共享。

因此,大脑中的连接或许存在两种互相竞争的组织方式——局部集群程度和脑区间分离程度(姑且称之为"突触路径长度")[1]。随机连接可以缩小脑区间分离程度,而局部连接能够增加局部集群程度。因此,要想以最少的连接实现高效的大规模通信,那么大脑皮质中的这两种类型的连接似乎都必不可少。

解剖学家早就知道,在大部分局部连接之间存在远距离连接,虽然确定近距离连接和远距离连接数目最佳比例的规则尚不为我们所知。这一比值在不同大小的大脑中是一个常数吗? 如果不是常数,那么在逐渐演化增大的大脑中,是否存在某个确定最佳线路连接的规则? 随着大脑增大,我们预期大脑的连通性(指任何一个细胞直接连接的细胞数在所有细胞数中的占比)应当会减小。如果神经元数量增加而功能连通性保持不变,那么神经元间起连接作用的轴突的平均长度将大大增加,最终的结果是大脑的计算速度会因为轴突传导延迟而大为降低。[2]

---

① 突触路径长度指的是任意一对随机选出的神经元之间突触数量的平均值(即相距最远的神经元之间最直接路径的长度)。"网络直径"(network diameter)这一通常被用于描述网页连接访问的术语,和突触路径长度在意义上是等同的。突触路径长度的估计值介于 2～3 之间,这和解剖学或功能磁共振成像(functional magnetic resonance imaging,fMRI)研究中估计的路径长度不同(可参考 Hilgetag et al.,2000;Sporns & Zwi,2004;Achard et al.,2006)。区域到区域的路径长度总是比神经元到神经元的路径长度要短。

② 在较大大脑内内部连接的减少会导致的后果之一是神经元集群间的分离程度增加。林戈(Ringo,1991)认为,这种分离可能是较大的大脑中脑区特异化(如半球间功能差异)的动力。

38

在神经科学领域之外，邓肯·沃茨（Duncan Watts）和他在康奈尔大学的研究生导师史蒂夫·斯特罗加茨发表了一篇 3 页长的论文，论文的题目为《"小世界"网络的集体动力学》（Collective Dynamics of "Small-World" Networks），为解答大脑神经网络连接的问题提供了另一种思路。[7] 图 2.1 展示了他们数学逻辑的关键。假设图中的每个圆点代表一个神经元，图中的线条代表轴突连接，稍微将这一示意图的的规模增大一些，使得每个神经元与 10 个离其最近的神经元相连（而非图中所示的 4 个），那么我们将得到 5000 个突触连接和 0.67 度的集簇（一种由沃茨等人引入的度量）。[①] 然后让我们将 50 个（即上述所有连接中的 1%）局部连接变成 50 个随机连接，此时集簇的度变为 0.65，比起先前仅降低了一点点，可以忽略不计。然而，此时的新图和旧图在其他方面截然不同：没有那 1% 的随机远距离连接时，突触路径长度（即网络中神经元分离的程度或神经元距离）的均值为 50，鉴于长轴突传导和突触延迟的限制，这样的路径长度无法实现任何有用的功能；而即使仅增加了数量十分有限的随机连接，此时的突触路径长度便迅速降至 7——也就是说，这样一种新的排列方式的妙处在于它仍旧部分保留了之前随机图具有的中间连接短、信息传递快的优点。[8] 用于保证突触路径长度足够短所需的随机连接数量的增

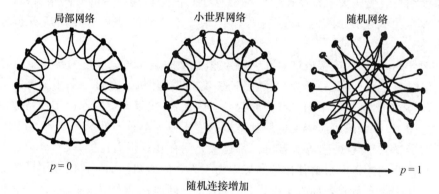

图 2.1　小世界网络结合了有规律的局部网络和随机网络二者的优点。图中每个网络有 20个节点（如神经元），每个节点都和 4 个其他节点（神经元）相连。突触路径长度（即从任意神经元到任意其他神经元间的距离）在局部网络中最长，在随机网络中最短。在小世界网络中，随机连接有一定占比但不是仅有的法则，因而，这样的网络既保证了较短的突触路径长度——这和根据随机图论产生的网络相似，又有很高的局部集簇程度。为保证突触路径长度足够短，神经连接网络中需要一定的远距离连接，根据小世界网络理论，远距离连接增加的速度远小于网络扩大的速度，因此，整个网络中远距离连接的占比将随着神经元数量的增加而显著降低。参考自 Watts & Strogatz(1996) 的文章。

---

① 　集簇的度（或局部连接的密度）可以用集簇系数（clustering coefficient）表征，其定义为彼此直接相连的相邻单元所占的平均比率。

加远没有整个网络体积的增加快，换句话说就是，网络越大，每一个随机连接对整个网络有效连通性的贡献越大，因而，对于由 200 亿个主要以局部集簇形式相连的神经元组成的人类大脑来说，和小得多的老鼠大脑相比，要保证同样短的突触路径长度，人类大脑中的长轴突连接占比会更小。

　　就在沃茨和斯特罗加茨钻研小世界网络背后的数学原理的同时，另一位物理学家，圣母大学（University of Notre Dame）的阿尔贝特-拉斯洛·鲍劳巴希在研究一个看起来完全不同的问题：决定万维网通信流量的规则。通过对互联网上网页可访问性的研究，鲍劳巴希的团队发现互联网中通信流量通常会指向少数繁忙的网站，如搜索引擎谷歌或大受欢迎的电子商店亚马逊，这些热门中心的访问量比其他网页（如我的个人主页）的访问量高出许多个数量级。鲍劳巴希认为，包括万维网在内的许多现实世界中的网络系统都是按照某些规则发展演变的，但都没有一个典型例子可以作为整个网络的代表，这些"无尺度的"（scale-free）网络连接遵循另一种统计原则——幂律（power law）。[1]

无尺度系统(scale-free system)受幂律支配

　　在解释复杂问题时，我们通常使用典型案例来说明问题，这些典型案例往往能如实代表整个分布，有很强的说服力。例如，一个普通成年男性的大脑质量约为1350 克，尽管这一数字代表了大多数人的大脑质量，但很多人的大脑质量要小于或大于这个"典型"。在名人中，阿纳托尔·法郎士（Anatole France）的大脑是有记录以来所有非智障人群的大脑中最轻的——只有 1.11 千克；而最重的大脑来自另一位小说家——伟大的俄国作家谢尔盖耶维奇·屠格涅夫（Sergeyevich Turge-nev），他的大脑重达 2.01 千克；而具有讽刺意味的是，颅相学[9] 的创始人弗朗茨-约瑟夫·加尔（Franz-Joseph Gall）的大脑非常轻（仅有 1.2 千克）。[10] 然而，这些个体差异非常有限，总的来讲，人类大脑的质量几乎是一样的，只是在均值的左右有微小波动，这使人的大脑质量分布形成一条钟形曲线（即符合正态分布或高斯分布的曲线），没有人的大脑是普通人的大脑的 1/10 或比普通人的大脑重 10 倍。这一正态分布在自然界中十分普遍，它的普适性源自中心极限定理[2]，根据这一定理，如果某一事件受大量互相独立的因素影响，那么事件的结果就会形成一条以均值为中心的钟形曲线，其均值便是这一事件结果的典型代表。

---

　　① 鲍劳巴希的畅销作品《链接》（Linked）（2002）是一本关于无尺度系统的优秀作品，它通俗易懂，读来令人愉快。

　　② 中心极限定理表明，在足够大的样本中，样本均值的分布近似于正态钟形曲线。本质上，这意味着足够多独立观测的随机样本将具有和这些样本所属整体相似的统计学特性，并且这种相似性随着观测数量的增加而稳步增加。

然而,对于无尺度系统来说,情况有所不同。受幂律支配的系统中不存在均值的峰值,一小群被选定的节点对整个网络影响最大。例如,如果一个花瓶掉到地上,它会碎成大小不一的碎片,有些碎片很小,但也有一些碎片相当大。如果将所有这些或大或小的碎片收集起来,以碎片尺寸的对数为横轴,以不同尺寸碎片数量的对数为纵轴,画出数量—尺寸函数图像,此时我们会得到一条斜线,它表示的就是破裂花瓶遵循的幂律。在所有花瓶碎片中,没有任何一个可以作为典型并以其尺寸代表所有碎片:即无尺度系统中不存在"典型范例"。遵循幂律意味着在这样的系统中不存在正态或特征尺度,同时还意味着在较大和较小的节点(花瓶例子中的碎片,或生活中的事件)之间没有质的差异。[11]

幂律背后抽象的数学原理意味着符合幂律的事件和掷骰子是不同的,它们之间并非完全互相独立,少数大型事件或"连接枢纽"对行为有决定性意义。举个脑中的例子:脑干中有一小群被称为"蓝斑"(locus ceruleus)的细胞,它们就是这样一群高效的枢纽。蓝斑中的神经元含有并会释放一种被称为去甲肾上腺素的物质,去甲肾上腺素被氧化后会变蓝,因此蓝斑确如它的字面含义一样,是指蓝色的斑点。这一万来个蓝斑神经元中的每一个都只接受来自几百个其他神经元的输入,但它们的投射野相当大——支配着几乎整个脑和脊髓。如果这些神经元的放电模式发生变化,那么它们的影响几乎将会传遍整个脑。除蓝斑外,大脑中的其他枢纽还包括基底前脑胆碱能神经元和黑质(substantia nigra)中产生多巴胺的神经元。

这些大脑枢纽影响广泛,因此它们易受不明病因的针对性攻击,而一旦这些枢纽受损,其后果便是如帕金森病一样的大规模脑功能障碍。例如,杏仁核(amygdala)有许多皮质投射,是一个对恐惧条件反射起关键作用的枢纽。[12] 如同抽象模型或真实世界中的类似物一样,受损的神经元枢纽会通过至少两条途径导致临床问题:第一,受损枢纽中的神经元缺失导致信息无法传递。第二,枢纽中仅存的少数"努力工作"的细胞会产生错误的电信号,而这些错误的电信号会被传播到大片脑区。脑中神经元连接的构造方式多种多样,而要想准确描述这些构造方式,我们需要新的解剖方法和新的数学模型,在本书的后续章节中我们会继续对脑的种种构造进行讨论。

大脑皮质构建的张拉整体性(tensegrity)

在现代之前,无论是古埃及、古希腊还是古罗马的建筑理念,建筑都是使用笨重的材料建造的。[13] 然而,结构的强度取决于其最薄弱的环节。利用传统的理念和材料,我们永远也无法将巨石阵或圣彼得大教堂的尺寸放大 3 倍。换句话说,这些传统的建筑结构不能进行规模的扩大。然而,位于亚特兰大的路易斯安那超级穹顶(Louisiana Superdome)拥有直径为 207 米的全跨度屋顶,在 20 世纪 40 年代理查德·巴克敏斯特·富勒（Richard Buckminster Fuller）提出张拉整体（张力＋完整性）概念之前，这是建筑学上无法想象的壮举。[14] 富勒提供了一种规模可变的球面几何学设计方案[15]，这种设计令人惊异，它相当简单但十分坚固。实际上，这种设计只不过是一系列的三角形或六边形，从球体的一极发出，在球面上延伸。连续性的牵拉（会聚力）与非连续性的推力（发散力）相互平衡，形成一个向外牵张与向内坍缩互相平衡的整体———一种两个力之间的双赢关系。[16] 其中，受牵张力作用的部件可以反映相邻部件之间最短的路径。张拉整体结构在每一个方位上都是稳定的，不受重力影响，没有"致命弱点"，错误也不会影响整体———因为它的牵张-坍缩平衡是在局部实现的，而且每个部件的重要性都相同。因此，理论上讲，张拉整体结构的尺寸不会受内部因素的制约，一个张拉整体结构可以十分庞大，甚至能容得下一整个城市。值得一提的是，C_{60}（一种具有球形 32 面体结构的分子，是最稳定的分子之一）原子键稳定性的原理和张拉整体的原理如出一辙，因此，这一分子也被其发现者恰当地命名为"巴克敏斯特富勒烯"[17]。而所有这些令人惊异的可伸缩性和稳健性其实都建立在几条基本的规则之上。[18]

43

　　大脑皮质是一个可扩展的坚固球形结构。① 在所有哺乳动物中，大脑皮质的模块规划都是相同的：5 层主细胞和 1 个主要包含最远端树突顶端和水平轴突的薄薄表层，这几层细胞被夹在灰质中间，形成类似三明治的结构。而且，对所有哺乳动物来说，这种三明治结构的皮质厚度都只有 1～3 毫米。大脑皮质结构组织的"算法"是基本相同的假想模块成倍增加，这些假想模块通常被称为皮质中小型/大型柱状、桶状、条纹、斑点结构，它们主要由垂直组织的 5 种主细胞层兴奋性神经元和多种类型的中间神经元构成。② 有研究表明，猴子大脑皮质中的最小功能区大约是 1 平方毫米。从最小的鼩鼱到人类，这些基本皮质模块的数量增加了 1 万多倍。③ 然而，这些假想模块的边界通常很难被定义。④

---

　　① 我们的大脑皮质大部分是具有 6 层结构的新皮质/同源皮质（isocortex），异源皮质（allocortex 或 heterotypical cortex，包含古皮质和旧皮质）的层数多少不一。这两种皮质的组织类型在空间上也是互相分离的，从梨状皮质（pyriform cortex，处理嗅觉信息的结构）中伸出一条被称为"嗅裂"（rhinal fissure）的凹槽，将新皮质和异源皮质之间彼此分开。本节中描述的解剖细节主要适用于新皮质，当书中所述的结构和生理机制既适用于新皮质也适用于异源皮质时，我们将使用"皮质"这一统称。

　　② 目前人们认为新皮质由重复排列的功能性模块组成。大体上，一个功能性模块包含所有主要类别的神经元和神经连接，这些功能性模块是所有新皮质都具有的典型特征。这些假想的模块可以执行十分相似的局域性计算。

　　③ 这一粗略的估算来自初级视皮质中处理视觉空间信息的一个位置（Hubel & Wiesel，1974），然而进行图像加工需要更大面积的大脑区域。尽管存在一些具有重要意义的差异，但新皮质各个区域的局部组织十分相似。除了初级视皮质外，其他皮质中神经元的总体密度相对恒定：每个表面积为 1 平方毫米的柱状单位中包含 5 万～10 万个神经元（Rockel et al.，1980）。

　　④ 原则上，每个模块中都应包含新皮质中所有类型的细胞，包括多种多样的中间神经元，而且每个模块中模块内部的连接方式应当也是相似的。模块边界难以界定的原因在于模块之间存在局部、中程和远程的连接，这些连接通常是连续性的，没有可被识别的断点。

在大多数器官中,定义一个功能执行单位都是很有必要的,例如肾髓袢(或亨勒袢,loop of Henle)和肝腺泡(liver acinus),它们都是真正意义上的单位模块:不同的模块并行工作,执行几乎相同的功能。然而,大脑皮质中的模块之间并不是简单地并行工作,它们之间还存在着强烈的相互作用。也就是说,这些模块不是独立地工作,而是从属于一个更大的结构。新皮质的整体功能来自模块间的相互作用,而非产生于单一模块内部。然而,根据张拉整体原则,对大自然而言,要建立一个坚固的、可扩展的网络结构,最有效的方法就是建立以局部连接为主的线路。[19]

和巴克敏斯特·富勒的张拉结构一样,大多数脑结构中的神经元都会以最短路径和周围神经元相连(不过并非所有脑区中的神经元都是这样,在第 11 章中我们会讨论例外情况)。这些神经元主要从它们邻近的神经元那里接受信息并在局部进行工作。神经元间的远距离直接交流需要花费高昂的代价建立连接,而且从代谢角度讲,远程传递电脉冲信号也会耗费大量资源。[①] 神经元在局部连接中的顺序对大脑功能有重要影响,其中一个影响便是任何一个神经元的连接对象都和其周围邻近神经元的连接对象间大幅度重合。这一原则其实和我们的社交关系网并无不同:与任意选择两人相比,如果选择的两人是朋友,那么他们各自的朋友之间更有可能彼此相识。[20] 对运动系统来说,遵循这一原则便意味着邻近的骨骼肌之间具有更高的协调程度,并在皮质中形成了对应的分布图。举例来说,拇指和食指之间的距离比拇指和脚趾间的距离更近,因此,在皮质中也是拇指与食指对应的区域间连接更为紧密。这样的组织原则是十分有益的,因为拇指肌肉自然更需要和手上的肌肉协同工作,而不是和脚上或是舌头上的肌肉协同,因此,新皮质中支配肌肉的区域布局便反映了这种最经济的组织方式,即肌肉的皮质支配布局是依照全身骨骼肌分布的实际几何关系进行的。同理,躯体表面的布局也会映射到大脑中,形成对应的空间关系。在躯体感觉皮质中,表征拇指表面皮肤的神经元和表征其他手指表面皮肤的神经元彼此相邻,而和表征脚部皮肤的神经元距离较远。这样的组织模式是有道理的,比如在手上爬动的虫子更可能先后激活手上相邻的感受器,而基本不可能在这期间绕路去刺激遥远的脚或鼻子的感受器。[②] 在第 6 章中我们也会讨论,和任意两个声音相比,人类语言中相邻频率的声音也更有可能伴随出现。这种似然准则(即按照共激活可能性的顺序排列)同样也反映在听皮质上,此处的神经元按照对音调的响应顺序排布。视网膜、与视觉相关的丘脑、视皮质中

---

① 卡利斯曼等人(Kalisman et al.,2005)认为轴突会不加侧重地随意接触所有邻近的树突,也就是说,和实际存在的突触数相比,大脑中存在更多潜在的连接,而且没有确定局部连接准确密度的好方法,目前对实际相连的突触所占比例的估计从 10% 到 90% 不等(Miles, 1986;Markram et al., 1997;Thomson & Bannister, 2003)。

② 这些区域布局并不是简单地依据某些取决于基因的蓝图而形成的,它们必须通过身体的运动而建立,确切地讲,是通过不断改变的身体形态(尤其是早期发育过程中的躯体动作)而建立的(关于躯体与脑这一话题的讨论可见第 8 章)。

的神经元能有效地将表征环境中邻近部分的信息相结合,其效率远高于对非邻近部分信息的整合。[21] 尽管比例发生了系统性变化,但从视网膜到初级视皮质,对图像的拓扑学表征保持不变。[22] 要使用于表征视觉环境中相邻部分神经元之间的互相连接的轴突路径总长度最短,就需要按照特定的模式对视觉系统进行排布。这种从经济性角度出发的轴突连接准则被用来解释更高阶的布局图为何会分裂和折叠,而不是继续保持有序的二维布局。[23]

请设想一个电脑屏幕,随机点以各种可能的组合呈现在屏幕上,即便这一屏幕的分辨率很低,随机点组合的可能变化也会高得令人惊讶。然而,在所有这些理论上可能出现的组合中,只有相当有限的一部分会被观察屏幕的人解读为有意义的"图像",其余的组合都会被当作视觉噪声。当然,并没有某个先验的理由能回答为什么有些组合模式比其他组合模式更有意义这一问题,这些模式的"意义"完全是由观察者创造的。贝拉·朱尔兹(Béla Julesz)认为,使一组点成为有意义图像的是这些点和其邻近点之间的局部关系,以及它们移动时在方向和时间上的一致性。[24] 想象一个超级大脑,它能够轻易地清楚识别出每一个可能的组合模式,那么对这个假想大脑进行线路布局需要无数的连接和大量的计算。然而,真正的大脑是演化"目标"和连接/代谢成本之间的"妥协"——是大脑回路对预测和推断物理世界这一目的做出的适应。例如,在夜间活动的蝙蝠中,相当数目的神经元和皮质连接都与回声定位有关,因为回声定位对它们的生存至关重要;一些啮齿类动物长有和感觉相关的胡须,这些动物便发育出相应的躯体感觉皮质,极其精确地拓扑映射口鼻部胡须的细节[25];对于主要依靠视觉的灵长类动物,几乎半数的新皮质神经元和神经元连接都被用来表征图像化的世界。此外,在最复杂的大脑中,存在很大一部分皮质区域专门负责产生和加工不直接与感觉输入或运动输出相关的事件,这一部分皮质区域被称为"联想皮质"(associational cortex)。值得一提的是,联想皮质中的单位模块和感觉或运动皮质中的模块之间没有本质差异,这表明不同位置的皮质模块间具有非常相似的局部运算方式。大脑在皮质模块中以局部的形式组织多数连接,这使得大脑能有效地绘制出环境中的相邻关系,这是因为对于物理世界来说,其主要的组织原则便是局部的相互作用。因此,我们可以得出结论,环境中在统计和出现概率上相关的特征是新皮质以局部张拉整体结构进行组织的主要原因。

鉴于大脑存在这种解剖基础与实际功能相对应的组织形式,我们的确应当感到奇怪,为何大多数视觉实验都使用简单的移动条块或光栅作为刺激。这些形状的刺激具有很高的对比度和清晰、锐利的边缘,它们引发的神经元活动模式与自然场景引起的活动模式非常不同。自然场景会引发更强烈的神经元反应,这通常被用于论证大脑对视觉输入存在认知解释的成分。当然,没什么能阻止观察者对视觉刺激意义的解读,即便视觉呈现的刺激是随机点图,观察者也会将其解释为有意义的图像——大脑永远在进行解释,这种强迫性解释的特点正是临床心理学家使用罗夏墨迹测验的基础。[1] 然而,有时候引发更强烈反应的刺激确实没什么意义,比如当白雪皑皑的落基山脉、被圈养的猴子、蒙特卡罗大赌场前停的豪车和被麻醉的猫同时出现在一个画面中时。事实上,另一个关于自然刺激能引发如此出众效果的解释是,自然刺激中相邻结构的空间统计学特征和视皮质中神经元的空间连接与局部神经元算法之间具有最高的匹配程度。[2] 在自然场景中,相邻的元素往往享有高度的时空相关性,因此,视皮质中神经元的时序反应的动态变化便很好地反映了视觉场景的这些统计学特点。[3] 通常情况下,大脑会从环境中提取出现概率最高的信息,并据此对神经元的连接和分布模式进行调整。因此,我们需要为这种为了节约资源的不完美表征付出小小的代价——当偶尔给大脑呈现一些正常情况下出现概率极低的图像刺激时,我们不可避免地会出现错觉。[4]

　　稳固的张拉整体式设计可以防止错误的传播,也可以使整体不存在任何薄弱之处。然而,从另一个角度看,对张拉整体结构来说,任何在总体规划准确性上的妥协与让步都会导致严重的后果——10%的误差就能导致整个超级穹顶倒塌,对于大脑功能组织来讲也是如此。请设想,如果我们将神经元的排布稍微打乱一点,使这种新排布对局部连通性的需求比原先增加 10%,在打乱原有分布模式的前后,神经元之间的连接数以及每一个神经元对物理世界的表征都保持不变。然而,这使得电脉冲的传播距离增加,因而增加了代谢成本,所以需要更大的血管和血液运输系统来支持。更重要的是,这会导致传播时间的延迟,累积起的时间延迟将严重影响大脑振荡器间的协调和多个突触回路中信息的传递。即便是这样一个看似微不足道的改变——仅仅将线路布局增加了 10%,也会导致严重的后果,如输掉所有网球比赛、无法正常说话、无法正常感知世界。事实上,这样的改变很像多发性硬化症(一种影响轴突上起绝缘作用的髓鞘的疾病)病人常有的经历。[5] 因此,

---

　　[1]　由赫尔曼・罗夏(Hermann Rorschach)开发的罗夏墨迹测验是一种投射性人格测验,这一测验通过分析被试对 10 幅标准化抽象设计图的解读来评估他们的情感和智力能力。这一测验的基础便是,无论面对的是分形还是随机图,大脑都会不自觉地去解释图像的含义。然而,这种墨迹测验过分依赖主试的主观评价,因此,这种测验的结果并不比解梦可靠多少。

　　[2]　二阶统计中的分形结构在自然场景中普遍存在(Ruderman & Bialek, 1994；Bell & Sejnowski, 1997)。视网膜(Victor, 1999)、外侧膝状体(Dan et al., 1996)、初级视皮质 V1(Olshausen & Field, 1996；Yu et al., 2005)中神经元的放电较为稀疏,而且只对符合 $1/f$ 统计的图像反应最强烈(具体解释见第 5 章)。

　　[3]　在费希尔等人(Fisher et al., 2004)的研究中,给雪貂播放包含自然场景的影片和包含随机噪声的影片,其视皮质中的神经元对自然场景的反应一致性更高,相关内容也可阅 Weliky et al. (2003)的文章。

　　[4]　事实上,我们通过大脑看到的往往比实际用眼睛看到的更多(或更少)。错觉指的是我们感知到的具有欺骗性或误导性的图像,如月亮在接近地平线时比它在高空时看起来更大。

　　[5]　多发性硬化症(硬化:指显微镜下看到的瘢痕组织)由髓鞘损伤导致。髓鞘是中枢神经系统中神经纤维外的保护层,当髓鞘受损时,动作电位沿轴突的传播便会减慢,导致传播时间延迟。关于这一疾病可参阅 Keegan & Noseworth(2002)的综述。

局部连接和交流是新皮质中最稳定、最强大的组织程序,它使得我们能够通过皮质上的拓扑地形图对内部和周围环境进行表征。

　　然而,如果只在邻近神经元间才存在联通,那么无论这种局部连接的密度有多高,大脑皮质都无法有效指导生物体的行为,这是因为孤立的局部决策过程对于复杂的大脑运作来说远远不够,大多数皮质功能都需要皮质整体进行群体性决策。然而,群体性决策既需要邻近部分的配合,也需要相隔一定距离的脑区之间相互合作。目前人们认为,这种邻近的和距离较远的细胞集群之间的灵活合作是几乎所有认知行为的基础。

一千个鼠的大脑与一个人的大脑等同吗?

　　对于大脑皮质来说,这一问题的答案自然是否定的。其根本原因在于,仅仅将更多模块摆放在一起并不会产生新的行为表现。具有张拉整体结构的几何穹顶之所以如此稳定,是因为其局部的错误和结构弱点不会传播到整个结构的其他地方。但是对于神经系统来说,限制在局部的连通性对于大量计算任务来说是一个巨大的不足,因为随着整体结构的扩大,新加入的模块之间的距离会越来越远,这会使得整体的交流通信越来越困难。这一问题的具体原因我将在后面加以讨论。[①] 不过目前为止,我们已经可以明确一个原因:如果只有局部连接,那么将信息从大脑皮质的一个部分传递到另一个部分可能会花费过长的时间。为了有效地实现大脑皮质不同模块之间的沟通,那么大脑的突触网络直径(即从一个皮质神经元到其他皮质神经元的平均突触路径长度)应当保持不变,这样才能使得大脑中任意两个部位之间的神经活动传递难易程度相当。

　　此时就需要用到上面讨论过的小世界网络和无尺度系统了:要保持突触路径长度不变,就需要建立中等长度和远距离连接,而这些连接需要占据更大的体积。要想在整个系统增大的同时保持全脑连通性不变,那么每个神经元就必须有更长的轴突、更浓密的树突和更多的树突棘,这样才能在神经元之间建立更多的连接。在小鼠中,皮质锥体细胞的树突直径大约是 0.2 毫米,而在人类中,这一数字达到了 1 毫米。更大的大脑、更大的树突结构导致的直接后果就是相邻细胞间的重合部分增加。在直径等同于一个第 5 层锥体细胞树突直径的柱状体中,对小鼠而言,这之中大约含有 3000 个神经元胞体,而对人类而言,其中的神经元胞体数目达到了 10 万个。更大的细胞需要占据更大的体积,而且需要更长的轴突以建立细胞间的连接,因此,平均算下来,单位体积内轴突和树突的密度(以及每立方毫米内的突

[①]　脑中的一部分结构遵循真正的张拉整体构造,即大部分的连接都是局部性的,这些脑结构包括小脑、基底神经节等,它们主要执行并列式计算而非整体计算(参见第 13 章)。整体计算和新皮质中的小世界式组织是演化过程中哺乳动物产生的根本革新。

触数量)在不同物种之间保持不变。[26] 正是由于这种轴突和树突的密度以及单位体积内突触数量的跨物种不变性,较小的脑和较大的脑中皮质的亚显微结构才能十分相似。由于相邻的细胞之间密切重合,所以从原则上讲,对于一条沿某个特定神经元胞体旁的直线向表面发送信息的传入神经来说,它和这个神经元树突棘相连接的概率等同于它和其他神经元树突棘相连接的概率。一些研究者认为传入神经随机寻找目标神经元,其主要原因便是这种树突的丛林状分布;而另一些研究者则认为神经连接具有特定的模式,其中的"图案"遵循精准的硬件连接方案,就像建筑物中的管道和电线连接一样。[①] 鉴于受幂律支配的连接矩阵能比随机连接或依照特定图案连接提供更丰富、更多元的网络,大脑中的连接很有可能是这种遵循幂律或其他公式的排布——甚至在微观层面上可能也是如此。

那么不同体积的大脑是否具有相同的连接程度呢? 保证突触路径长度不随大脑体积增加而改变是维持全脑神经元间和模块间通信的必要需求,在最小连接数的基础上增加更多的连接必定有利于大脑执行功能,因为额外增加的连接使更有效的通信成为可能。更大、更复杂的大脑"需要"远距离连接,这一需求表现在白质体积占比的扩大上。在演化过程中,白质增大的体积大约是灰质增大体积的 4/3,也就是说,更大的大脑中皮质具有的远距离连接往往比较小的大脑中的多,而且远距离连接增长的幅度大于大脑体积增长的幅度。[②] 在小型食虫目哺乳动物中,白质仅占新皮质体积的 6%,而在人类中这一占比是 40%。[27] 除此之外,不同脑区的面积和连接数也并非等比例增加,例如,人类初级视觉区的面积仅是猕猴初级视觉区的 2 倍,但人类顶叶和额叶的面积是猕猴的 10~40 倍。初级感觉区的扩增模式可能遵循小世界网络法则——因为这些区域需要处理外部世界的统计规律,而这一任务对所有哺乳动物来说都是类似的。而对于人类独有的、面积巨大的关联性脑区,其连接规则尚不为人知。更多的连接虽然需要以大脑体积的扩大和维护成本的增加为代价,但它能够使大脑的运算更加高效。

在考虑连通性问题时,不仅需要考虑神经纤维连接的数量,同时还要考虑通信的速度。髓鞘包被的轴突的传导速度和其直径线性相关,而没有髓鞘的轴突的传导速度和其直径的平方根成正比。由于多种传导延迟线的存在,不同神经纤维的解剖学结构存在差异,因而我们有理由认为它们的功能同样存在差异。例如,通过

---

① 布赖滕贝格和许茨(Braitenberg & Schütz,1998)还有埃伯利斯(Abeles,1982)认为神经元间是随机相连的。池谷等人(Ikegaya et al.,2004)则相信神经元连接具有高度特异的模式。从经济学角度研究大脑连接的学者们则认为神经元连接遵循某些数学规则(Chklovskii & Koulakov, 2004;Sporns et al., 2004)。

② 事实上,大脑的直径只能粗略反映远距离连接的情况,甚至大脑的体积也是,因为它们无法真实反映解剖上的连通性。比如,长颈鹿的大脑直径就和人的大脑直径一样,但长颈鹿大脑中的远距离连接比人大脑中的远距离连接要少得多。

直径小于 1 微米的胼胝纤维进行的半球间通信可能会导致超过 25 毫秒的延迟。①新皮质的白质由直径跨度很大的轴突组成，而且在不同物种中这些轴突直径的分布也可能有很大差异。在人类大脑中，有 1 亿～2 亿个轴突侧支用于连接两个半球间互相对称或非对称的神经元集群，这些轴突侧支形成了胼胝体（corpus callosum）［也称为刚体（rigid body）］，同时还有更多中等长度和远距离的纤维负责半球内连接。听起来这些连接数目相当巨大，但请记住，人类的新皮质中可能有 200 亿个神经元，因此，远距离连接可能仅代表了神经元连接的极小一部分。② 由于远距离连接的稀缺性，这些连接的通信带宽（即单位时间内可传输的信息量）严重受限。为了弥补传导距离延长带来的影响，这些远距离连接的神经纤维会通过高度髓鞘化来增加动作电位的传导速度。髓鞘所起的绝缘作用不仅能加快动作电位的传输速度，而且能防止轴突传导异常的发生，减少相邻轴突之间的串扰，还可以让这些轴突在单位时间内比无髓鞘、更纤细的神经纤维传导频率高得多的脉冲信号。

　　在远距离连接中，传导速度的变化范围相当广，最大速度可达最小速度的 100 倍。多数神经纤维的直径仅有 0.1～0.5 微米，并且没有髓鞘包裹，在这些神经纤维中，信息的传导速度只有 0.3 米/秒；而连接初级感觉区的神经纤维被厚厚的髓鞘包裹，信息在这些神经纤维中的传导速度可高达 50 米/秒。在人类大脑中，一小部分有髓鞘包裹的神经纤维的直径可达 5 微米。③ 当然，通过用厚厚的绝缘层包裹轴突以实现快速通信是需要付出一定代价的，这些粗大的神经纤维会占据更大的空间，而在容量有限的颅骨内，这可谓一份高昂的代价。传导速度最快的神经纤维直径也很大，同等长度的这些神经纤维所占的体积可以是最细的无髓鞘包裹的神经纤维的 1 万倍，因此，这些粗大的神经纤维只能被用于连接对传导速度和短时同步性有较高需求的初级感觉区和初级运动区。所以，不像抽象的小世界模型所假设的那样，大脑中的连接并不具有平移不变性，远距离连接的代价更高，不能随意使用。

　　从鸟类的大脑皮质到灵长类动物中局部密集连接和精准远距离连接相结合的模式，皮质间的连接随演化过程中的分化而不断改变。尽管通常情况下大脑的大

---

　　① 林戈等人（Ringo et al.,1994）推测，这种半球间交流的延迟和缺陷导致了在大脑体积较大的动物中半球特异性的产生。事实上，人们已经在 5 种大脑很大的鲸类动物中发现了脑半球交替式睡眠的现象（Lyamin et al., 2002）。

　　② 参见 Schütz & Braitenberg（2002）的文章。新皮质中很多神经元的轴突侧支仍然仅用于局部连接，如第 4 层中的众多星形细胞、大多数抑制性中间神经元（inhibitory interneuron）等。由于在数学意义上很多不同种类的神经元并不是同等的节点，因此局部多种神经元的结合可能才能被视为一个功能单位。倘若这样计算的话，远距离连接神经纤维的占比可能会增加，超过以小世界和无尺度网络规则预测的最小值。

　　③ 大多数皮质间神经元的中间连接和远距离连接都发自第 2 层或第 3 层的锥体细胞。目前尚不清楚直径较粗的神经纤维是否就代表了这些锥体细胞，也有可能这些粗大的轴突来自迄今尚未识别的神经元或一些抑制性中间神经元。

小和远距离连通性密切相关,但也有一些例外情况值得一提,例如胼胝体———一种系统发生学上很新、仅存在于胎盘哺乳动物中的结构。因此,我们可以假设,同等大小的胎盘哺乳动物大脑和有袋目动物大脑或单孔目动物大脑相比,应具有更强的全脑沟通能力,而这完全是由于胎盘哺乳动物的大脑具有更高效的连接系统。①同一半球内的远距离连接同样遵循一些线路优化法则,连接不同皮质区域的神经纤维形成肉眼可见的纤维束,纤维束有序排列,因此很容易就能从纤维束中分离出中间连接——就像将电缆从过去的电话中转站里分离出来一样。华盛顿大学圣路易斯分校的戴维·范·埃森(David Van Essen)和他的博士后丹尼尔·费勒曼(Daniel Felleman)发现,参与处理视觉信息的约 30 个皮质区域被至少 300 个相对不同的中间连接和远距离连接联系起来,形成层级结构。同样,这种排布并非偶然,层级结构是复杂性的必然结果,因为复杂系统代表的就是组织的多个嵌套层级。[28]

　　负责初级感觉的皮质区域之间距离相对较远,而且没有直接连接,但它们之间夹着更高级的皮质区域,通过这些区域,它们被间接地联系在一起。长期以来,人们一直试图用连接概率来定义有功能意义的解剖区域和系统,如初级感觉区、运动区、高级关联区、感觉运动区、记忆区等。[②]美国加利福尼亚州索尔克生物研究所的查尔斯·史蒂文斯(Charles Stevens)研究了恒河猴额叶中 11 个不同的皮质区域中的多种排列方式,发现大脑中的实际排布能使需要用于区域间连接的轴突体积最小。这些例子表明,在宏观尺度上,大脑皮质是一个高度有序的网络。[29]从经济的角度出发,按照地形学的排布方案可以优化组分的排布位置,从而减少不需要的过度连接,并使轴突传导的延迟最短。高效的计算依赖于能实现时间上快速通信的连接方案,而且这种传导时间短带来的优势可能是驱动大脑网络连接最优化的动力。

新皮质中连接的复杂性

　　稳固的张拉整体结构和与功能相关的远距离皮质区域间回路相结合,为在新皮质的广大区域中建立有效的功能回路提供了经济的解决方案。与严格的局部、随机或完全的连接方式不同,新皮质的小世界组织方式使更高层次上的连接复杂

---

　　①　虽然没有胼胝体,但有袋类和单孔类动物有很大的前联合,关于这些动物的半球特异性或半球内远距离连接的研究数量仍十分有限。

　　②　长期以来,轴突连接一直被神经学家用来辨别神经疾病症状发生的位置,在成像技术普及之前尤为如此。梅苏拉梅(Mesulam,1998)的综述对灵长类动物中以传统方式定义的系统和所谓的功能之间的关系进行了全面的回顾。

性得以实现。[①]　此外,高等哺乳动物大脑新皮质之间的连接比形成随机图结构所需的连接更多、更紧密。优先连接在一起的区域被称为皮质系统。如果把大脑视为一个复杂系统,那么我们理所当然地会认为大脑的复杂功能来自其错综复杂的连接。然而,究竟什么是复杂性呢?

複杂性并不仅是复杂的东西,复杂性是元素之间通过关联或互动产生的独特性质。比如对一瓶好酒而言,在描述这瓶酒的香气时,我们会考虑它的香味、丰富性、精细性、和谐性、平衡性,以及其他一些常被用于描述精品葡萄酒的华丽词语。和此类似,复杂性也是某个介于混沌与秩序、随机性与确定性、任意性与可预测性、不稳定性与稳定性、同质性与非同质性、分离性与整合性、自治性与依赖性、无限制性与固定性、机遇性与必然性、聚合性与变异性、竞争与合作、图案与背景、情境与内容、无序性与约束性、光明与黑暗、物质与能量、善与恶、相似性与差异性之间的领域。[②]　连接的复杂性同样可以通过这样"A 与 B 之间"的逻辑被定量地定义:它既不完全随机也不遵循规律,既不在局部也不是全部连接——也就是说,它是一个遵循幂律的无尺度系统。[③]　复杂性来自许多部分之间的相互作用,而相互作用产生的非线性效应导致了进行线性或还原论分析的困难。这种非线性效应来自正反馈效应(放大效应)和负反馈效应(阻尼效应)——这两种反馈效应都是复杂系统的关键成分。通常情况下,复杂系统中各个成员之间关系较近,但由于反馈回路的存在,通过局部系统传入的信息能够在传给其他邻近系统或远距离系统之前被修正、改变。因此,在针对组织规则进行讨论时,我们必须关注这些规则在不同层级上是否相同,即对整个大脑皮质、皮质中系统、系统的亚分区这些不同层级来说,规则是否相同。这是因为在完成特定任务时,并非所有层级都会参与其中。

通常很难定义信息的传播距离,因为复杂系统内部和系统之间的边界是模糊的。对边界的界定往往基于实验者使用的方法和实验者的主观判断,而非客观定义的某种属性,例如一个颇具争议的问题——对新皮质不同区域间界限的界定。

---

①　大脑对和其组织的统计数据相符的环境扰动最敏感,这一说法与埃德尔曼(Edelman,1987)的神经达尔文主义学说有关。该学说认为,皮质连通性的演化反映了其对感觉输入的统计结构的适应过程(Sporns et al.,2000a & b)。埃德尔曼及其同事认为,连接布局的经济性只是功能适应的副产物,这种适应能够根据感觉输入的概率统计结果连接特定的神经元集群,从而最大限度地提升整个系统的复杂性。虽然神经元间典型的解剖连通性可通过多种分组模式实现,但人们发现演化中实际出现的连接似乎总是依据组分间的最佳布局进行的(Cherniak,1995)。

②　复杂性存在于无序(最大熵)与有序之间,它既不能被完全预测,也并非完全随机,它由简单的幂律控制。大脑动力学变化的范围既涉及复杂性也具有可预测性。关于复杂性,我推荐阅读赫伯特·西蒙(Herbert Simon)关于组织形式实证研究的里程碑式著作(Simon,1969;参见 Kauffman,1995)。凯尔索(Kelso,1995)的研究可能对心理学家和认知科学家而言最友好。关于这一话题的简要概述可参阅 Koch & Laurent(1999)的文章。

③　根据巴克(Bak,1996)的理论,复杂性仅存在于某个极其特殊的点上,这个点既不属于混沌状态,也不具有哪怕是微不足道的可预测性,而是这些状态之间符合 $1/x$ 分布的过渡位置。

科比尼安·布罗德曼(Korbinian Brodmann)时常对圣地亚哥·拉蒙-卡哈尔(Santiago Ramón y Cajal)就皮质分层的"错误"观点感到遗憾。使用通过尼氏染色的切片,布罗德曼区分了人类大脑中的 47 个区域,并将这些区域与许多其他哺乳动物(包括灵长类动物、啮齿类动物、有袋类动物)的大脑区域进行了比较。尽管布罗德曼的分类方案仍是对大脑分区的金标准,但由于一些更先进的形态学标准逐渐发展起来,近年来一些布罗德曼脑区已被进一步细分。[①] 而在这些新标准中,似乎连通性是最具有决定性意义的。毫无疑问,在不同脑区之间,皮质的精细组织存在一定的差异,但看起来决定皮质功能的最主要因素是这一脑区和其他脑区之间如何连接在一起——也就是说,连通性是至关重要的。

美国加利福尼亚州拉荷亚神经科学研究所的朱利奥·托诺尼、奥拉夫·斯伯恩斯(Olaf Sporns)和杰拉尔德·埃德尔曼试图寻找一种基于结构的度量标准,期望这种标准能更客观地定义"神经元复杂性",并期望它能捕捉大脑功能分离和全脑功能整合之间的关系。利用统计熵(statistical entropy)和互信息(mutual information)的概念,他们以有不同连通性结构的系统模型为对象,估计了这些模型的相对统计独立性。不足为奇的是,他们发现当系统的组成部分完全彼此独立(分离)或完全互相依赖(整合)时,统计独立性很低。[30] 然而,使用他们对复杂性的正式定义,托诺尼等人证明,当彼此分离集群和其中一定程度的整合共同存在时,整个系统的统计独立性会增加。当大量不同的集群合并在一起时,整个系统的复杂性最大。如前所述,这正是受幂律支配的无尺度系统的标志。在后续章节中,当我提到新皮质的小世界组织模式时,主要想表明的是皮质间中等距离和远距离连接缺乏典型尺度,但同时这样的提法也暗含另一层解读:和基于最简单的无尺度图推算出的所需连接相比,多数皮质区域之间实际的连接程度要高得多。

在后续一系列模仿达尔文主义自然选择的实验中,托诺尼和同事们分析了大量的连接图,发现最重要的不是实际连接的数量,而是这些连接背后的模式。符合熵最大(独立性最大)、整合性最大(统计非独立性最大),以及复杂性最大的连接图之间存在本质差异。高复杂性系统的动力学由结构支持,这些结构的单元(即神经元)被组织成紧密连接的局部区组,而局部区组之间通过稀疏的连接相互关联。这些计算神经学研究和经济学家马克·格兰诺维特(Mark Granovetter)关于弱连接

---

① 布罗德曼对人类大脑皮质的系统研究作为一系列交流性工作于 1903 年到 1908 年发表在《心理学与神经科学杂志》(德语:*Journal für Psychologie und Neurologie*)上[这一杂志即后来的《脑科学杂志》(德语:*Journal für Hirnforschung*);参考 Brodmann,1909/1994]。在他之前,皮质的分层结构和皮质区域的分类一直是困扰人们的问题。在大脑较小的动物中基于尼氏染色法的大脑分区数较少(如刺猬仅有 15 个分区),这支持了更高的大脑化程度与更高的细胞分化程度相关的观点。现代研究者常使用让·塔莱拉什(Jean Talairach)的图谱染色法(Talairach & Tournoux P, 1988)。图谱中的每一页都表示二维网格中的一张脑切面图,同时这一图谱还参考了布罗德曼分区数字。解剖学分类的问题不在于结构上不同的区域是否存在,而在于这些区域如何反映不同的功能。

影响力的名言相符。[31]

　　然而，这些模拟研究中使用的一维抽象网络由相同的节点（即神经元）和节点间连接（即突触）组成，缺乏诸如传导延迟等时间特征。换句话说，这些模型缺乏真正动态过程中让复杂性问题更难解的部分。尽管如此，借助托诺尼、斯伯恩斯及其同事开创的方法以及其他定量研究方法，我们得以就信息在复杂连接的大脑中如何传递提出假设。例如，如果局部的细胞集群之间通过远距离轴突的连接比依据无尺度组织预期的更紧密，那么这意味着存在更高效的全脑功能整合。同样，一群神经元之间和神经元集群之间的连通性可用于定义多个空间尺度上的边界信息，还可以提示脑组织在这些不同的空间尺度上可能具有的功能。除了改变连通性之外，另一种增加系统复杂性的方法是引入多种新的组成成分。在大脑皮质中，这种成分多样性是通过不同的神经元类型来实现的。

兴奋性皮质网络：简单化后的观点

57

　　研究大脑会遇到的基本问题之一是大脑在时间和空间上具有多层组织结构。无论是单独研究一个神经元、一条回路，还是一个脑区都是十分复杂的，因为在任何一个层级上，大脑的组织结构都和更低层级的组织结构之间具有复杂关系，而且每一个层级又同时是一个更大尺度的组织结构的一部分。因此，也就不奇怪为什么人们仍无法就大脑功能组织的组成达成统一观点：有人认为它们是内部组分完全一致的多能网络结构，具体的功能由不同的连通性决定；还有人认为这些功能组织内的组分各不相同，每种组分都有自己明确的功能。根据简化论这种最简单的研究方法，我们必须首先对所有神经元共有的最基本属性有所认知，再在此基础上构建和研究"经典（canonical）皮质回路"的属性[①]，分析来自外部感受器（如眼和耳）的输入对这些基本回路功能的影响，从而进一步深入研究。这里介绍一种颇为流行的大脑功能组织的组成结构，这一框架由以色列希伯来大学（Hebrew University）的摩西·埃伯利斯（Moshe Abeles）提出，认为大脑的功能组织是锥体细胞的前馈网络。根据这一框架，完全一致的神经元构成多个层级，跨越多层的锥体细胞形成同步发放链（synfire chain）矩阵（即前馈网络）。[②] 在这一框架中，典型的层级可能代表单个皮质柱的解剖层，也可能代表新皮质中的某个脑区。尽管大脑中存在一些单向、前馈连接的具体例子，但对多数由真正的皮质网络执行的功能来说，这

---

　　① 一个"经典皮质回路"作为一个简单的单位，包含一个锥体细胞和一个起反馈抑制作用的中间神经元（或是一些此类连接的变异）（Douglas & Martin，1991；2004）。

　　② 埃伯利斯（1982）的同步发放链学说是皮质连通性的一种模型。模型中的神经元链由一组以前馈方式连接在一起的神经元组成，因此，神经元活动能够在其中单向传播，从一端传至另一端。更复杂的同步发放链还包括抑制性中间神经元，从而构成平衡模型，它们被用以研究动作电位的同步传播，例如从刺激的感知到诱发行为反应之间的过程。

些连接既不稳固也不高效。首先,这样的连接会导致错误在多个层级间不加修正地被传播、积累。其次,由于突触延迟和传导延迟,信息会在跨越不同层级传播的过程中变得更长。最后,由于真正的前馈网络是分层决策系统,所以在前馈网络系统中,众多组成部分的整体性贡献——自上而下的影响或整个大脑的决策不会被纳入考量范围。[①] 不过,通过层级内部或层级之间的循环性或反馈性兴奋性连接,这些缺点能够得到改善,因为这样形成的循环网络能从各种仅保留了碎片的版本中重建原始模式。[②]

58　　虽然大脑皮质主要由锥体细胞构成,但其内在的属性仍可能存在足够大的变异性,这些变异性便会导致神经元和皮质间存在不同的整合与传输特性。第 2、3、5、6 层的锥体细胞和第 4 层的星形细胞不仅有不同的连接方式,在生物物理属性上它们也存在差异。[③] 星形细胞的轴突局限于局部,而大多数锥体细胞的轴突会投射到远距离脑区,其投射距离要大于假定的新皮质模块的尺寸,运动皮质大锥体细胞的轴突侧支可以投射到脊髓的最远端。第 2～6 层中的细胞主要有 5 种类型,它们的轴突末端释放相同的兴奋性神经递质——谷氨酸,所以从这一角度上讲,它们颇为相似。但与此同时,它们的大小不同,而且具有差异明显的生物物理特性,因而足以假定:对于新皮质计算来说,除细胞连通性的差异之外,这些不同至少会带来 5 个自由度。

　　在神经元层之上的下一个组织层级是假定的皮质模块。多数研究者都会强调,新皮质基本构造的外观在不同区域之间差异非常小,与此同时,他们也承认细胞的大小和密度会依据组织和系统有所不同。这种构造的基本相似性意味着在任何位置的皮质中,局部计算过程基本上如出一辙。[32] 因此,不同区域的功能差异必然来自该区域输入和输出连接的独特模式。然而,虽然存在一些普遍的连接方式,但各种细胞类型之间连接的确切特点尚未完全清楚。倘若假设新皮质中的基本信息流的方向是从外部世界到高级脑区,那么基于这一假设,我们便可以区分上行(前馈)连接和下行(反馈)连接。大体上讲,如果不同脑区间的连接主要终止于第 4 层,那么这些连接将被归为上行连接;而如果连接的终端分布于第 4 层外的其他

---

　　① 层级系统并不意味着存在自上而下的控制或代理关系,物质具有层级性的基本结构,这是自组织的必然结果。在西蒙(Simon,1969)之前,人们认为层级系统是静态的结构。西蒙受一般系统理论的启发提出了动态系统理论(dynamic systems theory)。一般系统理论由匈牙利作家和哲学家阿瑟·库斯勒(Arthur Koestler, 1967)提出,由斯坦利(Stanley,1985)发展、完善。根据这些观点,生物体是自我调节的层级结构,由于竞争的存在,活动模式随层级的升高变得越来越复杂、灵活、有创造性。这些理论是神经科学中单细胞学说(single-cell doctrine)(Barlow, 1972)的根源。

　　② 由于具有模式补全(pattern completion)的能力,循环网络也被称为"自联想器"(auto-associator)(Kanerva, 1988)。

　　③ 尽管名字不同,但星形细胞本质上是没有顶端树突(apical dendritic shaft)的锥体细胞。对星形细胞来说,许多树突从胞体的各个方向向外伸出,使得整个细胞形状如同星形——这也正是其名称的来源。它们的轴突在局部分布密集,很少离开皮质模块的周围区域。

几层,那么这些连接则被归为下行连接。不同皮质区域之间,中间连接和远距离连接密度的差异很大,这表明皮质中各类互动和信息交流的重要性不同。一些交互区域之间互相连接的紧密度更高,因而这些区域间的交互可能更为重要。通常,这些连接模式与局部皮质组织的其他解剖标记高度相关,但它们并非完全一致,其间的许多差异便导致人们仍在一直就皮质区域之间的准确界限展开争论。[33]

从上述讨论中,我们得到的简单化结论便是:不同大小的哺乳动物大脑中,相同的生理功能(如视觉、躯体感觉)由相似的神经回路支持,并且这些回路由相同种类的神经元组成。不同皮质区域独特的功能不(仅)来自独特的局部组织,同样还来自局部网络和其他网络之间独特的嵌套结构和相互连接。新皮质神经元的数量之所以能快速增长,是因为在保持同等程度有效连通的前提下,大脑的体积更大,所需要的远距离连接相对更少。因此,我们希望,不同脑区和不同物种之间,数量上存在差异的结构能通过数学方法预测。这种数学预测关系十分重要,因为这证明了我们通过研究小型动物的大脑来理解人类大脑的努力是可行的。也就是说,如果我们能够理解啮齿类动物大脑皮质的基本解剖组织和皮质区域之间相互作用的奥秘,那么这些知识应当也适用于人类大脑皮质。然而,仍然会有一些不符合这种预期的发现:纽约西奈山伊坎医学院的埃丝特·尼姆金斯基(Esther Nimchin-sky)和帕特里克·霍夫(Patrik Hof)以及加州理工学院的约翰·奥尔曼(John All-man)描述了一群独特的神经元,它们体积很大,呈纺锤形,位于人类或类人猿大脑岛叶皮质和前扣带回皮质的第 5 层,但是在其他哺乳动物大脑的相应位置没有找到这类细胞。[①] 然而,这些新发现的神经元与其他第 5 层神经元间有无本质差异,以及它们有无独特的连接或生物物理特性等这些问题仍有待研究。

目前为止,我们的讨论仅涉及新皮质中主要的兴奋性细胞间的连通性,然而,无论这些神经元之间的连通性有多高,仅凭它们本身都无法执行任何有用的功能。我们面临一个重大问题:如果没有任何机制抑制兴奋的扩散,那么这些兴奋性刺激会传播到四面八方。也就是说,如果没有合适的控制系统,这些通过随机、小世界或任何类型的网络连接在一起的兴奋性细胞只会像自主产生的雪崩一样,引发范围不断扩大、强度不断增强的兴奋,直到耗竭时才会停止。因此,为了在皮质神经回路中建立和谐的张拉整体结构,兴奋性作用和抑制性作用必须同样有效、相互拮抗、彼此平衡。在大脑皮质中,这一点通过负反馈控制系统实现,这一系统具有维持稳定的作用,由抑制性中间神经元组成,具体内容我们将在下一章中展开讨论。

---

　　① 参见 Nimchinsky et al. (1999)的文章。我们已经知道,人与类人猿大脑初级运动皮质中存在大小和这群纺锤形细胞类似的巨型神经元(贝兹细胞),而这些新发现的巨大纺锤形细胞可能具有重要的潜在意义,具体讨论可见 Allman(1999)的文章。

本 章 总 结

新皮质由数量众多的神经元组成,其中包括 5 种主要的兴奋性神经元和种类众多的中间神经元。早期针对皮质结构的理论强调新皮质的模块化组织,符合这些理论的典型模块包括大量位置上并列的皮质柱状结构。在局部,这些结构之间通过强健的张拉整体结构组织在一起。由于这是一种无尺度、可扩张的组织方式,因而大脑的大小可以不断增长,从树鼩体积较小的大脑一直长到鲸类体积巨大的大脑。中间连接和远距离连接组成白质,一些不相邻的皮质神经回路之间也彼此相连,这些连接相对较为稀疏,但它们提供的连接通道也足以保持不同体积大脑中突触路径长度的恒定。皮质区域间的此种连通性是整个大脑在有限时间窗口内执行功能的基础和前提。然而,尽管存在一些通用的连接规则,但各种主要细胞种类之间的具体连接方式尚未完全清楚。神经科学家们一致认为,从最小的大脑到最大的大脑,主要神经元的种类及其基本连接始终保持不变。皮质结构类似小世界的无尺度组织模式提供了一系列定量规则,从而保证了在连接成本最低的条件下细胞和轴突连接数量的增长。然而,现有的解剖学结果表明,负责处理相似类别信息的皮质区域之间实际存在的连接比简单随机图所要求的更紧密。这些优先连接的区域形成了运动、视觉、听觉、躯体感觉、味觉、嗅觉区域和其他更高级别的皮质系统。但是仅凭兴奋性连接无法进行计算,因为任何输入都会影响所有的皮质神经元,引发非结构化的群体兴奋,因此大脑会平衡兴奋性神经元和抑制性中间神经元之间的相互作用,从而限制兴奋的传播并实现运算的分离。

皮质功能多样性通过抑制性作用实现

本章其他注释

除非从演化论的角度，否则生物学的一切都无法理解。

——狄奥多西·杜布赞斯基

经典统计热力学认为元素之间只存在一种相互作用——兴奋/激发（excitation）［或碰撞（collision）］，这样的相互作用只能带来单一方向的改变。但大脑与此不同，它正常运作所需的相互作用既包含兴奋也包含抑制，正是抑制这一额外成分导致了物质系统和大脑动力系统之间的根本差异：物质系统偏向于无序，而大脑系统以有序为核心。

正如在第 2 章最后谈到的那样，大脑皮质的兴奋性网络在本质上是不稳定的，只有兴奋性作用被同样有效的抑制性作用所平衡，才能维持大脑的张拉整体动态结构，而这种抑制性作用来自特殊的抑制性神经元。如果大脑中只有兴奋性细胞，那么神经元就无法产生形式或秩序，也无法保有一定的自主性。大脑中主要的细胞只能做一件事——相互刺激，产生兴奋性信号。如果没有抑制性作用，那么任何来自外界的输入，无论强弱，最终都会引发一种多少有些相似的单向变化——整个大脑中所有的神经元都会迅速一起被激活，就像雪崩发生时的情形一样。①

然而，大脑是一个包含多种组分的系统，不同类型的神经元以特定的方式相互联系，从而实现大脑应有的形式。在本章中，我会先简要介绍皮质内中间神经元的

62

---

① 抽象化的神经网络模型和现实中实际存在的神经网络是不同的。例如，霍普菲尔德神经网络（Hopfield neural network）由大量简单的等价组分（即"神经元"）构成，其计算特性来自所有组分的集合属性。但是，在这样的网络模型中，真正的刺激和兴奋并不存在，存在的只是 0 和 1 这两种逻辑状态（Hopfield，1982）。后来的模型假设这些组分产生的反应会分为不同等级，但忽略了抑制性作用（Hopfield & Tank，1986）。

种类,然后介绍这些中间神经元之间以及它们同主要的兴奋性神经元之间的连接,接着我会讨论大脑中的兴奋性作用和抑制性作用是如何通过振荡彼此平衡的。

抑制性网络产生非线性效应

兴奋性网络中活动的传播较为简单且可预测:无论时间长度、连接复杂性、兴奋强度或其他任何因素如何,兴奋都只能引发进一步的兴奋。正向的驱力只能使系统向前进的方向变化,因此,无论起始条件的强度和形式如何,兴奋性网络总是不可逆地向同一个方向发展,导致相同的结局。而抑制性网络则与此全然不同,它会给神经回路带来难以预测的非线性特质。为了说明这种差异,让我们比较一下兴奋性神经元链和抑制性神经元链:兴奋性神经元链只会产生单向增强的兴奋性作用,而在抑制性神经元链和混合神经回路中,活动的传播会被改变,形成不同的模式,最终呈现出的模式和结果取决于回路中连接的具体细节和连接的强度(即突触强度)。抛开细节不谈,在纯粹的兴奋性网络中,神经元活动的演化发展只有一种可能——兴奋,串联的兴奋性神经元在每一个信息传递的步骤中都会激活其他神经元,引发越来越强的连锁反应,使系统失去整体稳定性。与之相反,若位于链首的抑制性中间神经元被激活,那么它将抑制其目标神经元的活动,因此在整个链中,第三个神经元所受的抑制性作用将比第二个神经元所受的低,所以第三个神经元的活动性可能会增加,神经生理学家将这一过程称为"去抑制化"(disinhibition)。而第三个经受了去抑制化的神经元又会反过来抑制它下游的目标神经元,然后下游被抑制的神经元对再下游神经元的抑制性作用又会降低,以此类推。倘若在一个兴奋性神经元回路中嵌入若干抑制性中间神经元,那么给这个回路输入的激活既会产生兴奋性作用也会产生抑制性作用。此时,回路中单神经元的放电模式很难被预测,因为在很大程度上这取决于回路中神经元的具体连接模式。整个回路或系统中一些参数的微小变动就可能导致其中所有神经元放电模式的巨大改变——这一特性便被称为"非线性"。

既包含兴奋性成分也包含抑制性成分的网络能够进行自组织,产生种种复杂的特性。[①] 然而,即便对最简单的、由一个兴奋性细胞和一个抑制性中间神经元组成的配对来讲,其放电模式同样取决于配对中具体的连接方式——前馈抑制如同滤过器,降低传入的兴奋性刺激的影响;侧抑制作用通过抑制邻近被激活的兴奋性神经元实现神经元的自主性和独立性。[1] 在循环抑制回路(即反馈抑制回路)中,兴奋性细胞的放电增加,提高了抑制性中间神经元的放电频率,从而反过来导致兴奋性细胞的输出降低。这种通过负反馈实现的稳定性有些类似恒温器的作用,在大

[①] 具有多个嵌套结构的系统被称为层级系统。大脑皮质便是一个复杂的层级系统,它含有多种神经元类型和多个组织层级。

脑中,它往往通过各种神经振荡的形式得以实现(具体内容将在第 6 章中讨论)。在前馈抑制结构中,抑制性中间神经元首先放电,导致兴奋性细胞的活动性减弱,这样的兴奋性-抑制性配对可以明显增加神经元放电的时间精度,因为兴奋性细胞既接受输入的兴奋性作用也接受来自上游中间神经元的抑制性作用。由于抑制引发的复极化作用,兴奋引发的去极化(depolarization)会快速恢复,因而兴奋性细胞能发生去极化放电的时间窗便缩小了。事实上,通过这种兴奋性-抑制性作用的快速耦合,动作电位时间(峰值时间)可以具有亚毫秒级别的时间精度。[2]

在简单的反馈或前馈关系基础上,任何改变都会不可避免地增加细胞放电模 **64** 式的复杂性。例如,如果两个中间神经元同时被激活,那么它们对其靶细胞(兴奋性神经元)的联合作用将主要取决于这些中间神经元之间的相互作用。作为一种负向驱力,抑制会引发非线性的、难以预测的作用。反馈抑制的一种延伸形式是侧抑制。此时,一个主要神经元(兴奋性神经元)被激活并激活了其下游的中间神经元(抑制性神经元),而这个中间神经元又会反过来抑制周围其他的主要神经元。假设有两个主要神经元 A 和 B,它们会被相同的输入激活,但输入给 A 的刺激比输入给 B 的刺激稍强一些,此时如果 A 和 B 与同一个抑制性中间神经元相连,那么 A 的激活将会导致 B 的抑制。而如果输入给 A 和 B 的刺激强度相同,但 A 与中间神经元间的突触连接略强,此时同样会出现上述 A 激活导致 B 抑制的结果。也就是说,最开始输入强度或突触连接之间的微小差异便会导致两个神经元输出结果的巨大不同。同样地,若输入给 A 的信号比输入给 B 的信号略早一点,输出的结果也会具有明显的不对称性。这种主要神经元间通过竞争而表现出的自主性也被称为"赢者通吃"(winner-take-all)效应,这是一种非线性的选择或分离机制。

一般来说,皮质网络的非线性特质和其功能复杂性主要源于抑制性中间神经元系统。[①] 兴奋性神经元和抑制性神经元之间复杂的交互作用会产生至少两种有意义的结果:第一,主要神经元既不再受困于反复兴奋性作用导致的"兴奋雪崩",也不会完全被抑制而无法对输入做出反应。对真实的神经网络而言,兴奋和抑制的调定点处于某个中间位置,因而其中的神经元能够在必要时做出最有效的反应——即便有时输入的生理刺激强度极弱。这种既可以被兴奋也可以被抑制的临界状态在物理学中被称为"相变"(phase transition),此时,外力可以让系统朝任何方向移动。这种状态转变的典型例子便是水和冰之间的转换:温度的微小差异(即来自外部的影响)便会导致整个体系向水或是向冰的方向转变。倘若一个系统(如神经网络)能以这样的方式进行自组织,并维持整个系统的状态处于相变附近,

---

①　非线性特质的另一个重要来源是皮质下大量的调节性神经递质(Steriade & Buzsáki, 1990;McCormick et al., 1993)。部分皮质下调节效应也由皮质中间神经元(cortical interneuron)介导(Freund, 2003)。

那么如果不受到扰动,这个系统便能维持在这种敏感的亚稳态。[①] 尽管对外部干扰具有最大的敏感性,但由多级兴奋和抑制组分构成的神经网络实际上是一种可复原的弹性系统,即便接受巨大的外部刺激作用,它仍然能够正常运转,不发生功能障碍。

第二,抑制性中间神经元系统能确保孤立或成群的兴奋性神经元具有高度自主性。属于同一个"类别"的中间神经元(详见下述关于不同类别的讨论)互相合作,保证了执行特定功能的主要神经元在时间和空间上彼此独立。在接下来的章节中,我们的讨论会多次涉及神经网络最基本的两个功能:模式整合(pattern separation)和模式分离(pattern separation)——与整合和分化这两个概念相对应的两种功能。如果一个网络中只有兴奋性连接,要想让这个网络针对不同的输入做出不同的反应是不可能的。然而,互相协同的中间神经元具有调度控制的能力,网络中有了由它们介导的抑制性连接,相互竞争的细胞集群便能分别实现不同功能,即使是位置相邻的兴奋性神经元也能够实现功能上的分离。因此,神经网络中兴奋性神经元的特异性放电模式便取决于抑制性作用的时空分布。因而,即便针对相同的输入,如果抑制性作用的状态不同,同一神经网络在不同的时间也可能会产生不同的输出模式。只要传入神经元与不同细胞集群之间的突触强度稍有不同,优势细胞集群便可以完全抑制与其竞争的细胞集群的活动;而如果输入的强度一致,但时间略有差异,那么较早的输入便会通过前馈作用和侧抑制作用选择一个神经元集群而抑制其他与之竞争的神经元集群。也就是说,抑制是选择特定细胞集群的必要条件。相互协调的抑制性作用确保了在每次兴奋性活动中都只有所需的神经元在合适的时间内被激活,同时确保了兴奋性作用向正确的方向传播。上述所有这些重要的特质都无法仅通过兴奋性神经元来实现。

中间神经元成倍地扩大兴奋性神经元的计算功能

起初,"皮质中间神经元"这一术语出现时,人们认为抑制性神经元只是根据躯体信息对局部的锥体细胞提供反馈抑制作用。由于当时人们认为它们之间仅存在短距离连接,因此,它们也曾被称为"局部回路内中间神经元"(local circuit interneuron)。然而,有些中间神经元的投射距离并不比主要的兴奋性神经元的投射距离短。尽管如此,"皮质中间神经元"这一称呼仍旧被保留了下来,只不过其内涵更广泛了一些,类似于现代物理学中仍使用"原子"(atom)这一名称,但忽略了其希腊语原意(不可再分的,"a-tom")。当前所有已知的皮质中间神经元仅占皮质神经元

---

① 物理学中对这种一直维持的相变有一个常用术语——"自组织临界性"(self-organized criticality)。帕·巴克(Per Bak)有一本关于此的论著(Bak, 1996),并在书中将自组织特性与级联失败相联系。他的这种观点颇有争议,关于此的批评可见詹森(Jensen,1998)的评述。

总数的 1/5 不到,由于它们都释放抑制性神经递质 γ-氨基丁酸(GABA),因而"抑制性中间神经元"一词便明确定义了大脑皮质中起抑制性作用的细胞群。

皮质网络中只占少数的抑制性细胞如何限制与监控占多数的兴奋性细胞产生的效果呢?事实上,中间神经元能够通过多种方式解决这一难题。兴奋性细胞之间的典型突触连接较弱,与之不同,中间神经元和兴奋性神经元之间的连接则很强,而典型的中间神经元只通过 5~15 个突触末端[终扣(bouton)]连接同一个兴奋性神经元。而且,几乎半数的抑制性末端都被有策略地置于控制动作电位输出的关键位置上,在兴奋性神经元的胞体和轴突起始部分,仅存在几个由吊灯样细胞(chandelier cell)和篮状细胞(basket cell)两种中间神经元发出的抑制性突触。中间神经元产生动作电位的阈值要低得多,而且,我实验室的研究生约瑟夫·奇契瓦里(Jozsef Csicsvari)曾证明,通常情况下,突触前兴奋性神经元的单个动作电位就足以使中间神经元放电。[3] 因此,篮状细胞和吊灯样细胞工作更"努力",它们的总放电率比兴奋性细胞的总放电率高出数倍,所以单位时间内作用于兴奋性细胞的抑制性突触后电位(inhibitory post-synaptic potential,IPSP)与兴奋性突触后电位(excitatory post-synaptic potential,EPSP)产生的效果大致相当。[①]

然而,抑制性突触后电位和兴奋性突触后电位的动力学特性与空间分布都存在明显差异,抑制性突触后电位的产生与衰退都更快,其振幅也比兴奋性突触后电位的更大。正是抑制性突触后电位这种更快的动力学特性,使得在决定锥体细胞何时产生动作电位的过程中,来自中间神经元的抑制性作用比来自其他锥体细胞的兴奋性作用更有效。兴奋性电位主要作用于支配主要神经元的树突,而作用于胞体的只有抑制性电位。[②] 这种排布方式导致的结果便是,和树突层(大部分兴奋性输入传入的地方,接受兴奋性突触后电位的作用)相比,胞体层(神经元细胞体集中分布的地方,接受抑制性突触后电位的作用)的胞外空间内会产生功率更大的高频电流。

正因为存在主要神经元的兴奋性作用和中间神经元的抑制性作用,皮质活动的张拉整体平衡性才得以实现。因为这种平衡关系,分布在广大皮质区的神经元的整体放电率得以维持稳态,同时,在短时间窗口内的局部兴奋性也可以明显增加,这对于传出信息和修改网络连接而言极为必要。此外,平衡和反馈控制同样也是振荡的基本原理,而中间神经元网络正是许多神经振荡活动的基础。

---

① 中间神经元的激活伴随着抑制性神经递质 γ-氨基丁酸的释放。除此之外,没有突触前动作电位时,γ-氨基丁酸也会"自发地"释放。这些微小的抑制性电流[被称为"迷你信号"(minis)]的具体功能尚不清楚,但它们可能有助于维持皮质网络的稳定性(Nusser & Mody,2002;Mody & Pearce,2004)。

② 锥体细胞胞体周围的区域(传出区)完全受 γ-氨基丁酸抑制性作用的控制。随着与胞体之间的距离增加,γ-氨基丁酸能突触的占比逐渐降低,而神经棘(spine)的数量(主要与兴奋性突触有关)逐渐增加(Papp et al.,2001)。

第 2 章中,我提到 5 种主要的兴奋性神经元各自有不同的功能特点,这种功能差异由它们细胞膜上离子通道(channel)的独特组合模式和它们形态上的独特性产生。索尔克生物研究所的扎卡里·迈宁(Zachary Mainen)和特里·谢诺沃斯基已经证明,对他们通过算法构建的神经元模型来说,形态的改变可以导致明显的生物物理行为改变。[4] 例如,树突大小不同的神经元会对相同的输入产生不同的输出,同样,几何形状相似但离子通道分布不同的神经元也会对相同的输入产出不同的输出。单独的兴奋性神经元具有强大且广泛的计算能力,但这种计算能力很少有机会同时得到利用,然而,若能将其计算能力划分为许多能依据当前需求灵活调用的子程序,那么对于神经系统功能的实现将有巨大益处。中间神经元系统便能够轻易地帮助兴奋性神经元实现这一点:中间神经元能够在功能上剪除兴奋性神经元树突的一部分或是灭活整个树突,此外,中间神经元还能够选择性地灭活 Ca^{2+} 通道,并将树突与胞体或胞体与轴突分离开来。实际上,中间神经元的这种作用在功能上就相当于改变了兴奋性神经元的形态类别,从而实现了增加兴奋性细胞功能多样性的目的。[5] 而且各种各样的中间神经元能够在几毫秒内实现这些功能。

皮质中间神经元的多样性

在大脑中,对计算功能需求"较低"的系统内仅存在几种类型的神经元,例如,丘脑、基底神经节和小脑中的神经元便只有有限的几种。相比之下,皮质中不仅出现了 5 种类型的兴奋性神经元,还演化出多种多样的 γ-氨基丁酸能抑制性中间神经元。在皮质中,兴奋性神经元的每一个表面分区都受到来自特定类别中间神经元的专门调控。这是一种很巧妙的控制方法,通过主要由局部中间神经元构成的连接,显著地增加兴奋性神经元的功能。增加相同种类的中间神经元的数量,会导致整个网络的组合性质线性增加,然而,如果在先前的网络中增加新的中间神经元种类,那么即使新增加的中间神经元数量很少,也能导致网络的性质非线性增长,出现本质上与先前不同的特性。[6]

在过去的 10 年中,我们对皮质中间神经元的认识有了巨大变化。从前,我们认为它们是同质的神经元集合,发挥给兴奋性神经元提供负反馈的作用;但后来我们认识到,它们是一大群完全不同的细胞,而且细胞间有着异常复杂的连接回路。到目前为止,中间神经元甚至还没有大家普遍认可的分类方式,而且基本每个月都会有新种类的中间神经元被发现。分裂派倾向于将中间神经元分为无穷多个类别,而归拢派则主张将其分为少数几个种类。我个人和牛津大学的彼得·索莫吉以及匈牙利科学院的陶马什·弗罗因德认为,首先应依据中间神经元的轴突在兴奋性神经元上的靶点差异对其进行分类。[7] 这种分类法具有功能上的依据:中间神经元系统的主要目的是增强和优化兴奋性神经元的计算能力。① 因此,从中间神经元与兴奋性神经元的关系角度,我们可以将中间神经元分为 3 类。② 第一类(也是最大的一类)中间神经元抑制兴奋性神经元胞体附近的区域,从而实现对兴奋性神经元输出的控制,这类环胞体抑制和输出控制作用通过作用于胞体的篮状细胞或作用于轴突起始段的吊灯样细胞实现。③ 第二类中间神经元的靶点主要是兴奋性神经元树突上的特定部位,这类中间神经元可以分为很多亚种。皮质中每个已知的兴奋性回路都有与之相对应的中间神经元亚种。有一些亚种同时支配两个或多个树突区域,这些部位既可以互相重叠也可以互不重叠;而另一些亚种则以相同的可能性支配胞体和胞体附近的树突。因为兴奋性神经元的不同部位在实现功能时具有不同的动态变化情况,所以支配这些部位的中间神经元便通过调整自身的动力学特性来使功能与目标相匹配。因此,这类中间神经元具有最大的变异性便不足为奇了。④

70

　　除了影响兴奋性细胞外,中间神经元之间还通过一种复杂的机制互相支配,从而影响彼此的生物物理特性。中间神经元中有一类特殊的重要亚群,它们的轴突会延伸到多个解剖区域,一些轴突侧支还会影响皮质下结构或跨越中线支配对侧半球,因此,它们被称为"远距离中间神经元"(long-range interneuron),上述作用于树突的中间神经元中至少有一部分属于这类远距离神经元。[8] 这些中间神经元的远端终扣并非集群分布于一处,而是被兴奋性神经元有髓鞘包被的轴突侧支分开,这些有髓鞘包被的轴突能实现信号的快速传导,从而实现所有终扣在时间上的同

----

　　① 目前为止,我们对海马这一只由一层兴奋性神经元构成的皮质结构的中间神经元的种类、连接方式和功能特点了解得最为透彻,因为我们可以在活体内标记出海马的中间神经元,并对其树突和轴突的覆盖范围进行量化,而且无论在切片中还是在活体动物中,这些神经元的生理特性都得到了深入的研究和描述(Freund & Buzsáki, 1996;Klausberger et al., 2003, 2004)。通过研究海马,我们对中间神经元的连接方式和功能原则有了一定了解,这些知识似乎同样适用于新皮质,因为在新皮质中这些连接方式和功能原则似乎与在海马中完全相同(至少十分相似)(Somogyi et al., 1998;Markram et al., 2004;Somogyi & Klausberger, 2005)。

　　② 这一分类方式背后的理论是:抑制性作用的目的是让兴奋性锥体细胞具有实现特定功能的时空自主性(让兴奋性细胞彼此在功能上分离,只有特定细胞群在特定时间共放)。

　　③ 吊灯样细胞这一动听的名字由亚诺什·圣阿戈陶伊创造(1975;Szentágothai & Arbib, 1974)。这种神经元轴突末端突触小体的分布很像吊灯,他认为这些突触小体与兴奋性神经元树突相连。而发现这些中间神经元终扣实际终止位置的是索莫吉,他极具创新性地将高尔基细胞染色切片与电子显微镜技术相结合,据此发现这些终扣和锥体细胞轴突的起始段相连(Somogyi et al., 1983)。索莫吉给这类细胞起了新的名字——轴突-轴突细胞(axoaxonic cell),但更具诗意的"吊灯样细胞"仍广为使用。后来,关于这类细胞,我们有了一个意外发现,事实上,它们可能能使轴突起始段去极化(而非抑制),从而实现靶细胞的同步化放电(Szabadics et al., 2006)。

　　④ 在基本皮质回路中,针对锥体细胞的胞体旁控制由篮状细胞和吊灯样细胞(轴突-轴突细胞)实现。无论是锥体细胞还是中间神经元,它们都受回路外的兴奋性输入和抑制性输入支配,并且都受皮质下神经递质的调控,这些神经递质包括乙酰胆碱(ACh)、多巴胺(DA)、去甲肾上腺素(NA)和 5-羟色胺(5-HT,血清素)(Somogyi et al., 1998)。

步性。[①] 这种投射范围广、距离长的神经元十分稀有,但从小世界网络角度考虑,

71 神经系统若要实现各种功能,那么这类神经元所扮演的角色必定极其重要(关于对小世界网络的论述可见第 2 章)。这些神经元为远距离神经振荡同步化提供了必要的途径,而且使大量不直接相连的神经元能够实现活动的时序一致性。

　　第三类中间神经元由陶马什·弗罗因德课题组发现,特点鲜明,极具辨识度:它们的轴突不与兴奋性神经元相连,而是仅和其他中间神经元相连。[9] 这类仅连接中间神经元的中间神经元使抑制系统具有了独特的组织方式。与之相对,目前已知的兴奋性神经元都不会仅与其他兴奋性神经元相连而不连接中间神经元。此外,这一类中间神经元中也有一部分属于前述的远距离连接中间神经元,因而这又一次表明了区域间抑制同步化的重要性,同时这也再次表明了兴奋性神经元振荡周期变化一致性的重要性——因为这一特性是通过抑制同步化过程实现的。[10]

　　在我们的分类法中,中间神经元的胞体和树突存在于皮质的不同层次中,它们

72 接受多种输入,这些输入类型又可以成为另一种分类的基础。啮齿类动物的大脑中至少有 20 种不同类型的中间神经元,因而,尽管我们对它们之间的线路连接方式尚不清楚,但可以肯定的是这些连接必定极其复杂。[11] 除此之外,同一类别的中间神经元还能通过电突触实现交流。电突触是一种特殊的物质与信息交换的通道:两个神经元相邻的膜之间存在称为“缝隙连接”的小孔,离子和小分子可以穿过这些小孔双向运动。[12] 除了释放 γ-氨基丁酸外,中间神经元还产生各种钙结合性蛋白质,例如小清蛋白(parvalbumin)、钙结合蛋白(calbindin)、钙视网膜蛋白(calretinin)等。它们还能产生各种不同的多肽,其中很多都是具有内分泌功能和血流调节作用的激素和多肽,如胆囊收缩素(cholecystokinin)、生长抑素(somatostatin)、血管活性肠肽(vasointestinal peptide)等。因此,这些多肽不仅是解剖学家用来进行标记的易识别标记物,而且它们在中间神经元向兴奋性神经元、神经胶质细胞和脑血管传达状态信息的过程中可能也起到某种作用——尽管这种作用我们尚不清楚。[②]

　　神经系统通过不同类别的中间神经元来区分兴奋性神经元表面域的神经支配,这种方式颇具优点,尤其是当涉及神经元集群活动的时序动态时,这种方式的优势就变得尤为突出。不同类别的中间神经元具有迥然不同的生物物理特性,因而,随着兴奋性细胞放电频率的变化,被招募参与到回路中的中间神经元的种类也

---

　　① γ-氨基丁酸能中间神经元的轴突侧支可以跨越不同解剖区域。有些中间神经元接受海马 CA1 区的输入并投射回 CA1 区上游的齿状回(dentate gyrus,DG)和 CA3 区。类似的远距离连接中间神经元还可以投射到皮质下区域、对侧海马或内嗅皮质。

　　② 即便中间神经元的种类具有高度多样性,也不大可能实现皮质中的每一个锥体细胞都受特异的一类中间神经元支配(Markram et al.,2004)。因此,除了使每个细胞具有多样化功能之外,中间神经元还可以在动态变化的时间尺度上发生变动,从而使微回路也具有多样性。

有所不同。例如,当受到高频输入的刺激时,篮状细胞的反应效率逐渐降低,因为这些细胞上的突触作用逐渐减弱,起到了低通滤波器的作用;与之相反,一些连接树突的中间神经元在低频刺激下无法产生动作电位输出,而且它们需要若干个脉冲的刺激才能放电,这是因为它们接受输入的突触具有促进作用,因此,这类中间神经元可被视为高通滤波器。我们很容易想象这种动态变化的结果。[13] 当锥体细胞放电速率较低时,它几乎只激活胞体周围的中间神经元;而当锥体细胞放电速率增大时,其对胞体的抑制性作用逐渐减弱,而对树突区的抑制性作用逐渐增强。[①]因此,由于不同突触的滤波作用,时间信息在亚细胞空间角度得到了表征。

中间神经元系统:分布式计时器

　　尽管兴奋性神经元之间的线路连接复杂多样,但仅由它们组成的系统无法实现任何有用的计算。只有当抑制性神经元网络与兴奋性细胞共同作用时,我们的大脑才具有进行复杂计算所需的灵活性。无论是对单独的神经元,还是对神经元网络来说,它们都需要实现一个重要的目标——有效且有选择地对输入做出反应。在单独的神经元中,要实现反应的有效性,可以将静息膜电位维持在略低于阈值的水平。然而,由于阈值的特性,这一点实际很难做到。阈值的概念相当于冰和水之间的相变,也就是说无论是二者中的哪一个,系统状态的改变都会由最小的外部力量导致。然而,对于阈值来说,问题在于神经元对噪声(即干扰信号)的敏感性。如果膜电位一直保持在仅略低于阈值的水平,那么输入刺激的任何一点细微的增强都会导致细胞放电。此外,这种机制相当耗费能量,因为大脑中温度、pH 等其他因素都是不断上下波动的,在这样的环境中,要想把膜电位限制在一个很窄的范围内,就必定需要复杂的机制与调节。然而,如果是通过增大静息电位的负值来保护膜免受噪声的影响,那么此时要产生动作电位就需要更强的去极化,这同样需要耗费大量能量。避免神经元被噪声影响的另一种方式是借助神经元之间的协调,从而使膜电位上下波动。这种方案唯一的缺点在于,根据不同的阈值调节协调机制,重复传入的相同外部输入在不同情况下会产生不同的结果:对每个神经元来说,当其膜电位升至略低于阈值水平时,会有短暂的激活窗口;而另一些时候,同样的输入只是阈下刺激,因为此时这一神经元处于暂时超极化期。这的确会造成一些麻烦,然而由于这种方案的能耗较低,因而这些麻烦也就不算什么了。和让膜电位保持在恒定的去极化水平相比,使其上下

---

　　① 输入频率决定了抑制的空间优势。当输入频率较低时,对树突的前馈抑制性作用较弱,因而锥体细胞胞体的动作电位又会反向传导到树突。当输入频率较高时,作用于树突的神经元的作用增强,而作用于胞体的中间神经元则被抑制,其结果便是对胞体的抑制减弱,对树突的抑制增强,因此由胞体返回树突的动作电位便会被增强的树突抑制性作用削弱。普耶和斯坎齐亚尼(Pouille & Scanziani, 2004)曾证明,刺激信号的快速输入会导致抑制性作用的主要部位从胞体转移到树突;而增强的树突抑制又会抑制动作电位的胞体-树突传递和树突处的 Ca^{2+} 内流(Tsubokawa & Ross, 1996; Buzsáki et al., 1996)。

波动所耗的能量将大幅降低。① 而这一让兴奋性神经元膜电位上下波动的重要任务便由中间神经元系统来承担,中间神经元通过振荡实现这样的功能。

相反的驱力之间(如兴奋和抑制)维持平衡,这一过程通常会产生节律性的行为。而大脑中同样存在仅包含兴奋性锥体细胞的神经振荡活动,此时的振荡便类似于γ-氨基丁酸受体被药物阻断时的神经活动。这种超同步化、癫痫样振荡的频率主要由两方面因素决定——参与振荡的锥体细胞固有的生物物理特性和神经递质耗竭后再补充的时间进程。在生理条件下,振荡主要依赖于抑制性中间神经元。事实上,中间神经元最重要的作用之一便是在多个时间尺度上让兴奋性神经元能够基于振荡节律在合适的时机放电。

让我们从最简单的振荡网络说起,这样的网络中只包含一种中间神经元(例如通过突触连接的篮状细胞)。当然,如果没有外部刺激,这样的中间神经元网络基本只可能保持沉默。瞬时的刺激作用只会产生瞬时的振荡响应,这种响应无法维持,稍纵即逝,要想维持这种振荡,就需要借助一些外部力量来产生动作电位。鉴于这种外部力量只是被用于维持放电,因而皮质下神经递质或局部谷氨酸的释放都能被用于实现这一作用,因为它们都可以帮助维持必要水平的缓慢去极化。而中间神经元的活动则会产生秩序性,举个最简单的例子,当所有或部分中间神经元表现出振荡反应时,抑制性耦联便能将它们连接成振荡网络。②

然而,即使独立的中间神经元都不产生振荡,许多中间神经元也会通过突触连接,形成均质化网络,这一网络仍可以产生稳定的振荡行为。直观上讲,可以这样
75 理解中间神经元网络的集合性节律:起初,中间神经元随机放电,其中一些可能偶然地在短时间内一起放电,那么,和随机放电的神经元相比,这组同时放电的神经元就会给靶细胞施加更强的抑制,于是会有更多的神经元同时不放电,随后,在抑制减弱的过程中,它们同时放电的概率就会增加。[14] 这样我们就得到了更大的一群同步放电的细胞,它们又会进一步抑制更多其他细胞,从而增加这群细胞在抑制解除后同步放电的概率。通过适当的细胞间连接,再加上传导的延迟,最终整个抑制性网络中的绝大多数神经元都将被同时抑制,并在抑制解除后被同步激活。也就是说,整个网络的每一个部分都实现了放电与静息的同步化交替。当然,并非所有的中间神经元都会在每个周期内放电,但是只要每个周期中有足够多的中间神经元放电,那么这种振荡活动就能得到维持。任意两个细胞之间放电的平均时间差

① 这其实是一种时间抽样的解决方案,类似的方案同样在行为层面有所应用,例如,为得到剂量合适的气味样本,脊椎动物会按照一定的节奏嗅闻,而节肢动物会在发现气味后按照特定的频率和持续时长弹动它们的嗅觉附肢。对于气味检测来说,这种主动造成的输入起伏性变化的过程极大地增加了检测的灵敏度(Laurent, 1999)。

② 当然,对于这种抑制性网络来说,外部力量的作用是至关重要的。仅由中间神经元形成的网络无法维持任何活动,持续的活动需要靠不断产生正反馈来维持,通常,这种正反馈来自周期性兴奋性作用。没有周期性兴奋回路的神经网络(例如小脑网络)不具有自发或自组织活动(详见第13章)。

都相同,也就是说,无论中间神经元间是双向连接、单向连接还是不互相连接,只要它们同属于一个网络,那么它们差不多都会在同一时间同步放电。振荡的频率仅取决于抑制性作用的平均持续时间(分散式分布的中间神经元计时系统中关键的时间常数),如果抑制由快反应γ-氨基丁酸 A 型受体介导,那么振荡的频率差不多属于γ波频段(40～100 赫兹),而如果改变这一由γ-氨基丁酸 A 型受体介导的抑制性作用的时间常数,那么中间神经元网络的振荡频率就会受到影响。[15]

由于通过γ-氨基丁酸 A 型受体连接的中间神经元在整个大脑中无处不在,所以不出人们预料,大脑中的各处基本都存在属于γ波频段的振荡。对于这种"γ时钟"来说,没有任何一个单独的神经元负责产生或维持神经振荡,所有的神经元,只要放电,就会参与到振荡节律的形成过程中——也就是说,责任是分散的,结果是合作产生的。因为这是神经元集群产生的抑制性作用,所以只要存在集群性模式,那么每一个细胞放电的时间就都会受到限制(图 3.1)。从多个不同的层面上看,这种群体模式存在多种不同的起因(或是需求)。一方面,虽然个体的放电和个体间连接必不可少,但是,只要群体网络存在足够的输入和输出,那么网络内连接的细节就不再那么关键了。另一方面,群体层级上产生的振荡行为会降低所有神经元放电的时间自由性,当整个网络处于振荡状态时,来自多处的会聚抑制性作用就会限制神经元放电的时间窗口。对于神经元放电的时序调控来说,这一自上而下的限制作用和来自每个神经元的自下而上的作用同等重要。因此,γ-氨基丁酸能中间神经元网络产生的振荡是真正意义上的涌现事件,它的出现既受到每个元素自下而上的影响,也受到统计规律自上而下的影响。

现在把锥体细胞加入这一由中间神经元组成的网络中,直觉上,我们会期望看到这样的情形:由于中间神经元同步放电,所有中间神经元和锥体细胞都会受到这种相同的具有节律的抑制性作用,因此,如果锥体细胞同样是被某种随机的外部因素激活,那么当所有神经元都被抑制时它们放电的概率最低,而当抑制性作用最弱时它们放电的概率较高——也就是说,它们最可能放电的时间与中间神经元相同。因此,平均而言,所有的神经元都会同时被激活,也会同时被抑制,神经元间不存在任何活动的时差。在一些外部因素对内部细胞群活动影响很小的情况下(如癫痫样放电和自发性活动),我们可以很清楚地观察到这种所有神经元同步放电的情况。然而,在生理条件下,由相同的抑制性神经元组成的振荡网络很容易被扰乱,因为时序上的微小扰动就会对后续的神经元同步放电产生很大影响,而且这一影响是不断增大、逐渐恶化的。因此,这也可以用来解释为什么典型的γ振荡都是一过性的、持续时间很短的事件,而一定异质性的引入(如强大的锥体细胞-中间神经元连接)便能够干扰振荡的规则,因为此时在这一局部活跃的锥体细胞也会影响中间神经元放电的时间。[①]

① 在第 9 章中我会讨论基于锥体细胞-中间神经元交互的神经振荡活动。

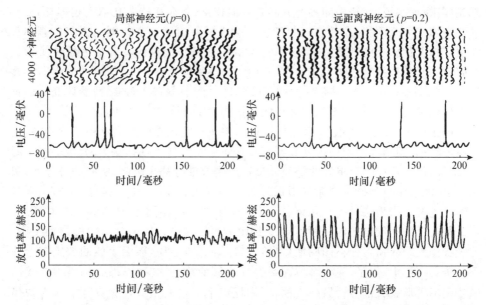

图 3.1　在只有局部抑制性连接的网络中不会涌现出神经振荡（左图：上——单个神经元动作电位的栅格图；中——单个有代表性的神经元电位图；下——群体同步性信号）。只要给这个中间神经元局部网络加入一小部分远距离连接（根据幂律，使其占比为所有连接的 20%），就会涌现出明显且稳定的振荡行为（右图）。参考自 Buzsáki et al. (2004) 的文章。

　　神经振荡的计时系统分散在全脑各处，它们的轴突传导速度有限而且受突触延迟的限制，那么较大的大脑如何克服这些限制呢？只有当抑制信号差不多同时作用于所有神经元时，才有可能实现对所有神经元的同时抑制。只要神经元链中或二维神经元网络中任意两个细胞之间存在哪怕 1 毫秒的传递延迟，那么它们在高频段的活动相干性（见第 4 章）就会受到影响。因此，需要有一些特定的机制来解决不断累积的延迟问题，就这一问题，大脑的不同部分采用了不同的解决方案，在后续的章节中我们将会加以讨论。这里我们先讨论一下在体积不断变大的大脑中，不同类别的中间神经元之间的连接关系是如何保持不变的。

不同体积大脑中中间神经元的连接变化

　　中间神经元网络的首要作用是协调动作电位发放的时序，而随着大脑体积的增大，神经元之间的距离越来越远，中间神经元的这一任务也变得越来越复杂。随着大脑体积的增大，兴奋性神经元可能会分布于相距甚远的皮质模块中，如果要使这些神经元活动的时间点仍旧保持不变，那么必须存在一定机制来应对和平衡大脑体积增大带来的影响——毕竟轴突的传导速度是有限的，距离的影响无法忽略。然而，我们目前尚不完全清楚大脑是如何平衡体积增大的影响的，接下来我想讨论几种可能的机制。

　　如果说我们对中间神经元类别的认识只是皮毛的话,那么我们对每一类中间神经元的相对占比就更不甚了解了。如上所述,无论是最基本的分类还是再细分的亚类,不同类别中的神经元数量可谓差异巨大。神经元数量最多的一类是负责控制胞体周围的中间神经元,然后是负责控制树突的神经元(它们可能支配单个或多个树突域),而远距离作用中间神经元的数量最少。无论我们是否认同皮质的重复模块理论,也无论我们是否强调神经元间的小世界样连接特征,我们都期望,各种类别和亚类的中间神经元出现的相对比率存在某种数学上的关系。在随演化不断变大的大脑中,不同类别的、不同轴突投射范围的中间神经元的占比不大可能成比例扩大,其原因与我们先前在第 2 章中就兴奋性神经元的讨论相同。如果在啮齿类动物较小的大脑中存在某个对兴奋性细胞振荡时序至关重要的连接,那么在人类较大的大脑中,神经元网络将如何构建才能实现同样的时序控制功能呢?

　　在教科书中,中间神经元连接的方式是局部连接,其中,树突彼此重叠的神经元集群之间关键的缝隙连接也属于此类。然而,这就产生了另一个和上述问题不同但又与之相关的问题:物理距离很远的神经元之间并不存在连接,而且这种"未连通性"将会随着神经网络尺度的增加而单调递增,因而,在规模更大的神经网络中,实现同步化所需的突触路径长度和随之产生的突触延迟与传导延迟将会大幅增加,所以我们需要某种机制来弥补这些延迟带来的问题。中间神经元网络解决这一问题采用的策略和之前讨论的兴奋性神经元相同——走捷径。而提供捷径、实现这一策略的就是远距离中间神经元,它们连接着分布在不同皮质区域中的局部中间神经元集群。根据在第 2 章中讨论过的小世界规则,我们可以猜想,在更大的大脑中,远距离中间神经元的占比会显著降低。[16]

　　从上述讨论中我们可以得出结论:在不同体积的大脑中,相同的生理功能由不同的回路支持,组成这些回路的各类神经元占比和神经元间的连通性都有所差异,而要想弄清楚大脑中各类神经元间具体的连接方案,我们就需要对每一个物种的大脑展开研究。虽然如此,但这些数量上存在差异的结构之间应当具有某种能通过数学方法预测的关系。当然,这种推理存在前提,即我们必须假设所有哺乳动物的大脑都由本质上相同的中间神经元类型构成,并且这些神经元之间的连接规则也都是相似的。还有一种解决上述问题的方案(或补充方案):随着哺乳动物皮质的演化,中间神经元种类的多样性逐渐增加。然而,到目前为止,我们还没有能用来改进这一种类丰富化假说的证据。[17]

　　过去 100 年中,我们竭尽所能地探求大脑的微观与宏观组成,而过去 10 年中取得的进展让我们比以往任何时候都更了解大脑拓扑结构的真正特质。在后续章节中,我会重点关注大脑网络中发生的动态变化,并关注复杂连接所实现的功能。

本 章 总 结

　　除了兴奋性神经元之外,大脑皮质内还含有不同种类的中间神经元,它们有选择地以不同方式支配兴奋性神经元的各个部分和其他中间神经元。我们假设中间神经元之间使人望而生畏的连接方案是为了实现一个目标——使大脑功能变得尽可能复杂。如果没有起抑制性作用的中间神经元,兴奋性回路就无法实现任何有用的功能。中间神经元为其邻近的兴奋性神经元提供了自主性和独立性,同时也让它们的活动在时序安排上互相协调。γ-氨基丁酸能中间神经元的区域特异性作用能增强兴奋性神经元功能的多样性,并能动态地改变兴奋性神经元的特质。兴奋与抑制之间的平衡常常通过神经振荡来实现。包含缝隙连接在内的中间神经元间的连接尤其适用于维持整个系统的时序行为。总而言之,大脑皮质作为一个复杂系统,不仅包含相同神经元类群间的相互作用,而且还具有多样的神经元类群。

打开"窗口"看大脑

本章其他注释

　　我们不会失败亦不会衰落，不会厌倦亦不会软弱……只要给我们需要的工具，我们必能完成所有的工作。

——温斯顿·丘吉尔

尽管丘吉尔的这句话听起来似乎是真诚的承诺，但人们还是会怀疑这不过是空洞的政治辞令。自然，如果得到了合适的工具，我们的确能做到任何事情，然而，通常情况下，问题在于首先得有一个人发明了那些帮助我们实现目的的工具。对神经科学家来说，要想监测不断变化的大脑活动模式，他们就必须依赖一些有足够空间和时间分辨率的方法。但如何定义这个"足够"是个复杂的问题，因为依据分析的层次与期望的不同，对"足够"的要求也在不断变化。

　　只有少数几种工具能让神经科学家在不严重影响大脑功能的情况下监测它的活动。那么，仅凭借这些工具，我们能否完成需要完成的工作呢？答案或许是否定的，不过暂时我们只能接受这一事实，并抱有"不会失败亦不会衰落"的信念。我们目前能够使用的每一种方法都在空间或时间分辨率上进行了取舍与折中，我们需要的时间分辨率要能监测神经元工作的速度，因而需要能监测到毫秒级别的活动；我们需要的空间分辨率则取决于研究的目的，根据不同的目的，需要的空间分辨率可以上至全脑尺度，下至神经元上棘状突起的尺度。而目前的方法都无法实现从分米尺度到微米尺度的连续观察，因此通常情况下，我们都会将多种方法结合在一起使用。事实上，针对不同的问题，往往需要使用不同的最佳研究尺度。在这一章中，我将总结用于研究大脑活动的方法，尤其会关注最经常被用于监测神经元网络振荡行为的一些技术。如果你已经上过神经生理学方法的入门课程，那么你完全可以直接跳过这章，等到之后需要更进一步的描述与解释时再回过头来翻阅本章。

脑电图和记录局部场电位(local field potential, LFP)的方法

脑电图是由汉斯·伯格创造的非侵入性记录技术,迄今为止它仍旧是临床与心理学研究中最常用的方法。不过,当时他使用的电流计如今已经进了博物馆,现在我们通过高度灵敏的放大器记录电压的变化,并且将记录到的结果储存到更强大的计算机中。仅通过几个部位记录到的脑电图就足以用来对大脑的一些基本状态做出判断——比如是活着还是死了,是清醒的还是正处于睡眠中。然而,要想通过这一方法解读大脑活动的准确时空变化,并弄清楚这些变化与实际体验(比如欣赏一幅杰克逊·波洛克的油画作品或是回忆起第一次约会)之间的联系,则是与简单的状态判断完全不同的挑战。增加记录的位点是一种颇为有用的解决方法,然而这仅限于在一定的限度之内,因为间隔太近的头皮电极会记录到基本相同的电场,所以并不会进一步提高记录的空间分辨率。① 请注意,神经生理学家和物理学家在使用"场"(field)这一术语时所指代的东西往往不同,神经生理学家的"场"或"局部场"(local field)指的是细胞外电位或脑电图;而物理学家的"场"则指电荷在空间中每一点上产生的作用力,电场的梯度才对应细胞外电位。总的来讲,头皮脑电图具有很好的时间分辨率,然而,出于下述诸多原因,它的空间分辨率很难被提高。

我们可以根据头皮上多个记录位点记录到的信息绘制出大脑的脑电变化图。这种测绘技术并非由神经科学家或神经科医生发明的,地震学家也会用同样的方法来预测具有破坏性的地震发生的时间和地点。地球上分布着成千上万的地震站,这些地震站会将记录到的数据传输到一起进行实时集中处理,处理后的数据会发给有关国家部门和国际机构。通过这些机构,人类建立并维持着一个跨越全球的地震参数数据库。然而,尽管每年的开销金额高达八位数美元,但我们都知道,地震预测的时空分辨率远远不够精确。毫不夸张地说,地震学家的任务和试图通过头皮记录的电信号确定癫痫发作位置的神经科医生完全相同。脑电的源定位问题(类似于工程学上的"逆向工程"问题)是指,根据头皮电极记录到的信号(附近空间中的平均神经活动)复原场电位的源头。然而,在头皮表面记录到的信号只能提供很有限的信息,这些信息并不足以确定产生癫痫样活动(一种高度同步化的神经活动)的神经元群落和大脑结构,而且,逆向工程问题的解答往往不是唯一的。而对于生理条件下的大脑活动模式来说,它的同步化水平更低,胞外电流和电场的振幅也更小,要想定位这些活动将会更加困难。此外,大脑中许多不同的起源都能在头皮上产生相同的电磁场,而且在仅通过数量有限的头皮电极位点监测时这一特性将更为明显。准确定位起源的困难来自神经组织对电流的低电阻率,脂质细胞

---

① 大脑皮质的电活动可以通过多个放置在头皮上的电极(如测地线电极帽)记录。

膜产生的电容电流,以及胶质细胞、血管、软脑膜、硬脑膜、颅骨、头皮肌肉和皮肤对电信号的扭曲和削弱作用。因此,由单个电极记录到的脑电图是头皮下约 10 平方厘米区域中的局部场电位在空间上进行了平滑化处理后的产物。因此多数情况下,头皮脑电图和产生它的神经元的特定活动之间几乎没有清晰可辨的关系。[1] 神经元间相互作用的具体细节被有代表性的平均活动替代,就这一点而言,神经元活动的时空整合问题类似于物理学中的统计力学。在头皮上记录的脑电图主要是发生在皮质浅层的突触活动,皮质内深层神经元的作用被大大缩小,而且多数情况下,皮质下结构中的神经元活动的作用小到几乎可以忽略不计。头皮脑电图这种类似"鱼眼透镜"的缩放特征正是提高其空间分辨率的主要理论限制。①

脑内电极和硬膜下网格电极记录

在一些临床情境下,可能需要通过手术切除某些组织,此时就必须对这些导致生理异常的解剖结构进行精准定位,这并不是一件容易的事。在这些情况下,通常会将几根电极插入问题区域,通过这些电极,我们便可以记录局部产生的胞外场电位——事实上这正是一种在动物实验中经常使用的方法。② 还有一种相对而言侵入性较小的方法——硬膜下网格电极记录(或皮质脑电图),它的定位效果虽然弱于脑内深度电极,但比头皮记录的定位准确性要高。③ 这种形状可变的网格由 20～64 个排列成矩形的电极组成,置于硬脑膜下方,往往通过移除一块颅骨骨瓣直接放在皮质(软脑膜)表面。尽管这意味着仍需手术,但和插入脑中的电极相比,植入和移除这种网格电极带来的创伤和风险都更小。和头皮脑电图相比,网格电极记录到的皮质脑电有更大的振幅,这些皮质脑电信号具有更准确的空间定位。这一方面是因为皮质电极整合的神经电信号来自范围更小的脑区;另一方面是因为它们基本不受肌肉和眼球运动等其他伪迹(artifact)的影响,而这些影响在记录清醒病人的头皮脑电时是普遍存在的。尽管这些都是网格电极记录的优势,但出于伦理考虑,这种有创的网格电极记录技术不能用于健康被试的研究。不过好在还有另一种无创的研究方法也能既保留脑电图高时间分辨率的优势,同时又可以提高记录的空间分辨率。这种研究方法监测的不再是大脑产生的电场,而是磁场。

---

① 头皮电流密度(一种测量指标,测量由神经元产生、经颅骨进入头皮的电流的体积传导量)主要对源自表层的电流敏感,其敏感性以约 r^4 的速率下降(r 代表电流源或汇集点到头皮表面的距离;Pernier et al.,1988),且它对源自大脑深层的电流并不敏感。头皮电流密度是流入和流经头皮的电流的空间导数。

② 局部场电位通常由小型电极记录,比如插在大脑深处的金属丝。和头皮脑电图相比,局部场电位反映的是更精准空间范围内神经元的跨膜电活动。从定义上看,局部场电位和脑电图的含义是相同的,但由于一些历史因素,脑电图通常用来指头皮记录到的场电位。皮质脑电图(electrocorticogram,ECoG)指直接放置在大脑表面的电极记录到的电活动。脑内深电极通常用于患有顽固性癫痫的患者(Spencer, 1981;Engel, 2002)。

③ 在开颅手术中会放置硬膜下网格电极。

脑　磁　图

84

幸好伯格是一名医生而非物理学家。假如他明白麦克斯韦方程组，那么他在寻找心灵感应的载体时，就不会去记录他儿子的头皮电活动了。[2] 电信号的传播需要导体，空气是电的不良导体，因此，在超出头皮的范围内我们便无法检测到大脑产生的电流。然而，在电压变化的同时也伴随着磁场的变化，所以大脑活动会产生电磁信号，而这些信号能够在颅骨之外被探测到。然而，这一方法需要技术上的突破，神经元活动引发的磁场相当微小（不到 0.5 皮特斯拉），只有地球磁场的十亿分之一到百万分之一，所以我们必须解决如何处理这一微小磁场的问题。能够探测到这种微弱磁信号的传感器被称为 SQUID（超导量子干涉器件，superconducting quantum interference device），这是一种很"冷"的设备——它需要在 −270℃ 的温度下工作。这一器件的核心是一个超导线圈和两个约瑟夫森结（Josephson junction）。[3] SQUID 中的液氦使线圈冷却到超导温度。和头皮脑电图一样，我们需要在头部周围放置许多感受器来增加空间分辨率，这些感受线圈需尽可能彼此紧邻，形成一个和头部同心的球形蜂窝状结构。[①]

由于大脑产生的磁场能够原封不动地穿透颅骨和头皮，因此脑磁图（magnetoencephalography，MEG）成像不需要在头皮上放置电极，这是这种成像方法的优点之一，在进行扫描时只需要让被试的头部固定在环绕的线圈附近即可。和脑电图不同，脑磁图信号主要反映细胞内电流，因此，我们使用脑磁图和脑电图"看到"的其实是不同类型的神经活动。例如，形成头皮脑电的最佳偶极子源沿径向分布，脑磁图却并不能检测到这些径向电源（radial source）。只有存在和球对称导体表面相切分量的电流时才会在头皮外部产生磁场，因此，脑磁图更有利于探测源自脑沟（sulcus）和脑裂（fissure）部分的皮质神经活动。在理想情况下，脑磁图的空间分辨率可以精确到 1 厘米以内，这比脑电图的空间分辨率要高，这主要是因为不均匀的颅骨和头皮并不会分散、扭曲磁场。[4] 然而，在实际情况下，脑磁图的源定位仍十

85

分粗糙，不能达到最佳精度，这是因为脑磁图使用的模型假设过于简化，不足以反映人脑活动涉及的复杂物理和生理过程。即便在理想条件下，脑磁图的空间分辨率也无法使我们得到关于皮质局部回路和细胞层差异性的信息，同样，我们也无法通过脑磁图获得神经元动作电位的相关信息，而这些信息对于揭示神经元的位置分布和作用机制是至关重要的。

---

① 　脑磁图可以在颅骨外探测到大脑活动。脑磁仪可以从大脑皮质的多个位点记录信号。

局部场电位的源头

　　脑电图和脑磁图记录到的信号反映的是神经元的整体活动。事实上,除了神经元之外,神经胶质细胞,甚至还有头部血管中的细胞的活动都会被脑电图和脑磁图记录下来,从而影响获得的平均场信号。不过,为方便起见,让我们暂且忽略其他几种细胞的作用,并认为在神经元细胞外空间内记录到的"平均场"反映的仅是很多相互作用的神经元的"平均活动"。这样,模式化的平均活动替代了大脑中高自由度的神经元活动,而后者正是大脑活动的核心。显然,神经元之间合作的确切特性是极其重要的问题,不过在尝试解答这一难题之前,让我们先从单神经元开始讨论。

神经元通过动作电位传递信息

　　神经元的基本特征和组成部分都和其他体细胞别无二致,不过神经元可以通过轴突进行远距离信息传递。和几乎所有其他细胞一样,神经元内部有高浓度的钾离子(K^+)和氯离子(Cl^-),外部有高浓度的钠离子(Na^+)和钙离子(Ca^{2+})。这样的离子分布使得每个细胞都成为一个小电池,其细胞膜内电位比膜外电位低 60 毫伏。这种细胞内外的离子分布可能能够追溯到我们的单细胞祖先和它们的生存环境——海洋。由于海水中 Na^+ 浓度很高,因此,对于我们的单细胞祖先来说,让 Na^+ 留在细胞外便是明智的做法。然而,随着自然演化,陆生生物出现,它们便不得不"随身携带海洋"以维持和从前相似的细胞外环境,于是就出现了淋巴循环和血液循环。因此,我们的细胞其实一直浸泡在水中,或者,更准确地说,是浸泡在盐水中。每个细胞的细胞膜上都有无数小孔,即所谓的"通道",离子可以通过这些通道进出。神经元能够通过快速开启或关闭这些离子通道来控制细胞内外的离子流,从而改变跨膜电压差。例如,一开始,Na^+ 通道随时间线性开放,同时膜内外电压差逐渐减小,神经元逐渐去极化。然而,一旦必要数量的 Na^+ 穿过细胞膜,就会发生一些全新的事情:当 Na^+ 浓度到达这一临界阈值时,Na^+ 的内流将会促进更多 Na^+ 通道的开放,引发大量 Na^+ 雪崩般地进入细胞,这种快速强烈的非线性事件会导致细胞膜快速去极化,并使细胞内部电压升高约 20 毫伏,就像电池的极性被暂时逆转了一样。动作电位的上升段对应的便是这一快速去极化的过程(图 4.1)。到这一电压水平后,去极化过程停止,这主要是细胞膜的另外一项特征的作用,即电压依赖性 Na^+ 通道失活。

　　将冗余的 Na^+ 泵出神经元是一项耗时的漫长过程,因此,为了更快恢复细胞膜的静息电压,神经元采用了另一种策略:开启电压依赖性 K^+ 通道。动作电位到达峰值后,细胞膜上的电压依赖性 K^+ 通道被激活,细胞快速复极化,这对应动作电位的下降段(图 4.1)。于是 Na^+ 内流产生的正电荷被带有等量电荷的 K^+ 快速外流

87 所补偿。在动作电位中,这一去极-复极化过程需要约 1 毫秒(即绝对不应期),因而限制了神经元的最大放电率。早期记录到的动作电位是短暂且明显的事件,因此,当时的研究人员也将动作电位称为峰电位,神经元放电或产生峰电位的含义都是指该神经元形成了动作电位。

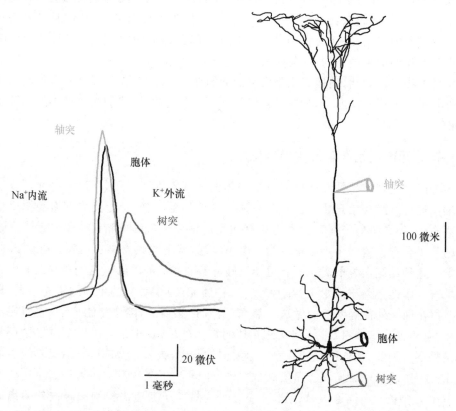

图 4.1　快速动作电位向前传导到轴突侧支,向后传导到树突:动作电位波形(左)通过位于第 5 层的锥体细胞的轴突、细胞体和树突上的玻璃微电极(patch pipette)(后面会具体描述)进行记录(右)。请注意 Na⁺ 内流(上升段)和 K⁺ 外流(下降段)间的延迟和动力学差异,并注意与这两个过程相关的电压曲线波形差异。参考自 Häusser et al.(2000)的文章。

88 　　和计算机兆赫级的信号传输速度不同,神经元脉冲的传输速度受限,每秒最多只能形成几百个动作电位。然而,一旦产生动作电位,这一事件就能传播至该神经元轴突的所有部分,从而将这一信号传递至下游的所有目标。[5] 同样,和计算机电路中电流的传播速度相比,动作电位的传播速度也十分缓慢,每秒只能传播 0.5～50 米,其电信号传导的具体速度取决于轴突的直径和绝缘性。[6] 综上所述,神经元通过动作电位移动来传递信息,因而其信息传递速度受限,这便是神经元网络运行速度最重要的限制因素。

突触电位

神经元也是很好的"听众",它们很看重上游伙伴"表达"的"意见"。神经元之间的接触部位具有特殊的结构:上游神经元轴突末端或"终扣"的细胞膜和下游接受信息的神经元细胞膜之间存在一层极薄的物理间隙,这种"膜-间隙-膜"的结构被称为突触。[①] 突触前神经元的末端具有独特的功能,它们会释放一种被称为神经递质的化学物质,随后这种物质与突触后端的特定受体结合。所有皮质锥体细胞都会释放谷氨酸,这种神经递质会让下游目标神经元去极化,因此,谷氨酸是一种兴奋性神经递质;与之相反,γ-氨基丁酸会让原本处于静息态的突触后神经元超极化,从而起到抑制性作用。神经递质通过和突触后神经元细胞膜上的受体结合而发挥作用,被激活的受体会促进或抑制 Na^+、K^+、Cl^-、Ca^{2+} 通道的活性,从而影响突触后神经元的膜电位,使之偏离静息态。[②] 为清晰起见,我们将突触后神经元电位的变化分为兴奋性突触后电位和抑制性突触后电位。相比于动作电位发生时快速的膜电位变化,兴奋性突触后电位和抑制性突触后电位相关的变化幅度要小得多,但持续时长可达数十毫秒——这一特性对理解脑电波活动的产生至关重要。

89

细胞外电流

要使某神经元的跨膜电位发生变化,就必须存在跨膜电流——存在离子的跨膜流动。膜通道的开放(准确来讲是通道处于开放状态的概率增加)使得离子能够跨膜运动,这也是细胞外离子流产生的根源。电流源(current source,即从细胞内流向细胞外的电流)和电流汇(current sink,即从细胞外流向细胞内的电流)存在于多个细胞中,产生众多彼此重叠的电场。将大脑内外任一位置的这些电场进行线性加和,得到的便是在该位置记录到的局部场电位(或局部平均电场)(图4.2)。细胞外液、细胞膜、神经胶质细胞和血管的电阻较低,从而导致电流分流。此外,离子的运动速度较为缓慢,这些都减弱了电流在神经元外空间的传播。不考虑离子通道随电压变化的情形,神经元的被动电学特性相当于一个电容性低通滤波器,由此导致的电流衰减极易分辨:胞外动作电位这类快速上升的电势变化比缓慢的电势波动所受影响更大。[7] 因此,在细胞外,突触后电位比动作电位传播得更远。另外,兴奋性突触后电位和抑制性突触后电位的持续时间更长,它们在时间上重合的概率就比短暂的动作电位更高。而且由于任一时刻能达到动作电位阈值的神经元数量

---

① 轴突末梢(突触前结构)与目标神经元(突触后结构)之间突触连接的结构已很清楚。神经递质被包裹在轴突末梢的囊泡中,当动作电位抵达轴突末梢时,伴随 Ca^{2+} 内流,此时囊泡将其内容物释放入突触间隙,神经递质便与突触后膜上的受体结合。

② 主要的神经递质是谷氨酸和 γ-氨基丁酸,除此之外,我们还知道一些其他皮质下神经递质的存在(参考 Johnston & Wu, 1994;详见第7章)。

都极其有限,因而兴奋性突触后电位和抑制性突触后电位比动作电位的影响和分布范围更广。出于以上种种原因,动作电位对局部场电位和头皮脑电图的影响几乎可以忽略不计。[①]

90　　　包含 Na^+ 和 Ca^{2+} 的兴奋性电流从兴奋性突触向神经元内部传递(即从突触后膜上被激活的位点流向细胞的其他部位),并从这里传出到其他神经元。在远离突触位置产生的被动外向电流被称为胞内向胞外的回返电流。而抑制性电流回路则依赖流向相反的 Cl^- 或 K^+。从胞外看,电流流进细胞的部位被称为电流汇,流出细胞的部位被称为电流源。跨越神经元外空间外部电阻的电流和周围神经元的回路电流相加,得到的就是局部平均电场的作用,即局部场电位(图 4.2)。简而言之,细胞外电场之所以产生,是因为兴奋性突触后电位和抑制性突触后电位的频率较低,从而使基本同时被活化的神经元产生的电流可以进行时间累积。[②]

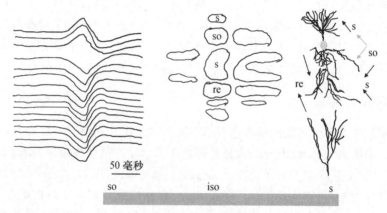

图 4.2　细胞外场电位的产生。左图:海马(CA1-齿状回轴)各层中同时记录到的自发场电位(尖波)。这些线条反映了 40 个动作电位的均值。中图:由电场电势构成的电流源密度图。图中对电流汇(s)和电流源(so)的描绘基于解剖连通性,代表并行分布的锥体细胞和颗粒细胞(granule cell)的不同场域。右图:锥体细胞右侧画出的是电流的主动流向,左侧则画出了被动的回返电流(re)。树突层中的电流汇主要由上游 CA3 锥体细胞的兴奋引发,而接近胞体的电流源反映的主要是篮状细胞介导的抑制。图中的 iso 表示电中性的等电势点(isoelectric state)。

---

①　这不一定适用于癫痫发作时,彼时,神经元可以在动作电位持续的时长内快速同步放电,产生局部电场,这一电场被称为"复合动作电位"(compound/"population" spike)。

②　这是对胞外电场来源的经典解释,一些关于神经活动特性的发现对这一解释予以了补充(详见第8章;Llinás,1988)。阈下振荡、后电位(主要电位变化活动之后的独立、短暂的电位变化)、Ca^{2+} 峰电位及其他细胞内部事件也会产生相对较为持久的跨膜电位变化。这些非突触相关的电位变化对局部场电位的影响往往高于突触后电位的影响(Buzsáki et al.,2003b)。

由于细胞外电极的大小和位置不同,所以对测得信号有影响的神经元数量也有很大差异。纤细的电极记录到的局部场电位仅反映附近数十个(至多不过上千个)神经元的突触电活动,因此,局部场电位反映的是电极附近神经元树突和胞体上输入信号的加权平均值。如果电极足够精细且放置的位置靠近神经元胞体,那么此时也能记录到细胞外动作电位。所以,如果记录的仅是极小一块神经元组织的电活动,那么时常会发现在反映输入信号(兴奋性突触后电位和抑制性突触后电位)的局部场电位与神经元输出的动作电位之间存在统计学关系。不过,随着电极尺寸的增加,这种关系的可靠性逐渐降低,这是因为随着电极尺寸增加,影响局部场电位的神经元会逐渐增多。正因为这个缘故,头皮脑电图这种通过空间平滑(spatial smoothing)①融合了许多连续位点的局部场电位,和单神经元的动作电位之间几乎没有对应关系。

在脑中结构规则的区域(例如新皮质)中,细胞外电流的位置可以反映输入的几何分布特性。因此,只要我们知道周围组织的电导,那么,借助几个彼此之间有一定间隔的微电极,我们就可以根据它们在同一时刻记录到的电势来计算局部电流的密度。例如,通过 3 个彼此之间等距的电极记录位点来记录一个有一定距离的电流源的活动。由于通过胞外空间的被动回返电流的存在,每个电极只能记录到该电场的一部分信息,相邻两个电极之间的电压差反映电势梯度,即电场随记录点与电流源距离的增加而衰减的速度。因为电流源相距较远,位于电极记录的区域以外,因此相邻两个电极间的电势梯度应当相同,所以各个电势梯度之间取差值的结果应为 0。这就表明我们记录到的电场不是来自电极安置处的局部活动,而是其他部位的信号传导而来的,这种传导被称为"容积传导"(volume conduction)。反之,如果 3 个电极沿信号的传入通路分布,那么它们之间记录到的电势梯度将不相等且差值巨大,此时便表明这一同步化激活的信号来自局部。通过放置更多彼此邻近的微电极,我们便可以更精确地确定最大电流密度的部位,从而得到最大电流的具体位置。[8]

然而,仅仅测量局部电流密度还不够。例如,靠近胞体层的外向电流可能来自该处的抑制性突触后电流,但也可能来自树突层兴奋性突触后电流的被动回返电流,而我们无法仅通过局部电流密度区分这两者。由于缺乏更多和所测量的电流性质相关的信息,因而其解剖学来源仍不甚清晰。如果在记录局部电流密度的同时,对参与局部电流产生的神经元中典型的细胞进行胞内记录,那么我们就有可能得到这些缺失的信息。或者,我们可以通过记录特定锥体细胞和中间神经元的胞外信号,并通过间接的峰值-电场关系获得缺失的信息。例如,我们可以据此区分某一局部电流究竟由该处的超极化过程引发的,还是属于远处去极化事件引发的

---

① 译者注:空间平滑是一种图像处理方法,其作用效果是使图像模糊化,降低整体空间分辨率,提升信噪比。

91

92

被动回返电流。这些额外的补充是必要的,通过探明电流来源,我们可以得到涉及某些神经元输入信号的解剖学来源的关键信息。结合与此同时记录到的神经元输出信号(即动作电位),我们就可以对支配神经元集群活动的信息转换规则加以探究。虽然最理想的方法仍然是同时、连续地记录每个神经元的所有输入信息和输出信息,但是这一方案是仅次于理想方法的可行性研究途径。[9]

功能磁共振成像

目前,研究人类大脑功能所用的最广为人知的非侵入性方法是磁共振成像技术,这一方法通过探测并分析组织中特定位置的磁共振能量来获得相关信息。和传统的 X 射线及其他扫描技术相比,磁共振技术得到的图像要好得多。水中的氢原子代表微小的磁偶极子,这些磁偶极子在强磁场中会以有序的方式排列。一个短脉冲的射频能量(radio frequency energy)[①]能够扰动这些微型磁铁,让它们不按照原先方式排列。而当它们随后回到初始排列位置时,便会释放出少量能量,这些能量可以被直接放置在头部周围的接收线圈探测到并加以放大。将电磁能量注入单个平面中,就可以获得大脑一片切面的图像,为产生连续的切面图像,被扫描的头部会在仪器中被一点点移动。由于灰质和白质的含水量不同,这一差异便会在新皮质表面、皮质下方白质,以及其他脑区之间形成对比度的差异,从而使我们得到大脑的详细图像。然而,虽然磁共振成像技术可以为我们提供大脑结构的详尽细节,但是它并不能提供任何关于神经元活动的信息。

如前所述,神经元的活动需要消耗大量能量,因而,在神经元高度活跃的区域,这会使动脉血中的氧合血红蛋白与静脉血中的脱氧血红蛋白存在巨大浓度差,这些局部磁场的不同质性可以通过 BOLD(血氧水平依赖,blood oxygenation level dependent)技术来评估。功能磁共振成像就是借助 BOLD 技术来间接测量神经元活动的。[10]功能磁共振成像能够详尽记录大脑在应对多种挑战和干扰时的局部变化,这一成就是前所未有的,因而,这种方法已经成为认知科学研究的首选。然而,与任何技术一样,功能磁共振成像也有其局限性。第一,它的局限性与其宣称自己能"测量神经元活动"相关:神经元活动有许多成分,包括内源性振荡、锥体细胞的兴奋性突触后电位和抑制性突触后电位、中间神经元的抑制性作用、动作电位的产生和沿轴突传递,还有神经递质的释放、结合、再摄取和再加工等,而我们还不清楚这些过程中的哪一个或是哪几个会对血氧浓度信号产生影响。没有这一重要信息,我们就无从获知 BOLD 信号的增强来自何处,究竟是来自锥体细胞或中间神经元的增强放电,还是来自传入神经元所释放的更多的神经递质——而这些神经元的胞体本身可能并不位于 BOLD 信号增强区中。

---

①　译者注:射频能量是一种高频交流变化电磁波。

　　第二,根据神经生理学观察,大脑的许多功能是通过改变神经元放电模式而引发的,并不涉及任何突触后电位或神经元放电率的改变(在本书第 8、9 和 12 章中我会进一步举例说明)。举一个简单的例子,识别或回忆起正确和错误的信息可能涉及不同的神经元集群,然而这些神经元活动的强度可能是相同的。因此,在同一大脑结构中,相同的能量可被用于产生完全不同的认知过程,BOLD 水平将不会有差异。这个逆向工程问题和脑电图、脑磁图遇到的问题是一致的。因此,除了空间分辨率明显更高之外,功能磁共振成像并不比脑电图更强大。

　　第三,功能磁共振成像的技术缺点还在于它较低的时间分辨率。这一方面是因为血流反应比神经元活动延后约半秒,另一方面是因为 BOLD 成像的二级时间分辨率对于评估脑区内神经元活动的时空变化来讲过于漫长。正如在第 2 章中提到的那样,神经元活动在大脑内任意区域间的传递仅需要通过 5~6 个突触,其用时不超过 1 秒。即使只有少数脑区的血氧浓度上升,我们也无从知晓这些脑区活化的时间顺序,然而,这恰恰是理解信息加工过程的关键。要在神经元水平上理解引发外显认知行为的机制,我们必须让研究方法的时间分辨率适合观察神经元的活动。

正电子发射断层成像

　　正电子发射断层成像(positron emission tomography,PET)技术也是一个用于观察大脑功能的重要研究工具,它的一个主要优点在于可以提供关于大脑中特定化学物质、药物和神经递质起作用和结合的信息。在进行正电子发射断层成像之前,被试需要吸入或注射少量的放射性同位素标记化合物,这些化合物会在大脑中积累,其中的放射性原子在衰变时会释放正电子,正电子和带负电荷的电子碰撞,两者皆湮灭(annihilation)[①],产生两个光子,两个光子向相反的方向运动,并被正电子发射断层成像扫描仪的探测环检测到。通过重建粒子运动的三维路径,我们便可以获得关于放射性同位素累积或代谢的信息。这种成像方法的时空分辨率都不如功能磁共振成像。

　　在此,我要先补充一些和所有这些先进成像方法相关的重要细节:脑磁图设备、正电子发射断层成像设备和功能磁共振成像设备都重达数吨,这是因为成像时被试的头部必须被固定在其中。因而,对于小鼠或大鼠这些最常用的小型实验动物而言,这些方法都不太适合用于探究伴随它们行为的大脑变化。更重要的是,即便将这些方法结合起来同时应用,也还是不足以为我们关心的问题提供答案,即我们仍无法解释神经元和神经元集群怎么能使我们理解世界、产生思维、设定目标,

---

　　① 译者注:物质和它的反物质相遇时,会发生完全的物质-能量转换,产生光子等能量形式,此过程即为湮灭。

并对不断变化的环境做出恰当的反应。在大脑中,特定的行为源自神经元之间和神经元集群之间的相互作用,尽管脑电图、脑磁图、功能磁共振成像、正电子发射断层成像及其他相关方法为我们研究大脑功能提供了新的窗口,但最终所有这些间接的观察结果都需要被转换成一种通用形式——神经元动作电位序列——才能帮助我们理解大脑对行为的控制作用。

提高时空分辨率:光学方法

　　当前,观测神经活动的最佳空间分辨率来自光学方法。通过显微镜,我们可以在微米尺度上观察到光强或颜色的变化。与此同时,我们还可以观察更大的二维平面,就像看电影屏幕一样。光学方法的关键在于从使用光学技术记录到的信号中提取大脑功能相关的信息。这一领域的杰出领路人是阿米拉姆·格林瓦尔德(Amiram Grinvald),他在位于雷霍沃特的以色列魏茨曼科学研究所工作。起初,他的工作在无脊椎动物身上进行,后来,他主要研究猴子的视皮质。格林瓦尔德发现神经元活动会影响脑组织的光学特性,而这可以轻易地通过光子探测阵列或高灵敏度相机进行观测和记录。他使用的方法被称为内源光学成像(intrinsic optical imaging),这种方法基于完整脑组织的光反射/吸收特性,只需要一个极其灵敏且快速的相机,就可以使用这种方法观察大脑活动。然而,从神经元功能的角度解释通过这种方法获得的图像甚至比解释功能磁共振成像获得的图像更加困难。这些和活动相关的内源性信号有很多潜在来源,例如组织本身物理特性的改变会影响光的散射,或者分子光学性质的改变。很多分子,如血红蛋白和细胞色素,会吸收光子或产生荧光,这些光吸收、荧光效应等各种光学性质的变化都可能导致观测到的内源性信号的改变。[①]

　　使用光学性质可因大脑活动改变的化合物,我们就可以显著提升内源性成像方法的时间分辨率。例如,电压敏感染料可以结合到神经元细胞膜的外表面,作为分子传感器,将膜电位的变化转化为光学信号。通过使用电压敏感染料和快速光探测设备进行光学成像,我们得以用更高的时间分辨率在大约以 100 微米为单位的空间水平上实现神经元活动的可视化。这种方法结合了表面局部场电位记录和高空间分辨率技术的优点。然而,就这种方法仍有一些需要说明的地方:第一,这种方法必须在大脑表面添加染料,这使长期、重复的观察变得困难;第二,这种方法无法识别单个细胞,更重要的是,这种方法无法区分输入和输出的信息,所以要想

---

　　① 血红蛋白是一种结合氧的蛋白质。细胞色素是线粒体内膜上和产生能量相关的酶,它催化亚铁细胞色素 C 和氧反应生成高铁细胞色素 C 和水,这与泵送质子、使 ADP(腺苷二磷酸)磷酸化生成 ATP(腺苷三磷酸,一种耗能过程中需求量很大的分子)有关。神经元的代谢率很高,因此它们的细胞色素活性也很强,能够快速放电的中间神经元的细胞色素密度特别高(Gulyás et al., 2006)。因此,这些分子可能会使光学图像产生偏差。

了解信息传递相关的内容,我们只能通过间接方式进行推断,或是将这种方法与其他方法相结合;第三,由于光学成像方法的工作原理和摄像机类似,所以这种方法只能让我们观察到皮质表面的神经活动,而无法得知在皮质下方或大脑深层结构中发生了什么。[11]

使用双光子或多光子激光扫描显微镜(2-PLSM 或 m-PLSM)——另一种创新技术,我们可以探测到新皮质深处。[12] 这种了不起的方法只需要 3 个条件:700～900 纳米波段(深红色近红外光)的极强激光脉冲、荧光效应会依据某些生理活动改变的分子、能收集发射的荧光光子产生三维图像的显微镜。双光子或多光子与荧光靶点之间的相互作用需要很高的能量,此时,单光子的能量结合在一起,产生的累积效应等同于以双倍(双光子激发)或三倍(三光子激发)的能量激发单个光子。极高功率的激光可以在瞬间烤焦整个大脑,为了避免这一后果,激光束以脉冲形式发射,只有短达 100 飞秒的脉冲能穿透大脑。类似电视屏幕中的阴极射线,扫描用光束是一个移动的位点,因此,只有当光束穿过脑中观测的目标时,这些区域才会受到影响。2-PLSM 可以在对活体细胞损伤最小的条件下产生高分辨率的三维组织图像。[13]

目前大多数使用双光子技术针对功能进行的研究都关注细胞内钙的变化,这仅是因为我们有针对 Ca^{2+} 比较有效的荧光探针。直接检测动作电位和其他功能指标的方法仍在开发中。分子生物学工具在快速发展,它们帮助我们创建各种用于感知功能变化的荧光标记物,通过和这些工具相结合,光学成像技术将更充分地发挥其潜能。更进一步,诸如时空分辨率之间的权衡等一些实际问题也将会被关注,并可能会找到解决方案。然而,即便在小型动物身上,要获得新皮质深部或皮质下脑结构的图像仍然困难重重,同时,我们仍需要其他方法来检测神经元之间的群体合作行为。

体外单神经元记录

神经元相当复杂,理解单神经元的生物物理特性对理解网络中神经元的群体行为大有帮助。对于由多种不同神经元构成的大脑区域来说,描述单神经元的特征尤为重要。我们对神经元生物物理特性的了解大多来自使用体外脑切片制备术进行的实验。虽然脑切片这种方法会使大脑中的回路受到损害,但它为研究细胞膜的生物物理特性和分子特性提供了前所未有的空间分辨率、准确性和药理学特异性。在脑切片中,我们可以记录局部神经回路,这种记录方法的优点包括结构具有机械稳定性、神经元可被直接观测、实验者可控制细胞外环境等。[14] 将动物的大脑切成很薄的切片,放置在潮湿、控温的盒子之中,被溶有氧气的脑脊液浸泡,这种条件下的切片可以存活数个小时——具体时间长短取决于动物的年龄。使用显微镜和红外摄像机,我们便可以观察到单神经元的轮廓。如果实验动物非常年轻,那么其整个大脑的切片(例如海马)都可以在体外存活。研究者可以在仔细观察下对整个大脑或其中一部分使用各种药物和电解质进行研究。[15]

　　脑切片方法的普及由另一项突破性的创新技术推动,这便是膜片钳技术(patch-clamp technique)。膜片钳技术由德国格丁根马克思·普朗克生物物理化学研究所的欧文·内尔(Erwin Neher)和伯特·萨克曼(Bert Sakmann)开发,这一技术的关键在于使用了具有极其精细末端的玻璃微电极。这个微电极可以轻轻吸附在细胞膜上,通过施加负压,细胞膜的一小部分被吸进移液管中,使得吸附在管上的细胞膜和周围的细胞外液之间形成机械隔离和电隔离(即被"密封")。通过微电极向细胞膜施加低压短脉冲,可以打破这块膜贴片,使神经元内部和玻璃微电极内的电解质溶液直接相连。[16]这种方法适用于任何电流波形,并且相对较大的分子也可以经由移液管电极进入神经元。而且,一块封在玻璃微电极内的细胞膜可以被撕开,从而使我们可以使用电学方法或药理学方法研究这片细胞膜上的离子通道。在体外切片中使用膜片钳技术进行的实验为我们了解神经元主动特性(与被动电学特性相对)提供了前所未有的详细信息,而且这些研究对我们了解神经网络振荡的机制也十分重要。[17]

单神经元细胞外记录

　　细胞的动作电位会在胞体附近产生较大的跨膜电势差,因此,借助一些机械设备(通过它们可以精准调整电极与神经元之间的距离),在神经元胞体附近的传导性微电极可以感知到产生的动作电位。用于感知电压的微电极本质上是一根尖锐的蜂针,它整体绝缘,仅有最尖端的几微米可以导电。如果将放大后的电压连接到扬声器上,那么录音的微电极尖端离神经元越近,我们"听"到的动作电位就越大。借助一些显微精细操控器进行精细操控,我们可以使动作电位的信号最大化,从而使目标神经元真正的"声音"盖过其他神经元的信号。这一过程被称为"细胞隔离"(cell isolation)。[18]由于同一类神经元产生的动作电位几乎完全相同,因此如果电极尖端附近有其他神经元放电,微电极便会记录到所有的动作电位信号。要想从胞外记录到的动作电位信号中识别某个特定神经元,唯一的方法是让微电极的尖端离这个神经元的胞体比离其他神经元更近(在皮质中这一距离通常要小于 20 微米)。相较于其他离得较远的神经元,离电极最近的神经元的动作电位最明显,通常这就足以让我们能可靠地记录单细胞的输出信号了。然而,将尖锐的电极尖端放置得过于靠近神经元细胞膜是非常危险的。血管搏动、呼吸造成的晃动、头部位置改变等都能让大脑进行极小幅度的位置移动,这会影响电极尖端和神经元之间的相对位置。神经元很容易受到损伤,而且微环境的干扰也会影响神经元的放电模式。为了能够准确区分不同神经元的活动,我们还需要额外的电极。

使用四端电极(tetrode)对神经元进行三角测量

对生物电压进行三角测量自心脏研究而始,长期以来,这一直是进行心电图(electrocardiogram,EKG)记录分析的常规方法。心脏包含大量环面相连的心肌细胞,和大脑相比,心脏会产生高达毫伏水平的巨大电信号。心脏四电极法是一种相当有效的常规临床检查工具,它在被检测者的左脚、双臂和胸前放置 4 个电极,通过这 4 个电极,就可以定位心电图中各成分的解剖学来源。① 当然,为了得到更精确的定位,我们需要更多电极。② 三角测量法在理论上适用于对任何固定偶极子的定位,包括神经元产生的动作电位。这种对神经元进行三角测量的想法最早由伦敦大学学院的约翰·奥基夫和布鲁斯·麦克诺顿提出。他们最早使用的感受器是两根缠绕在一起的 25 微米长的绝缘导线,这一电极被称为"立体电极"(stereotrode),随后的版本包含 4 根导线,被称为"四端电极"。四端电极不同导线之间记录到的神经元动作电位不同,根据这一电压差值便可以计算得到每个神经元的独特位置。[19] 典型的四端电极由 4 根粘在一起的细导线(每根直径为 12~15 微米)组成。如果只有一个电极尖端,当周围整个球面上离这一尖端距离相同的多个神经元信号具有相似的振幅和峰值时,会使得单独分离出个别神经元变得很困难。因此,使用单电极,我们可能会记录到很多神经元的活动,但是却无法区分它们。如果是 2 个放置距离相近的电极,对神经元信号记录的不确定性就会被限制在一个平面内;如果是 3 个电极,记录的不确定性就只存在于一条直线上。如果在这 3 个电极所处的平面之外再加上第四个电极,那么理论上我们就可以使用三角测量法区分每个神经元的空间位置。

和单电极相比,四端电极有很多优点。第一,四端电极的记录更加稳定。纤细的导线非常灵活,可以在一定程度上随大脑一起运动。出于这个原因,通过它们对深部结构内神经元的记录比对其他神经元(比如皮质表层神经元)的记录更为稳定。第二,因为记录电极的尖端并不需要被放置在和目标神经元紧贴的位置,所以和尖端直接接触到神经元表面的单电极相比,四端电极的小幅运动危害更小。四端电极尤为适用于神经元密度高的脑区,在这些区域中很难进行单电极记录,因为很难将个别神经元与附近其他神经元分离开来。但是在理想条件下,一个四端电极可以记录并区分多达 20 个彼此分离的神经元。

——————————————

① 确定心脏电轴需要测量左右臂、右臂与左腿、左臂与左腿之间的电压。

② 威廉·艾因特霍芬(Willem Einthoven)最早提出了基于三角测量法对心脏信号进行判断的法则。艾因特霍芬使用的三角是一个假想的等边三角形,心脏位于这个三角形的中心,三条相等的边分别代表心电图的三个标准肢体导联。在任何时刻的心电图中,两个肢体导联之间电波的电势都与另一个肢体导联记录的电势和相等。艾因特霍芬发明的弦线检流计(string galvanometer)后来被伯杰用于对脑电信号的探测。

　　皮质和锥体细胞的胞外电场方向基本与其胞体-树突轴并行,因此,在离胞体几百微米的密集顶端树突附近也可以探测到动作电位。相比而言,电流的侧向传递受到更多限制。然而,尽管细胞外动作电位的振幅会随记录点与神经元间距离的增加而迅速下降,四端电极仍然可以在胞体侧面 140 微米外记录到细胞的"声音"。在大鼠的大脑皮质中,半径为 140 微米的圆柱体内含有约 1000 个神经元,因而这也是理论上单电极可记录到的神经元数目上限。然而,实际上,这些神经元中只有一小部分能被可靠地分离、识别(理想情况下最多能分辨 20 个)。[20] 其他的神经元可能会被紧密排列的导线钝端破坏,也可能无法通过当前已有的动作电位识别算法探测到。因此,实际中记录到的神经元数量和理论上可记录的神经元数量之间存在巨大差异。要想探测到其他数十个神经元,就需要植入另一个四端电极,而在大脑中植入电极和导线会造成创伤,因此,要想记录到大量的神经元,就必须以大量细胞的损伤为代价。

使用硅探针进行高密度记录

　　理想的记录电极体积应当很小,从而使其对组织的损伤降到最低,然而,用电极方法记录大量神经元时,植入的大量电极需要占据很大空间,这会导致严重的组织损伤。显然,这些相互对立的要求难以同时满足。传统的电极其实只有电极尖端一个有效部位,其余的都是用于传导的冗余部分。为了既不增加电极整体体积,又能增加有用记录位点的数量,密歇根大学的肯色尔·怀斯(Kensall Wise)使用硅芯片技术研发了多位点记录探针。这些以微机电系统(micro-electromechanical system,MEMS)为基础的记录装置可以减少电极固有的技术限制,因为在占据相同大脑空间的条件下,这种新电极的记录位点可以大幅增加。这种硅电极保有了四端电极的优点,与此同时,硅电极的尺寸又小得多。在目前的技术条件下,多柄硅探针可以记录到多达 100 个彼此分离的神经元,重要的是,由于这些记录位点在空间上具有精确的分布,因此这就让我们有可能确定各个独立神经元之间的空间关系和它们之间的功能连接,这是研究神经元集群如何对输入进行时空表征和转换的前提。[21] 大鼠躯体感觉皮质局部微回路中的功能连接相关研究表明,参与回路的锥体细胞和推定中间神经元之间的突触连接可由它们之间放电的时间关系决定。例如,当参考细胞的动作电位出现之后,与之相连的神经元放电便立即减少,这表示参考细胞起到了抑制性作用。反之,当参考细胞放电后,相伴随的神经元以较短时间间隔持续放电,则表明参考细胞起到了兴奋性作用。

通过胞外信号区分和识别神经元

　　对动作电位序列的分析具有一个不可或缺的步骤——根据细胞外信号特征区分出单独的神经元。对动作电位进行分类的方法有两类。第一类试图根据振幅和波形变化来分离单神经元,这种方法背后的假设是相邻的神经元产生的动作电位特征差异明显。然而,多数情况下,这一假设很难被证明,因为离记录电极尖端差不多远且彼此相似的神经元产生的波形几乎完全一样。因此,这些神经元的信号可能会在记录时被无意中合并在一起,从而误认为记录到的动作电位来自同一个神经元。除此之外,另一方向上的推论也存在问题:根据放电率、胞体树突内动作电位传递的幅度、各状态下离子通道开放程度等因素,同一个神经元的波形也不始终一致。因此,利用波形进行分类的方法可能认为同一神经元在不同状态下产生的动作电位具有不同的细胞来源。

第二类常用的分类方法即前面讨论过的三角测量法。这种方法的前提假设是细胞外记录到的动作电位来自点电源,也就是说它忽略了神经元的复杂几何结构。显然,这是个简化后的概念模型,实际上神经元细胞膜中的任意部位都可以产生动作电位。动作电位在胞体-树突中进行反向传递的程度根据兴奋性输入和抑制性输入对神经元的影响而变化。由于细胞外动作电位是来自胞体和主要近端树突信号的综合,因此,胞外记录动作电位的参数一方面取决于动作电位逆向传递的程度,另一方面还取决于膜电位依据细胞状态和行为的其他变化。这些变化会影响对神经元虚拟点电源位置的估计,也可能会将同一神经元定位到多个不同位置,从而导致对动作电位-神经元对应关系的错误估计。[22]此外,动作电位点电源假设还有一个问题在于胞体起源的电信号并不总能通过远距离记录位点被定位到。例如,在新皮质中,在离第 5 层锥体细胞胞体远达 500 微米的大型顶端树突处都可以记录到它的胞外动作电位,因此,对于一个放置在更浅层(如第 4 层)的独立电极尖端来说,它记录该层胞体信号的效果和记录深层细胞顶端树突信号的效果相当。使用和神经元轴突-树突轴并行放置的多位点采样硅探针,我们就可以减少这些导致神经元分类错误的因素。[23]

分离不同类别的神经元

大脑网络由不同种类的神经元组成,每一类都有特定的计算任务,因此完全可以根据胞外信号的特征对它们进行分类。细胞外动作电位的一些特点对这一分类过程有所帮助,这些特点包括电位持续时间、放电率、放电模式、电位波形,以及和神经网络模式之间的关系等。对于皮质记录来说,最重要的一步是区分锥体细胞和抑制性中间神经元。这一步本身相当困难,而且它的实现需要将胞外信号与胞内信号相结合,或是将胞外信号与其他能够区分目标神经元种类的解剖学标记方法相结合。对锥体细胞和抑制性中间神经元各自子类别进行分类则更加困难,但这是理解和解释神经元集群行为的必要条件。[24]

分析大脑信号

神经信号有两种基本表现形式:连续膜电位及场电位(模拟信号)和离散的动作电位(数字信号)。因此,分析神经信号需要结合适用于连续信号和离散信号的方法。但无论观测到的信号属于何种性质,大脑活动都有多个频率,而且随时间变化。因此,分析大脑信号最适用的方式是采用能完美描述全频谱信号随时间变化过程的时频分析算法。然而,频率和时间是无法混合的,即从数学角度讲,它们是正交的。这意味着在频率域内不包含时间信息,反之,在时间域中也不包含频率这一概念。这种反直觉的关系解释了为何两类主要用于分析大脑信号的方法分别被称为频域分析和时域分析。

假设我们想要分析一句话,但我们并不清楚想从这句话中搜寻什么信息,那么一种分析方法就是描绘这句话语音中频率的分布。辅音和元音各自有特征突出的频率组合,而且语言中不同辅音和不同元音出现的概率也有很大差异,因此,一些特定的频率在整句话的频率域中会尤为突出。为了保证采集的声音样本能够代表整句话,这种分析方式需要较长的采样时段。我们还可以采用另一种分析方法:选择一个较短时段中特定的频率分布模式,并分析这一模式随时间的分布。显然,这两种方法都无法单独揭示语音信息编码的秘密。频域图只能反映特定频率范围内每个频带中信号的多少,而时域图只能反映信号的一部分如何随时间变化。和这个语言分析的例子类似,脑电图、脑磁图和动作电位序列信号都具有频域和时域两个维度的表征。因此,我们也需要合适的方法来研究随时间变化的神经元信号。

大脑信号包含多个频率分量,这些分量之间的关系可以使用频域分析的方法进行量化。复杂的脑电波形或脑磁波形可以通过结合合适的正弦波来再现。这种方法和电子合成器能以假乱真地模拟长号、竖笛等各种声音的原理类似,都是通过一个叫"傅里叶合成"的数学过程实现的,这个过程根据法国数学家约瑟夫·傅里叶(Joseph Fourier)的名字命名。[25] 傅里叶合成的反过程被称为"傅里叶分析",可将复杂的脑电信号和脑磁信号分解成正弦组分。信号被分解为正弦波后,就可以构建各个频率上信号的分布情况了。这种频率-发生率的图示就是信号的功率谱。傅里叶法可以将时域中定义的信号转化为频域中的信号。尽管这种表示方法忽略了脑电图信号随时间的变化,但它可以为不同频率间信号功率的大小关系提供定量答案。

要从任何连续模式中确定频率,都需要先测量时间间隔,再进行各种计算。然而,对脑电图这种多个频率同时存在的复杂波形来说,往往很难清晰确定时间间隔的起点和终点,也就是说,往往难以确定分析的时段。傅里叶变换理论假设信号是在整个时间轴上被分析的——分析时段无限长。正因为由标准傅里叶变换定义的频率分量建立在无限时段假设上,所以这一局限决定了它并不太适合用来描述频率成分在各时间点上的瞬时变化。[26]

短时傅里叶变换是解决时间-频率正交问题的一个实用方法,这种方法试图量化随时间变化的频率成分。这是一种标准傅里叶变换法的改良方法,它将大脑信号分割成很多短单元,并对每个单元进行傅里叶变换,这种方法绘制出的连续谱可以展现频率成分随时间的变化。短时傅里叶变换可以看成是时间-频率联合分析之间的妥协：使用较宽的时间窗，便可以保留较高的频率分辨率，但会牺牲时间分辨率；而选择较窄的时间窗则有利于提高时间分辨率，但频率分辨率则大幅下降。通过这种妥协，改良方法可以用来分析序列短时段信号，并可以绘制出频率结构随时间变化的函数（图 4.3）。

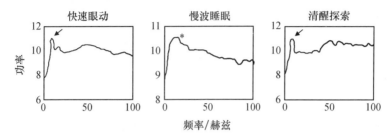

图 4.3　脑电图的频谱动态中所有时段的傅里叶谱。星号表示睡眠纺锤波段（12～18 赫兹）的功率峰值。需要注意的是，在快速眼动（rapid eye movement，REM）睡眠期间和清醒探索状态下 θ 段和 γ 段（40～90 赫兹）的功率明显增加。傅里叶谱通过去除和 $1/f$ 相关的功率而"白化"（whiten，对该术语的解释见本书第 5 章）。

　　另一种常用于分析特定脑电图模式短时片段的方法是小波分析。"波"是指这个函数具有振荡形式；"小"是指选定窗口内的函数是长度有限或快速衰减的振荡波。小波变换是指以有限的长度对信号进行表征。这种分析方法不是针对全频谱分布进行分析的，而是先选择一个"感兴趣的频率"。[27] 任何随机波形都可以作为"原型"，并通过这种方法对它的持续性活动进行量化。因此，所有小波变换都可以被看作是时频表征的形式。[28]

　　时域分析通常采用时间相关函数进行。信号自身的关联称为"自相关"，它可以揭示信号中重复的成分。不同种类的信号具有明显不同的自相关函数，因此可以使用这些函数对信号进行区分。例如，随机噪声指的是无相关性的信号，因为它只与自己相同，任意一点时间上的位移都会使新的函数和先前函数之间毫无相关性。相比之下，振荡信号在时间上进行位移时会发生周期性的相位偏移（go out of phase）与重合。一个周期信号的自相关函数本身就具有周期性，会形成一个新的周期信号，其周期与原始信号相同，因此，计算自相关是揭示信号中周期函数的有效方法。相关性方法也经常被用于评估两个信号之间的相似性。如果两个信号在形状和相位上相似（即相对于另一个信号无位移），那么它们之间的相关性为正，而且取值最大。当其中一个信号相对于另一个信号开始移动，信号就会发生相位偏移，信号间的相关性也会降低，并且在相位完全相反时相关性负值取值最大。使用相关性方法对信号间的关系进行分析（即计算它们之间的互相关）是检测噪声中已知参考信号或检测神经元配对定向连通性的一种有效方法。

振荡同步的形式

影响振荡的方式多种多样，目前甚至无法对调整神经振荡的机制进行标准化分类。有些术语描述的机制在学科内部具有广泛共识，然而在另一个学科中，它们的含义与应用却大相径庭。此处我们需要对一些在神经科学和计算神经科学文献中出现的术语进行定义。

"相互协同"（mutual entrainment）是对两个或更多振荡源稳定性的度量，对单独的振荡源而言不存在这个概念。相互反馈是不同频率和稳定性的振荡源之间产生协同性的关键。例如，当多个固有频率不同的单细胞振荡源彼此相连时，可能产生中间取值的共同整体节律。这不是所有频率的简单线性加和，因为按照功能连接的组织方式，每一个神经元的放电都被锁定在整体节律特定的相位上，即锁相（phase-locking）。如果其中一个振荡源暂时超过了共有节律，那么其他的振荡源就会吸收多余的能量，从而迫使该振荡源减速；反之，如果某个振荡源产生的振荡"落后"于共有节律，那么其他的振荡源就会将其节律拉回来，让它"赶上"集体。也就是说，涌现出的群体节律"奴役"或取代了单独一个单位的行为。①

"相干性"（coherence）：两个信号之间或它们和第三个参考信号之间可能保持固定相位关系，我们使用相干性对这一状态进行衡量。② 通常，相位差会被用来推断力的方向，不过大多数情况下几乎不可能进行这样的推断。

"锁相"指振荡源之间的一种相互作用，通过这一作用，任意两个振荡之间的相位差都会被固定下来。这个指标和振幅变化无关。[29] 而且振荡事件和非振荡事件之间也可以进行锁相或相位耦合，比如不规则发放的神经元和规则振荡源之间的锁相放电。通常情况下，此时会使用"协同性"来描述这一放电模式。

"跨频率相位同步"（cross-frequency phase synchrony）：当两个或多个有不同整数频率的振荡源在多个周期锁相时，它们之间便可以发生跨频率相位同步。如果两个振荡源的频率不同，而且无法进行锁相，它们仍然可以产生一种瞬时的系统性相互作用，这一相互作用被称为"相位进动"（phase precession）或"相位延迟"（phase retardation）。

---

① 多个振荡源发生集群同步化的过程：在没有发生耦合的情况下，每个振荡源都在自己的极限环（limit cycle）中以其固有频率旋转；从某个随机的初始条件开始，这些振荡源通过调整各自的振幅自发地组织到一起，并使各自的振幅靠近它们共同产生的平均场；随后，这些独立振荡源对各自的相位进行排序，并让最快的振荡源领头；最终，所有振荡源都开始以锁定的振幅和相位同步旋转（Strogatz, 2001）。如果将每个振荡源的状态都表示为复平面上的一个点，那么振荡的振幅和相位分别对应极坐标系中该点对应的圆的半径和角度。

② 相干性用于衡量相位协方差，它可以定量地表示为两个信号的交叉频谱除以各自自频谱的乘积。由于它测量的是谱协方差，因此它无法可靠地分离振幅和相位各自的影响。锁相统计量可以在不依赖信号振幅的前提下量化两个信号的相位相干性（Lachaux et al., 1999）。

"相位重置"(phase reset)：对于单个振荡源或多个相互耦合或彼此独立的振荡源，如果有一个中途插入的输入信号强迫它(们)在相同的相位重启，那么这个/些振荡源就会发生相位重置。"相位同步"(phase synchronization)和这一现象相关，但涉及不同机制，它是在刺激两个或多个具有瞬时相位相干性的结构中诱发的振荡。"功率的相位调制"(phase modulation of power)发生在两个速度不同的节律之间，其中较快的振荡源的功率会随较慢的振荡源的相位变化而变化。

"诱发节律"(induced rhythm)：缓慢变化的输入可以在两个或多个位置产生诱发节律，这一过程可以伴随相位同步，也可以不伴随。即使这些振荡源之间彼此不相干，它们的功率也可以被共同调制，有时这又被称为"振幅包络相关"(amplitude envelope correlation)，因为比较的是完整封包的信号，所以这使得比较任何频带的振幅变得容易。明显的频率失配或强耦合可能导致振荡死亡(oscillation death)或猝灭(quenching)。

虽然上述这些术语还远不够详尽，但它们足以帮助我们理解本书中讨论的大多数振荡现象。[30]

有人可能认为我们需要掌握本章中提到的所有方法，并在所有实验中组合运用各种方法，以期获得最佳实验结果。但这种想法看似智慧，实则天真，没有任何一个认真的导师会给学生提供如此愚蠢的建议。因为上述技术都非常复杂，要透彻理解其中的任何一种都需要数年的努力工作和学习，而且，由于种种技术原因，同时使用多种方法往往是有害的。因此，当我们需要选择理解大脑的最佳方法时，我会转述之前从我的病理学教授哲尔吉·罗姆汉伊(György Romhányi)那里获得的建议："你擅长的方法才是你研究问题的最佳方法。"选择一种或两三种方法，并了解它们各自的优缺点，你便可以比其他人更好地解释数据。记住，研究中没有"最好的"方法。

本 章 总 结

大脑具有多个时间与空间层级上的组织结构，因此需要以分辨率合适的方法监测大脑的活动。目前为止，只有少数几种可用的记录方法，但它们都不能让我们在神经元活动的时间尺度上同时"看到"大脑小范围和大范围区域内的活动。

场电位分析(脑电图和脑磁图)、脑结构能量变化依赖的图像(功能磁共振成像)、光学记录方法和单细胞记录法是当代认知-行为神经科学领域研究完整大脑采用的主要技术。然而，即便将这些方法结合起来共同应用于被试，我们也无法完美解释协作的神经元集群如何表征环境，并对不断变化的环境做出恰当反应。在大脑中，特定的行为来自脑区、神经元以及神经元集群之间的相互作用，研究这些自组织过程需要同时监测多个脑区中大量神经元个体的活动。在解决这一问题的探索道路上,人们开发了四端电极或硅探针技术,以对多个单细胞进行大规模记录。然而,这些方法都是有创的,无法用于对健康人脑的研究。此外,还有很多其他方法,例如药物操纵、宏观与微观成像、分子生物学工具等,它们也可以帮助我们理解大脑的运作。然而,这些间接观察都需要再被转换成神经元动作电位序列的模式,才能使我们理解大脑对行为的控制作用。

脑中的各种节律：从简单到复杂的动态过程

本章其他注释

　　彭㝠……认为时间没有同一性和绝对性。他认为时间有无数系列，背离的、汇合的和并行的时间织成一张不断增长、错综复杂的网。由互相靠拢、分歧、交错，或者永远互不干扰的时间织成的网包含了所有的可能性。

——豪尔赫·路易斯·博尔赫斯，《小径分岔的花园》①

即便没有感觉输入和动作输出，神经元和大脑连接也支持并限制了它自己产生的自发秩序。如第 2 章和第 3 章所述，大脑和神经元的结构组织支持了极度复杂的连接架构。然而，并非所有的神经元和细胞间连接都在任何时刻起作用，事实上正相反，在任意一个时刻，诸多组合中只有一小部分细胞和连接被选择并真正在起作用。动态变化的功能或有效连接会导致短暂的神经振荡行为，经由大脑内部的动力学变化，这些振荡不断地被创造出来又被摧毁。本章要说明的重点内容（也是全书的宗旨）就是神经动力学会不断地在不可预测的复杂状态和可预测的简单状态之间转换。[1] 神经元集群的活动在易受干扰的复杂状态与较为稳定且可预测的同步化振荡之间往返变动，这种状态切换是大脑在保持其内部组织自主性的同时检测身体和周围物理世界变化最有效的方法，在本章中我将对此加以说明。

神经振荡的种类

112

　　自汉斯·伯格提出重大发现（详见第 1 章）之后，神经科学家在很多哺乳动物的大脑中都记录到了神经振荡行为，这些振荡有的非常缓慢（以分钟为周期），有的

---

①　译者注：中文翻译来自王永年。

十分快速(频率可高达 600 赫兹)。² 不过,颇为令人惊讶的是,直到几十年后才出现了按照有意义的功能对大脑节律进行分类的方法。1974 年,基于临床实用的考虑,国际脑电图学和临床神经生理学联合协会(International Federation of Societies for Electroencephalography and Clinical Neurophysiology)的专家才制定了最早的大脑节律分类方法。³ 追寻伯格的先例,后续发现的频带都以希腊字母进行标注,而且不同频带之间基本等宽,其范围划分也相当随意(δ 波:0.5~4 赫兹;θ 波:4~8 赫兹;α 波:8~12 赫兹;β 波:12~30 赫兹;γ 波:30 赫兹以上),就像殖民者当年为非洲国家画出的笔直国界线一样。在当时,对频带的边界进行划分相当有必要,因为当时不同振荡模式的机制和独立性基本不为人知。在这些频带中,可得频率信号的宽度受脑电图记录技术的限制。当时广泛使用的机械笔式记录仪限制了记录频率的上限,而电极极化和运动伪迹又妨碍了对低频信号的观测,因此,低于0.5 赫兹的振荡被这个分类体系排除在外,也没有被正式命名。尽管对大脑频带的国际分类仍具有重大现实意义,但它最大的缺点在于其自身局限性。对于不同年龄阶段的个体或不同的物种来说,相同的生理过程所产生的节律往往落入名称不一致的不同频带中。例如,在被麻醉的兔子的海马中观测到的振荡行为频率为2~6 赫兹,因而这种振荡被命名为"θ 振荡",但对于未用药的啮齿类动物来说,海马 θ 振荡实际应被称为"θ-α 振荡",因为它的频率实际是在 5~10 赫兹之间变化的。

　　对神经振荡的分类要求每一种被划分出的振荡类型都能代表具有独特机制的生理实体。比如,对不同物种来说,由同一机制引发的振荡应使用统一的名称,即便它们之间的频率分布有差异;而对某一特定物种,落入相同频带的振荡之间也应共享名称,即便它们可能来自不同生理状态(例如睡眠/觉醒、麻醉)且具有不同的生成机制。然而,遗憾的是,大多数神经振荡的确切机制仍不为人所知。所以,我和我们实验室的一名博士后马尔库·彭托宁(Markku Penttonen)提出了一种替代的分类方法,我们推测,不同的神经振荡之间可能存在某种可被确定的关系。^① 彭托宁推断,如果我们能够从了解较为充分的少数振荡中找到振荡之间可量化的关系,那么或许我们就能够对目前了解不太充分的振荡进行一些猜想。⁴

113　　我们的关注点最先为在大鼠中观察到的 3 种海马节律之间的关系,这 3 种节律分别为 θ 振荡(4~10 赫兹)、γ 振荡(30~80 赫兹)、快速振荡(140~200 赫兹)。⁵这些节律的生成彼此独立,之所以下此结论是因为我们已经发现 γ 振荡可以在没有 θ 振荡的条件下存在,并且与快速振荡互相竞争。从这 3 种振荡入手,我们试图寻找频率介于其间或在其外部的其他振荡类别,并试图在它们之间建立联系。我们发现以自然对数为标尺可以对不同振荡间的关系进行最优拟合。根据我们最初

　　① 科米萨鲁克(Komisaruk,1970)早已提出,不同的大脑振荡和身体振荡之间通过某些机制相互耦合,不过他假定这些振荡源之间遵循整数锁相关系。

发现的节律的平均频率，便可以估计其他振荡类别的平均频率。和传统分类中的 β 波、δ 波以及少为人知的慢速振荡相对应的预测频率被我们称为慢波 1、慢波 2、慢波 3、慢波 4。按照频率递增关系绘制出频带图，从中便可以发现一条普遍原则：离散的振荡频带在线性频率尺度上形成几何级数；在自然对数尺度上形成线性级数（图 5.1 下方）。[①] 这个简单的图可以帮助我们对神经振荡进行一些基本的说明。第一，0.02～600 赫兹之间的所有频率都是连续出现的，跨越了超过 4 个数量级的时间尺度。第二，需要提出至少 10 个不同的机制来解释整个频率域中的振荡行为。第三，由于单一的结构在通常情况下不会产生各个种类的振荡，所以不同的结构之间需要彼此结合才能产生所有这些频率的振荡。在不同大脑结构中，不同的机制可以产生相同频率的振荡，但每一类神经振荡至少都应有一种独特的产生机制。第四，所有神经振荡之间都有可定义的关系：频带和频带间的平均频率的公比大致为常数 e——约为 2.72，自然对数的基数。由于 e 是无理数，所以耦联振荡在多个频带上的相位在每个周期中都不一致，因而会产生一种非重复、准周期、弱混沌模式——这正是脑电图的主要特征。第四点或许比前三点都要重要。

　　所有这些都指向一些重要问题：为什么会有如此众多的神经振荡？为什么大脑不能通过单独一个频率固定的时钟来实现所有功能？回答这些问题的答案多种多样。行为随时间发生，从几分之一秒到数秒的精准计时对成功预测物理环境中的改变非常必要，而且在预期到环境变化产生时，要想成功将肌肉反应和感觉探测器信号相结合，我们也需要依赖这样的精准计时。从原则上讲，和数字计算机一样，管理并协调多项任务时可以借助一个精确、独立且快速的内部时钟和时间划分法。如果能重新设计，也许哺乳动物的大脑会采用这种办法。然而，对于海绵等其他产生于生命演化早期阶段的简单动物来说，快速反应并不是生存的必要条件，它们需要的只是实现进食需求的缓慢节律性运动，所以最先产生的是较慢的振荡。在这之后的生命演化过程中，如有需要，便会在此基础上增加更快的振荡——演化中产生的新进展总是建立在先前有用的功能之上。另一个不使用单一快速时钟的理由和大脑连接以及神经元间的通信方式有关。尽管作为神经元之间通信方式的动作电位在支配肌肉的神经中传递速度相对较快（数十米/秒），但大脑中大多数轴突侧支内动作电位的传播速度相当缓慢（每秒仅几厘米或几米）。这一延滞可能反映了演化过程中在体积和速度之间的妥协。轴突越厚，传导速度越快，但所占体积也越大。要节省空间，就需要付出代价，例如，某个神经元要向离它 0.5～5 毫米的多个突触后目标发送信息，所需的传递时间是 1～10 毫秒，也就是说，最近和最远的信号传递路径耗时相差整整一个数量级！随着越发复杂的事件需要以越来越大的神经元集群表征，这一问题变得越发突出。通常情况下，要使突触后目标放电，

---

①　此处描述的振荡系统的特点只适用于大脑皮质，大多数其他脑区只能支持有限种类的振荡。

需要数百个神经元共同作用。动作电位的来源如此丰富,因此,它们到达突触后目标的时间必须加以协调,这样才能真正影响突触后目标。认出某人的面孔并回忆起对方的姓名、职业、上一次见面的情形、共有的朋友等这些事件并不是同时发生的,它们在时间上有先后顺序和延迟,因为这些过程需要越来越复杂的神经回路支持。认知事件是分层进行加工的,很多心理学现象都支持这一点。[6] 各个认知过程的独立加工需要多个空间尺度上神经元网络的参与。

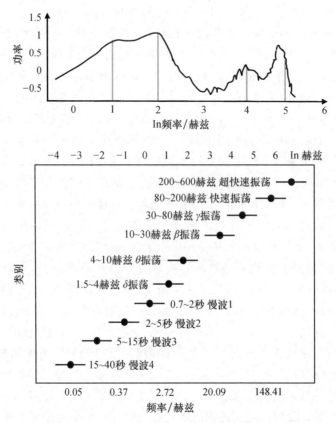

图 5.1　脑皮质中形成层级系统的多个振荡。上图:小鼠睡眠/觉醒周期中海马脑电图的功率谱。注意其中 4 个峰值,它们分别对应传统分类法中的 δ 振荡、θ 振荡、γ 振荡、快速振荡("涟漪")频带,这 4 个峰值是自然对数整数值的倍数。下图:大脑皮质中的振荡类别,它们的频率类别在对数尺度上线性增长。每一类频率范围(带宽)与周围其他类别的频率范围相重叠,从而使振荡的频率范围跨越 4 个数量级。上方的功率谱通过移除支配典型脑电图的波谱对数斜率而"白化"。参考自 Pettonen & Buzsáki(2003)的文章。

　　每个振荡周期都是一个时间处理窗口,它表示对消息进行编码或传递的开始或终止,类似于遗传密码中开始和结束的信号。换句话说,大脑不是连续工作的,而是不连续地、借助时间段(temporal package)或单位量(quantum)运转的。[7] 通用可编程计算机的设计者很早之前就认识到,具有周期性的网络可实现的功能远远多于没有周期性的网络(例如前馈网络,详见第 9 章)。振荡的波长决定了处理的时间窗口(图 5.1),并间接决定了参与神经元集群的大小。据此推测,不同频率的振荡适合于不同种类的连接和不同水平的计算。总体来说,由于轴突传导延迟的限制,较慢的振荡可以包含大片脑区中的许多神经元,而快速振荡的短时间窗则有利于局部整合。[8]

116

大脑中的计算一般意味着信息的转移,显然,神经网络连通性的路径长度对这一过程至关重要。因为突触路径长度(回顾第 2 章中定义的神经元分离程度)和网络有效连通性决定了结构之间信息转移的可能路径,所以神经振荡的周期长度会限制每一步传递中信息转移的距离。因此,快速振荡有利于局部计算和决策;而寻求整体协调时需要位于不同结构中相距较远的神经元集群,也需要更多用于传递信息的时间。[①] 苏黎世大学的阿斯特丽德·冯·施泰因(Astrid von Stein)和约翰尼斯·萨恩斯坦(Johannes Sarnthein)的一系列实验很好地说明了这一原理。在第一个实验中,人类被试需要看不同的平行光栅刺激,每度视野中光线条带的数量不同。实验结果表明低频带(γ 频段,24～32 赫兹)神经振荡的功率随每度视野中条带数量的增加而增加。重要的是,这一变化仅局限于初级视皮质中。在第二个实验中,实验者给被试展现的是他们熟悉的日常物品,每个物品以不同的感觉通道呈现,具体方式包括语言、文字和图片。结果表明处理与感觉通道无关的输入信息时,相邻颞叶和顶叶皮质之间的相干性神经活动增强,发生同步作用的频段主要属于 β 振荡(13～18 赫兹)。研究者在第三个实验中研究了语言和视觉空间工作记忆(working memory)。在这个实验中,研究者观测到了前额叶和后部联合皮质之间 θ 振荡(4～7 赫兹)的同步化。尽管我们无法通过这种方法确定活跃神经元集群的具体范围,但这些发现仍能支持"被激活的神经元集群的范围大小与同步化频率成反比"这一观点。[9] 在后续章节中,我们会进一步详细讨论这些观点,并试图为其提供证据。现在,我们先暂且接受这一观点——各种神经振荡类型具有不同的机制,用于实现不同的功能,而且涉及尺度大小不同的神经元集群。由于实际中多个振荡会同时处于活跃状态,因此,我们可以得出结论：大脑是在多个时间尺度上运作的。

117

次昼夜节律和昼夜节律

目前我们所讨论的振荡都是大脑和神经元独有的,并主要通过神经元独有的机制产生。然而,还有一些其他会影响大脑活动的节律,不过这些节律要慢得多,

---

① 本杰明·利贝(Benjamin Libet)的脑刺激实验支持这一论点。利贝最主要的发现是短脉冲序列只能诱发无意识功能。他发现要产生有意识的触觉体验,刺激躯体感觉皮质的时长必须达到 200～500 毫秒。也就是说,要想获得对感觉体验的意识,就需要适当的神经网络在数百毫秒内都参与其中。利贝发现的"心理时间"和实际物理时间之间的延迟现象是哲学家在质询心与脑一致性时很喜欢引用的论点(Libet,2004)。

这些长周期节律中最广为人知的要属以 24 小时为周期的昼夜节律了。[10] 和多数振荡一样,在没有外部影响的情况下昼夜节律也能够维持。下丘脑视交叉上核通常被称为哺乳动物的昼夜节律"起搏器",它控制着体温、激素分泌、心率、血压、细胞分裂、细胞再生,以及睡眠/觉醒等过程的周期性变化。与大多数网络水平的振荡不同,人类视交叉上核中 2 万个神经元里的每一个都是一个昼夜振荡器。就这点本身来讲,它并不是这些神经元独有的特征,因为身体中每个细胞里都有维系 24 小时节律的分子机制——尽管每个细胞自己的节律可能会比 24 小时稍快些或稍慢些。在离体组织培养条件下,每个视交叉上核神经元的自由运行周期为 20～28 小时不等,其中一些细胞和细胞群的放电模式之间存在 6～12 小时的相位偏移。在完整大脑中,每个细胞都有可能通过细胞之间的连接而被引进具有相干性的振荡行为中。和其他神经元振荡一样,抑制性神经递质 γ-氨基丁酸和抑制性神经元间通过缝隙连接进行通信的过程对神经元同步化至关重要。[11]

生物昼夜节律"缓慢"的原因在于它的分子机制。从基因到蛋白质合成需要花费 4～6 小时,内在的计时过程需要通过一个复杂的反馈回路实现,这个回路涉及至少 4 种新产生的蛋白质。早上,2 种蛋白质活化,产生第二组分子,这些分子在白天不断积累;晚上,这些积累的第二组分子使白天活跃的蛋白质失活,失活过程又涉及细胞核中的基因。例如,对果蝇(*Drosophila*)来说,周期相关基因(*per*)经转录得到信使 RNA,随后开始合成 PER 蛋白,PER 蛋白在细胞质中逐渐积累,并进入细胞核,抑制后续信使 RNA 的生成,于是细胞内 PER 蛋白的数量便逐渐减少,对信使 RNA 合成的抑制性作用也逐渐减弱,于是信使 RNA 再度增加,开始新的周期。实际过程比此处概述的内容要复杂得多,而且牵涉蛋白质之间的相互作用,还牵涉多个自调节转录或蛋白质翻译反馈回路。[12]

在信息输入方面,昼夜时钟可以受光照影响而推后或提前。哺乳动物通过视网膜感受光线,视网膜中有一小群分散的神经节细胞包含光感受器——视黑素(melanopsin),因此环境光可以直接让这些神经元放电。这群特殊的感光神经元唯一的投射核团是视交叉上核,这个身体昼夜节律的"掌控者"会发生相位锁定,从而产生一些迄今未能识别的分子作为输出信号,使体内每个细胞的昼夜周期同步。和"简单的"张弛振荡器(relaxation oscillator)相比,要让昼夜生物钟在睡眠/觉醒周期、体温、激素分泌、心理功能等多个方面实现周期完全重置和相位同步,那么我们可能需要一些来自日常生活的脉冲输入。任何一个长途旅行者可能都深刻体会过这一点,正如身为作家兼旅行家的胡里奥·科塔萨尔所说:"(从美国)到欧洲的旅途,灵魂要额外再走上三天。"①

---

①　这句话摘自阿根廷作家胡里奥·科塔萨尔与妻子卡罗尔·邓洛普合著的《宇宙主义者的自驾游》(*Los Autonautas de la Cosmopista*),这本书描述了他们从巴黎到马赛历时 33 天的旅行。此处转引自 Golombek & Yannielli(1996)的文章。

　　在昼夜节律内，至少有两种被证实的次昼夜节律。稍快一点的持续 90～100 分钟，较慢的以 3～8 小时为周期，其中较短的节律叠加在较长的节律之上。[13] 对昼夜节律和次昼夜节律的研究形成了一门快速发展的新兴学科，这门学科在医学、精神病学和睡眠研究中得到了越来越多的关注。对本章内容而言，我们最感兴趣的是这些分子振荡器和更快的神经元节律之间的关系。我们通过观察发现，孤立的视交叉上核神经元的放电率会变化，在光照期产生的动作电位差不多是黑暗期的两倍，这表明存在某种将分子变化转译为动作电位输出的机制。这些输出的动作电位会影响大脑其他部分的其他神经元振荡器。从反馈角度出发，视交叉上核神经元不仅受光照影响，还受大脑整体活动的影响。例如，进行睡眠剥夺之后，会发生反弹现象，即随后的睡眠时间会延长。这种反弹性睡眠行为对视交叉上核神经元具有重大影响。[①] 同样值得注意的是，神经元振荡器之间的自然对数关系能可靠地外推到次昼夜节律和昼夜节律的周期当中。

　　之前对神经振荡的研究都是孤立的，但近年来我们已经开始将其视为振荡系统中的一部分，而且认识到不同的节律成分之间具有复杂的关系。鉴于解剖学上大脑皮质连接的路径长度较短，所以这种复杂性可能不足为奇。然而，为了破译多个时空尺度上神经元节律之间发生耦合的普遍规律和机制，未来进行系统性研究是很有必要的。

脑电图的 $1/f$ 统计特点

　　关于大脑有个重大问题：根据支配细胞放电和突触活动的微观规律，大脑是如何组织起一个跨越多时间维度的复杂系统的？神经振荡类别和神经元集群大小之间的反比关系为探究大脑在长时程、大尺度维度下的行为提供了一些有趣的线索。在足球场上，如果球员进球，那么几千米外都能听到全场球迷一致的欢呼声，而各不相同的普通对话则会被淹没于背景噪声中，前后两者形成鲜明对比。同理，涉及很多细胞的缓慢节律在远距离处同样突出，但仅涉及一小部分神经元的局部快速振荡可能只能在有限范围内传递。通过傅里叶分析，我们可以轻易量化各种神经网络振荡的"声响"（影响范围）（见第 4 章）。将信号分解成正弦波后，便可以构建出频率的功率谱——各个频率的功率分布表征，尽管它忽视了信号随时间的变化，但却可以定量地衡量不同频率间的功率关系。在睡眠状态下，人类被试中记录到的脑电图结果显示，功率密度的对数与脑电图信号频率对数间的函数关系图像是一条直线，当信号频率为 0.5～100 赫兹时，功率的对数随频率的对数的增加几乎呈线性下降（Freeman et al., 2000）。这是无尺度系统（即遵循幂律的系统，详

---

　　① 德博尔等人（Deboer et al., 2003）发现警觉性状态的改变伴随着视交叉上核神经元动作电位活动的强烈变化，由此他们得出结论：生物钟可以被来自大脑的传入信息明显改变。

见第 2 章)的标志。总体上,振幅(功率的平方根)A 随频率 f 的下降而增加,它们之间的关系可以表示为 $A \sim 1/f^a$(其中 a 为指数),物理学家看到这一关系后会认为脑电图反映的仅是大脑内部由主动与被动活动产生的"噪声"。乍看起来这个结论和我们先前的主张恰好相反。前面我们一直在讲,大脑会产生大量振荡行为,可以在多个时间尺度上处理并预测事件,而我们无法通过随机噪声预测行为。不过,此处这种与 $1/f$ 成比例的功率谱的噪声具有特殊性,也被称为"粉色噪声"(pink noise)。

　　神经振荡有个关键特点:相邻频带振荡的平均频率间没有整数倍关系。因此,不能简单地对相邻波段的振荡进行锁步,因为稳定的时间连锁的前提条件是相位同步。相反,由于相邻神经振荡之间频率(相邻神经振荡频率范围见图 5.1)的比值约为常数 e,所以只能产生瞬态或亚稳态动力系统——一种在不稳定与瞬时相位同步之间永久波动的状态。当然,这一点的前提是每个振荡都能够维持自己的独立性,不会受强振荡工作周期的影响。[14] 在非线性动力学中,振荡之间并不通过一个固定的点或吸引子(相位)相锁,而是根据混沌程序互相吸引、排斥,永远不会停留在一个稳定吸引子处。这种不稳定性主要来自多个彼此不断关联与解联的振荡。在大脑皮质中,在局部涌现的稳定振荡会受到整体动态系统持久的推力与拉力。然而,尽管在多个空间尺度下,振荡的瞬态耦合具有混沌动力学特性,但在多个时间尺度下,却出现了一个统一的系统。事实上,信号频率与功率之间的反比关系表明不同频率之间存在时间关系:低频的扰动会导致跨越所有频率的级联能量耗散。据此或许可以推测,这些干扰动力学是皮质中进行整体时间组织的本质。

　　在大多数统计图中,对数-对数线性关系不适用于 2 赫兹以下的信号,这是否意味着 2 赫兹以下的信号遵循另一种规则呢?低频信号偏离 $1/f$ 直线的部分原因可能是通常使用的放大器具有高通滤波特性。然而,如果低频振荡也属于无尺度性质适用的范围,那么它们将会对更高频率的振荡产生影响。事实上,长时程头皮脑电记录的结果证实了所有检测频率下的振荡都遵循幂律,具有无尺度系统特性,这将符合 $1/f$ 关系线的时间尺度延长到了分钟级别。[①] 这种关系表明了振幅波动的影响,例如某一时刻枕叶的某个 α 振荡的振幅波动会影响 1000 个周期后另一个 α 振荡的振幅,也会影响它们之间所有振荡的振幅。

　　脑电信号的尺度不变特性是其自组织的数学标志。功率密度随频率增加而下降的速率衡量了信号中的相关长度(length of the correlation)或时间记忆效应(temporal memory effect),这正是 $1/f$ 关系如此有趣的主要原因所在。如果不同

---

　　① $1/f^a$ 关系的指数取值根据不同频率(Leopold et al., 2003; Stam & de Bruin, 2004)和行为状态(如睁眼和闭眼)有所不同,但在各个被试之间保持高度一致(Linkenkaer-Hansen et al., 2001)。

频带之间没有关系，那么功率密度在有限的频率范围内就是恒定值，功率谱也是水平的，遵循 $1/f^0$。这种形式下的信号被物理学家称为"白噪声"（white noise）。因此，除粉色噪声和白噪声外想必还有其他颜色的噪声。

第三类噪声被称为"布朗噪声"（棕色噪声，brown noise），这一名称来自细胞核的发现者，生物学家罗伯特·布朗（Robert Brown）。他还发现了花粉粒子在水滴中的随机运动：布朗运动（Browniam motion）。和粉色噪声相比，布朗噪声的功率密度随频率增加下降得更快，遵循 $1/f^2$ 关系。布朗噪声在较长时间间隔内是随机的，但在较短时间间隔内具有很强相关性且容易被预测。例如，如果在城市中随意游玩，不带导游也不订计划，我们会在十字路口随机转弯，但是在笔直的街道上的运动是可预测的（这就是随机步行模式）。这堂关于噪声的速成课让我们获得了一个有趣的发现：脑电图和脑磁图信号功率与频率遵循的 $1/f$ 关系是伴随高信息量（白噪声）的杂乱与低信息量（布朗噪声）的可预测性之间的黄金均值。[15] 大脑皮质的结构极为复杂，它产生的噪声也是物理学所知的最复杂的噪声，但为什么大脑要产生如此复杂的噪声呢？

有个专门针对大脑的问题：为什么神经振荡功率会随频率的降低而增加呢？物理学家和工程师提供的答案是：脑组织就像电容性滤波器，所以快波比慢波衰减得更多。然而这并不是全部原因，因为频谱还有个重要特征——对低频信号的干扰会导致整个频率范围内的能量耗散，但这一特征无法简单地通过离散振荡和被动滤波作用进行解释。大脑中的振荡并不是彼此独立的，事实上，同样的要素、神经元和神经元集群对所有不同的节律都负责。然而，当节律较快时，只有其中的一小部分能完全跟上快速的振荡节拍，这是因为突触延迟和轴突传导耗时会限制其他振荡的同步。与之相反，跨越数个轴突传导延迟周期的慢速振荡使大量神经元能够参与进来，所以振荡的速度越慢，参与的神经元数目越多，整合后的平均场和覆盖的范围也越大。如果只存在局部连接，某一处产生的节律会逐渐"侵入"相邻的区域，产生行波（traveling wave）。[16] 此外，还可能在多个位置同时产生节律，通过中等长度连接和远距离连接，这些多源振荡之间会发生同步化。[17] 简而言之，神经振荡的 $1/f$ 关系在很大程度上是由无法避免的传导延迟和"招收"神经元过程的时间限制造成的。[18]

当然，如果这些脑电图频率之间的关系与行为之间没有紧密关联，那么它们就不会引起人们的任何兴趣，哪怕是那些极其热衷于振荡过程的人。如果产生噪声的过程只是大脑执行功能的副产品，是个执行功能时必须克服、无法回避的麻烦，那么我们可能也不会继续探究这些噪声，只会惊异于大脑与自己产生的噪声之间进行竞争的非凡能力。但还有一种可能——这些生成的噪声其实是刻意"设计"好的，具有重大意义及感知、行为影响。从后一种可能出发，那么大脑不仅能产生范围广、时间长的活动模式，而且这些通过自组织作用产生的群体模式还会影响组成它的个体神经元的行为。[19] 换句话说,单个细胞的放电模式不仅取决于它瞬时的外部输入,还取决于它过去的放电模式和所处神经网络的状态。符合 $1/f$ 关系的复杂系统可以通过可预测的方式被多种输入干扰。这种易感性同样适用于大脑,因此不出意料,由大脑生成和感受到的声音(如音乐、语言)的功率(响度)波动与频率呈反比关系,而且大脑其他各种与时间相关的行为也都表现出 $1/f$ 功率谱。对观察者来说,音乐与(白)噪声之间的根本差异或许在于音乐具有特定的时间模式,这种模式符合大脑的识别能力,因为音乐的这种时间模式来自音乐创造者(的大脑)。巴赫的《第一勃兰登堡协奏曲》中的乐符具有时间长、跨度大的结构,而这种结构同样出现在摇滚电台播放的热门曲目或斯科特·乔普林的爵士曲 *Piano Rags* 中。[20] 与音乐不同,无论是时间上高度可预测的声音,如滴水声,还是完全不可预测的声音,如约翰·凯奇的随机音乐(stochastic music),本质上就是白噪声,它们对我们大多数人而言都相当恼人。[①]

如果具有自生成特性的大脑动力系统和语言与音乐频谱成分有关,那么我们可能会认为这个动力系统会对过多行为产生影响。事实上,除了语言和音乐之外,幂律函数是大量可及数据集的最佳拟合,这些数据集涉及人类的遗忘现象,以及多个物种与时间相关的行为模式——比如习惯化、速度敏感性、基于时间的强化效应所具有的性质等,甚至人类协调性的同步误差也包含在内。现在,让我们来更细致地关注其中的一些现象。

心理物理学韦伯定律和大尺度脑动力学

大脑皮质的解剖-功能组织同样会影响、限制认知行为。提到皮质脑电图的 $1/f$ 特性,便会想起一个广为人知的心理物理学定律——韦伯定律或韦伯-费希纳定律。其具体内容为:主观感受量(心理单位)随客观刺激强度(物理单位)的对数成比例增加。举例来说,如果有 100 根蜡烛,假如此时增加 1 根蜡烛会让我们刚好感受到光线亮度有所变化,那么当一开始有 1000 根蜡烛时,要感受到光线亮度的变化就需要增加 10 根蜡烛。[21] 纽约大学的鲁道夫·利纳斯认为,韦伯定律同样是音乐欣赏与创作过程中八度音阶结构的基础。在此基础上,利纳斯更进一步地提出主观体验特性(quale[②],感觉信息的心理感受特征)"可能源自一些神经元回路的电学特性,而这些神经元回路则具有符合对数关系的时间动力学"。如果真的是这样,那

---

① 有趣的是,声音可预测性的复杂效果同样适用于猴子、狗等其他动物,在关于这些动物的实验中,动物的行为可以用来评估动物的愉悦-烦恼程度。心理学家安东尼·赖特认为恒河猴在听到音乐和其他声音时的反应与人类十分相似。在他的研究中,恒河猴能够准确识别两首歌——《生日快乐》和《扬基都姆》的旋律,即便它们之间相差两个八度(Wright et al., 2000)。豪泽和麦克德莫特(Houser & McDermott, 2003)写了关于动物音乐感知的综述。自然,所有哺乳动物皮质内的动态都遵循 $1/f$ 功率谱。

② 广义上的主观体验特性是快乐、痛苦、悲伤等经验的内容,是一种定性描述,也用于描述对颜色、声音等形成的感觉(Llinás, 2001; Tononi, 2004)。在哲学中,主观体验特性被定义为某些我们在心中观察到的事物的属性(Searle, 1992; Dennett, 1987)。

么 1/f 动力学可能就是产生主观体验特性的功能结构，没有通过合适的结构产生时间动力学的能力，就不会产生感觉（本书第 13 章中会就此展开进一步讨论）。

在行为学研究中，通常用起搏器-累加器机制解释对时间间隔或时段的编码，这是一种类似秒表的机制，通过线性刻度编码时间。[22] 然而，研究者已经意识到这种符合直觉的简单时钟解释存在一些问题。最基本的问题在于，它意味着对所有时间间隔来说，计时的准确性是一致的，也就是说变异系数（等于标准差除以均值）不会增加。然而，行为观察的结果和脑电图信号反映出的大范围脑动力学特征相似，都表明假想的心理时钟的误差和时钟上的时间成正比，即遵循韦伯定律或史蒂文斯定律。因为时间间隔大小和误差之间符合幂律，而且其指数接近于 1（符合粉色噪声定义），因此一些研究者认为心理时间至少在毫秒到秒的尺度上与实际时间是相对应的。心理物理学观察结果还表明这个时间连续统一体中不存在最准确的时间点，也就是说，对时间的知觉不针对特定的时间尺度，而是无尺度的。[23] 关于这一点的原因可能是，和计算机以及其他依赖单时钟的机器相比，大脑使用的是多个振荡组成的复杂系统，并借此实现计算功能，而这些振荡之间存在 1/f 关系。

当从短时记忆中回忆事项时，在开始阶段回忆出几个事项之后，回忆其他事项所花费的时间会逐渐增加，这可能也反映了这个系统具有的性质类似于粉色噪声。我们可以通过神经活动的时空传播直观地解释大脑的限制存储效应（storage-limiting effect）：传播的时间越长，活动便可以影响更多的神经元。然而，这些信息在空间上分散的神经元网络中传递，它们越来越容易受到其他网络效应（通常被称为噪声或泄漏）的干扰，因而随传递时间的延长，信息的质量也会逐渐下降。[24] 在人类被试头皮上记录诱发电位的研究很好地说明了这个猜想。闪光等感觉刺激会诱发大脑的反应，感觉通路的不同阶段对这种刺激的反应不同，由近及远，反应的潜伏期和持续时长逐渐增加，振幅逐渐减小，变异逐渐增多。重复呈现的刺激会导致大脑调整诱发的反应（例如习惯化）。在反应中，对这个调整过程最敏感的是在更高级的关联性皮质区记录到的长潜伏期成分，而反映早期加工过程的短潜伏期成分则不太容易受到习惯化的影响。[25] 在人类被试中观察到的这些现象与早期在猫身上观察到的现象相符。使用听觉信号作为条件性刺激，早期诱发反应的潜伏期和振幅能够如实反映来源、强度等物理刺激参数的变化。然而，更早的针对猫行为的研究已经证实，长潜伏期反应的振幅和波形在本质上与信号源的位置和强度无关，它们应当是伴随信号显著性的不变量。[26] 总体来看，这些观察结果表明连续的信息处理阶段之间存在典型且明显的记忆衰退现象。[27]

脑电图的分形性质

目前为止，我们已经默认，无论在大脑中何处，是在相对较少的神经元中还是在大量神经元中，记录得到的脑电图和脑磁图的功率-频率分布关系都遵循相同规则。事实上这个猜想似乎是正确的,至少在某个最小空间尺度上是这样的。无论是通过微电极(微米尺度)记录到的数百个皮质深处神经元膜电压的波动,还是通过皮质电极(约 10 厘米尺度)记录到的上百万个神经元的电位变化,所有长时程记录电场的功率谱在本质上都是相同的。此外,人头皮脑电图和各种动物(小鼠、大鼠、豚鼠、兔子、猫、狗、猴子)的皮质脑电图明显具有相似性。也就是说,大体上,宏观大尺度下神经元信号的长时程时间结构(反映了参与神经元的集群活动)在几乎所有皮质结构和各种哺乳动物的大脑中都十分相似。这个发现相当值得关注,因为它实际上表明:从皮质的一小部分中记录到的集群活动模式看上去非常类似从整个皮质中记录到的活动。[28] 这种尺度不变性(scale invariance)或自相似性(self-similarity)是分形的典型特征。[①] 诸如河床、雪花、蕨类植物叶片、乔木、动脉这些分形结构,以及粉色噪声、云的形成、地震过程、雪崩、沙崩、心脏节律、证券市场价格波动等分形动态过程都是自相似的,其中任意一部分都包含整个分形设计的缩影。把神经元信号的集群性活动视为在多个时间和几何尺度上具有自相似波动的分形结构,这对于理解大脑生理学而言具有潜在且深远的理论和实践意义。这意味着,从宏观角度出发的脑电图和脑磁图在整体层面上描述了神经元网络大尺度的功能,不受整体亚单位各个动态过程的细节影响。[②]

　　由大量相互作用的亚单位组成的物理系统遵循和微观细节无关的普遍规律,这个概念的提出是统计物理学后期的一项重大突破。神经科学迫切需要一种类似的系统学方法,使我们可以在神经元系统层级上推导中尺度规律(mesoscale law)。[29] 大脑皮质在空间和时间动态上的尺度不变性已成为此类研究的重要方向,这是否意味着,通过少量数学计算而获得的整体普遍规律可以使我们最终理解神经元算法?

　　停下来想想,这一过程涉及的数学并不像看起来那么简单。看上去简单的 $1/f^a$ 函数实际上相当复杂,每一次计算都需要考虑系统过去的所有变化。某个神经元的反应取决于该神经元在前一刻的放电反应,还取决于其所处网络在过去很长一段时间内的连通状态。假设有 100 个彼此独立的神经元,它们都具有放电与不放电两个状态,那么这 100 个神经元就能形成超过 10^{30} 种不同的放电组合。然而,因为神经元之间彼此相连,所以大脑中实际只能实现这些组合中的一小部分。也就是说,这些神经元并不是彼此独立的个体。因此,即便是局部一个微弱的瞬时扰动,也可能对整个网络中的大片区域产生持久的影响,而与此同时又会有其他大量

---

　　① 分形的尺度不变性意味着,我们可以使用从短时间或小空间尺度的模拟系统中获得的知识来预测长时间或大空间尺度上真实系统的行为。具体到我们的情况,这意味着在一段"典型"时间内,从一个单独的位点记录到的脑电图模式可以预测任何记录位置在长时间范围内的模式。尽管,无论对于时间还是空间来说,这种分形特性都并非对所有时空尺度都成立,但理解脑电图在一定时空范围内的尺度不变性相当重要。

　　② 关于大脑分形特性的观点由来已久,对大脑功能的局部与整体之争一直是哲学、心理学、神经科学中的关键话题(Lashley, 1931)。符合 $1/f$ 关系的大脑行为表明神经网络动力学既是局部的,也是整体的。

的输入被系统忽略。尽管大脑中的神经元网络在不断变化中，但由于它们的状态变化依赖时间，所以神经元的放电模式受限于网络过去的状态。也就是说，复杂网络具有记忆。

噪声和神经节律的无尺度动力学：复杂性与预测性

新的频谱分析方法以及分形和幂律等数学方法一方面帮助我们解释大脑信号的大尺度行为特性，另一方面也带来了关于神经振荡和噪声之间关系的激烈争论。争论的核心在于大脑动力学最典型的特征是多个振荡还是"简单的"粉色噪声。

尽管在人类头皮脑电图中记录到了明显的 α 振荡，但在伴随各种行为过程的长时段脑电图信号中，信号的功率谱并没有清晰的峰值。神经节律以不同频率在不同的时间产生和终止，它们的影响可能在长期内被平均掉。对永恒性的感受只是一种错觉，对于神经节律来讲也是如此。这些是不是都意味着记录到的神经节律只是繁忙大脑运作过程中产生的一些极端态神经元噪声呢？[30] 如果不同脑区之间脑电图的同步性没有特征时间尺度，那么就很难理解大脑是如何根据快速变化的行为需要而改变脑区之间有效连通性的。

根据整体同步动力过程的无尺度特性，我们可以获得一些更具体的推想。$1/f$ 定律明确意味着大脑动力系统在多数情况下处于自组织临界状态，这种数学上的复杂状态处于可预测的周期性行为和不可预测的混沌状态之间的交界地带。就大脑动力学而言，自组织临界状态指大脑皮质持久进行的状态转换——这种转换十分有利于快速、灵活地对输入做出反应。对大脑皮质来说，这种亚稳态的优势相当明显，它可以对极小、极微弱的干扰做出反应，并据此重新组织其动力系统。然而，只有在有限的时间窗口内才能定义噪声，而神经活动的 $1/f$ 动力学是在较长的时间窗口内整合推导而来的。每一刻神经网络的状态都是不同的，因此，皮质网络对扰动做出反应的能力在每个时刻都不尽相同。

根据自组织临界理论，我们可以直接推出一点：罕见但明显的事件是不可避免的，因为具有 $1/f$ 特征的动态系统会在某一点对外界扰动或内部过程极为敏感，并据此产生很明显的同步化事件。[31] 当然，我们有理由怀疑这一说法，因为在正常的大脑中，一生中都不会产生这样异常明显的事件（尽管癫痫患者的超同步化脑活动反映了这种神经元网络产生雪崩样活动的能力）。兴奋性作用与抑制性作用之间的张拉整体动力学防止了这类意外事件的发生。我们必须重申的是脑电图反映的是神经元集群的"平均"行为，信号中有很多进行相互作用的自由度。在大脑的复杂系统中，这些自由度会在神经元、微模块、宏模块、区域、系统等多个层级上发生相互作用。在任何一个层级中，相互作用的各部分之间看似微不足道的变化都能对事件进程产生重大影响。在真实世界中对自组织临界理论的研究与观察到的现象也都说明了这一点。例如，使用沙堆、米堆等其他系统的实验表明，边界条件和空间常数的一些微小改变往往能让处于临界状态的系统发生状态转变,产生振荡行为。某些类型的稻米组成的米堆会形成各个尺度不一的崩塌现象,这是对这一自组织临界理论的有力支持。而沙堆则更经常地处于周期振荡状态中,这可能是因为重力(常数)能够克服沙粒之间的摩擦。[32]

如果假定脑电图具有尺度不变和空间分形特性,那么能从中得出的另一个推论是:短期信息的知识可以被用来计算长时程内的时间相关性;同理,在较小空间尺度得到的信息也能被用来估算整体空间特征。但这些推论都不完美,在后续章节中我们会提到大量实验对此加以说明。从这个"脑电图究竟是大脑节律还是符合 $1/f$ 的噪声"的争论中,我们应该意识到一个事实,这个事实在某种意义上说有些老生常谈,但仍然十分重要:诸如幂律一类的整体性概念或许可以解释某一现象的一些内容,但不一定能解释该现象涉及的所有关键细节。只有在足够长的时间尺度和足够大的空间尺度下对时间进行整合,脑电图的 $1/f$ 特性才能变得比较明显。

为什么从脑电图和脑磁图信号中有些人看到的是符合 $1/f$ 的噪声,而另一些人看到的是神经节律?整体功率谱能否被分解成由不同的神经生理机制引发的单独节律?还是说我们应当寻找的是能够产生不伴随神经振荡的粉色噪声的机制?好在我们可以从完成特定行为过程时记录到的大脑信号中移除噪声,并借此解决上述"是大脑节律还是符合 $1/f$ 的噪声"的问题,这一操作通常被称为"白化过程"(whitening),即通过移除相关的粉色噪声而对功率谱进行预着色。图 5.1(上)展现的就是一个已进行过"白化"处理的功率谱,正因如此,我们能够清楚地看到在 δ、θ、γ 和快速("涟漪")频带上的分离峰。虽然相互联系,但如果振荡之间不彼此分离,那么图中的曲线应当是平坦的。而我们对大脑振荡绘制的对数图(图 5.1下)则表明在 $1/f$ 关系连续的频率范围内(2~200 赫兹),存在 5 个明显不同的振荡带,每一个都有随时间波动的宽大频率范围。神经振荡的频率、振幅和复现变异性可能就能够解释长时程记录得到的功率谱不需要产生额外的噪声,而在宽大频率范围内呈现的平滑性。[33] 直白地说,大脑并不直接产生复杂的噪声,它会产生各种各样的振荡,这些振荡的时空整合引发了整体脑电的 $1/f$ 特性。实际上这是合成复杂噪声最简单的方法。这个机制提供了额外的好处,即大脑可以快速地从复杂性切换到可预测振荡模式。这种转变是从不确定的背景中有效选择反应方式的重要前提。

在关于粉色噪声还是神经节律的争论之中,我们必须记住我们是如何绘制出功率谱的,以及我们试图用功率谱回答的问题。之前讲过,傅里叶分析完全在频率域中进行,忽略所有时间域中的变化。以巴赫的《第一勃兰登堡协奏曲》为例,无论是从前到后演奏还是从后到前演奏,抑或将其分割成短小的片段混杂起来、以最好的巴赫研究专家都分辨不出的形式演奏,这首乐曲的功率谱都始终保持不变。长时程功率谱无法识别不同模式之间快速但关键的变化，这自然也适用于大脑信号。通过脑电图和脑磁图信号绘制出的总体功率谱中，所有反映外显行为和内隐行为序列的重要顺序效应都会被忽略。为了弥补这一严重不足，人们引入了短时傅里叶变换或小波分析等改进方法。使用这些改进方法，我们就可以分析序列排布的短时间间隔内信号，并做出频率结构随时间变化的函数。① 这个过程相当于每几百毫秒计算一次《第一勃兰登堡协奏曲》乐谱的功率谱。显然，这个过程仍存在很多武断随意的内容，但比起将完整时间段内的整个乐曲拿来统一分析，这一分析方法已有显著提升。这类精细时间序列分析方法最重要的优点在于，它使得对脑电图和脑磁图频谱特征的分析可以在与行为变化对应关系更强的时间窗口中进行。通过这种精细的大脑行为分析，相同行为对应的频谱就可以合并在一起，而且与不同行为对应的大脑活动的频率-功率分布之间也可以进行对比。以这种方式进行分析时，神经振荡及其与外显的认知行为之间的联系往往变得显而易见。② 其原因非常简单——瞬时的行为变化和反应往往对应典型但持续时间短暂的神经振荡。

类似的对比同样适用于随距离变化的脑电活动的相干性。长时段内的观察结果一致表明，神经元活动在高频部分的相干性随距离增加迅速下降，而在低频部分则下降得较缓慢。此外，在间隔较远、用于处理不同但彼此相关的输入信息的脑区之间，研究者常发现 γ 频段内会出现持续时间很短但相干程度很高的振荡行为（详见第 10 章）。

这些发现十分重要，因为如果某一行为始终和特定结构内某种诱发的神经节律相联系，那么这种节律很可能就具有生理学上的重要意义。在临界状态下，神经元交互的时空相关性使得我们的大脑极易受干扰，从而才能对有效连通性进行瞬间重置。③ 诸如感觉刺激或运动输出等对系统的干扰能够改变临界状态，并使系统通过产生振荡而获得瞬时稳定性。大脑动态系统的瞬时稳定性对于一定时间内的信息保存相当有用，例如识别人脸或拨打 7 位数的电话号码。因此，能将大脑从产生粉色噪声的复杂系统转变为具有独特时间尺度的状态的机制相当重要，它为多个神经元组织层次提供了瞬时自主性。大脑可以迅速从亚稳定的粉色噪声状态变为高度可预测的振荡状态，在我看来，这种能力是皮质大脑动力学最重要的特征。在极复杂的亚稳态下（1/f 关系），大脑处于一种能对微弱且不可预测的环境干扰做出反应的临界状态。通过将动力学状态改为振荡，大脑立

---

① 傅里叶分析和小波分析之间的关系详见第 4 章。

② 斯塔姆和布鲁因（Stam & Bruin，2004）还指出，没有发现脑电图特征时间尺度的研究者往往分析的是变异很大的长时段记录数据。与之相反，一直报告不同神经振荡存在的研究往往选取较短的脑电图取样时段。

③ 如果大脑存在临界状态，那么皮质脑电与感觉、运动和认知事件相关的去同步化（desynchronization）只是该临界状态受到干扰而进行反应的范例。详见本书第 6 章和第 7 章。

即创建了一个具有线性变量的状态,而这正是"预期""期望""预测"等心理概念的生理基础。

大多数行为(无论是不是明显可观察到的)都是瞬时的,因此人们认为与这些过程相关的神经振荡应当也只会持续较短时间,所以对短时段功率谱进行平均看起来是分析大脑与行为关联的完美方法。事实上,对刺激诱发的脑电位取均值或利用代谢变化进行脑成像已成为认知及实验心理学研究的标准程序。不同试次之间神经反应的差异通常都会被淡化为未解释的方差或"噪声",这些"噪声"需要借助试次间平均而消除,以凸显出大脑对恒定刺激输入的真实表征。在利用功能磁共振成像进行的研究中,通常会将被试的反应进行汇总和平均,从而进一步减小方差。当然,这种平均操作真正的问题在于大脑的状态是不断变化的,而且大脑状态的改变很难通过行为进行实时预测。大脑状态的变化很大程度上依靠的是内部的协调作用,这种常被称为"相关的神经噪声"的活动可能相当重要,因为它们可能是心理过程的来源之一。[34] 事实上,记录到的信号可能更多地包含的是与大脑状态相关的信息,而非与输入事件相关的信息,因为整个过程更类似于心理学概念的"解释"或"建构"所描述的内容,而不是内省过程。要预测当前大脑的状态,我们需要了解其近期的所有历史状态。

对近期事件的体现是无尺度系统的 $1/f$ 记忆表现的时间相关性。"$1/f$ 记忆"是一种统计学上的说法,这并不一定意味着与人类回忆或回想之间的直接关联。不过由于大脑网络既产生行为又产生电学模式,因此怀疑二者之间存在联系也不无道理。设想这样一个简单的切分或延续实验,在实验中,被试利用节拍器学习特定时间间隔长度,学习时间为 1 分钟,随后他们需要根据记忆持续复现这一时间间隔 1000 次。得克萨斯大学奥斯汀分校的戴维·吉尔登(David Gilden)发现,复现过程中的误差序列遵循 $1/f$ 幂律。这种统计学规律与行为之间的关系在于,一个给定的初始误差能够影响未来 100 个时段复现行为的准确性。我们可以从长时间尺度下多种神经振荡的行为中看到极其相似的时间结构。例如,α 振荡和 γ 振荡重复出现,但它们的出现绝不是随机的,事实上,在至少数百秒内它们都具有明显的时间相关性,并展现出 $1/f$ 功率谱,这个功率谱和在人与猴子中通过行为学观察到的结果惊人地相似。[35] $1/f$ 统计特征可能是大脑动力学与行为之间的潜在联系。但具有讽刺意味的是,这正是我们目前使用短时程数据平均进行的实际研究中弃而不用的测量方法,这使得我们无从解决反应可变性这一重要问题。

噪声和自发脑活动

目前,用于模拟新皮质的最大的计算机网络由尤金·伊兹克维奇(Eugene Izhikevich)和杰拉尔德·埃德尔曼搭建,他们的三维模型中包含 10 万个神经元,这些神经元表现出一些已知的皮质神经元放电模式。每个兴奋性神经元随机地与

75 个局部目标神经元和 25 个远距离目标神经元相连。模仿哺乳动物皮质中的比例，20％的神经元是 γ-氨基丁酸能神经元，并在局部建立连接。尽管这一模型具有相当密集的解剖学连接，包含了超过 700 万个兴奋性连接，但除非每个神经元都受到外部噪声的作用，否则模型中的神经元仍会一直保持沉默。当输入的噪声水平较低时，整个系统会处于持续性振荡模式，并且其活动在空间上具有均一性；而较高水平的输入噪声会引发不同步、泊松式分布的动作电位，并据此产生有组织的持续性模式。[36] 其他的计算机模拟网络并不比它更好，与大脑不同，大多数当前针对大脑或大脑某部分的模型都无法在没有外界噪声输入的条件下产生真正的自发模式。这些模型要么完全沉默，要么产生几乎涉及整个系统的雪崩样活动。[①] 通常情况下，人们认为这是因为网络无法产生足够的噪声，而这又主要是因为网络的体积和复杂程度不够。然而，即便是超大计算机网络，仍无法产生足以让我们观察到期望模式的内部噪声。

　　多大的系统才能产生连续的自发模式？我的回答是，体积并不是（唯一的）问题。[②] 对于真正的大脑或神经元网络来说，即使体积非常小，甚至仅包含几十个神经元，它们能够解决的问题的复杂程度也远超人工智能。[37] 所有真正的大脑，不论大小，都具有自发活动，因为它们足够复杂。然而，复杂性不仅来自组成成员数量的增加。由谷氨酸能兴奋性神经元和 γ-氨基丁酸能抑制性神经元组成的系统只会产生由静息间隔的明显癫痫样集群性放电。事实上，这正是哺乳动物大脑皮质的每个独立部分所做的事情。如果将胎儿的皮质组织移植到眼球的前房或皮质中的供血空腔中，这些皮质组织会产生大小不一的同步放电，随后伴随长度不一的静息——与沙堆的表现没有太大差异。二维组织培养中独立出的皮质平板组织（cortical slabs）和皮质神经元会产生与之类似的突发/暂停放电模式。没有皮质下输入时，大鼠海马中将近 200 万个神经元就只是被动地待在原地，等待参与到巨大的集体放电中，一起"大声叫喊"。[38] 这种间歇性模式和完整哺乳动物皮质的 $1/f$ 动力学相去甚远。

　　给网络施加外部噪声的过程相当容易，但这个过程导致的结果却有点麻烦。在伊兹克维奇的大型神经网络模型中，要让系统从雪崩状态转变为不规则状态，噪声强度必须增强到原来的 5 倍。在这样的高噪声水平下，网络的同步化行为只是对外部输入的反应，而且神经元的平均放电率也会翻番。最重要的是，在所有该网络产生的动作电位中，高达 10％的反应源自外部输入的刺激，而非来自内部产生

---

　　① 所有模型都包含某些特定类型的噪声，并通过它们来模拟完整大脑中多变的自发动作电位（如 Usher et al., 1994）。某些稀疏连接的网络能够产生不规则动作电位序列（van Vreeswijk & Sompolinsky, 1996；Amit & Brunel, 1997）。然而，这些模型对输入干扰不太敏感，而且相当不稳定。与之相反，单振荡模型太过稳定，没有外部噪声时它们的放电模式非常规则。

　　② 伴随突触活动，真正的神经元电导会增加（见第 6 章），从而限制它们的电压波动。因此，突触活动似乎不太可能产生足够大的白噪声样变异来维持模型网络中的活动。

的突触活动。由噪声引发的动作电位占比如此之高,看来这似乎是个极其低效的系统,尽管对模型来说这可能无关紧要,但根据能量计算,我们的大脑不可能容忍如此巨大的浪费。如果新皮质神经元的放电率变为原来的2倍,那么不出几分钟,它们的能量就会耗竭。[39] 此外,噪声引发的动作电位会向远传递,从而干扰和信号相关的计算过程。然而,噪声难道仅仅只是浪费吗?它有没有什么有用之处呢?这些问题的答案请看第6章。

本 章 总 结

神经元的集体行为(大致上指脑电图和脑磁图等平均场)是混合在一起的神经振荡。哺乳动物皮质中的神经元网络可以产生各种不同的振荡,它们的频率小至不足0.05赫兹,大到超过500赫兹。这些神经振荡和更慢的代谢性振荡(节律)之间存在联系。通过实验观察各种类型的神经振荡,发现它们的平均频率在自然对数坐标上形成线性关系,相邻类别的神经振荡的平均频率之间具有固定的比值,这是分离出不同频带的基础。由于相邻皮质振荡器的平均频率间的比值不是整数,因此相邻振荡带之间无法线性锁相。事实上,不同频带的神经振荡和不断变化的相位耦合,在不稳定状态与瞬时稳定同步化状态之间引发永久性波动。这种亚稳态源于多个互相耦合的振荡,它们之间持续不断地进行互相关联又解联的过程。由此产生的干扰动力学是大脑皮质整体时间组织的基础特征。在哺乳动物皮质中,脑电图或局部场电位的功率密度和频率成反比。这种$1/f^{\alpha}$功率关系表明发生在低频段的干扰能够导致高频段能量的级联耗散,从而导致涉及大片区域的慢波振荡可以调节快速、局部的振荡。$1/f^{\alpha}$统计学代表的尺度自由性是动态复杂性的标志。它的时间相关性限制了大脑进行知觉和认知的能力。$1/f^{\alpha}$神经元噪声(粉色噪声)是多个时空尺度下神经振荡之间相互作用的结果。这些神经振荡的特性源自神经元网络的物理结构,以及因轴突传导与突触延迟而被限速的神经元间通信。

大脑的演化最终选择了哺乳动物大脑皮质中的复杂连接模式。由此产生的平均场$1/f^{\alpha}$时间动力学标志着最复杂的动态过程,这表明神经系统固有的不稳定、自组织状态。尽管大脑的状态高度不稳定,但振荡动力学的存在阻止了神经元雪崩样活动。大多数振荡都是瞬时的,但也足以提供一定的稳定性,从而在线性时间尺度上保持信息并进行信息间比较。无尺度动力学会产生复杂性,而振荡则具有时间上的可预测性。大脑中的秩序不是来自无序,瞬时的秩序来自有序和无序之间的复杂状态:大脑皮质的动力学状态持续在最复杂的亚稳态和高度可预测的振荡态之间转变,也就是说,大脑的动力学状态转变是复杂且有序的。如有必要,神经元网络能够迅速地从高度复杂的状态转变为因振荡的确定性而可预测的、具有连贯性的单元。

第 6 章

通过振荡而同步

本章其他注释

过去的已然过去,未来还未发生,存在的只有现在。那么,"现在"到底应当有多久?

——圣奥古斯丁

在现实世界中,并不总是很容易确定到底什么是振荡,什么不是振荡。在开始这个讨论之前,先介绍一个判断真正振荡行为的经验性法则:真正的振荡在被分解成碎片之后不会再产生振荡行为。例如,手表就是一个真正的振荡系统,作为一个以整体为功能单位的机械,它的所有子部件之间必须协同配合才能记录时间,其中的每一个部件都是为了实现特定的辅助功能而设计的。尽管不少部件及其功能都被用于维持时钟的正常工作,但所有这些当中只有两个最为关键:计时的机制(时间常数)和维持计时作用的能量。从更广泛的意义上说,任何时候,只要存在正向驱力和负向驱力之间的平衡,就会产生节律:正向驱力推动系统离开某一状态,同时负向驱力又将系统拉回来。然而,当涉及神经振荡时,我高中所学的这些经验性物理法则就不够用了。

事实上,出于种种原因,确定能维持神经振荡的最低条件可能是一项艰巨的任务。第一,建立振荡系统的方法多种多样。因为系统内和系统间具体连接方式的差异,由完全相同的部件组成的系统可以产生不同的动力学过程,实现不同的功能。有些架构的设计能促进组分之间的同步,但也有些起到相反的作用。第二,所谓"拆开再装回去"的办法对于复杂的神经元系统来说并不适用。第三,我们无法简单地借助物理学中已知的振荡类别来识别大多数神经振荡行为。然而,要研究神经振荡,我们总得有个起点,也许最好的起点就是物理世界中广为人知的各种振荡行为。通过对它们的研究,并将它们与神经元和神经元集群的行为进行比较,或许能够对神经振荡有所了解。因此,在本章中,我将先回顾一些物理振荡的原型,随后才会转向单神经元和神经元网络的振荡行为。我还会讨论神经元同步化的重要性以及它在形成功能性细胞群组(cell assembly)中的作用,通过这些讨论,最后我们会得到结论:要让放电的神经元对目标产生最大的影响,就需要及时汇总所有放电的神经元,而通过振荡进行的同步是实现这一目标最简单、最经济的方法。

什么是振荡?

生物振荡属极限环或弱混沌振荡大类中的一种。[1] 为描绘"极限环"这一抽象的数学概念,我们可以想象一辆在环形赛道上的赛车:如果车的速度相对恒定,那么它将会周期性地从你面前路过,时间周期的倒数就是这辆赛车进行圆周运动的频率。或许是为了避让,或许是为了超车,这辆赛车绕每一圈时的确切路径都或多或少有所不同,然而,这种变化会受到赛道物理特性和障碍物的限制——赛车可以跑在赛道中的任意一个位置,但必须避开路上的障碍物。因此,赛道的表面可以被视为赛车轨道的吸引子。大体上说,极限环就是一个吸引子,是对振荡系统施加了干扰后,其振荡轨迹被牵引着运行的"轨道"。当然,这个系统需要运行"足够长"的时间,这就是"极限环振荡"这一名称的由来。最常见的振荡是摆的谐波运动。供应给你家或当地公共事业公司的电流同样也是谐波振荡/谐振子(harmonic oscillator),是振幅为 60 赫兹(或 50 赫兹,取决于你住在哪里)的周期性正弦振荡。谐振子(例如钟摆)可以很好地保持节拍,并具有很高的可预测性。[①]

当然,上面例子中的赛车不会保持恒定的速度。事实上,如果看比赛的视角有限,我们只能看到最喜欢的那辆车周期性地规律出现在视野当中,但无从判断它究竟是以恒定的速度还是以变化的速度进行周期性运动。理论上讲,赛车可以在几乎整个周期内都以较慢的速度行进,只是在每个周期最后的终点处高速冲刺;或者
138 它也可以只是在每个周期开始的时候速度较慢,然后在之后的阶段持续加速。如果振荡子在一个周期内的速度不固定,那么它就被称为"非谐振子"(nonharmonic oscillator)。非谐振子的输出几乎可以是任意形状的,它常被称为弛豫子,因为非谐振子输出的典型特征通常是突发变化及其后续伴随的缓慢能量累积或释放过程(弛豫过程)。[2] 生物学家喜将弛豫子称为"脉冲性振荡"(pulsatile oscillator)。举个生活中常见的弛豫子的例子:厨房中滴水的水龙头。如果水龙头没有被完全关闭,它就会像节拍器那样以规律的间隔产生水滴和烦人的滴答声。维持这种滴水振荡的能量来自水压,而重力和局部黏度之间的平衡作用决定了水滴的形状。如

---

① 谐振子指以特征频率 f 在其均值上下反复变动的物理系统。操场上的秋千在本质上就是一个钟摆,或一个谐振子。在摆动的最高点时速率变成 0,此时需要人为推动秋千以补偿由于摩擦损失的能量。摆动周期(秋千前后荡一次)的时长(T,频率的倒数,$T=1/f$,等于 $2\pi(l/g)^{1/2}$,其中 l 为摆长,g 为重力加速度)和摆动幅度(荡的高度)或摆的质量(秋千上人的重量)无关,只和摆的长度(秋千吊绳的长度)有关。

果水压减小,那么水滴之间的间隔就会延长,这一振荡就会减慢,但水滴的形状保持不变。弛豫子的频率通过脉冲(例子中的水滴)之间的间隔进行计算。

这个厨房水龙头的例子看起来或许过于不足为人称道,不过我们可以使用电子元件构建出类似的过程。巴尔塔萨·范·德·波尔(Balthasar van der Pol)在 1920 年最早设计了这类振荡器,用于模拟心脏的收缩过程。这种简单的电子振荡器可以很好地说明振荡的原理以及维持振荡的需求(图 6.1)。首先,振荡需要有能量源(这个例子中的电池)。当电路闭合后,电容器上的电荷开始积累,电荷积累(或充电)的速度取决于电容和电阻。电压的增加类似于水滴大小的增加,当电容两端电压差达到临界水平时,氖管中的气体就会导电,并在短时间内发光。发光消耗能量,使得电容放电,于是氖管又恢复非导电态,这个过程类似于水滴滴落。电容充电和氖管发光放电这两种驱力之间的相互作用使振荡得以维持。由于这种范德波尔弛豫振荡器具有慢充快放的特征,因此它也被称为"整合-放电振荡器"(integrate-and-fire oscillator)。现代版本的范德波尔振荡电路是收音机、电视机、计算机等器件中的重要电路,而且它也常被用于模拟单神经元活动。[3]谐振子和弛豫子是物理学中研究最透彻的振荡类型,我们只需要知道这些振荡的组成部分,就能够预测系统的动态。然而,这种自下而上的方法对研究大脑通常没什么帮助,因为神经网络的各个组成部分和它们之间的关系往往过于复杂,难以破译。另一种研究途径是先确定振荡的行为,并据此推测行为背后的机制,即一种自上而下的研究方法。因为振荡的常规行为和它们对干扰的反应取决于振荡的类型,所以这种方法是可行的。

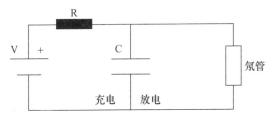

图 6.1 范德波尔弛豫振荡器的原理。能量源(V)通过电阻(R)缓慢给电容(C)充电,当电容两端的电压差达到临界水平时,氖管中的气体获得导电性,氖管发光,并引发电容放电。电容充电和氖管发光放电这两种驱力之间持续相互作用,因而整个振荡可以一直维系。

谐振子和弛豫子的行为之间有重大差异。[①] 在刚刚那个赛车比喻中,只要车速保持恒定,我们就可以通过测量轨道上任意一小段距离上赛车的速度(或相位角)来判断该振荡的频率。也就是说,谐振子的短时行为和长时行为之间没有差异。[4]对这样的振荡施加干扰并不容易,但具体在何时(即在什么相位)进行干扰是

---

① 单细胞放电的振荡过程属于弛豫型,具有缓慢积累充电期、阈值、快速放电期(产生动作电位)这些典型特征。增加振荡的频率可以使充电期(占空比,duty cycle)与放电期等长,基本上就是将弛豫振荡转变为谐波振荡。

无关紧要的。如果赛车以恒定速度和恒定相位角运动,无论它在轨道上运行的轨迹如何,施加给它的外力干扰(例如与另一辆车发生轻微碰撞)都将产生相同的瞬时影响——这辆车会旋转几圈、绕些弯子然后最终又回到它的极限环上。同理,如果一个钟摆受到轻微扰动,它会表现出一段阻尼振荡序列,随后又恢复正常的摆动计时节律。谐振子很难实现,可变频率的谐振子尤其如此,这样的振荡需要复杂的多变量耦联机制以维持自身的相位和频率。

弛豫子在其轨道上的相位角(速率)是变化的,这种非线性行为使得对拍与拍之间振荡状态(时间或相位信息)的估计无法直接进行。没有简单的方法可以根据短于极限环的观测周期来推测长时间范围内的水滴频率。

弛豫振荡有三个状态。第一个状态是可激发态(能量积累阶段或准备参与状态),在这个阶段,整个振荡可以受到干扰作用。如果在两滴水落下期间轻轻敲击水龙头,敲击的外力可能会导致一滴较小的水滴落下,在此之后,振荡系统的状态再次被重置到完全就绪状态。外部干扰引发的小水滴和下一次滴下完整水滴之间的时间间隔和正常情况下的水滴间周期相同,因此和谐波振荡不同,弛豫振荡恢复正常运转的过程不会浪费任何时间。第二个状态是激活态(或占空比相),这种状态对应滴水的瞬间。然而,水滴滴下之后立即敲击水龙头是没有用的,因为水滴的积累需要时间,这个积累阶段的早期部分通常被称为不应期(即第三个状态)。几乎所有的单神经元振荡都属于弛豫振荡,因此,这些特征应该会对信息在神经元网络中的传输方式有强烈影响。

积累和放电阶段可以被分别称为接收模式(receiving mode)和传输模式(transmitting mode),分别对应神经元的动作电位间期与动作电位状态。因此,同步振荡的神经元集群只有在准备参与状态时才能被输入信息干扰,在激活态和不应期内它们不会受输入的影响。弛豫振荡据此区分了信息传输阶段(占空比或传输模式)和准备阶段(接收模式)的任务。信息的接收和传输在时间上彼此分离,其时间分离的大小取决于振荡的频率和其他细节。大体上讲,由于具有发生相位重置的特性,所以弛豫子能够大量耦联在一起。这种能力使得弛豫振荡形成的网络具有学习和存储不同模式的能力,这种能力十分重要。总之,弛豫振荡为神经元之间互相合作(或不受其他神经元影响而独立运转)提供了一些稍纵即逝的机会,这些机遇窗口以周期形式出现,能够被预测。振荡的这种"门控"特性对神经元网络执行功能有着深远影响。

通常,周期性现象会伪装成各种形式出现,要区分谐波振荡和弛豫振荡并不容易,甚至区分真正的和虚假的振荡也不容易,对于振荡的神经元网络来说尤为如此。生物钟作为优秀的计时器可以一直工作;快速眼动睡眠期间[①],海马内的 θ 振

---

① 本书第 7 章会讨论睡眠的不同模式。

荡也几乎会持续整个时期。因此,这些节律被称为持续振荡或自主振荡,它们利用恒定的能量源,抵消振荡中的能量损失,并几乎能够将振荡永远维系下去。

　　振荡的产生存在两种极端情况,其中一种最简单的系统由相控能量源和常见阻尼过程组成。举个大家都熟悉的例子,自己荡秋千的时候,我们可以通过身体前后倾斜并摆动四肢来让秋千荡起来,这个过程中四肢摆动的时间应符合秋千振荡的自然频率(即两者锁相)。因为你自己在周期性地给系统提供能量,所以秋千的振荡可以一直持续下去。然而,另一种极端情况是,如果朋友推着你荡秋千,而且对方施加推力的节奏视心情变化,那么这个秋千就变成了一个强迫振荡。此时秋千本身振荡的特征和"噪声"或随机能量源之间发生相互作用,此时的振荡周期没有明确的起始事件或源头。在这两种极端情况之间存在很多中间形式,但无论振荡的形式如何,它们的主要原则都是相同的:相反驱力之间的对立以及再生放大的反馈(正反馈)。在很多情况下,振荡系统的阻尼度和能量并不明显地随时间波动,因此,即使振荡的节律具有某个未知的外部来源,它们仍旧会给人自发进行的印象。

　　到目前为止,我们只考虑了稳定状态下的振荡,还没有涉及振荡如何产生及消失这一棘手的问题。大多数神经振荡并不会维持很长一段时间,它们都会反复地产生又消失,正因如此,它们具有瞬时特性。识别瞬时振荡并对它们进行定量描述相当困难,毕竟我们甚至无法准确定义振荡行为——如果某个事件以规则的间隔反复发生数百万次,那么这很显然是振荡行为;然而,如果这些事件只重复 10 次、5 次,甚至只发生 1 次呢? 这还是振荡行为吗? 由于事件的周期太少,因而要从中界定出极限环是十分困难的任务。一个能量损失且没有得到补偿的钟摆就是一个阻尼或瞬时振荡,它的振荡反应随时间衰减。发生在夜间睡眠早期阶段的起伏(waxing and waning pattern)振荡也因此拥有了合适的名称:睡眠纺锤波(sleep spindle),这是一种典型的瞬时神经振荡。睡眠纺锤波在睡眠中重复多次出现,因而能够将它们集中在一起进行量化。由此,对于某个短暂的、只有两三个周期的睡眠纺锤波来说,我们会通过长时程观察的结果,并结合波形和其他特点,判断该振荡模式到底是不是真正的睡眠纺锤波。

　　试图通过自上而下的方法对振荡进行分类相当困难,不仅如此,尝试通过逆向工程(自下而上)的方法定义振荡同样困难重重。振荡具有很多特征,包括节律性、周期、振幅、占空比时长、协同性、稳健性等。在这些特征中,每一种都可能被振荡系统的一些组成部分所影响。也许某一个组成部分影响振荡的节律,另一个组成部分负责调整周期的持续时长,还有一个组成部分可能对振幅至关重要……如果不能完全了解所有组成部分以及它们之间的相互作用,通常就难以识别对振荡来说必要和充分的要素,也难以弄清楚它们具体的贡献和作用。主动-从动机制(master-slave scheme),即起搏器-跟随器机制(pacemaker-follower scheme)通常很难被证实,然而,在神经生理学文献中,这种关系却通常被认为是理所当然的。有的时候,我们几乎无法清晰地区分真正的瞬时振荡和有振荡倾向的系统——共振器(resonator)。

共 振 器

如果你在一架顶部被掀开的钢琴旁边把什么东西掉到了地上,此时你就会看到钢琴的一些琴弦开始振动,这种不太引人注目的现象被称为"共振"(resonance)。在这种情况下,能量会以系统固有的频率被提供给系统。在这个钢琴的例子中,声音是能量,钢琴是系统,共振的频率是振动弦的固有频率。[①] 一架好的钢琴对共振要求很高,因为共振可以放大声音。不过,通常情况下共振都是不受欢迎的,因为它会放大一些我们想要避免的事件。建造桥梁和高楼的工程师一直都在与有害的共振斗争。也许你会觉得随着功能强大的计算机的出现,所有针对这些建筑的可能情况和潜在风险都能够被模拟,因而能够避免灾难的发生。然而,实际情况并非如此。举个真实的例子,就在 2000 年夏天,伦敦圣保罗大教堂和泰特现代美术馆之间专门为行人设计的千禧桥(Millennium Bridge)仅在其盛大开幕式后的 3 天就因共振被关闭了。之前对这项设计的计算机模拟和风洞测试都保证这座桥能够承受万年一遇的侧向风力,然而,之前没有测试的(或者说,是没有考虑到要测试的)是行人在过桥时给结构带来的水平振动。在初步发现这一共振现象后,当局立即关闭了这座大桥。随后,人们又用了将近一年,花了 500 万英镑来调查并解决这个问题。不过,我想说的点在于这座桥梁的失败设计并非出自疏忽,而是因为我们仍旧对复杂系统中的振荡现象知之甚少。[5] 如果桥梁这个系统还不够复杂的话,那么我们看看神经元的情况。

单神经元的振荡和共振

在 20 世纪 80 年代之前,人们认为神经元的主要功能是收集所有的输入信息(整合)、决定多少信息足够(阈值),并将信息以动作电位的形式发送给下游神经元(放电)。[②] 在当时的观点中,如果没有外界感觉输入的刺激,那么神经元和神经网

---

① 物体中能量的积累使其产生共振,能量耗散后共振就会减弱。在最简单的情形下,一个突发能量脉冲会诱发振荡,随后这个振荡的振幅随时间迅速衰减并最终停止。如果周期性地施加外力,并且外力作用的频率和物体固有频率一致,那么物体就会发生共振。只在振荡中合适的时相施加相同的强制函数(forcing function),振荡的振幅就会越来越大,除非发生能量损耗或存在对此进行缓冲的负向强制力。因为频率高于或低于共振频率的驱动力都没那么有效,所以共振器也是一种频率滤波器。出于同样的原因,具有相似频率的两个或多个振荡之间也能发生共振。

② "上游"和"下游"这样的术语暗含的内容是脉冲运动的方向和水流的方向一样是单一的。然而,鉴于神经元连接的多重回路和高维组织,这种说法常常引人误解。对于振荡网络来说尤其如此。

络就会保持静息。只有在无脊椎动物的"原始"神经元中,以及在负责呼吸、行走和其他节律性运动的"特殊"中枢模式发生器(central pattern generator)中,内源或自发的活动才是一种常规特征。从这个简单的角度出发,如果有数量足够多的相互连接的整合-放电节点(模拟神经元),通过对它们之间群体性行为的研究,应当足以帮助我们深入理解大尺度下大脑的运行。和图灵描绘出的程序一致(见第 1章),人们认为复杂性隐藏在相同的阈值检测器之间特殊的连接之中。然而,这种连接主义模型如火如荼发展的蜜月期在 1988 年受到了抨击。当年,鲁道夫·利纳斯撰写了一篇里程碑式的评论文章,提出了单神经元宣言(single-neuron manifesto)。这一宣言传递了简单但具有革命性的信息:神经元所做的比简单被动整合要多得多。我们当前对神经元概念的理解来自两个关键性创新——体外脑切片和膜片钳记录方法,这些方法使我们可以详细且系统地检查神经元的生物物理特性(对这些技术的简单介绍请见第 4 章)。

"神经元具有一定自主性"这样一种概念从根本上改变了我们对单神经元能力的认识。过去,我们认为神经元是一种双稳态、性能良好的整合-放电装置,但这种看法被迅速改变了,如今,神经元在我们看来就是一台有巨大计算能力的动态机器。这种观念的改变在很大程度上是由于细胞膜上数十种离子通道的发现,这些通道允许离子在细胞内外进行差异性运动。[①] 膜通道的开放和关闭受到膜电压、神经递质、神经调质以及其他因素的控制。[6] 电压门控通道只在特定电压范围内开放,也就是说,跨膜电压是通道处于开放还是关闭状态的"看守"。更准确地说,通道开放的概率取决于膜电压——鉴于通道开放或关闭都是概率事件。[7] 流经单一通道的离子流被称为电导。当多个 Na^+ 通道同时开放时,推动其流动的驱力较大,因此,去极化电流也较强。之前,我们已经讨论过两类电压门控离子通道,它们与 Na^+ 内流和 K^+ 外流相关,对动作电位的主要部分负责(见第 4 章)。生物物理学家们借助体外切片制备方法让我们对电压门控通道有了更进一步的认识,他们发现了很多不同的电压门控通道,这些通道只对特定的离子具有选择性,在不同的电压范围内被激活,而且具有不同的动力学特性。另一类通道开放概率的提升不依赖电压,而是依赖神经递质、药物等各种配体。还有一类离子通道的激活取决于其他离子的临界浓度。例如,一种 K^+ 通道只有在足够的 Ca^{2+} 进入细胞后才会被激活。重要的是,这些通道在膜上的分布很不均匀,有些只存在于胞体,另一些只存在于树突,而且分布规律可能随其位置和胞体之间的距离而变化。几个主要的离子通道包括瞬态 K^+ 通道(I_a)和超极化状态下活化的混合阳离子通道(I_h)。[8]

———————————

① 脂质膜上的孔或离子通道允许无机离子(如 Na^+、K^+)快速、有选择性地穿过细胞膜,同时负责神经元内外电信号的产生。与神经递质结合的过程或细胞跨膜电压控制着膜通道的门控性(开放或关闭)。

那么,为什么要有这么多种通道呢?一方面,不同通道的激活遵循不同的时间动力学,这些复杂的动力学过程(而非单一的简单阈值)决定了该神经元对特定输入的反应的迫切性和准确性。神经元的固有特性之一便是能产生各种复杂的活动,包括在多个频率上发生振荡和共振。正是这些新发现的各种电压门控、配体门控、离子门控和第二信使门控通道赋予了神经元这一特性。单神经元通过产生瞬时振荡对强输入做出反应。阻尼振荡的固有频率或本征频率(eigenfrequency)是两种效应相互对立作用的结果。被动的泄漏电导和电容是神经元低通滤波特性的主要原因,因此,对被动神经元来说,它们的反应可靠性会随频率的升高而下降。另一方面,一些电压门控通道的激活电压范围接近静息膜电位,因而表现出高通滤波特性,从而使神经元对快速动作电位序列的反应更灵敏、准确。具有此类电导特性的神经元在传递快速输入时比传递慢速输入时更高效。[9]

神经元高通(电压依赖)和低通(时间依赖)滤波特性的适当组合可以用于构建生物共振器(双通滤波器)、限波或带阻滤波器,以及阈下振荡(图 6.2)。这些共振-振荡特性允许神经元基于频率特性选择输入。对振荡系统或其他随时间变化的网络而言,可以预见,输入信息的幅度和时间进程一直偏重于多个离子通道的开放状态。如果传入活动的频率符合其偏好的神经元集群或部分,这一输入就会被放大;如果没有进行适当的调频,相应的神经元可能就会选择完全忽略输入信息,或者延后很久才做出反应。动作电位的起始和播散是传入激活和神经元内在特性之间进行协调的结果。神经元是复杂的共振器,就像一把斯特拉迪瓦里小提琴,或许不需要一定调整到特定的基频,但在广泛的频率范围内,它可以做出各种各样的丰富反应。[①] 此外,神经元反应的频率受细胞膜上电导的调节,这些电导大量分布在细胞膜上,而且在胞体和树突处的分布存在差异。K$^+$ 通道在这个过程中尤为重要,因为它们可以控制脉冲间隔,并借此抵消输入诱发的去极化,为整体兴奋性设置极限值。K$^+$ 通道的多样性最为丰富,其门控动力学特性跨越多个数量级。重要的是,它们能以独立的形式或以群体的形式被多种神经调质和细胞信号调节。例如,在清醒大脑中释放的神经调质的数量比在睡眠状态下的大脑要多得多,活化的 K$^+$ 通道可以增加皮质神经元在高频段内产生定时脉冲的可靠性。[10] 在不同种类的神经元中,各种通道的离子组成具有很大差异,因此,皮质神经元具有跨度很广的偏好频率和脉冲定时特性,其多样的频率调谐特征对于皮质网络动力学的设置相当重要。例如 γ-氨基丁酸能中间神经元对 γ 振荡做出反应的时间精度最高,而锥体细胞则更稳定地对低频输入进行响应。[11]

---

① 和神经元不同,小提琴是一个线性系统,和琴弓产生的锯齿力相同,小提琴的输出具有相同的傅里叶分量或分音(partial)。在小提琴发出的声音里,每个分音的振幅在很大程度上取决于琴桥的机械共振和琴体共振箱。然而,与小提琴不同,神经元可以动态地改变它们的共振特性,就像音乐家在演奏不同乐符时更换乐器一样。

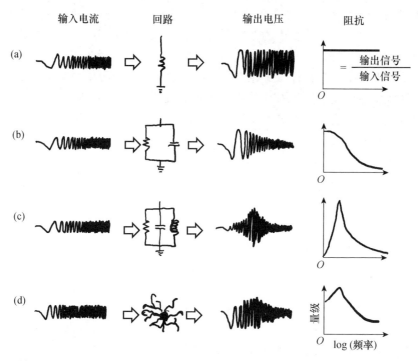

图 6.2 神经元的共振特性使它们只能对具有生物学重要性的输入(例如和神经振荡相关的输入)做出最有效的反应。共振是阻抗(impedance,指频率依赖的电阻)的一种性质。使用频率变化但振幅恒定的输入电流(左列)探查回路并观察电压变化(第三列),可以确定阻抗随频率的变化特征。具有电阻和电容特征的被动神经元可以作为低通滤波器;而神经元的主动特征(例如电压依赖及频率依赖的突触间电流)则可以充当高通滤波器。因此,大多数神经元会优先对特定频率的输入做出反应。参考自 Hucheon & Yaron(2000)的文章。

当代生物物理学研究带给我们一个惊人的结论:神经元的每个部分都能够发挥共振振荡器的作用。要实现这一点,神经元需要的只是有相互对立状态的通道活动性以及用来维持阴阳平衡的反馈。因此,单独的一个神经元中含有无数潜在的共振器,由于不同离子通道的性质不同,通道在胞体-树突和轴突细胞膜表面分布的密度不同,因而这些共振器之间的性质也存在差异。当细胞在低频和中频放电时,分散存在的电导之间可以很好地互相协同,正符合根据大量互相耦联的弛豫子做出的预测;而在高频放电时,由于通道在神经元不同位置的分布不均匀,因而整个神经元的时间编排变得不那么完美。这些简单的生物物理学特性解释了为什么皮质锥体细胞输出的上限是每秒几百个动作电位,同时它也解释了为什么远端树突中只能维持更低频率的动作电位。因此,单神经元行为是胞体-树突区域内膜通道之间恰当协同作用的直接结果。神经元所处的网络对这些通道进行选择性控制,这就是我先前关于"单神经元具有多样表现"这一说法背后的原因。[12]

我们可以合理论证,带有离子通道、会发生泄露反应的单个神经元所产生的节律性放电和它们在完整大脑中的常规行为没什么关系。事实上,节律性放电很容易被预测,因此它们携带的信息很少。更进一步讲,在完整大脑中,单个皮质锥体细胞的动作电位统计学特征似乎并不具有自主性节律。这种单细胞水平上明显缺乏节律性的特点引发了关于振荡的作用和神经元密码性质的热烈讨论。[13] 这一问题可以以如下形式表述:皮质锥体细胞的默认活动模式是不规则放电吗?还是观察到的神经元不规则活动是它们所处网络的特性?如果神经元的不规则放电模式是由输入控制的,那么孤立的神经元就应当展现出本身的属性。巴黎巴斯德研究所的理查德·迈尔斯使用药物阻断了海马中负责兴奋的受体和负责抑制的受体,其结果符合预期,阻断了兴奋性受体之后神经元的兴奋性降低,而阻断了抑制性受体之后神经元的活动性增强。但出乎意料的结果出现于同时阻断两种受体时,和离体的基线对照条件相比,此时的神经元以更高的速率放电,而且其放电行为相对更有节律性。迈尔斯由此得出结论:这些神经元的默认模式是放电而非静息。[14] 之所以大多数神经元在网络中处于静息态(不放电状态),是因为生理条件提供了足够强的抑制性作用,使单神经元默认的放电活动转变为相对静息态。这种改变的好处显而易见,如果神经元一直以高速放电,那么整个网络将变得相当嘈杂,大型网络中的神经元脉冲也将大量传递,而且也不见得真正有什么作用。

我实验室的肯·哈里斯(Ken Harris)和彼得·巴索(Peter Barthó)在麻醉大鼠的躯体感觉皮质中进行了一项与迈尔斯不同、但同样有启发意义的实验。我们最初的目的是根据放电模式的差异将记录到的细胞分成一些合理的群组。最终,我们分出了两个大组:有节律组和无节律组。令人震惊的是,有节律组中的单神经元以 7~13 赫兹的频率振荡,它们之间彼此独立,而且也和局部电场相独立。这就像是一个管弦乐队,其中的演奏者既不注意其他演奏者也不注意指挥。我们从中得出结论:麻醉剂将神经元从网络中解放出来,从而使我们看到它们真正的个体行为——振荡。[15]

集体性神经元行为可通过同步实现

如果你看过路易斯·布拉沃的百老汇舞剧《永恒的探戈》(*Forever Tango*),你就能描述出神经元同步的本质——通过一些隐形的连接进行时间耦联。几十年来,这极具感官冲击的舞蹈既让舞者着迷也吸引了无数观众,这支舞蹈的本质在于舞者双方持续性对控制权的争夺。然而,其中却没有任何强制性的行为,取而代之的是舞者双方以完美协调的方式展现出的微妙的面部表情、和谐的身体运动、轻柔的抚摸以及其他无形的神秘联系。

这是一种对同步的定性描述,不过,要给同步过程一个使物理学家、工程师和神经科学家都满意的定量定义则完全是另一回事。广义上的同步指的是事件在时间上的共存性,即事件同时发生时它们之间存在的关系,例如两个或多个神经元在很短的时间间隔内放电。在不同时间发生的事件之间不同步。尽管在大多数教科书中我们都能读到这种对同步的定义,但它并不是十分有用。对两个观察者来说,只有他们参考的是同一个时钟时,他们对某些事情"同时发生"的预期才有意义。除此之外,还应定义一个"离散时间窗口"以判断同时性,否则就不可能确认事件发生的准确时间。如果伦敦的广播和纽约的广播同时播放一首相同的乐曲,然后通过网络将伦敦广播的内容传输至纽约,再用电脑收听,那么听者从收音机和电脑听到的这两首乐曲就不会是同步的。对神经系统来说也是如此,如果有一个类似此处音乐听众的神经元,它接收的输入来自和它物理距离不同的其他神经元,如果来自不同突触前神经元的动作电位传播时间差过长,那么目标神经元就会把它们视为不同步(分离的)事件。[16] 简单地说,时间本身并不足以从功能上定义同步性。

对事件同时性或同步性进行判断的是单神经元这样的观察者,因此,在大脑中有意义的对同步的定义需要一个由神经元或神经元集群决定的离散时间窗口。这段离散时间窗口可以这样定义:该时段内一直保留着某个早先输入的痕迹,它们会改变系统对后续输入的反应。因此,对神经元来说,通过某些内在机制在时间上进行整合的事件(如突触后电位)之间应该是同步的。与之相关,来自一次输入的一个突触后电位衰减回基线值的时间被称为整合时间窗口。在此时间窗口之外发生的事件被认为是非同步的,因为之前的时间不会对之后的反应有任何影响。最常用来指代这种衰减过程的术语是神经元的膜时间常数(membrane time constant),对被动皮质锥体细胞来说,这个常数的取值为数十毫秒。[17] 因此,如果突触输入之间的时间间隔不超过数十毫秒,那么从这个神经元的角度来看,这些输入之间就是同步的。

然而,对于真正的神经元来说,要确定整合时间窗口更为困难,需要考虑突触前端神经递质的补充、细胞膜的实际电阻、受体种类、实时的神经元放电史、总体上各种通道的状态等多种因素。和低活跃状态相比,神经元高度活跃时会发生泄露,而且可以在更短的时间窗口内进行整合。此外,还有其他能够扩大整合时间跨度的内在机制。换句话说,从神经元的角度来看,同步的时间窗在很宽的时间范围内变动,而且可以比被动神经元的膜时间常数短得多或长得多。因此,神经元可以用来整合传入活动的"单神经元时刻"只有几十到几百毫秒,这段时间甚至不足以保存一个电话号码。

对于一群相互作用的神经元来说,同步的有效整合窗口可以比膜时间常数长得多。对神经元集群来说,窗口尺寸通常取决于集体振荡行为的准备阶段。在群体层面,网络振荡处于准备阶段的时间决定了同步化发生的时间窗,这一时间窗可以比根据组成群体的单神经元性质预测的时间窗宽得多。振荡的节律越慢,可以用于同步的机会窗口就越宽,而时间窗越宽,突触和轴突传导延迟的限制就越小,来自范围更广的脑区中的更多神经元便可以参与进来。因此，慢速振荡时，神经元同步的空间范围比快速振荡时大得多。

同步效应的时间窗取决于振荡本身的性质和具体细节。对谐振子来说，同步的力应在半个周期之内作用于系统，否则，不同的子集将会失相，网络振荡也会消失。例如，在 γ 频带内（如 50 赫兹），施加给所有成员的兴奋性输入应在 10 毫秒（半个周期）内抵达，从而增强网络振荡。有趣的是，对弛豫振荡来说，这一用于耦联的时间窗可以更宽些。弛豫振荡的整合相和输出相时间不等，所以根据作用力性质的不同，临界时间窗的长度也有所变化。例如，如果在上述 γ 振荡的例子中能量累积阶段和占空比阶段的时长比是 4∶1，那么具有阻止提前放电作用的抑制性外力的时间窗就是 16 毫秒，而诱发神经元放电的兴奋性作用却必须在 4 毫秒内抵达，以维持系统的稳定振荡。因为抑制性作用的有效窗口更宽，所以抑制性中间神经元在大脑计时功能中极其重要（见第 3 章）。总而言之，根据网络振荡的周期和精确构造，神经元网络中的同步时长可以从几毫秒到数秒以上。振荡越慢，就越不依赖能够快速传导的远距离连接。

从原子到神经元，从股市到飓风，同步化是世界上最具影响的驱动力之一。在某种力量的作用下，各种事件在给定的时间窗口内集合到一起，此时就会发生同步，其中的时间窗口取决于一些系统内置的时间常数。同步的真正"原因"并不总是显而易见的，有些事件（比如兴奋性作用）会主动促进时间相干；然而，还有一些事件（比如不应期或抑制性作用）会防止输出发生，从而调节占空比发生的概率。循环神经元网络中的兴奋性反馈可以尤为高效地在短期内招募大量神经元。同步的主要生理优势在于它可以使神经元集群的放电率在短时间内大幅提升。[1]

虽然刺激诱发的同步通常和相应神经元的放电率增加有关，但当单神经元放电率不变时也可以发生整体同步。在后一种情况中，使用标准的独立单元方法无法识别同步性的增强，因为此时单神经元的放电情况不能提供群体活动相关的信息。例如，在休息阶段或慢波睡眠阶段，单个海马锥体细胞的放电率或多或少具有泊松统计特征，然而，如果关注更多的神经元，就会看到另一回事。从整体性水平观察神经元集群，不规则发生且高度同步的群体活动模式变得相当明显。在 80 毫秒或 150 毫秒的时间窗中，时不时会有高达 18% 的锥体细胞同时产生动作电位或复杂的尖峰脉冲。这也代表了哺乳动物皮质中同步化最高的生理放电模式。显而易见，这种强有力的群体同步应当会对下游目标和合作神经元产生深远影响。如

---

[1]　卡尔·弗里斯顿（Karl Friston, 2000）认为同步化只是神经元交流的一种可能，他从理论上推测异步（不同步）编码也能提供与情境相关的丰富交流互动。事实上，如果你了解"ti-ti-ti, ta-ta-ta, ti-ti-ti"和 S. O. S. 之间的转换编码，同时也了解这个缩写的含义——"救救我们"（Save Our Souls）（《泰坦尼克号》中无线电报员反复发送的求救信号），那么就没必要进行同步了。尽管与之相似的神经元集群内序列激活在大脑内显然相当常见，但我们还不清楚上游神经元的异步活动是如何有效导下下游单神经元放电的。

果没有同步,就不可能产生这种活动模式,因为单神经元放电的模式和速率改变不会如此明显。[18]

从这些发现中可以推出几个基本观点。第一,神经元集群可以具有不表现在单细胞动态上的清晰时间维度。第二,即便单神经元的放电率不发生调整,群体同步也能够发生,并可以因此而增强输出信号。第三,平均场活动代表了神经元集群局部的时空统计学特征,单神经元的活动与之相关,因而平均场活动可以作为单神经元活动的有用参考。以色列希伯来大学的埃隆·瓦迪亚(Eilon Vaadia)及其同事也讨论过类似的问题。[19]他们记录了猴子新皮质中几对神经元在施加有意义刺激时的反应,并发现在行为学刺激事件之后,虽然神经元的放电率并不一定发生变化,但它们放电的相干程度发生了对应改变。然而,这些实验没有记录局部场电位,因而我们尚不清楚平均场统计量能否反映群体层级上相干性的改变。从这些针对多个皮质结构和物种的实证性观察结果中,我们所获得的最重要的信息是,即使放电频率不改变,时间同步的动态变化过程也会包含与输入相关的信息。需要注意的是,如果传送信息不需要额外的动作电位,那么这就意味着也不需要额外的能量。[20]

同步的外部来源和内部来源

引发同步的影响可以来自外部力量,也可以来自自组织系统内部。在大多数情况下,这些来源不同的影响之间相互配合,很难区分它们的真正来源。管弦乐队的指挥对乐队的控制就是很好的例子,如果大提琴手、首席小提琴手以及其他演奏者的演奏位置随机排列,并且这些音乐家的耳朵都被耳塞塞住,使他们难以听清其他人的演奏,那么经由指挥的指导和调和,乐队仍能够演奏出这首乐曲。相反地,如果没有指挥,完全根据乐队内部的互动与合作,这首乐曲仍能被演奏。同样,中枢神经元精准的计时活动不仅依赖于物理输入,还依赖于神经元集群内的信号交换,这两种同步来源(外部驱动和自主生成)的调节作用差异巨大,因而应当对它们加以区分。①

外部影响可以轻易地在早期感觉通路中被检测到,但在更高级的皮质内同样可以识别出它们。索尔克生物研究所的汤姆·奥尔布赖特(Tom Albright)及其同事提供了关于猴子大脑中部颞叶皮质中时间模式的一个极佳范例。他们比较了匀速的视觉刺激或随时间变化的视觉刺激对神经元响应的影响。神经元对这两种刺激的响应都表现为受速度调节的泊松峰值。令人惊讶的是,平均在 3 毫秒内的神

---

　　①　在实际实验中往往很难将刺激诱发的同步和网络诱发的同步分离开来,因为即使神经元完全随机放电,神经元间同步动作电位的占比也会以联合放电率的平方增长。诱发节律通常和输入之间没有时间锁相关系(见第 9 章)。

经元动作电位时间精度可以准确反映随时间变化的刺激的运动速度。在这一案例以及其他例子中[21]，群体性同步过程的时间协同来自物理世界的输入，比较类似于指挥对其他乐队成员的影响。在刺激相关的时间协同过程中存在反复出现的相同物理信号，观察到的反应也具有共同特性。从早期的感觉神经生理学研究开始，我们已经得知不同试次中神经元的反应之间差异巨大。以往，人们会认为这种试次间的变异性是记录到的"噪声"，它们需要通过试次间的平均来去除，从而显示出大脑对输入刺激的真正反应。[22]然而，人们假定是大脑的不完美导致了这些噪声，但它们的实际来源从未被弄清楚。

155　　任何时候，控制神经元放电模式的来源只有两种——外界输入和自发活动，这两种驱动同步化的来源之间通常互相对抗（见第 9 章）。如果认知过程源于大脑，那么同步化的来源最有可能是自发活动。因此，神经元的群体同步反映的应当是特定物理特征和大脑对这些特征的解读之间的共同作用。即使刺激的特征不变，大脑的状态也在不断变化，从这个角度来讲，大脑如何产生各种自发的内部状态（或许是认知活动的根源）是在大脑研究中最有趣的问题。通过从物理世界诱发的不变特性中提取变化的特征（即来自大脑的特征，包括神经元集群之间和群体内部的时间关系），可能会为理解大脑对环境的反应提供线索。然而，这些变异正是我们在进行刺激锁定的信号平均过程中丢弃的信息。

随 机 共 振

　　大家都知道，人造设备的最佳性能会因噪声的存在而变差，但噪声并不一定就是坏事。在双稳态系统（例如神经元）中，噪声有个常被提到的好处，它在某些条件下可以放大隐藏的周期性信号。想象这样一个神经元，它接受节律性的输入，这些输入使该神经元以规律的时间间隔发生去极化，但去极化的幅度总是低于阈值，所以这个神经元不会产生动作电位，因而它的振荡状态也不会传播给下游神经元。然而，如果这个神经元还接受高斯噪声（白噪声）输入，尽管噪声的输入本身不会让神经元放电，但噪声和周期性信号叠加，就会在输入的去极化时相内导致一个偶然的动作电位。这种类型的信号组合被称为随机共振（stochastic resonance）或概率共振（probabilistic resonance）（图 6.3），表示在噪声存在的条件下对弱信号的检测或传输作用最优。因为无法预测随机噪声和周期性信号何时能够结合并超过阈值，所以输出的动作电位看似是随机的。实际上，噪声去除了振荡表面的可预测性，然而，如果分析动作电位之间足够大的间隔，从这些间隔的统计分布中就可以发现潜在的周期性——其频率和输入的频率相同。在这个简单的例子中，噪声可以通过协助神经元产生动作电位而帮助其进行信号传递。这就是计算机模拟的神经网络模型中噪声能够维持自发活动的主要原因。由于弱强度的确定性信号和随机信号之间发生了共振，所以信号才可被检测到，因此，随机共振是一种从弱的周期性信号中提取信息的机制。虽然节律性出现的刺激在所有感觉通道中都普遍存在,不过非节律性的、随时间变化的输入也能通过相同的原理被检测到。

自然科学的很多领域都涉及复杂系统,随机共振就是复杂系统里"从噪声中诞生有序"的典范。在大脑中,随机共振不仅适用于单个细胞,而且也作用于细胞群或大脑内更大的系统之间的交流过程。在随后的章节中,我们会讨论到,细胞群、模块、结构和系统中的振荡性行为依赖于当时的状态和情境。在不同位置之间,信息以短小时间单元的形式在振荡周期的特定相位内传输。因而,需要一种重要的机制来选择性地提取这些信息,并能据此推断出发送信息的细胞群内在的动态特征。这可能就是随机共振对神经元系统的作用。

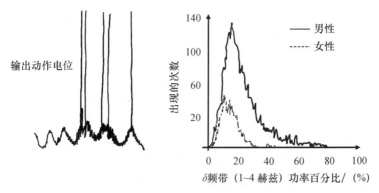

图 6.3　通过随机共振提取输入特征。左图:单独的慢速振荡或快速振荡的输入都无法使单个神经元放电,但它们的结合能使神经元发生动作电位。即使输出的动作电位模式不规则,但它仍然包含两种输入的频率信息。右图:系统层面的随机共振。在前两秒内,大鼠新皮质中高电压纺锤波出现的次数(y 轴)在 δ 频带功率处于偏好值时最高。事件发生的概率和 δ 频带功率取值之间的抛物线关系是随机共振的特征。参考自 Jandó et al.(1995)的文章。

正如我们预期的那样,噪声的大小对信号放大的效果至关重要:噪声过小,信号无法被成功传递;而噪声越大,信号越容易被破坏。这种基于噪声的优化是随机共振的本质。大脑可以在外部或内部将噪声添加到信号之中。[23] 虽然"随机共振"这个名词来自物理学家,但在心理学领域,人们对这一现象已相当熟悉,它被称为耶克斯-多德森定律(Yerkes-Dodson law),描述了觉醒程度和行为表现之间的倒"U"形关系。我们可以从中得到的推论之一是每一项学习任务都有最佳唤起程度。[24] 结合本章内容,觉醒过程中生效的一项重要机制就是随机共振——通过增加神经元噪声来放大传入的信号。

虽然对大脑来说,使用噪声来放大信号看起来似乎很有利,但这也有问题。一个关键的问题在于噪声源。在经典理论中,大脑被视为一个被刺激驱动的装置,这种观点假设如果输入保持不变,随后放电反应的变化应当来自不可靠的单神经元。[25] 根据这种观点，一个神经元集群往往遵循多数成员的意见，群体的决定具有一致性和统一性，但群体中单个的细胞也可以"投反对票"。从这种多数代表群体的角度来看，个体的不一致意见通常被视为对动作电位的浪费，同时也是突触噪声的来源。从群体编码的角度来看，随机共振是一种很聪明的机制，它回收利用了被浪费的动作电位。然而，和群体编码模型不同，大量新近的研究表明大脑中对动作电位的使用相当谨慎，而且神经元的放电模式比之前以为的要可靠得多。[26] 那么，如果动作电位在大脑中能够被有效利用的话，对维持自发脑活动显得如此重要的噪声究竟来自何处呢？此外，如果大脑不得不通过调节自己的噪声水平来增强对输入的敏感性，那这种利用噪声的说法就不再那么有吸引力了。[27]

关于噪声来源的讨论引发了一个更广泛的理论问题。有限的分维（fractional dimension）和由此产生的无尺度行为通常被视为是混沌行为的标志。[28] 从脑电图的 $1/f$ 动力学中，有人可能得到结论，认为有专门的大脑机制用以产生粉色噪声。在我看来，大脑是借助另一种机制来产生噪声的，但这些机制的好处相似：它们都能混合各类振荡。如上所述，原始结构进行振荡性输出，输出的特定相位内储存相应的信息，如果接受该输出的目标结构中原有的快速振荡和该振荡性输出之间锁相，并且两个振荡的结合能够充分使神经元去极化，那么目标结构就能够快速读取原始结构传达的信息。回想之前提到的内容，在随机共振中，噪声唯一的功能是增加输入变异的幅度，从而使阈下的周期性输入偶尔能有效地让部分目标神经元放电。如果是这样，那么一个短暂的更快的振荡也可以起到同样的作用，而并不需要白噪声。事实上，已经有充足的实证证据表明，某一结构中的振荡和另一结构中更快的振荡之间会发生瞬时耦联，在本书第 12 章中我会就这一问题进行更详细的讨论。有了这种振荡耦联，我们就可以充分利用随机共振机制的优点，有效提取相位编码信息，而不用担心产生噪声的高昂代价。从这个角度来看，大脑将神经振荡之间的动态耦联作为噪声源应当是一种有益的做法，即便是最激烈地反对大脑节律论点的人也无法反驳。

对动物和人类的研究都支持大脑利用随机共振这一观点。大鼠脑电图中背景信号和癫痫样放电出现的概率呈抛物线关系，在事件发生的前 2 秒内，异常模式出现的最大概率对应较窄范围内的 δ 频带功率取值，而当 δ 频带功率增大或减小时，事件发生的概率都会降低（图 6.3 右）。信号检测和噪声大小之间的抛物线关系是随机共振的标志。实时脑电记录和心理物理表现之间也有确定的关系。当被试被要求检测食指指尖接近阈值的触觉刺激时，刺激前躯体感觉皮质内 α 振荡的功率取中间值的时候被试的行为表现最好。[29] 随机共振及其涉及的"最佳"噪声水平支持了古老的智慧：最优的行为表现对应适当水平的大脑活动。另外，针对知觉过程[30] 和运动精度中所谓的"基线漂移"（baseline shift）问题，大脑可能也是通过"最佳"噪声来解决的。

通过同步产生细胞群组

　　大脑产生连贯思维的能力来自时空编排,这种观点被称为细胞群组假说。唐纳德·O.赫布(Donald O. Hebb)是最早明确指出这一点的人之一。[①] 赫布的细胞群组是瞬时的神经元联合,和爵士音乐家之间的动态互动颇为类似。遵循赫布提出的突触可塑性规则,神经元之间按照时间关系集结到一起:"如果细胞 A 的轴突靠近细胞 B 并能够将其激活,同时细胞 A 反复地或持续性地参与到细胞 B 被激活的过程当中,那么细胞 A 和/或细胞 B 就会发生形态或代谢的改变,从而使细胞 A 激活细胞 B 的效率提升。"[31] 作为这一可塑性规则的结果,信息在形成的细胞群组中反复"回响",其流动的方向取决于组合内细胞之间的突触强度。细胞群组理论具有三个假想特征:第一,群组内细胞的同步化水平比根据感觉输入预测的同步化水平更高。这是因为组合中的神经元互相连接,彼此影响。从细胞群组假说的角度来看,动作电位序列的试次间变动并不奇怪,因为单个细胞的活动受其所在群体的监督。第二,赫布认为,在通过突触连接的神经元回路中,活动被反复回传,这解释了为什么这种活动能够比输入的物理信号持续的时间更长。对工程师来说,这就是滞后现象(hysteresis)——一种系统内非线性结构的表现。[②] 第三,群组是灵活的,其组成的成员不固定,因此某个神经元可能参与形成多个群组。[③] 当然,并不是所有的神经元同时放电现象都能满足形成细胞群组的标准,组合成员之间的同步性必须在统计学上稳定地高于随机水平才行。

　　尽管当代认知神经科学基本都是基于赫布这条粗略定义的宽泛假设,但是直到记录自由运动的动物大脑内的大量神经元成为可能后,才有可能通过实验证明赫布的这一想法。然而,在 20 世纪 70 年代就已经有了支持这一理论的间接证据。纽约大学的 E.罗伊·约翰(E. Roy John)训练猫进行信号辨别,例如,训练猫学会

---

　　①　参见 Hebb,(1949)的文章。赫布提出的细胞群组概念得到了布赖滕贝格(Braitenberg,1978)和埃伯利斯(Abeles,1982)的改进与完善。苏联科学家也独立地提出了类似的观点。尼古拉·伯恩斯坦(Nikolai Bernstein)学派打破了肌肉控制固有论的观点,提出"灵活的神经元集群"的概念,认为神经元集群是暂时地组合起来以解决特定的运动控制任务的。伯恩斯坦认为,运动来自神经-肌肉和神经-骨骼之间几乎无穷多种可能的组合(即自由度)。每一种运动模式都被视为自组织事件——用于控制的神经元之间进行灵活组合以产生运动。不同神经元集群作用于同一中枢振荡的不同时相,从而调节肢体上多个肌肉群的序列激活。这一想法和赫布的集合序列(ensemble sequence)概念非常相似。伯恩斯坦最具影响力的著作《论运动结构》(*O Postroyeniis Dvizheniy*,1947)在出版 20 年后被翻译成了英文 *On the Construction of Movements*(Bernstein,1967)。相关内容还可参考 Gelfand et al.(1971)、Whiting(1984)的文章。

　　②　对物理系统而言,滞后现象表示的是对过去的依赖。"hysteresis"在希腊语中的意思是"不足"。

　　③　根据赫布提出的回传式细胞群组的示意图,同一个群组可以参与多次放电。根据假说,信号流向取决于细胞群组内部和群组之间的突触强度,然而,如果没有抑制性作用或其他手段来对抗兴奋性作用,那么就会有越来越多的神经元和神经元群组被激活并参与其中,而非只是按照顺序重复激活各个亚群组(Hebb,1949)。

对 4 赫兹的视觉或听觉刺激做出反应,而不对 8 赫兹的刺激做出反应。约翰及其同事发现,在大脑很多区域内诱发的场活动包含一种特殊的成分,它特异于行为表现,与刺激的物理特征之间没有特别的对应关系。研究者们将这种成分称为"记忆内容"(readout from memory),认为这种与形式无关且广泛分布的信号表示的是动物基于先前经验做出的"决定"。约翰等人的研究中最关键的问题在于,当呈现的刺激模棱两可(如 6 赫兹)或当动物判断出错时,表示记忆内容的成分和行为之间将具有何种关系。如果细胞群组假说成立,那么记忆内容这一成分的统计学特征就应当反映猫的行为(即是否做出反应),而非信号的物理特征。约翰等人的研究结果符合这样的预期,表明神经元群组可以根据记忆表现出不同的模式。[32]

如果能够在海马中同时记录有代表性的大量细胞,我们就能够直接检验细胞群组假说的正确性。我们实验室的约瑟夫·赛斯瓦里、平濑一(Hajime Hirase)和乔治·德拉戈伊(George Dragoi)已经在自由运动的大鼠中收集了大量数据。海马内神经元感受野的特征反映了动物在环境中的位置(见第 11 章)。如果只监测动物的运动行为,我们要想对单细胞中动作电位出现的确切时间进行最佳预测,只能借助于大鼠的瞬时位置。[①] 然而,某个位置细胞在某些看起来完全相同的试次中剧烈放电,而在其他试次中则保持静息。肯·哈里斯和我推断,如果海马细胞之间形成细胞群组,那么这些群组内的成员将不仅能够提供关于某个特定神经元是否放电的信息,还能够提供关于该神经元何时放电的信息,其时间精度比根据动物外显行为做出的推断更高。[②]

这个实验的关键在于哈里斯开发的一种新的统计测试,他将其称为"同伴预测法"(peer prediction method)。每个被记录的神经元放电时间都能够根据动物的行为以一定的精准度被预测。如果是否以及何时放电完全取决于海马外变量的影响,那么其他同时记录到的神经元信息将不会对预测结果有任何影响。然而,如果同时记录了该细胞群组内其他成员的活动,那么这些信息就能够增加预测的准确性,使其与群组中被记录细胞的占比相符。哈里斯通过这种巧妙的分析方式证明,在行为数据之外加上关于群组的时间结构的信息,就能够大大提高对看似随机的放电模式的预测准确性。重要的是,能够增加预测准确性的"同伴"不仅包括有相关放电活动的神经元,还包括当被预测的目标放电时保持沉默的神经元。因此,群组内成员明显的动作电位缺失(反相关)和明显的动作电位同样重要。在另一组独立实验中,德拉戈伊证明了通过改变神经元集群间的突触连接,可以改变细胞群组

---

① 在第 11 章中我们会讨论海马模式和位置细胞。

② 借助振荡的时序安排是细胞群组组织的基础。海马中没有突触连接的锥体细胞之间可以在 θ 振荡的波谷时相反复组合在一起,而且具有和内嵌的 γ 振荡一致的准确性。经过这样的时间组织,细胞群组能够对下游的共同目标神经元发挥最大作用。

内成员之间的关系。这些发现共同为 50 年前赫布关于神经元群组的假想提供了定量证据。[33]

赫布的细胞群组假说最大的优点在于其简单性,然而这同时也是它的缺点。在赫布的定义中,细胞群组是一组彼此之间具有兴奋性连接的细胞,它们之间的突触通过共激活被增强,群组成员之间的兴奋性连接比成员与群组外细胞间的连接更强。假定的细胞群组数目相当多,而且兴奋活动可以在群组之间跳跃。细胞群组的边界由一群假想中的在解剖学上相连且同时放电的细胞界定,这样的边界并不是明显可见的。然而,要知道,仅通过兴奋性神经元是不可能分离出不同细胞群组的。就像在第 3 章中讲过的那样,如果没有抑制性中间神经元,兴奋只能产生更多兴奋。如果没有抑制性作用,兴奋活动能够不断地从一个群组传导到下一个群组,于是每次施加外部刺激时都会发生整个大脑同步化放电。所以这种兴奋活动是如何停止的呢?赫布的假说没有提供解答。这一假说没有回答细胞群组间如何通过灵活的关联与解联而实现信息的录入与传递,也就是说,这个假说没有时间上的度量。[34] 群组活动的开始以外部刺激为标志,但这一假说并没有提出能够终止所有可能的群组按顺序被激活的机制,也没有提出通过同步神经元放电为运动事件安排时间的机制。没有时间上安排恰当的抑制性作用,细胞群组只能产生雪崩样行为(见第 3 章)。此外,根据赫布及后续研究者的定义,形成细胞群组的先决条件是成员之间存在兴奋性连接。[35] 这一定义就排除了皮质中大量的神经元,事实上,也排除了大脑内其他部分的很多神经元,因为这些脑区的神经元之间不直接通过兴奋性突触连接。然而,因为神经元能够借助抑制性作用或共同输入适时且灵活地聚集,所以这些动态形成的群体和赫布假设的细胞群组(借助兴奋性作用集结在一起的细胞群)一样,对分散分布的特定共同目标具有相同的选择作用。

有了同伴预测法,我们就能够问出和细胞群组假说相关的一个最有趣的问题——这些组合的时间尺度是什么?在每个时间窗中,目标神经元的放电时间都可以通过记录到的细胞群组来预测,通过变化不同的时间窗,就可以得到其中最有效的一个。对于海马细胞群组来说,这个最佳时间窗为 10～30 毫秒。细胞群组的这一时间尺度在执行功能上可能有特别的意义,因为很多生理学变量都拥有相近的最佳时间窗。[36] 在这些生理学变量中,锥体细胞的时间常数或许是最重要的,因为这是决定细胞整合能力的窗口。重要的是,集结成群组的时间窗还与 γ 振荡的时间周期一致(见第 9 章)。因此,我们可以得出结论,细胞群组成员之间在 γ 振荡周期内发生同步化,因为这样能使细胞群组对下游的目标发挥最大的影响(使它们去极化并放电)。

因此,我们通过时间对细胞群组的定义与赫布严格基于连接的定义不同。如果神经元在某个关键时间窗内聚合到一起,那么对接受信息的目标神经元而言,突触前神经元之间是否存在连接就不重要了。我们从信息接受方的角度定义了同步,与之类似,细胞群组形成的过程也是以接受方为核心的。然而,如果突触前神经元之间也存在互相连接,那么,按照赫布的可塑性规则,这些细胞的同步化放电或许会增强它们之间的突触交流。由于神经元之间互相依赖,自组织形成的群组模式会通过限制成员的自由度来增强群组成员之间的聚合力。这种更高层级的整体组织高于个体,并赋予个体特性。在不同时间放电的神经元可以属于多个群组。在每个振荡循环中,细胞群组的变动都具有独特性,因而可以使解剖学上各不相同的神经元集结在一起。通过组织集结成群组,神经元网络将时间信息转换为空间信息。

整合、分离、同步：它们之间如何实现平衡？

复杂性和同步性之间相互竞争,因此,在规模有限的网络中,增加同步性需要以牺牲复杂性为代价。皮质网络的组成成分既包括反馈回路也包括前馈回路,它们的功能彼此互补。反馈性兴奋连接能够在有限的空间范围内维系活动,甚至也可以储存片段信息,因此被称为自联想网络（autoassociative network）。[37] 与之相反,前馈连接能有效地推动信息向某个方向传递并累积。初步估计,感觉相关的信息通过前馈网络进行处理,而大脑添加的信息则来自循环的（反馈）网络。

在完整的皮质中分离信号源相当困难,所以研究者们已经开发了相应的计算机模型以分别研究它们的功能和工作过程。埃伯利斯设计的同步发放链专门用来研究随着活动在不同的层级和细胞群组中向前传递的输入信息是如何被逐步处理的。仅存在前馈连接的系统最大的缺点在于,错误的信号和有用的信号一样,一旦进入网络,就会进入下游每一个层级中并被放大。我们尚不清楚怎样的机制能让信息最为安全地在多个层级之间传送。[38] 在一种对此的假设中,人们认为关键的变量是神经元放电率,因为这决定了目标神经元的去极化和随后的放电过程。另一种假设则认为要在时间上精准传送信号,同步化的意义最为重大。这两种相互对立的假设都受前馈网络与反馈网络结构以及结构内神经元的生物物理特性的影响,因此,我们有必要弄清楚神经元是如何在这些网络中被模拟的。

因为神经元在向下一个层级投射的过程中存在会聚与发散,所以目标神经元不可避免地会共享一些相同的突触输入。神经元之间连接的密度越大,共享输入存在的可能性就越大。这些共享输入往往在很窄的时间窗内就可以使下游目标放电。除非专门阻止,否则,目标神经元产生的同步输出能够进一步使随后层级中的更多神经元彼此同步。尽管在同步化过程中神经元的某些特征往往相当关键,但在研究的最开始,我们可以先忽略单神经元特性的影响。[39] 纽约大学的亚里克斯·雷耶斯（Alex Reyes）设计了一种前馈系统,他将计算机网络和体外记录的神经元混合起来,并借此实现了这一点。他将白噪声多次输入第 5 层的某个神经元,我们假设他将这一过程进行了 1000 次,并获得了 1000 种不同的输出。随后,他将这些结果视为这一层中 1000 个不同神经元产生的输出,然后利用它们在下一层中产生另外 1000 个输出,以此类推。尽管他只是将一个神经元重复利用,或是偶尔也使用 2~3 个神经元,但是他创建了一个由很多相同的真实神经元组成的多层级前馈网络。在各种条件和网络配置下,雷耶斯都发现即使施加给网络的输入是泊松式的(即随机的),后面的层级中仍然会出现同步的振荡。鉴于这个网络耐受各种旨在破坏同步性的操纵,所以他得出结论,认为同步是前馈皮质网络的默认状态。

真正的皮质网络能避免这种默认的同步过程吗?雷耶斯的方法中有一项明显会被人指出的不足:真正的皮质网络中的神经元是不相同的。但这并不是解答这一问题的唯一切入点,因为即使使用不同的神经元进行模拟(假定它们之间的差异已足够大),后续的同步现象也并不会有什么改变。另一个切入点是这个模型中神经元放电的行为由注入胞体的电流诱发,这与生理条件下的树突激活存在不同。此外,针对这种方法还有一点批评在于,和在体内的实际情形相比,模型中投射会聚的数量非常有限。尽管这些因素在某种程度上或许相当重要,但它们可能并不是关键因素。在第 5 章中我们提到,默认状态下,皮质网络仅借助谷氨酸能兴奋性突触和 γ-氨基丁酸能抑制性突触运作,此时,这个网络本身就是同步的,不会受到网络大小的影响。只有在皮质下神经递质存在的情况下皮质网络才会处于"临界状态"并产生最高程度的复杂性,否则,这些网络只会进行同步与暂停。

共享输入引发的同步可能是戴维·休伯尔和托斯登·威塞尔的经典发现背后的重要因素。他们发现,如果某个神经元对视觉刺激的特定形状和运动做出反应,在皮质的同一贯穿面中的其他神经元就倾向于具有相似的表现。这些发现为皮质的柱状组织观点提供了有力证据。[40] 然而,此发现的重大局限在于这些实验都是在动物被麻醉的条件下进行的,此时,皮质下输入的作用会被大大削弱,而且实验使用的刺激结构也相对简单。

166

如同刚刚提到的,孤立的皮质网络尤其容易受到神经元同步化的影响,但这种易感性并不总是有利的或符合生理的。输入的辐散状联系和主要位于局部的新皮质网络组织会带来一个无法避免的结果:相邻的神经元共享相似的输入,因而共享相似的信息。这种冗余乍看起来是一种有用的保险机制,如果某些神经元没能对输入做出反应,那么它们的同伴仍然可以将信息传递出去。然而,鉴于神经元工作的代谢需求极高,这种冗余可谓相当"昂贵"。此外,前馈性兴奋回路和反馈性兴奋回路都倾向于招募大量神经元,这样一来,一条信息就能够牵涉网络中的相当大部分。显然,如此的冗余严重减少了给定规模的网络可处理的信息量。事实上,已有实验表明,在很大程度上,这些冗余是因为研究对象处于麻醉状态和各种测试时的条件。①

---

① 锥体细胞在工作时相对独立是对外部世界中灵活关联进行表征的先决条件。在第 3 章中我们提过,这样的自主性主要来自抑制性中间神经元系统。

美国国家心理健康研究所（National Institute of Mental Health）的巴里·里奇曼（Barry Richman）及其同事以非麻醉状态下的猴子作为实验对象，并使用不同复杂性的刺激进行了实验。他们发现，当刺激为简单的条形或棱形时，一个神经元反应信号的方差中高达 40％ 都与其相邻细胞的方差有关——一种高度冗余的表现。然而，当刺激为更为复杂的二维模式时，对神经元反应的分析结果表明它们之间的共享方差下降到了 20％。尽管实验中并没有使用真正的自然刺激，但这些结果表明，局部锥体细胞之间的功能分离程度随输入复杂性的增加而增加。重要的是，研究人员还发现，无论在初级视皮质还是颞下皮质（分别为视觉信息处理的第一阶段和最后阶段）内，相邻神经元之间的独立性程度都随输入复杂性的增加而增加。[①] 这些新进的观察结果支持这样一种论点：在整个皮质内，局部的神经元集群进行独立的信息加工，但对这些加工而言存在整体的组织原则。

167

尽管这种减少冗余的效应具体如何运转仍不清楚，但主要锥体细胞间功能分离的一种可能机制是活动依赖的抑制性作用（见第 3 章）。中间神经元之间分离和分组的机制不仅在于抑制性作用，还在于兴奋性群体和抑制性群体之间的非线性交互作用。此外，前面也提到过，中间神经元的共振特性使它们能够根据输入的频率特征对输入进行选择。由于这种内在的生物物理特性，动作电位传播概率的有效性随突触前锥体细胞的放电频率而变化。例如，当海马中锥体细胞到中间神经元的输入频率较低和较高时，动作电位传输率都很低，当输入处于 15～40 赫兹（活化锥体细胞的典型放电频率）时，传输率最高。也就是说，单独的一个锥体细胞和几十个突触前神经元相比，只要前者被强烈激活，发放与后者相同数量的动作电位，那么前者对诱发篮状细胞放电产生的影响可能与后者等同，甚至比后者更大——考虑到后者的动作电位作用于目标神经元上的不同突触，而前者作用于同一个突触。这个过程的本质就是某个锥体细胞在其感受野内的高频放电通过共振调谐控制了篮状细胞，而篮状细胞的输出则反过来抑制了周围其他锥体细胞的活动。[41] 从机器人到比尔·盖茨的帝国，这一"赢者通吃"或"富者更富（rich-gets-richer）"机制在复杂系统中比比皆是。在通过兴奋性连接构成的紧密网络中，神经元之间的彼此分离可能也由类似的机制来实现。

法国国家科学研究中心（Centre National de la Recherche Scientifique）的伊夫·弗雷纳克（Yves Fregnac）及其同事在视皮质中的实验进一步支持了抑制性回路在增强局部神经元分离程度中的作用。人们常认为抑制性作用和兴奋性作用之

---

① 参见 Gawne & Richmond(1993)、Gawne et al. (1996)的文章。迪安杰利斯等人（DeAngelis et al., 1999）对初级视皮质（V1）内相邻神经元感受野的特征进行了高精度测量，发现感受野间的重叠更像例外情况，而非普遍规律。尽管人们普遍认为以柱状结构为单位对信息进行加工是皮质最基本的操作，但讽刺的是，皮质柱状结构是根据它们一致的反应特性来定义的。这一悖论可能是因为皮质中的神经元记录存在偏差且未被分类，皮质中不同层级内的神经元及它们各自的特点都很少被加以区分（Krupa et al., 2004），而且神经元之间精细的时间顺序内包含的信息也很少被考虑（Reich et al., 2001）。

间是完美平衡的。尽管从较长的时间尺度来看，神经元网络中的抑制/兴奋平衡基本维持稳定，然而在较短的时间尺度上，二者之间经常出现较大差异。例如，视觉系统中的完美平衡意味着，当刺激处于细胞偏好的朝向时，兴奋性作用和抑制性作用都最强，而处于非偏好的朝向时，二者都最弱，但无论是最强还是最弱，二者之间都是平衡的。然而，当弗雷纳克及其同事系统性地评估兴奋性输入和抑制性输入的相对贡献时，他们发现对于朝多个方向运动的刺激来说，兴奋性输入与抑制性输入的比值并不恒定。在某些神经元中，最强的抑制性作用与最强的兴奋性作用之间成正向或反向关系。[42] 一种可能的解释是：具有不同朝向敏感性的主要神经元之间会竞争共同的中间神经元，反过来，中间神经元网络又能使有效局部连接发生偏移，并使相邻的主要神经元之间彼此分离。于是，中间神经元便减少了主要神经元之间的冗余性，使锥体细胞群传输的信息量最大。因此，抑制性中间神经元在整合和分离过程中扮演着关键角色，它们通过允许或阻止同步过程，适时地将锥体细胞聚合在一起或使它们分离开来。

168

振荡同步的耗能很低

通过振荡进行同步的最大优点在于它具有高成本效益。在物理世界中，其他的已知机制都无法以如此少的消耗实现同步。振荡同步的耗能低究竟有怎样的含义呢？我先举几个日常生活中大家都熟悉的例子对此加以说明。或许你见过这样的情景：在晴朗美好的夜晚，一对对情侣在公园里或海滩上悠闲散步，手牵手的情侣走起路来步调非常一致，而没有牵手的情侣就不会如此。你可以自己试试这个实验，只需触摸同伴的手指，你们的步调就能在几个周期内变得相同，除非一同走路的同伴身高是你的两倍——因为此时同步调和不同步调走路需要差不多相同的努力。同步调的行走模式形成之后，即使彼此之间不再有肢体接触，这种同步模式仍能保留相当长的一段时间。如果你和同伴的身高与走路的步长都差不多，那么你们会一直以相同的步调行走很长一段距离。也就是说，通过振荡形成同步只需要依据振荡间的频率差异和精准性进行一次非常规的更新就好。两块同步的百达翡丽古董表（一种名贵的机械表）可以连续数周同步发出滴答声，两块石英表之间的表现甚至会更好。

另一个有关振荡同步的例子是有节奏地鼓掌，在一些国家，观众以此来表达自己对优秀戏剧和歌剧表演的欣赏与喜爱。在这个例子中，振荡同步的尺度范围更广。一开始，掌声往往是混乱且不和谐的，但差不多半分钟之后就会变成同步的掌声。同步的掌声是逐渐形成的，并在差不多几十秒之后消失，不同步的掌声和同步的掌声可以相对有规律地交替出现。来自罗马尼亚巴比什-波雅依大学（Babes-Bolyai University）的佐尔坦·内达（Zoltán Néda）和他的同事有一项重要发现：同步化的掌声虽然增加了占空比相内的瞬时噪声，但它实际上减弱了整体的噪声。

内达等人（Néda et al.，2000）通过摆放在观众群上方的麦克风记录整体噪声，并通过放置在单个观众旁边的麦克风记录局部噪声，发现有节奏的群体掌声在 12～25 秒间出现。以 3 秒为时间窗获得的平均整体噪声强度表明，在有节奏地鼓掌时，尽管会出现一波又一波的瞬时高强度噪声，但是观众耗费的能量更低。[①] 同步化鼓掌期间噪声降低的原因很简单——此时每个人鼓掌的速度差不多是非同步阶段的一半。尽管如此，振荡的协同却以更少的整体肌肉运动引发了声音能量的激增。

169　有节奏的掌声具有起伏波动的特点，这使人联想到大脑（尤其是丘脑皮质系统）中的很多瞬时振荡。与鼓掌类似，在大脑的这些瞬时振荡期间，参与神经元产生的动作电位总数和引发动作电位的兴奋性事件总数或许比对等的非振荡期更少。要直接验证这一假设，需要同时记录大量独立的神经元，然而，借助大脑成像方法进行的间接观察也可以为这个观点提供佐证。[②]

　　对所有物理学和工程专业的学生来说，关于低能耦联（low-power coupling）最令人惊异的例子或许是克里斯蒂安·惠更斯（Christian Huygens）的摆钟同步。惠更斯发现，如果把两个完全相同的摆钟并排挂在墙上，在几个周期之后，它们的钟摆之间就会进行锁时摆动。而如果这两个摆钟被挂在房间内不同的墙上，则不会发生同步。挂在同一面墙上的钟协同摆动是因为挂着钟的墙壁会进行幅度极其微小的振动，而这种振动足以让两个钟的节律之间互相影响。两个振荡之间同步的物理原因相对简单，而且这种现象能用可靠的数学方法解释。[43] 然而，我们无法将

170　两个振荡的行为直接外推到大量振荡之间的协同行为。想象一下，在一个环形房间里，墙壁上等距挂着 10 个钟，它们开始摆动的时间互不相同；在另一个大一些的环形房间里，这样挂着 100 个钟；再进一步，在一个巨大的环形大厅里，这样挂着 1 万个钟。就像惠更斯的两个摆钟一样，在这些房间里，每个钟都有一左一右与之相邻的两个钟，它们对中间的钟产生影响。进一步，在更远的地方，还有其他很多钟，它们对我们开始选定的钟也具有随距离增加而逐渐减弱的影响。然而，这些远距离的钟的总体影响一定是相当明显的，尤其当这些远处的钟之间发生同步之后。那么，我们是否应当期望，3 个房间中都会出现所有的钟同步走时的情况呢？显然，在上述条件下，可能发生的事情各种各样，包括同步的行波，或是局部形成的短期内小型或大型同步集群，但唯独不会发生一件事情：整体同步。

　　我之所以知道这一点，是因为我们做过类似的实验。我、汪小京和他的学生卡罗琳·盖斯勒建立了一个由 4000 个抑制性中间神经元组成的网络。[44] 如果网络模

---

　　① 参见 Néda et al.（2000）的文章。这些观察大部分是在布达佩斯的卡姆拉室内剧院（Kamra Chamber Theater）进行的。

　　② 脑电信号主要表现为 α 振荡时（Laufs et al.，2003），或癫痫发作中丘脑皮质产生棘慢复合波（spike and wave complex）时（Salek-Haddadi et al.，2002），大片皮质区域内的血氧浓度信号（见第 4 章）会降低。这表明在高同步化时期，神经元活动的代谢消耗其实低于非同步振荡时期。

仿海马内局部中间神经元的连接模式,那么它表现出的只是一些涉及少量神经元的瞬时振荡(图 3.1);而如果网络中的神经元之间随机连接——一个难以在实体系统中创建的模式,则会出现高强度的群体振荡。因此,完美的协同性出现在一个和大脑没有任何相似之处的网络中,而没有出现在一个复制了局部中间神经元连接模式的网络中。这一发现中涉及的问题和墙上摆钟类似,二者都认为神经元对其伙伴的影响主要在局部发生。为减小网络的突触路径长度,我们用具有中等距离或远距离连接的神经元替代了网络中的一小部分局部连接神经元——这种具有中等距离或远距离连接的中间神经元在大脑中确实存在(见第 3 章)。由此建立的无尺度网络便可以完美地产生节律性活动。这个网络的结构和海马的连接颇有相似之处,而且表现出同步的振荡模式,结构中每一个成员都同等地参与振荡,其表现不受成员间物理距离的影响。我们这个类似小世界网络的人造系统内之所以能够发生同步振荡,是因为它具有两个关键特征:少量但关键的远距离连接和振荡协同过程。前者能够减小网络中平均突触路径长度,后者则只需要很少的能量。与之类似,皮质网络可能也利用了这两个特征以实现其功能:在解剖学方面,利用类似小世界网络的连接模式(第 2 章);在功能方面,利用振荡同步过程。因此,产生了(几乎)不需要付出任何代价的同步性。

振荡网络遵循怎样的规则?

　　我们能否将从物理学和工程学中获得的知识直接应用于神经振荡?通过上面的讨论,我们可能会怀疑这或许并不总是可行的。神经元类似弛豫振荡器,具有极其不对称的短放电期(动作电位)和长充电期。然而,当大量神经元聚集在一起时,由于一定的时间抖动(time jitter),它们的整合输出在大体上极其平滑,使得整个群体的表现看起来像是一个正弦振荡。事实上,这个原则经常被电力工程师用来构建可靠的正弦(即谐波)发电机,并以此避免真正的正弦发电机固有的保守性造成的不便。这一发现的重要性在于,它使我们认识到一些具有准正弦表现的脑电图节律(如汉斯·伯格发现的 α 波或海马中的 θ 振荡)可以来自很多单神经元的弛豫振荡。在信息传递问题上,我们需要理解的关键在于这种振荡集合体的行为究竟遵循怎样的规则?鉴于它们的整体行为类似谐振子,而组成整体的每个元素都是弛豫子,所以它们遵循的到底是谐波振荡的规则还是弛豫振荡的规则?在数学上,我们可以轻易地将振荡分为不同类型,例如,谐振子、弛豫子或其他有适当方程定义的种类。[45] 由于数学上定义的每一种振荡都具有明确的特征,而且它们在受到干扰和同步作用后的结果也各不相同,所以实验人员试图探索原位振荡的决定性特征,并将它们与现成的数学振荡和物理振荡种类关联起来。

　　然而,大脑中的神经网络振荡几乎不能同这些模型画上等号,个中原因是多方面的。尽管有些振荡在宏观上表现为近乎正弦的平均场,但所有已知的神经振荡都有可以明确区分的工作期和准备期——这正是弛豫振荡的关键特征。如果在产生节律的锥体细胞胞体附近记录细胞外电场,就会发现和场振荡相关的神经元动作电位通常聚集在这些电场的波谷附近。这个和振荡频率无关的相关法则缘由如下:第一,环胞体区域的细胞内去极化在胞外表现为内向(负极性)电流。第二,细胞内去极化和更高的动作电位概率相关(见第4章)。基于这个电场波谷和锥体细胞动作电位相关的统计学关系,有人可能会得出结论:在振荡波谷(即工作期或占空比期)时施加的输入的作用效果可能不如在波峰时施加的输入的作用效果。当几乎所有的神经元都同步放电时(例如癫痫样放电时),情况确实如此。然而,正常生理情况下,神经网络中只有很少一部分神经元会同时放电。在其他神经元中,一部分可能发生了去极化但并没有达到发生动作电位的阈值;还有一部分可能受到少数放电神经元的侧抑制性作用而发生超极化,其具体抑制过程由中间神经元介导。因此,对于这两类神经元来说,和整体电场波谷同步的输入影响效果更差,产生这种现象的原因也互不相同——对放电的神经元来说是由于动作电位不应期,对超极化的神经元来说是由于超极化作用。但是,对于剩下的那群阈下去极化神经元而言,这样的输入相当有效。因此,对某个传入输入的反应幅度取决于处于阈下准备阶段的神经元,而这部分神经元的特性在不同的结构和不同的振荡种类中各不相同。同理,在占空比期之后,例如细胞外电场的波峰部分的输入可能会由于中间神经元介导的反馈抑制性作用而重置群体振荡的相位,或由于少数放电神经元中固有的超极化状态而没有效果。这些例子说明了神经振荡遵循的原则,虽然有些令人失望,但我们只能承认振荡中的耦联行为取决于具体情况。

真正的弛豫子在准备阶段有强烈的发生同步的倾向,但它们必须受到足以使它们放电的刺激才能将相位提前。而谐振子则只需要很弱的驱力就能让相位逐渐提前。这些典型特征能被用来探测网络振荡行为的性质。有一个能用来评估振荡性质的简单测验——看它对瞬时干扰(例如单次电击)的反应。[①] 恢复初始节律的动态过程以及干扰的相位依赖特性或许能提供关于网络振荡机制的信息。具有弛豫性质的振荡应当立刻被重置,因为群体由存在时间抖动的异质性个体振荡组成,所以通过将群体成分重置为同相位振荡,便可以增加平均场的大小。

对海马 θ 振荡的实验表明这些振荡并不遵循适用于已知振荡种类的简单规则。它们的重置特性遵循弛豫振荡的规律,但它们的相位重置却不会影响场振幅。

---

① 在海马内使用单脉冲电刺激作为传入信号会重置 θ 振荡(场行为),并能暂时消除所有放电活动(动作电位计数)(Zugart et al., 2005)。在重新组织之后,场振荡和伴随的神经元活动在同一相位开始。多条轨迹叠加的结果表明,在刺激出现之前,局部场电位表现出随机相位分布;在刺激呈现后,其相位分布变得规则。需要注意的是,平均场电位的大小和平均动作电位计数在刺激前后保持不变。这种行为是单一整体振荡的典型特征。

θ 振荡的表现看起来像是一个整体振荡,即便它来自一大群异质的个体神经元。[46] 和其组成成分的弛豫振荡相比,场电位表现出的准正弦集成 θ 振荡能更精准地保持时间(相位)稳定。所以,此处还涉及另一项不明确的规则:相同的宏观电场可以根据许多内源的细胞和网络机制来建立,因此,不同振荡的共振、传输和干扰特性可能相差很多。看起来相同的结构可能促进同步,也可能阻止同步。尽管在后续章节中我提供了一些例子表明存在行为表现相似的振荡,但是到目前为止,对于神经振荡来说,不存在普遍的规则。要确定节律性网络的耦联特性,需要针对具体情况,在相应的条件下设计实验,并借助计算机建模进行研究。[①]

本 章 总 结

　　振荡的存在需要满足两个条件:相互对抗的作用力和正反馈。有对抗作用力但没有反馈的系统只能维持振幅逐渐减小的瞬时振荡,这种现象被称为共振。具有此类特性的神经元和网络会优先处理频率与自身共振相同的输入。神经元的振荡属于极限环振荡或弱混沌振荡。有两种定义明确的振荡——谐波振荡和弛豫振荡,大脑中有很多这两类振荡的例子。谐波振荡的相位是恒定的,因而可以进行很好的长期预测;弛豫振荡可以快速有效地同步。大脑中的振荡倾向于综合利用这两类振荡的特点。单神经元振荡的主要原因是电压门控通道具有使细胞膜去极化和超极化的对立特性。由于胞体-树突区域细胞膜上离子通道的分布存在差异,所以神经元能够产生多种振荡和共振特性。这些特性能够通过改变神经元的输入电阻或影响通道开放的概率而进行动态调整。中间神经元尤其容易发生共振,而且它们是网络振荡的主要组成部分。

　　神经元的集体行为通过同步而建立,同步是一个借助特定时间段定义的相对术语,它的定义是:在某段时间内,之前的输入引发的事件仍保有痕迹,这些痕迹会改变目标对后续其他输入的反应。能够被目标神经元在时间上整合的事件之间是同步的。尽管对单神经元而言,这个时间窗的长度在几十毫秒范围内,但是神经元之间通过振荡形成的联合能够将有效同步窗口扩大到上百毫秒甚至数秒。群体同步能够增加群体的有效输出,在不改变个体细胞放电率的情况下,也能够产生群体同步。因此,通过振荡形成同步是一种以较低能耗实现巨大影响的机制。神经元组合是相互作用的放电神经元之间形成的短暂联合。清醒大脑中的神经元组合

174

---

　　① 我们可以建立很多不同的计算机模型来模拟相同的神经生理特性。举个例子,针对龙虾口胃神经节,普林茨等人(Prinz et al.,2004)使用不同的突触强度和神经元特征组合,构建了超过 2000 万种幽门系统的三细胞模型。他们发现迥然不同的模拟机制可能会产生几乎难以区分的网络行为,这表明很多不同的突触强度和内源膜特性的组合可能对应一致的某种网络表现。然而,仅有少数的组合具有生物学相关性。正如保罗·埃尔德什所强调的,在诸多可能的解决方案中,只有那个最优雅巧妙的方案被书写在"上帝之书"中(见第 1 章)。

通常在 γ 频带内同步。群组的行为是神经元之间自组织互动的结果,这种自组织作用可能是认知功能的来源。

随机共振可能是一种用于选择性提取信息的机制,它还可能用于推导信息发送组合的内在动力学度量。不过,由于产生白噪声(随机噪声)的代价高昂,神经网络选择使用不同频率的振荡性事件间的瞬时耦联,这种方法保留了随机噪声的益处。

大脑的默认状态：休息与睡眠中的自组织振荡

本章其他注释

把忧虑的乱丝编织起来的睡眠，

那日常的死亡，疲劳者的沐浴，

受伤的心灵的油膏，大自然的最丰盛的菜肴，

生命的盛筵上主要的营养。

———威廉·莎士比亚，《麦克白》[①]

对大脑功能和运作的描述通常从大脑对环境输入的反应开始。这种方法通常借助信息论的框架，尝试根据大脑对不变物理刺激的反应推断神经元处理信息的机制。然而，大脑具有一些不需要及时环境输入的功能，例如各种难以定义的心理操作以及睡眠，这些重要功能无法使用信息论的方法解释。此处我要介绍的是另一种途径，它从研究不受干扰、处于休息或睡眠阶段的大脑开始，并且研究这个过程中大脑的状态变化。大脑对环境干扰的反应这一话题将会在后续章节中再进行讨论。[②]

休息和睡眠是神经回路和神经系统进行自组织运作的最佳范例。即便不存在任何外部"激发"因子或指示，大脑组织也可以产生自发的群体活动模式，事实上，它也确实是这么做的。丘脑-皮质系统中的神经元可以支持几种状态，这些状态按照某一可预测的设计编排并按顺序出现。大脑的"状态"是一个宏观变量，它反映

---

① 译者注：中文翻译来自朱生豪。

② 信息论对信息概念进行了量化，此处我们指的是如何通过动作电位（神经元的数字输出）重建输入信号。麦凯（MacKay）关于信息论的全面介绍可以在网上找到（MacKay，2003）。关于从动作电位中重建感觉信息以及对该话题的全面量化处理，请阅读 De Ruyter et al.，1997。

176 在系统的平均场行为上,通常是一种带有明显特征的振荡模式或是不同振荡模式之间的转换。大脑的状态来自参与的神经元,并由电压门控通道的激活、神经递质和神经调质的可及性、突触权重的分布等一系列参数定义。而网络振荡等大脑状态相关的变量反过来又会限制单独神经元的放电模式。[①] 大脑的状态在睡眠过程中会发生转变,但可以根据之前的状态预测这种状态随时间的转变。

睡眠是研究大脑状态变化的绝佳模型,因为这个阶段中大脑状态的变化不是外界影响导致的——它是大脑内部产生的。在状态空间内拥有可预测路径或轨迹的复杂系统被称为"确定性系统"(deterministic system)。睡眠就是这样一种确定性的状态变化过程。然而,大脑网络如何在睡眠中改变状态变化的轨迹,又如何维持其稳定,我们对这些问题背后的机制所知甚少。迄今为止,大多数针对睡眠生理的研究都致力于分别理解各个睡眠状态,理解每个阶段的生物物理学和药理学基础。这些研究帮助我们进一步理解了生理性睡眠机制和疾病导致的睡眠异常。几乎每一种精神疾病都伴有一些睡眠时长或模式的改变,它们通常被当成清醒阶段大脑原发性变化的结果。然而,我们同样有理由换个方向考虑这一问题,认为是睡眠结构的改变导致了清醒大脑反应性的变化。某些神经回路参与了各种睡眠状态及其变化过程,破译这些神经回路的自组织动力学密码,或许是我们理解大脑如何对环境干扰做出反应的关键。[1] 在本章中,我将讨论和睡眠与静息态相关的振荡及其机制。在第 8 章中,我会就这些振荡的功能展开讨论。

丘脑——新皮质的搭档

177 对于具有复杂连接的较大系统来说,要划定边界通常比较困难。对于新皮质来说自然也是如此,因为它的内部存在无数皮质模块和高密度局部连接——它们来自生物物理特性基本差不多的神经元。[②] 远距离连接的聚类已为我们进一步划分新皮质提供了一些解剖学线索,而且它也为我们将皮质分为视觉、听觉、躯体感受、运动、语言、空间及其他系统提供了理由。对新皮质功能的进一步划分,以及远距离跨区域的信息整合都来自新皮质的主要传入和传出对象:丘脑。丘脑的形状类似足球,它位于两边新皮质半球的原点,有点类似大分子内的原子。如同在第 2 章中所言,之所以采用这种空间排布方式,或许是因为它能尽可能地使丘脑到所有皮质区域的距离相等,这样一来,才能使用长度最短的双向连接进行最快速的轴突信息传递。

---

① 睡眠中的振荡行为为相互因果关系提供了典型证据。涌现出的场振荡可以被视为一个限制神经元产生动作电位的时间甚至是概率的指令参数(集群性神经元振荡)。

② 特定的细胞组成结构差异确实能反映不同区域之间的界线,例如,灵长类动物的初级视皮质内第 4 层中的星状细胞(stellate cell)密度很高,而运动皮质内巨型锥体细胞的密度很高。然而,这些解剖学上的形态结构差异可能只是功能分离的结果而非原因。在早期发展阶段,不同的新皮质组织之间是可以互换的,组织间的不同主要是根据其功能性输入来划分的。

根据教科书中的说法，丘脑是一大群中继核（relay nuclei）的集合。中继核扮演着类似海关和边境巡逻队的角色，它们是新皮质获得躯体和周围物质世界中信息的唯一来源，除嗅觉之外的所有感觉形式都要先经过丘脑的检查才能被传给新皮质。迄今为止，我们仍不清楚丘脑如何对输入刺激进行评估，这主要是因为负责不同感觉形式的核团之间似乎没有协同合作关系。即便是相邻的神经元也不能彼此直接交换信息，因为它们之间基本没有用于连接的局部轴突侧支，只有少部分核团中存在很稀疏的连接。这些神经元的轴突投射到新皮质上，主要终止于第 4 层，但也会投射到第 5 层和第 6 层，因此，它们被称为丘脑-皮质神经元（thalamocortical neuron）。[2] 在这个早期阶段中保持感觉信息之间彼此分离或许相当重要，如此便可以避免来自不同感官的信息在此处混杂在一起，毕竟丘脑没有足够的能力提取特定形式的感觉信息。各形式间相互分离的丘脑输入造就了新皮质中有行为学意义的功能定位。

和皮质主要的锥体细胞类似，丘脑-皮质神经元通过释放谷氨酸来激活目标搭档。然而，丘脑中通过解剖学定义的核团数比感觉信息的种类要多得多。事实上，很大一部分丘脑-皮质回路和初级感觉信息没什么关系。在丘脑的传入路径中，有一部分是来自小脑和基底神经节的重要信息，但丘脑接受的大部分传入信息来自新皮质。根据精巧的排布规划（图 7.1），自下而上的丘脑-皮质连接和发自第 6 层以及第 5 层的皮质-丘脑连接之间构成了往复通路。事实上，丘脑是第 6 层锥体细胞唯一的皮质外目标，而且这些细胞几乎支配了所有丘脑核团，这表明皮质-丘脑反馈相当重要。而第 5 层锥体细胞（它们用于快速传导的主轴突投射到脑干）的侧支则以不接受初级感觉或运动信息的丘脑核团为目标。威斯康星大学麦迪逊分校（University of Wisconsin, Madison）的雷·吉勒里（Ray Guillery）以及纽约州立大学石溪分校（State University of New York at Stony Brook）的默里·谢尔曼（Murray Sherman）将这些（接受第 5 层锥体细胞投射的）丘脑核团称为"高级核团（higher-order nucleus）"，以和接受特定感觉动作信息的"初级核团（first-order nucleus）"区分开来。最重要的是，高级核团会投射到相对较广泛的皮质区域，因此，它们能够将传入的皮质信息散播到皮质其他区域中。[3] 和初级核团相比，高级核团中神经元的轴突更为密集，皮质覆盖范围也更广，这些都反映出高级核团散播作用的重要性。

丘脑的连接模式和新皮质共同演化而来，然而，皮质区域的增长速度要快得多。例如，小鼠中丘脑-皮质神经元的数量和皮质目标神经元的数量比大约在 1∶10 的水平，而在人脑中，这一比例甚至小于 1∶1000。虽然丘脑增大的速度没有赶上快速发育的新皮质扩大的速度，但丘脑内高级核团与初级核团的比值在物种之间存在差异，灵长类动物的高级核团占比相对更大。这表明，对哺乳动物大脑的演化而言，改变皮质-丘脑-皮质连接的分配比扩大初级感觉通路广度更重要。

178

179

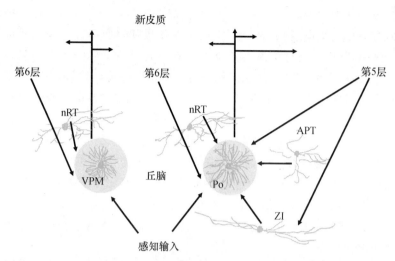

图 7.1　控制初级丘脑核团和高级丘脑核团的新皮质结构不同，不同核团接受的 γ-氨基丁酸能作用也不同。图中显示的是与躯体感觉相关的初级核团腹后内侧核（VPM，ventral posteromedial nucleus），和高级核团后侧丘脑核（Po，posterior thalamic）。初级核团接受来自新皮质第 6 层的投射支配，还受 γ-氨基丁酸能丘脑网状（nRT，reticular thalamic nucleus）支配。这些核团的投射只分布于有限的皮质区域。高级核团接受来自新皮质第 6 层和第 5 层的兴奋激活作用，而且除 nRT 之外还受未定带（ZI，zona incerta）和前侧顶盖前区（APT，anterior pretectal nucleus）内 γ-氨基丁酸能系统的抑制。这些高级核团的神经元向范围很广的皮质区域发出投射。参考自拉斯洛·阿查迪（László Acsády）和迪迪埃·皮诺（Didier Pinault）。

以上所述概括的连接模式表明，丘脑自身没有办法实现重要功能，它无法在没有新皮质的条件下增删信息。然而，丘脑与新皮质之间形成了往返的兴奋性连接，这使得振荡行为很容易发生，这一机制完美地混合了丘脑与皮质的信息。[4]

丘脑的细胞组织结构十分独特。在新皮质中，抑制性细胞嵌于兴奋性网络中，紧邻它们的目标，而丘脑中大多数 γ-氨基丁酸能中间神经元都位于丘脑室周围一层被称为丘脑网状核的薄壳中，还有一小部分位于其他皮质下核团内。在演化过程中为什么会出现这样抑制性细胞群和兴奋性细胞群在空间上彼此分离的组织方式？这一组织方式又有什么优势？对此，我们仍没有确定答案。这种将 γ-氨基丁酸能神经元聚集在一起并远离轴突目标的排布方式有一种可能的优点：它可以使神经元之间通过电突触和广泛分布的树突-树突突触等途径实现有效的局部交流。反过来，树突-树突突触又能够释放并感知在局部分泌的 γ-氨基丁酸，因此这些局部作用机制可能对丘脑网状核的整体功能至关重要。[5]

丘脑-皮质神经元的轴突在去往皮质的途中穿过丘脑网状核，并发出侧支支配抑制性 γ-氨基丁酸能神经元。丘脑网状核内的中间神经元比丘脑-皮质神经元的数量少得多，因此，很多丘脑-皮质神经元和新皮质第 6 层神经元会共同与一个丘脑网状核神经元相连,这样一来,丘脑网状核神经元就能够与大量丘脑-皮质神经元连接。这些丘脑网状核神经元大多通过高密度局部轴突侧支双向交换信息;然而,也有少数丘脑网状核神经元具有中等范围或大范围的神经支配区域,并能影响空间分布更广泛的丘脑-皮质神经元。[6] 除了丘脑网状核外,高级丘脑核团还接受其他抑制性神经元的支配,它们来自一组某种程度上相连的结构,包含未定带、间脑前方的顶盖前核以及黑质网状部。这些丘脑网状核外抑制系统内的神经元不直接从丘脑-皮质神经元那里接收信息,而是接收从第 5 层神经元轴突侧支传入的信息。这些丘脑网状核外抑制性结构可被视为丘脑功能边界的延伸。[7] 丘脑本身缺乏往返的侧支连接,所以无法产生持久的、逐渐扩张的兴奋激活,因此,或许有人会问,为什么丘脑-皮质神经元需要如此大规模的抑制性控制作用? 仅从解剖连接角度获得的信息不足以解答这一问题。

单个细胞对丘脑-皮质振荡的作用

在 20 世纪 60 年代初期,澳大利亚国立大学(Australian National University)生理学系的佩尔·安德森和约翰·埃克尔斯(John Eccles)发现,与预期相反,刺激猫的新皮质或前腿神经往往导致丘脑-皮质神经元在初始时处于抑制状态,随后,过几十至几百毫秒,会出现一系列快速动作电位。因为在放电之前需要抑制诱发的超极化过程,安德森和埃克尔斯将这一发现称为"阳极后过度兴奋"(post-anodal exaltation)现象。[8] 10 年后,纽约大学的鲁道夫·利纳斯及其博士后享里克·杨森(Henrik Jahnsen)发现了这一令人费解的现象背后的细胞机制。当时,大多数生物物理学家研究神经元的方式是向细胞体内施加不同大小的方波,并估计由此产生的膜与动作电位动力学。鉴于神经元不通过方波脉冲进行交流,所以利纳斯怀疑这并不是研究的最佳方式,于是他与杨森采用多种波形进行实验,并发现,即使去极化或超极化引发的任意波形导致了相同的膜电位,此时丘脑-皮质神经元反应的性质也并不相同。如果是通过突触激活或通过细胞内电流去极化,丘脑-皮质神经元的表现和典型神经元一致,它们都会产生动作电位序列。然而,令研究者惊异的是,即便没有任何外部去极化驱力,只是从超极化状态中被快速释放出来,丘脑-皮质神经元同样会做出反应。事实上,这些神经元每 3～5 毫秒就会释放一系列动作电位,用专业术语来说,即它们产生爆发式(burst)动作电位。由此产生了关于神经元的新发现——某些类型的神经元(例如丘脑-皮质神经元)不但能够通过兴奋激活作用放电,而且也能在脱离抑制性作用的时候放电。

这种"反跳式"兴奋的机制是 Ca^{2+} 通道(即后来人们所知的 T-通道)的去失活作用(deinactivation)。[9] 因此,丘脑-皮质神经元能够通过两种存在本质差异的方式放电:和新皮质锥体细胞一样,去极化能够诱发丘脑-皮质神经元产生具有节律性的独立峰电位;而当丘脑-皮质神经元从超极化状态中被释放时,T-通道被激活,

Ca^{2+} 内流,诱发慢速峰电位。由于慢速 Ca^{2+} 峰电位是去极化过程且会持续数十毫秒,因此,在此之上通常会伴随一系列快速 Na^{+} 峰电位。这一发现相当重要,它表明存在一种完全不同的信息传递方式。在"高保真"Na^{+} 峰电位模式下,兴奋性作用相当强烈,会迅速使神经元放电,此时,会聚的兴奋性输入带来的去极化作用越强,丘脑-皮质神经元的输出就越快。而在"低保真"Ca^{2+} 峰电位模式下,输入的效果极度依赖神经元的状态:当神经元爆发放电时(处于占空比期),对传入的兴奋性刺激不敏感(处于不应期);在爆发放电后,由于 Ca^{2+} 内流激活了超极化 K^{+} 通道,所以神经元处于超极化状态,这一过程大约持续数十毫秒,此时的神经元仍不易对传入信息做出反应。这种非线性行为造成了另一个重要结果:如果同时存在反方向的作用力,那么便有了产生振荡的必要条件。来自耶鲁大学(Yale University)的戴维·麦考密克(David McCormick)的工作表明了这一点。在超极化时,另一类电压门控通道 I_h 倾向于使神经元复极化。I_h 也被称为"起搏器通道(pacemaker channel)",因为它最早是在心电起搏器——窦房结中被发现的。通过细胞内电极将膜电位调整到一个合适的超极化范围,此时丘脑-皮质神经元会以 0.5～4 赫兹的频率产生爆发式动作电位,而且这个过程几乎可以一直进行下去(图 7.2)。因此,只要超极化程度适当,每一个丘脑-皮质神经元都可以成为一个 δ 频率的时钟样周期性振荡器。对它们而言,相反的驱力就是既有超极化作用又有兴奋激活作用的混合阳离子(即 Na^{+} 和 K^{+})电流 I_h 和低阈值 Ca^{2+} 电流 I_T。这些电流在不同的膜电压水平下被激活:神经元超极化水平超过−65 毫伏时,I_h 被激活,使神经元细胞膜缓慢去极化,直到激活 I_T,产生低阈值 Ca^{2+} 峰电位。在这一峰电位产生过程中,I_h 失活,峰电位终止时发生"过度"超极化(hyperpolarizing "overshoot"),转而再次激活 I_h,重新开始循环。除电压外,I_h 的激活状态同样对细胞内 Ca^{2+} 浓度敏感,因此,细胞内 Ca^{2+} 浓度变化能够调节 I_h 电流的强度,并将时钟样的周期性 δ 振荡转变为更类似完整大脑中起伏波动的振荡模式。[①]

基于多种原因,这些发现相当有趣。第一,这表明大自然"费尽心机"地将这些通道以适当的密度和位置组合到一起,只为实现一个目的——产生振荡。[10] 仅仅为了在睡眠过程中维持神经振荡,大脑在演化过程中竟留下了一个心脏中常见的离子通道,很难想象一种如此复杂且耗能的设计竟只是一种副产品。即使这种丘脑-皮质神经元的爆发式放电同样可用于传递感觉信息,但无可争辩的是,它们在睡眠过程中占据了主导地位。第二,尽管密度和空间分布差异巨大,但包含上述这些通

---

① 猫的完整大脑中,丘脑-皮质神经元以 δ 频率产生爆发式脉冲(Curro Dossi et al., 1992),在去除新皮质后,这些神经元的振荡变成时钟样周期性模式(Timofeev et al., 2000)。在丘脑切片(McCormick & Pape, 1990; Leresche et al., 1990; Soltész et al., 1991)和计算机模拟的单细胞模型(Toth & Crunelli, 1992; Destexhe et al., 1993; Wang, 1994)中,同样观察到了类似的以 δ 频率发放反弹式脉冲的起搏器振荡。相关综述可见 Destexhe & Sejnowski(2001)的文章。

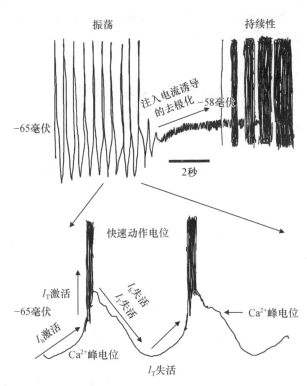

图 7.2 单个丘脑-皮质神经元的振荡模式。上图：膜电位在−65 毫伏时，神经元维持稳定的 1～2 赫兹振荡(左)。细胞膜去极化诱发持续性的快速 Na^+ 峰电位(右)。下图：时间上交替进行的两个事件。超极化激活的 I_h 电导("起搏器")使细胞膜复极化，膜电势升高到 I_T(低阈值 Ca^{2+} 电流)的激活范围内。I_T 被激活，诱发较宽的 Ca^{2+} 峰电位，其上伴有快速 Na^+ 峰电位。Ca^{2+} 峰电位诱发的去极化使 I_h 失活并抑制 I_T 活性，随之产生的超极化诱发相同的新循环过程。参考自 McCormick & Pape(1990)的文章。

道在内的各种促进振荡的通道在很多皮质神经元当中都存在，因此，它们在皮质神经元中可能具有类似功能。第三，如果多个丘脑-皮质神经元之间协同合作，它们的这些单细胞特性能够引发皮质目标神经元产生 δ 频率的振荡。最后一点，抑制诱发的反跳动作电位不来自任何特定的感觉输入。因为它们由抑制触发，所以从某种意义上说，它们对表征上游的兴奋性输入"无效"。因此，反跳动作电位是自生成动作电位模式的典例，这些自生成模式与下游神经元通信的首要依据是丘脑网络的状态。

与丘脑-皮质神经元类似，丘脑网状核神经元中也包含 I_T 通道，因此也能产生低阈值 Ca^{2+} 峰电位。尽管和丘脑-皮质神经元相比，这些细胞上 I_T 通道的反应动力学更慢，而且激活时所需的膜电位去极化程度更高[11]，但孤立的丘脑网状核神经元仍然可以维持振荡。然而，此时 I_T 的反向作用不来自 I_h，而是来自 Ca^{2+} 激活的

K⁺ 电流 $I_{K[Ca]}$。在孤立的丘脑网状核神经元中,强烈的超极化脉冲也能诱发 δ 频段的爆发式动作电位,然而这个诱发的振荡很快就会减弱,这表明丘脑网状核神经元不是 δ 振荡的关键。[①]

184

从单神经元到网络振荡

发现了低阈值 Ca^{2+} 通道和其他活性离子通道之后,我们对丘脑功能的认识便彻底改变了,一个全新的、成果颇丰的丘脑研究时代就此开启。完整动物大脑中的研究、体外切片制备研究与计算机模拟研究齐头并进,不同研究者之间常进行激烈的思想观点交流。针对处于静息与睡眠状态的丘脑-皮质系统,人们已经发现了其中存在的多种节律,包含 α 波(8～12 赫兹)、μ 节律(8～12 赫兹)、δ 波(1～4 赫兹)、睡眠纺锤波(10～20 赫兹)及相关的超高频振荡(300～600 赫兹),还有慢 1～慢 4 节律(0.05～1 赫兹)。这些振荡模式被统称为"丘脑-皮质振荡",表明丘脑和皮质都会参与其中。然而,针对每一种振荡模式,不同的研究人员通常会强调丘脑和皮质二者中某一个的首要支配作用。

对丘脑-皮质振荡的研究大致可分为两个历史阶段:在 19 世纪,我们只是简单地观察;而在 20 世纪,我们开始以某种原始但可控且可量化的方式创造它们。这些年来,出现了很多著作和综述讨论这些迷人但复杂的节律,主要的争论围绕它们的最小基底(即丘脑与新皮质之争)和它们的机制展开。所有自我控制的丘脑-皮质振荡都具有一个共同功能——决定外周感受器检测到的关于外部世界的信息是经由丘脑被分配到皮质网络中进行进一步处理还是直接忽略,或是决定何时这些外部信息能够经由丘脑分配传入皮质网络。大脑需要从皮质等丘脑下游目标中分离出感觉输入,但为什么会选择振荡作为实现这一目标的方法呢?原则上讲,这种门控功能可以通过没有任何振荡性成分的持续性 γ-氨基丁酸能抑制性作用实现。然而,借助快速 γ-氨基丁酸 A 受体实现的抑制只能让细胞在几十毫秒内保持静息[12];借助 γ-氨基丁酸 B 受体实现的抑制性作用稍长一些,但此时需要释放更多的 γ-氨基丁酸,使这些神经递质分子能够被动扩散到受体处。[13] 这些仍然是可以想象的,然而,如果想使这种门控功能维持数秒,就应当以某种方式保证 γ-氨基丁酸可以持续被释放——这正是在睡眠状态下的情形。只有通过持续激活丘脑网状核和网状外 γ-氨基丁酸能神经元才能使 γ-氨基丁酸的释放量增加,而这需要来自皮质下神经元、感觉(丘系)、皮质-丘脑束或丘脑-皮质神经元的持续输入。然而,进入睡眠状态后,释放乙酰胆碱、5-羟色胺、去甲肾上腺素和组胺的皮质下神经元的放

185

---

① 由 I_T 通道介导的胞内 Ca^{2+} 增长同样会激活一个非特异性的阳离子电流 I_{CAN},它具有使细胞膜去极化的倾向。在丘脑网状核神经元模型中,合并这些电流的作用,产生的反弹式爆发电位的频率在 8～11 赫兹内,不在更高频的睡眠纺锤波范围内(Bal & McCormick, 1993; Destexhe & Sejnowski, 2001)。对于睡眠纺锤波的产生而言,网络连接必不可少。

电率会下降[14]，具体的丘脑传入通路和初级感觉皮质的神经元也是如此。这样一来，能起到活化 γ-氨基丁酸能核团作用的细胞就只剩下丘脑-皮质神经元了，而它们却正是需要被抑制的对象。此外，如果丘脑-皮质神经元通过随机放电维持抑制状态，那么它们的无意义活动也会被新皮质感知，这可能会导致新皮质连接随之发生随机改变。[①] 正如这一思维实验所示，在一个相互连接的系统中，要使主要细胞群保持静息并不容易。丘脑-皮质网络会一直保持活跃，很少选择默认的静息态。因此，如果没有外部控制，持续性或随机的抑制性作用并不是阻止兴奋激活的有效机制。另一种忽略输入信息的机制是通过基于抑制的振荡，它可以对神经活动进行时间更久的周期性压制。在丘脑-皮质系统中，不同的振荡不仅代表不同的状态，而且它们还依赖不同的离子作用机制。[②]

皮质内涉及的区域范围主要取决于振荡的频率，一般来说，更慢的振荡包含更多同步激活的神经元。在广大且区域间连接有限的新皮质网络中，神经元信息的分布借助 3 点来实现：γ-氨基丁酸能丘脑网状核神经元和丘脑-皮质神经元之间的特殊连接关系；神经元独特的生物物理特性；通过广泛投射的丘脑高级核团实现的局部皮质信息播散。和不会改变的皮质间连接不同，丘脑-皮质连接中轴突传导延迟会逐渐增强，因而途经丘脑的信息传递"捷径"对所有新皮质区域而言几乎等长。[③] 有了丘脑作为桥梁，局部新皮质神经元集群之间的有效连通性可以根据当前运算的需要而改变。这样一来，即便皮质神经元之间实际解剖距离很远，这种振荡机制也有能力使它们进行时间上的联合，从而实现新皮质的整体化过程。因此，各个皮质区域之间，除了跨区域远距离连接外，丘脑提供的辐射状"捷径"也是减小突触路径长度所必需的。[15] 由于参与其中的丘脑和皮质模块具有共振特性，因此较弱的连接能够借助相位调制被放大，所以和不具有振荡性质或振荡频率不同的模块相比，频率间具有共振关系的模块之间交换信息的难度更小。[④]

从这一新的解剖-生理角度来看，丘脑不再是大量独立的中继核，而是一个巨大的通信中枢，它以灵活的方式帮助连接广大的皮质区域。在这个皮质—丘脑—皮质回路中，神经元活动传播的主要机制就是自我维持的振荡。

186

---

① 人们认为丘脑介导的感觉输入在皮质回路微调过程中起着关键作用（Katz & Shatz，1996）。根据这种假想的机制，丘脑神经元的随机放电会使皮质内神经元以随机方式连接。

② 除了丘脑网状核外，对丘脑的抑制性作用还来自未定带和黑质网状部。这些 γ-氨基丁酸能核团形成了一个连续系统，它们共同影响丘脑内的初级核团和高级核团（Barthó et al.，2002；Bokor et al.，2005）。

③ 丘脑枕（pulvinar）是一个很好的例子，它是一个起视觉信息关联作用的丘脑核团。枕核包含视皮质 V1～V5 的模糊映射以及其他皮质投射，因此，间接皮质—丘脑—皮质回路能够模仿直接皮质—皮质回路的作用，但是这个回路包含更广泛的重叠部分。这些分布广泛的投射使枕核能促进并维持皮质中同步的区域间组合，还能延续它们活动的时间。通过这些方式，枕核得以协调皮质信息处理的过程（Shipp，2003）。

④ 霍彭施特德和伊兹克维奇（Hoppenstead & Izhikevich，1998）使用无线电调频（frequency modulation，FM）对此进行类比：振荡的频率编码无线电台，而信息通过相位调制进行传输。

睡眠中的振荡模式

不像大部分身体部位,大脑在晚上同样非常忙碌。睡眠的主要功能就是让大脑与其他身体部位和外部环境隔绝开来,因此,我们将睡眠称为"默认状态"。对猫来说,如果在其脑干的上丘和下丘之间进行水平横切,此时所有去往丘脑的皮质下输入都会被截断,那么新皮质将会表现出以 10～20 秒频率交替的起伏振荡模式,同时也表现出相对平缓、电压较低的脑电图波形。这是一种高度横切的大脑操作,会导致猫的瞳孔收缩,比利时布鲁塞尔自由大学医学院(L'école de Médecine de l'Université Libre de Bruxelles)的弗雷德里克·布雷默(Frederic Bremer)称之为"*cerveau isolé*"。此外,在浅层睡眠阶段同样能观察到与之类似的睡眠纺锤波(见后续描述)。出于这两点原因,布雷默得出结论,脑干横切造成的传入神经受阻的大脑处于持久性睡眠状态。[16] 如果横切的区域位于脑桥,保留了中脑的关键结构(例如释放去甲肾上腺素的蓝斑和释放胆碱的脚桥核/外侧背侧顶盖核),那么猫会在大部分时候保持觉醒,同时瞳孔会放大,并能追踪视觉刺激。[①] 另一种不同的操作被称为"*encéphale isolé*",它在紧邻脊髓上方的髓质尾端进行横切,经过这种操作处理的猫会表现出正常的睡眠/觉醒周期。这些实验以及后续很多实验得出的主要结论是:使丘脑-皮质系统维持清醒的是皮质下神经调质,而非来自身体和外部环境的感觉刺激。此外,丘脑-皮质系统本身无法表现出按一定顺序变化的睡眠阶段,它本身只能维持单一的浅层睡眠状态。

我们的大脑在编排睡眠状态的过程中发展出了一套精巧而复杂的规则,鉴于睡眠并不是清醒期活动暂停那么简单,所以进行这种安排的背后必定有很好的理由。对人类来说,睡眠至少可以分为 5 个阶段,它们的唤醒阈值逐渐增高,最深的睡眠阶段是快速眼动睡眠(图 7.3)。前 4 个阶段被统称为非快速眼动睡眠(non-REM sleep),对它们的区分主要根据观察到的睡眠纺锤波和 δ 波的相对数量。第 1 阶段是清醒与睡眠状态的过渡期,这个阶段的脑电图电压值相对较低,各个频率互相混合,以慢速 α 波和 θ 波为主。第 2 阶段的典型特征是睡眠纺锤波和 K-复合体的出现。第 3 阶段是睡眠纺锤波和 δ 波(占 20％～50％)的混合,而第 4 阶段中 δ 波活动占据了主要地位,睡眠纺锤波只是偶然出现。大约一半的睡眠时间处于第 2 阶段和第 3 阶段,第 4 阶段只占全部睡眠时长的 5％～15％,而且在人 40 岁后第 4 阶段可能完全消失。第 3 阶段和第 4 阶段通常被称为"慢波睡眠"或"δ 睡眠"。尽管将睡眠阶段进行分类对于临床诊断和应用很有帮助,但是这些阶段之间的时

---

① 参见 Batini(1959)的文章。在觉醒/睡眠过渡期间,不仅感觉输入会减少,还有很多其他机制都会对这一过渡起作用,例如皮质下神经调质的释放会降低(Steriade, 2001a)。脑干释放的各种神经调质主要影响其目标细胞的慢速 K$^+$ 通道,并能够有效打乱这些神经元的放电时间(Steriade & Buzsáki, 1990)。

间界限并不清晰。第 5 阶段（快速眼动睡眠）的电学模式具有清醒时头皮脑电图的特征，这一阶段睡眠的特征还包括肌张力丧失、做梦等。在成年人的睡眠总时长中，快速眼动睡眠占 20％～25％，它的出现标志着一个非快速眼动/快速眼动周期的结束。

通常情况下，一晚的睡眠中会包含四五个非快速眼动/快速眼动周期，每个周期的时间为 70～90 分钟。这 5 个阶段排列成周期性序列，使睡眠在宏观上具有了阻尼振荡的表现（图 7.3）。① 不断变化的睡眠模式可以根据各种振荡进行分类，这些振荡的频率不同，涉及的皮质和丘脑结构也不同。次昼夜周期性不是睡眠独有的，它还表现在白天警觉水平和认知表现的振荡性变化中。② 也就是说，不需要环境输入或明确算法，大脑就能够产生时间上和神经元空间上具有复杂轨迹的自组织活动。

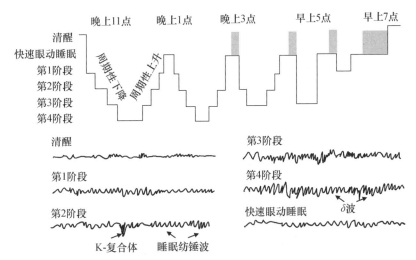

图 7.3　睡眠是一种周期大约为 90 分钟的阻尼振荡。上图：一个年轻的成年人一晚的睡眠时相序列图。图中包含周期性上升和下降阶段。下图：每个睡眠阶段的典型头皮脑电图片段。参考自 A. A. 博尔贝伊（A. A. Borbely）。

在第 5 章中我们提到，大脑中信号的 $1/f$ 特性反映了它们的历史依赖性，这是很多长时段合并的结果。然而，如果使用更短的时间片段，这种对高维和高熵信息绘制的长程图像将产生很大变化，这是因为瞬态振荡耦联具有降维和增加有序性的作用。基于我们对振荡所需条件的了解，不出所料，每个变化的睡眠阶段都具有

188

---

① 睡眠的阻尼振荡模式在个体发育过程中并不永远固定，而且这种模式受很多精神性疾病的影响。

② 对主观困意的主成分分析和对日间脑电图的客观频谱分析结果均表现出与次昼夜节律之间的相关性，前者的周期大约是 100 分钟，后者的周期是 3～8 小时，其中午后的嗜睡指数最高（Tsuji & Kobayashi, 1988）。

独特的振荡模式。振荡是平衡系统固有的整体行为,它的频率取决于其组成成分的一些时间常数,例如,对神经振荡而言,就是神经元的固有特性或突触以及轴突传导延迟。在丘脑-皮质系统中,来自神经元的固有特性、轴突传导、突触延迟的诸多时间常数,为振荡的频率范围和参与神经元的空间范围提供了多种可能。下面我将简要介绍睡眠的典型生理模式。

睡眠纺锤波

睡眠纺锤波是自然条件下非快速眼动睡眠的标志。在慢速 α 波占主导的阶段,睡眠纺锤波只是偶尔出现,随后它们出现的次数与强度便逐渐增加。随着睡眠进一步加深,这种振荡的影响力逐渐增强,神经元对其他输入和动作干扰的反应性逐步下降。

产生睡眠纺锤波的关键因素是 γ-氨基丁酸能丘脑网状核神经元和兴奋性丘脑-皮质神经元共同被激活。想象共同支配一个或多个丘脑网状核神经元的一小群丘脑-皮质神经元,偶尔,它们能够一起放电,就像剧院表演结束后观众鼓掌一样。整体振荡产生所需要的只是一个同步性足够高的信号源,从而诱发某些丘脑网状核神经元放电,当然,如果是同步爆发的动作电位就更好了。放电的丘脑网状核神经元的轴突侧支分叉,连接了很多丘脑-皮质神经元,于是它们会使这些神经元发生超极化。下一个关键性事件是抑制性电流使丘脑-皮质神经元的膜电位进入 I_h 活化范围,而后 I_h 会使细胞膜发生去极化,并因此激活 I_T,进而在一开始引发这些事件的神经元和其他神经元中产生爆发式动作电位。由于在超极化的丘脑-皮质神经元中这种反弹动作电位同步出现,因此它们可以引发新一轮的电流活动,并借助和之前一样的机制让更多的细胞参与到新的周期中。[17] 为支持这个理论假设,麦考密克和同事发现,一个丘脑网状核神经元爆发一次动作电位,能在丘脑-皮质神经元中引发一个抑制性突触后电位,这一突触后电位强度足以产生反弹的低阈值 Ca^{2+} 峰电位和随后爆发的动作电位。其中一些爆发动作电位的丘脑-皮质神经元反过来会使原先的丘脑网状核神经元产生一系列"回返"或"反馈"性的兴奋性突触后电位。这个简单的双突触回路被认为是睡眠纺锤波产生的基础。

即使这个简单的模型能够根据已知的连接和单神经元生物物理特性解释睡眠纺锤波产生的原因,它仍无法解释丘脑-皮质睡眠纺锤波的一些其他特点。第一个问题是自发的同步性信号源可以相对同时地发生于丘脑的数个位置,如果只有丘脑内局部连接,那么便很难解释这些睡眠纺锤波源头之间是如何同步的。事实上,体外切片和计算机模型研究都表明,如果只考虑局部连接,那么睡眠纺锤波几乎会在任意位置出现并以大约 0.5 毫米/秒的速度传播。而在完整大脑中,丘脑内睡眠纺锤波是同时出现的,这也解释了为什么在相对较大的区域内记录到的皮质睡眠纺锤波同样是相干的。加拿大魁北克拉瓦尔大学的米尔恰·斯泰里亚德和同事设计了巧妙的实验，证明了整体同步性的皮质机制。他们首先针对完整的猫的大脑进行实验，使用巴比妥酸盐诱导，观察到了数毫秒内实现同步的丘脑睡眠纺锤波。随后，他们切除了猫的整个皮质，但这并未阻止丘脑睡眠纺锤波的继续出现。然而，此时的睡眠纺锤波不再是同步出现的，其表现更类似于离体单独培养的丘脑切片中的睡眠纺锤波，也就是说，不同丘脑位点独立产生不同步的睡眠纺锤波。如果一个出现在某处并向其他部位传播的睡眠纺锤波在传播途中遇到了另一个睡眠纺锤波，那么它们之间的碰撞将会阻止它们的进一步传播。

双神经元搭档模型存在第二个问题是无论针对人类还是其他动物，在额叶记录到的睡眠纺锤波（大约 12 个/秒）都比中央顶叶记录到的（大约 14 个/秒）更慢[18]，而这个模型中的单起搏器假说无法解释这一现象。这些同步过程中的差异进一步支持了不同于该模型的观点[①]——丘脑中可以产生多个同步源头，借助相应的新皮质网络，它们之间得以在时间上相互协调。[19]

慢 1 振荡

在 1993 年 8 月出版的《神经科学杂志》（*The Journal of Neuroscience*）中，连续发表了 3 篇关于同一主题的论文。在这些论文中，斯泰里亚德和他的合作者描述了一种新的皮质振荡模式。他们打破了用希腊字母给频带命名的传统，将新发现的神经振荡称为"慢速振荡"，因为这种振荡的频率低于 1 赫兹（在第 5 章中我们将其称为慢 1 节律）。尽管这个名字相当朴实，但这一新的振荡模式却迅速成名。很快人们就发现，在人类的睡眠脑电图中存在慢 1 振荡，而且在体外皮质切片制备研究中，我们也实现了对这种振荡模式的重现。 **191**

新皮质锥体细胞的膜电位在 $-80 \sim -70$ 毫伏和动作电位阈值之间阶梯式变化，慢 1 振荡与这一变化过程之间存在关联——这或许是这种振荡模式最重要的特征。超极化时期的下沉状态并不仅由突触抑制导致，神经元可以在这种状态下维持数秒，这比根据 γ-氨基丁酸受体介导的抑制性作用预期的时间长得多，也比根据动作电位的后超极化过程预期的时间长得多。事实上，处于下沉状态时，神经元的膜电位几乎是平坦的，表明此时几乎不存在突触活动。在聚氨酯麻醉下对猫进行的细胞内和细胞外记录表明，膜电位在超极化（下沉）和去极化（上升）状态之间进行突发且有节律性的变化，这种上下切换能够触发睡眠纺锤波。在人类头皮记录的脑电图中，这种上下切换会产生一种峰电位，即非快速眼动睡眠中的 K-复合体。在大鼠的躯体感觉皮质中使用多个硅探针进行大范围记录的结果表明，细胞处于下沉状态时几乎不放电。处于下沉状态的神经元输入电阻增加，而且研究者 **192**

---

① 皮质远距离连接使丘脑活动同步化。在丘脑多个部位中巴比妥酸盐诱导的睡眠纺锤波（8~9 赫兹，持续 1~3 秒）具有同步性。在去除皮质后，每个电极位点仍能记录到睡眠纺锤波，但它们的时间同步性被破坏了（Contreras et al.,1996）。

发现在这些神经元附近的细胞和远处的细胞会同步改变状态,这些证据进一步支持了下沉状态中缺乏突触活动的说法。在新皮质、内嗅皮质、下丘、丘脑和纹状体(striatum)等大片区域内,大多数神经元要么同时超极化,要么停留在接近动作电位阈值的上升状态。因此,超极化的下沉状态主要反映了突触屏障的撤除,因为此时几乎所有神经元都处于静息状态;而上升状态则可能来自第 5 层锥体细胞的循环激活作用,此状态的特征在于皮质深层和浅层的自我维持性去极化活动。上升状态和下沉状态之间的动态变化过程还未得到详细的研究。[20] 从多个角度来看,细胞膜电位的这种双稳态行为都会使人联想到膜通道的开放/关闭状态,只不过这种行为具有更大的尺度。无论是对膜电位还是膜通道而言,它们的整体模式可能是随机产生的,也可能遵循幂律。[①]

虽然引发细胞外空间内慢速节律的是很多神经元极化状态的相干变化,但我们还是可以从中分离出上述这种上升和下沉变化以及慢 1 振荡。例如,在深度麻醉状态下,数秒的静息后会跟随数秒的上升;切断了皮质下输入并阻断了远距离连接的孤立小型皮质组织同样能支持上升和下沉变化。然而,短暂的、持续 1～2 秒的上升状态之间则被持续时间长达 1 分钟的完全静息态分割。在皮质切片中同样可以复制出上升和下沉转变模式,这表明这种振荡模式发生的最小条件(或许也是充分条件)是皮质内连接。然而,在体外切片制备研究中,持续时间较长(1～3 秒)的上升状态会被持续时长为 5～10 秒的静息态分割。[②]

这种从静息态向群体活动状态的快速转变使人联想起自组织临界状态,在这种状态下,系统组成成分之间的非线性相互作用会在没有任何外界因素的条件下随时间逐渐演变为临界状态。另外,外部的干扰也能够改变复杂系统的状态,使其进入临界状态。例如,如果在细胞的最短不应期之后向处于下沉状态的系统施加电刺激,那么就能够诱发它向上升状态转变;反之,相同的刺激同样可以终止上升状态。这些体外电刺激研究有助于我们深入理解新皮质网络双稳态的机制。在静息态施加的刺激诱发的兴奋性作用比抑制性作用略强,这种干扰使回返式皮质网络中出现了一种兴奋和抑制的平衡模式,并能据此使活跃状态维持一段时间。当网络处于活跃状态时,相同的刺激便会引发更强的抑制性作用,从而迅速终止上升状态。这种现象相当有趣,因为相同的皮质输入能够使网络状态产生截然相反的变化,而具体的变化模式则取决于网络过去短期内的状态。

让活跃的网络重新安静的机制目前还没有被充分理解。很多因素都可作为兴奋激活的反向驱力,共同让网络恢复到静息态,具体的因素包括使神经元输入电阻

---

① 脑电图和脑磁图的行为在 10～20 次/秒的频率范围内遵循幂律(Linkenkaer-Hansen et al., 2001),而且睡眠纺锤波和上升状态之间的切换相互耦联(Steriade et al., 1993b),由此表明了后一种理论的可能性。

② 一个完全静息的皮质网络可以自发恢复活动,这个事实为神经元的默认状态是放电而非静息这一观点提供了进一步的支持。

降低、产生细胞活动依赖的 K^+ 电流、通过兴奋激活获得的抑制性作用等。能够增加 K^+ 电导或增强 γ-氨基丁酸作用的麻醉剂可以延长下沉状态的时间。相反，清醒大脑中的皮质神经元几乎都处于上升状态，因为皮质下神经递质的主要作用之一就是降低皮质神经元的 K^+ 电导。

兴奋传播的主要机制是循环和侧向激活。由于轴突传导速度较慢，因此这一过程需要一定的时间。使用电极刺激网络，并记录不同距离处的神经活动，我们就会发现随着神经元与刺激电极之间距离的延长，细胞转向上升状态的潜伏期也逐渐增长。自发的兴奋事件也以波的形式传播。在皮质切片中，兴奋并不一定始终来自同一个"种子"，不同事件中兴奋的起点可能存在差异。[21] 以人类为对象的研究同样记录到了慢速振荡的行波特性。每个单独的波都起源于一个确定位置并以 $1 \sim 7$ 毫米/毫秒的速度传播，经过大脑皮质的小部分区域或大片区域。这种传播速度比被麻醉猫的孤立皮质板或大鼠的皮质切片中的传播速度大约快了 10 倍，这可能是由于完整的大脑中存在中等距离连接和远距离连接。[22]

参与连续上下转变的神经元不是随机的。在完整的大鼠大脑中，相同的一群神经元具有引发上升转变的倾向，而参与后续各个事件和转变的神经元集群也非常相似。我们还不清楚是何种因素的作用使某些神经元成为启动者，而另一些则跟随其后，但一个很可能起重要作用的因素是突触连接。和突触连接较弱的神经元相比，具有紧密突触连接的神经元更容易参与初始活动。我们只能猜测，决定兴奋传播方向的突触权重（即连接强度）来自清醒状态下的经验。这一由于突触强度的非随机假设可以解释为什么麻醉操作不会抹除麻醉之前的记忆。如果神经元在麻醉剂的影响下随机放电，那么它们的活动可能会使所有突触权重相等，从而导致从前习得的技巧和经验有被抹除的风险。

慢 1 振荡的作用正如预期——它偏向于 γ 振荡、睡眠纺锤波等非快速眼动睡眠相关的模式。此外，这种慢速振荡还可以解释慢波睡眠的另外两种振荡模式——δ 波和 K-复合体。从临床角度讲，我们对这两种模式的了解更多。

δ 波的起源

195

如上所述，在麻醉状态下，上升与下沉状态的持续时间可以很长，在孤立的皮质板中尤为如此，其中神经元的静息态甚至可以维持数十秒。在未用药物处理的完整大脑中从不曾出现这样长的静息态（下沉阶段）。在第 3 和第 4 阶段的睡眠中，脑内出现的最长静息态可以持续 $100 \sim 500$ 毫秒，与之相关的是头皮表面的负向缓慢振荡模式，即 δ 波。类似慢 1 振荡的下沉状态，δ 波在整个新皮质中同步出现。因此，我们可以得出结论：慢波睡眠中出现的 δ 波对应慢 1 振荡的短暂下沉状态。虽然此时新皮质各层内几乎所有的锥体细胞都差不多同时处于静息态，但此时可测得的细胞外电流主要来自第 5 层神经元胞体的活动。胞体中向超极化转变的过程会表现为皮质深层正波,而且这个过程会吸引浅层电流,而浅层皮质内的 δ 波具有负极性。这种对 δ 波的新解释符合先前关于 δ 睡眠模式的认识。在 δ 振荡期间,深层正波与 K^+ 电导和单神经元输入电阻的增加有关,而通过激活乙酰胆碱或去甲肾上腺素等神经递质,它们的作用可以被轻易消除。[23] 如上所述,在睡眠的深层阶段,丘脑-皮质神经元能够维持 δ 频带(1～4 赫兹)的振荡。与此同时,新皮质也会产生若干具有相同周期范围的 δ 波。这种对应的一种可能机制是丘脑输出使新皮质在上升和下沉状态之间来回转换。我们还不清楚是什么引发了这种转换,但这之中可能包含数种机制,其中可能就有新皮质的作用。因为当没有丘脑时,新皮质也能出现上下转换模式,而没有新皮质时,丘脑-皮质神经元只能产生不同步的 δ 振荡。[①]

196　　　皮质与丘脑回路之间往返连接,是转换的双向开关,它们很容易影响对方的双稳态。皮质神经元在膜电位回升期同步放电,能够导致丘脑网状核神经元向上升状态转变,此时,丘脑网状核神经元对其他兴奋性输入(例如来自丘脑-皮质神经元的一串刺激)更加敏感。这一串来自丘脑-皮质神经元的同步刺激还可以改变皮质神经元的状态,具体变化方向取决于它们的膜电位。从这个角度出发,睡眠第 4 阶段中的 δ 振荡是皮质上下转换活动在时间上的特殊情况,其中上升与下沉状态之间相对对称,并与 δ 波持续的时间相对应。上述过程中的关键在于丘脑-皮质神经元超极化的程度足够,并且大范围内的皮质神经元随之发生暂时性静息,这一过程在脑电图中表现为空间上相干的 δ 波。[24]

上下转换引发 K-复合体和睡眠纺锤波

几十年前,我们就已发现,睡眠纺锤波之前通常会出现一个尖锐的大振幅波形,其形状类似英文字母 K,因此,这一成分被称为 K-复合体。这是一种独特的脑电模式,它在睡眠的第 2 与第 3 阶段最常见,而此时也正是睡眠纺锤波出现率最高的阶段。K-复合体的场电位和部分皮质神经元的集体爆发性放电有关,这些皮质神经元包含投射到丘脑的第 5 层和第 6 层锥体细胞。这样强烈的同步输入会直接或间接导致丘脑网状核细胞放电,从而诱发睡眠纺锤波。那么 K-复合体又是如何产生的呢?在更浅层的睡眠中,所有形式的感觉刺激都能诱发 K-复合体,包括在床上微小的体位变化。这种多通道多形式的感觉输入能够解释产生于皮质不同部位的慢波/K-复合体的空间变异性。由于这些原因,人们一直在争论 K-复合体的

---

①　丘脑-皮质联合的所有神经元类型都会参与到大规模 α 振荡、睡眠纺锤波、δ 振荡甚至慢 1 振荡中,虽然每一种振荡模式的主导因素各不相同。电压门控通道的参与可以解释睡眠纺锤波振荡和慢速振荡之间的竞争关系,因为某一时刻的细胞膜只能处于一个电压水平。在睡眠纺锤波期间,丘脑-皮质神经元的膜电位为 -65～-55 毫伏,而 δ 振荡发生时膜电位为 -90～-68 毫伏。在睡眠期间,丘脑-皮质神经元的进行性超极化可能解释了为什么早期阶段睡眠纺锤波占主导,而第 4 阶段 δ 振荡占主导(Nuñez et al., 1992)。此外,一部分丘脑网状核神经元也具有上升和下沉状态(Fuentealba et al., 2005)。

意义——它反映的究竟是瞬时皮质觉醒还是保护睡眠的事件？[25] 大脑可能通过自组织产生睡眠纺锤波的机制使睡眠纺锤波与 K-复合体频繁地关联出现，并借此使皮质不受感觉输入的影响。

睡眠纺锤波的内源性触发因素是慢 1 振荡的上下转换，这些转换与皮质锥体细胞范围广泛且高度一致的放电行为相关。在细胞外，大量神经元快速上下转换导致了一种复杂的波形——自发 K-复合体（图 7.4）。如果丘脑-皮质神经元处于 I_h 和 I_T 的激活范围，此时又有大量皮质神经元迅速参与到上下转换的过程中，那么就会产生睡眠纺锤波。在人类中，慢 1 振荡和睡眠纺锤波的出现高度相关，这种现象反映的正是上述这种关系。如果向上升状态转换使皮质神经元发生足够强的去极化，那么可能会诱发瞬时 γ 振荡而非睡眠纺锤波，这种睡眠中的瞬时 γ 振荡可能能够表明临床术语"微觉醒"（microarousal）的正确性。

197

睡眠周期的下降期与上升期

在过去几十年中，我们对各种睡眠振荡机制的理解取得了惊人的进展。然而，我们仍对一些问题知之甚少，包括这些振荡之间的相互作用，以及不同睡眠阶段转换发生的机制。睡眠中的大脑在处于有大量 δ 振荡的第 4 阶段一段时间后，就会从这一高度抗干扰的状态下降到浅层睡眠状态。在上升期经过第 2 阶段睡眠时，丘脑-皮质系统会面临一个重要的选择——进入快速眼动睡眠还是醒来。在随后的睡眠周期中，下降期与上升期的时长非常相似，但它们的调节深度在夜间逐渐减小（图 7.3）。在每个上升期的顶端，大脑都会面临同样的分歧问题——醒来并具有控制身体的能力，或丧失对骨骼肌系统的控制并进入快速眼动睡眠。[①] 然而，在起初的 4 个睡眠周期中，大脑通常都会选择快速眼动睡眠，只有在第 5 或第 6 个周期之后，大脑才会一直选择那条"通往觉醒的路"。[②] 睡眠阶段的所有转换与维持都是逐渐进展的，不需要监督或外界因素的作用。[③]

快速眼动睡眠的前脑脑电图和其他很多生理参数都与清醒状态时非常相似。然而，在快速眼动睡眠期间，感觉输入影响大脑的能力最弱，肌张力几乎完全消失，

---

①　大脑仍然负责维持重要的自主功能，例如心率、血压、体温、呼吸、肠道运动、血糖等。此外，大脑与躯体之间的交流还包括激素信号，这也是在所有睡眠阶段中都保持活跃的功能（McEwen & Lasley，2002）。

②　参见 Born et al.（1999）的文章。在上升期顶端时，大脑在清醒与快速眼动睡眠之间的"选择"或许是睡眠周期中让人最感兴趣的一点，因为这是选择同时增强还是阻断感觉输入和运动输出。快速眼动睡眠是大脑不受环境和身体影响的极端活动。

③　昼夜变化可能是影响睡眠的外部因素，该因素可能通过昼夜节律振荡产生影响。脱离了这种外部相位重置事件的人类被试会发展出逐渐延长的睡眠周期和成比例逐渐延长的觉醒周期（Strogatz et al.，1986）。很多精神疾病会明显改变正常大脑中有规律的睡眠模式。我们通常默认睡眠障碍是在日常生活中和外部环境互动的结果，然而果真如此吗？主要的干扰是否来自大脑的自组织活动（就像睡眠模式一样）？疾病是睡眠模式改变的原因吗？我们已经知道，睡眠剥夺会引起幻觉、重度偏执等其他症状（Babkoff et al.，1989），这似乎支持了上述猜想。

身体瘫痪,无法对环境做出反应。由于存在前脑生理参数和骨骼肌系统状态之间
198 的差异,因此法国睡眠研究先驱米歇尔·茹韦(Michel Jouvet)将这一阶段的睡眠
称为"矛盾(paradoxical)睡眠"。[①]

考虑到睡眠具有确定特性,因此我们应该可以根据初始条件(即受日间经历影
响的神经网络状态)预测睡眠的序参量和神经元组成。[②] 我们会在第 8 章中继续讨
论这些有趣的话题。

各类 α 振荡:部分脱离环境影响的表现

睡眠可以被视为一种极端状态,将整个大脑皮质从环境输入中孤立出来。那
么如果一次只去除一种环境输入的影响呢?这就像闭上眼睛一样简单,眼睛闭上
之后,眼球就停止了常规的、用于观察世界的慢速运动和快速运动。自汉斯·伯格
的研究以来,我们就知道,此时(枕叶)视皮质会出现大振幅的节律性 α 振荡。闭眼
和眼球运动停止的作用其实是释放振荡而非触发振荡,因为这种振荡活动并不存
在单一的诱发原因。枕叶 α 振荡被视为大脑节律的原型。在皮质中,α 振荡广泛
分布,并因各种各样的特异性和非特异性刺激或行为在局部减弱。正在进行的枕
叶 α 振荡可以被各种过程迅速终止,且可以被一直阻断,终止 α 振荡的具体过程包
括睁眼、眼球运动、视觉想象,甚至是诸如算数运算等心理活动。虽然 α 振荡在视
觉区域最为明显[26],但在皮质的大片区域内都可以记录到 α 振荡,例如额叶眼区
(frontal eye field),这些皮质区域负责眼睛的运动。枕叶和额叶的 α 振荡相对独
立,典型的表现就是它们的频率不同:枕叶的 α 振荡频率更快,而在靠近大脑前侧
199 记录到的 α 振荡频率更慢。对 α 振荡频率范围的传统界定是 8~12 赫兹,然而,这
种振荡频率的个体差异其实相当大,α 振荡的平均频率随年龄、性别甚至智力的不
同而变化,它的频率在人类婴儿中很低(小于 7 赫兹),在青年期达到最大值,随后
随年龄增长而下降。

在感觉-运动皮质可以记录到一类振荡,其频率和枕叶 α 振荡相似,或许其机
制也与之相同,然而,这类振荡的产生条件却与枕叶 α 振荡完全不同。它与有没有

---

① 茹韦(1999,2004)使"矛盾睡眠"这一词语广为流行。在这种睡眠状态下,脑电模式和清醒状态非
常相似,但此时唤醒被试比在慢波睡眠(非快速眼动睡眠)中更困难。格劳什詹和考尔莫什(Grastyán & Kar-
mos,1961)在猫身上发现了类似的电生理特性(其中包括海马 θ 振荡),并将此归因于做梦。

② 如果环境保持稳定,那么我们预期睡眠模式和睡眠相关振荡的动作电位成分也会保持不变。有证
据支持这一预期:同步记录的大鼠海马神经元的放电率在至少 12 小时内保持高度相似,而在这期间,它们在
熟悉的环境内经历了数个睡眠/觉醒周期(Hirase et al.,2001)。

视觉刺激无关，但它的产生需要骨骼肌保持固定不动[①]，只要握紧拳头或动动指头，就能阻断这种振荡。而且这种振荡的波形也与枕叶 α 振荡有所不同，它具有尖锐的峰值和拱形图像，类似希腊字母"μ"，因此它常被称为"μ 节律"。这种运动-静息相关的节律被不同研究者多次"发现"，因此，描述它的术语也有很多，例如 "en arceau" "arcade" "comb" "wicket" 等。"罗兰多区 α 节律""中央 α 节律""躯体感觉 α 节律"等这些不那么富含诗意的术语则说明这种振荡主要发生在皮质中央沟（Rolandic fissure 或 central sulcus）两侧区域。[②] 重要的是，即便对于像主动运动手指这类非常简单的运动而言，μ 节律也会在实际运动前约 2 秒时减弱，这表明（大脑）对主动运动的时间运算相当精密。在皮质的辅助运动区（supplementary motor area）同样也观察到了 α 节律[③]，这一节律通常和中央 μ 节律相干，当手指或手腕运动时，它们都会被低振幅的 γ 节律取代。奥地利格拉茨大学（University of Graz）的格特·普富尔契勒（Gert Pfurtscheller）及其同事在"计划"运动时选择性地抑制局部 α 节律，最早说明了辅助运动区中 α 节律的固有性和独立性。如果没有明显的运动动作但有运动计划，此时 α 节律和 μ 节律可以在空间位置上被分离开。此外，高空间分辨率研究也表明 μ 节律会以躯体特定区域为单位被选择性减弱。单独移动手指、脚、舌头等身体部位会使相应躯体感觉区内的振荡被阻断，但这些区域周围脑区内 μ 节律的功率则会增强。[④]

赫尔辛基科技大学（Helsinki University of Technology）的丽塔·哈里（Riitta Hari）及其同事使用脑磁图进行研究，在听皮质（颞叶中部）内发现了另一类 α 节律。他们将其称为"τ 节律"，表明它起源于颞叶。τ 节律（或第三 α 节律）不受视觉或躯体感觉刺激的影响，也不受眼球或手部运动的影响，但听觉刺激可以有效阻

200

[①]　固定不动可以通过两种不同的方式影响躯体感觉皮质的活动。第一种方式是当骨骼肌收缩时，肌肉的状态会通过肌腱中的肌梭（muscle spindle）和牵张感受器被"报告"给躯体感觉系统。运动皮质产生的指令要么使肌肉收缩，要么使肌肉放松舒张，而这些变化都能被躯体感觉系统记录。另一方式更为直接，如果外周的输出和输入被截断，此时动作神经元能够直接影响躯体感觉皮质神经元的活动性。我们对这种皮质内回路的了解很少，但自冯·霍尔斯特和米特尔施泰特（von Holst & Mittelstaedt, 1950）以及斯佩里（Sperry, 1950）的工作之后，人们认为这种感知回馈过程对区分自我运动和外界变化造成的感觉至关重要。

[②]　中央沟是分隔额叶和顶叶的明显脑沟，它分开了初级感觉区和初级运动区。

[③]　辅助运动区（布罗德曼 8 区）位于初级运动皮质前方，对于运动的发起和时序组织相当重要。

[④]　参见 Pfurtscheller & Berghold(1989)、Pfurtscheller(1992)、Andrew & Pfurtscheller(1996)、Manganotti et al.(1998)的文章。这些通过头皮电极记录得到的发现被硬膜下网格电极记录的结果所证实（Arroyo et al., 1993）。然而，克龙等人（Crone et al., 1998）同样使用硬膜下网格电极记录，但没有发现这种空间地形特性。在这一研究中，他们发现运动导致了大范围的去同步化，其中就包括同侧的躯体感觉皮质。普富尔契勒等人（Pfurtscheller et al., 2000）认为地形选择性只有在 μ 节律的高频段（10～12 次/秒）才能观察到，而广泛分布的非特异性衰减则被较低频率（8～10 次/秒）的运动诱发。

断这一节律。① 虽然不同 α 节律的频率和波形有所不同，但它们具有一个共同的关键特点：它们自发地出现在特定的皮质感觉区、运动区、丘脑初级核团中，不需要相关的感觉输入或运动输出。② 它们可以独立出现，也可以通过适当的刺激被有选择地抑制，这表明和不同感觉形式相关的皮质区域能相对独立地维持特异性输入活动。综上所述，α 节律作为一种生理现象，反映了丘脑初级核团和与之关联的初级感觉区与运动区在未受干扰时的状态。涉及感觉和运动的不同区域中的 α 节律能够被单独阻断，这充分说明了大脑皮质中的分工。综合前述，这些发现表明，初级和高级丘脑-皮质系统之间的差异，除了解剖学连接不同、γ-氨基丁酸能控制来源不同（分别从丘脑网状核和未定带接受抑制性作用）之外，还具有大尺度的生理行为表现——α 节律差异。③

α 节律的起源

我们对 α 节律的行为学关联研究较多，了解也较为全面，与之相比，我们还没有对其起源的明确解释。解释 α 节律起源的假说可以分为两大类。主要由神经生理学家支持的第一类假说是起搏器模型④，这个假说假设 α 节律是来自皮质或丘脑神经元集群的内源性节律，而这类节律会使其他丘脑-皮质结构相互协同。第二类假说假设这类节律来自四处分布的神经元集群之间的突触耦联，且不由单一神经元集群产生。此类节律出现于极限环或确定性混沌的情形之下，或者是根据时间常数线性过滤的噪声和系统的非线性扩增特性的结果。这些计算机模型都有实验证据支持，但总体上说，这些模型都太模糊了，无法据此确定具体的机制，也无法应用于 α 节律之外的大量神经振荡。[27]

枕叶 α 节律在眼睛会扫视、视皮质较大、具有前向双目视觉的动物中相当突出，但在大鼠这种研究最为广泛的实验动物中和其他夜行性动物中则几乎不存在，或许这就是我们对 α 节律的产生机制知之甚少的主要原因。这个领域内的大部分

---

① 在人类颞叶中存在一种独特的、反映听觉过程的节律，莱赫特拉等人（Lehtela et al., 1997）的发现支持了这一点。他们发现单声道白噪声会选择性阻断 6.5～9.5 赫兹的脑磁图活动，这一被阻断的活动源于上颞叶（superior temporal lobe）。

② 马凯格等人（Makeig et al., 2002, 2004）利用独立主成分分析法区分了后部 α 节律、中央 α 节律和左右 μ 节律。和成人相比，儿童的前部 α 节律功率更低，而且前后电极之间的相干性也更低（Srinivasan, 1993）。

③ 睡眠纺锤波与 α 节律之间似乎存在某种反比关系，α 节律主要发生在初级丘脑-皮质系统中，而睡眠纺锤波主要发生在高级系统中。顶叶-前额叶注意系统和感觉运动区的功能磁共振成像信号之间成反比关系，两种振荡类型在生理上的二分可能和此存在关联（Greicius et al., 2003；Fox et al., 2005）。

④ 严格地说，起搏器是指时钟功能完全由内部机制决定、不受任何外部反馈的装置。然而，起搏器或许需要一些外部的"激活"或能量，但这种外部输入不应该直接影响它的相位输出。例如，手表电池或神经元集群周围的神经递质都不算是反馈。但是，大脑网络是复杂的前馈和反馈系统，而且往往很难区分往返通路扮演的是"激活器"还是节律性反馈提供者。

早期工作由荷兰乌得勒支医学物理研究所的安德森实验室和洛佩斯·达·席尔瓦实验室进行,这两个实验室分别以被麻醉的猫和有活动能力的狗为实验对象开展研究。在实验的同时记录丘脑外侧膝状核和枕叶皮质的活动,结果显示这两个结构之间具有高度相干的群体活动和个体活动,这表明丘脑机制参与了 α 节律的产生。后来对于雪貂与猫的丘脑的体外研究进一步支持了丘脑在枕叶振荡中的关键作用。[1] 在猫的感觉运动皮质同样观察到了类似 α 节律的活动,其活动与腹后侧丘脑核团神经元的放电同步。尽管不同的研究者对这类节律的称谓各不相同,有的称为"躯体感觉节律"(somatosensory rhythm),有的称为"强化后同步"(post-reinforcement synchronization),但这种神经振荡的频率、波形特点,及其对静止状态的依赖性都表明它与人类 μ 节律之间具有很强的同源性。[2]

和视觉相比,啮齿类动物对躯体感觉的表征更为精细,面部触须系统在丘脑和躯体感觉皮质中都对应有序且庞大的表征。[3] 因此,基于演化的连续性,我们期望在大鼠中观察到类似人类 μ 节律的振荡,而实际上我们也确实观察到了。事实上,啮齿类动物新皮质中最有组织的振荡是同清醒时的静止状态相关的节律,其频率为 6~10 次/秒,最大振幅位于躯体感觉皮质。这类振荡的振幅很大,因此我将其称为高电压纺锤波(high-voltage spindle, HVS),其峰值和波形更类似于人类的 μ 节律而不是类似正弦的枕叶 α 节律。和在猫中观察到的一样,在静止期间,每次振荡的持续时间从几秒到数十秒不等,但一旦触须或其他身体部位产生自发或诱发运动,那么这一节律就会迅速消失。和人类中的 α 节律一样,在睡眠期间 HVS 也会消失。

HVS 的长时程动态过程相当复杂,其序列以节律性重复出现,出现时间间隔为 10~30 秒和 15~30 分钟。对 HVS 的研究揭示了丘脑-皮质节律调节的机制之一,它相当精细复杂且涉及范围广阔。丘脑内的丘脑网状核和躯体感觉核团与运

[1]　在安德森和安德森(Andersen & Andersson,1968)的经典专著中主要描述了在动物麻醉状态下进行的实验,其中阐释的机制可能和睡眠纺锤波(而不是 α 节律)的相关性更高。以狗作为实验对象的研究可见 Lopes da Silva et al. (1974, 1977, 1978, 1980)、Lopes da Silva & Storm van Leeuwen(1978)的文章。休斯等人(Hughes et al.,2004)认为促进 α 节律产生的机制包括丘脑-皮质神经元上的代谢型 mGluR1a 受体的激活,还包括这些神经元之间通过缝隙连接进行的耦联。麦考密克实验室的研究主要关注睡眠纺锤波,但这可能也和枕叶 α 节律有关(McCormick & Bal, 1997)。

[2]　塔德乌什·马尔琴斯基(Tadeusz Marczynski)还发现在强化后同步(即 μ 节律)的振幅和动物学会压杆获得奖励所需的训练次数之间存在可靠的正相关(Rick & Marczynski, 1976)。他还指出,光线照射或闭眼都不是节律产生的必要条件。马尔琴斯基发现的这种 α 节律增强现象在很多研究中都有明显表现(例如 Fries et al.,2001b)。关于猫脑中 μ 节律的研究可阅读 Rougeul-Buser & Buser(1997)的综述。

[3]　啮齿类动物的桶状组织(barrel organization)从解剖学角度完美展现了皮质地形表征(Woolsey & Van der Loos,1970)。初级躯体感觉皮质中的每一个桶状体和腹侧后内侧丘脑中的类桶状体和面部特定触须之间存在关联,类似于对手指和其他身体部位的序列表征。相关综述有 Miller et al. (1991)、Kossut (1992)、Swadlow(2002)、Petersen(2003)的文章。

动核团都与 HVS 的峰值成分互相协同,新皮质、纹状体、苍白球、小脑、蓝斑和其他脑干核团中的神经元可能也会间歇性地参与其中。单侧丘脑网状核损伤会导致单侧半球内 HVS 完全消失,而另一侧半球内的 HVS 依然完整存在。[28] 然而,丘脑网状核不能被视为真正的起搏器,因为其活动极其依赖来自丘脑-皮质神经元和皮质-丘脑神经元的兴奋性输入。

新皮质中和 HVS 相关的电流也相当复杂,这些电流中只有一小部分反映了丘脑-皮质神经元的突触活动。事实上,丘脑输入被显著放大,电流分布反映的主要是皮质内部的神经元活动。对此最简单的解释认为,丘脑提供节律,而电流则来自皮质内不同层之间组织形成的相互作用。因为皮质内活动模式在时间上并不严格协调,而且丘脑内初级核团和高级核团都参与 HVS,所以多个场偶极子之间形成多种组合,导致 HVS 波形明显的变异性。因此,大脑表面记录到的看起来相对一致的平均场实际上是众多子模式的组合,而这些子模式只能通过同时监测所有皮质分层才能进行识别和分析。

皮质内和 HVS 相关的强烈激活导致皮质内多层神经元产生超同步化的节律性放电,这一激活还引发了短暂的超快速节律(300～600 次/秒)。[①] 假设枕叶 α 节律和听皮质 τ 节律的产生机制相似,那么我们就可以认为这些节律来自 γ-氨基丁酸能丘脑神经元和丘脑-皮质神经元之间的复杂相互作用以及新皮质对丘脑信号的放大作用。这些步骤都是振荡的必要组成部分。由于 α 类型的振荡在涉及丘脑初级核团的回路中占据主导地位,因此,我们可以得出结论——α 节律的范围表明皮质脱离了躯体和环境输入的影响。

和环境中的某些方面断开联系绝不意味着大脑执行了更少的功能。必须强调的是,α 节律不是睡眠模式。在人类头皮脑电图的功率谱中,几乎所有清醒条件下的 α 节律峰值都非常明显,虽然闭眼和肌肉放松时往往伴随更高的 α 频带功率,但 α 节律不只发生于这些时候。α 节律的"空载"假说("idling" hypothesis)解释了清醒时脑电图中的 α 峰值,这一假说假设不是所有的感觉区域都一直处于活跃状态,眼球或骨骼肌并不是一直在运动,因此 α 频带的能量可能会在某些间隔周期内积累。当皮质柱参与处理来自腿部的输入信号时,其他皮质柱可以与之分离并产生 α 节律,因此,这个"空载"假说表明在感觉信息处理、运动行为和抑制 α 节律之间存在严格的时间关系。然而,这个假说无法解释为何在完成各种认知任务时 α 频带的功率会随任务难度的增加而增加(见第 12 章)。另一种假说认为自组织的 α 节律反映了内部的心理操作,在第 8 章中我们会提供和此类内部过程相关的大量例子。

---

① 超高频涟漪(ultrahigh-frequency ripple,300～600 赫兹)出现于 HVS、睡眠纺锤锤波(Kandel & Buzsáki,1997)以及癫痫样放电(Grenier et al.,2001)中。在大鼠(Jones & Barth,1999)和人类被试(Curio et al.,1994)中,躯体感觉皮质中的涟漪振荡也可以被感觉刺激诱发。

　　总而言之,睡眠和休息状态相关的振荡是大脑中自组织过程的最佳说明。神经元空间内状态改变的轨迹可以根据过去的睡眠状态进行预测,这表明睡眠的动态变化过程具有确定性。然而,我们对驱使大脑改变和稳定期活动轨迹的机制所知甚少,而关于这些状态变化中神经元组成的实验数据则更为稀缺。可以预期,初始状态(即叠加在先前大脑回路之上的清醒经验)既能够影响控制睡眠阶段变化的状态变量,又能够影响这些状态下的整体放电模式。要想了解关于这一猜想的实验证据,请继续阅读后面章节。

本 章 总 结

　　丘脑是新皮质的枢纽之一,它为大脑半球的广大区域之间提供了实现功能的捷径,而且减小了各个皮质区域间的突触路径长度。兴奋性丘脑-皮质神经元和抑制性丘脑网状核神经元都具有多种固有电导,以支持多种不同时空尺度的振荡。丘脑的初级核团和高级核团分别与躯体感觉皮质和关联皮质之间具有相互关联,这种丘脑组织的二分特性同样表现在高级核团所受抑制的来源上,它们受到各类丘脑外结构的不同抑制性作用。

　　如果没有环境输入,那么睡眠中的大脑就会产生自组织活动,这种自组织活动遵循复杂的时间和神经元空间轨迹。在不同的睡眠节律中,丘脑和新皮质参与的程度不同。孤立的新皮质或新皮质碎片本身就能维持自组织节律模式:大脑皮质中局部或所有区域内的神经元都会在可激活状态(上升阶段)与不易激活状态(下沉阶段)之间快速切换。在完整的大脑中,如果皮质网络处于下沉状态的时间已足够长,那么在适当时间内施加的外部影响(例如和睡眠中神经信号相关的外部感觉或身体运动)就能够诱使网络向上升状态转变。上升阶段内持续性的活动来自平衡的周期性兴奋与抑制。皮质网络产生的 Ca^{2+} 和 Na^+ 在细胞内逐渐积累,激活了 K^+ 电流,这种电流与效果逐渐增强的抑制性作用会终止这种周期性活动,并让整个网络恢复静息。

　　下沉阶段的平均时长随睡眠加深而增加。下沉阶段在皮质深层表现为正波,在头皮或皮质表面记录到的信号存在负偏转。这些静息时段是慢波睡眠中的 δ 节律。静息周期和 K^+ 电导的增加相关,这个过程可以被多种皮质下神经递质阻断。和从下沉状态向上升状态的去极化转变相关的神经元同步,在场电位和头皮脑电记录中表现为 K-复合体。随着皮质上下状态转换概率的增加,丘脑-皮质神经元的膜电位逐渐极化。由于丘脑-皮质神经元和丘脑网状核神经元中存在特殊的电压门控通道(I_T、I_h 和 I_{CAN}),因此向上升状态的转换过程能够触发睡眠纺锤波,或诱发主导性 δ 节律。

快速眼动睡眠中的大脑和清醒状态下的大脑具有强烈的胆碱能活动,这是皮质神经元缺乏下沉状态的主要原因。清醒大脑中最主要的振荡是一系列 α 频率范围内的振荡,它们选择性地出现于各个感觉和运动丘脑-皮质系统,而且是在没有感觉输入的情况下出现的。然而,α 节律并不仅是感觉脱离的结果,也可能反映了内部心理过程。

经验对大脑默认模式的干扰作用

本章其他注释

有关睡眠和觉醒,我们必须要考虑这样一些问题:它们是什么?它们是否为灵魂或者肉体所特有?抑或为两者所共有?如果属于两者共有,那么它们属于灵魂或肉体的哪一个部分呢?

——亚里士多德,《论睡眠》①

亚里士多德一点儿也不关注大脑。② 然而,即使我们用大脑机制作为灵魂的替代物或等价物,有个问题在当今和过去 2400 年间同样令人困惑,这个问题是:夜晚睡眠的变化过程是由日间经验决定的吗?还是反过来,由睡眠的自组织过程决定清醒时大脑对环境干扰的反应呢?一个多世纪前就有人猜测,我们从经验中学会的内容起初处于不牢固状态,但随着时间推移,这些记忆内容会增强,而人们认为睡眠可能是这个巩固过程发生的因素。③ 1953 年,人们发现了快速眼动睡眠,并发现它和梦这一主观心理内容之间存在关联,从那之后,睡眠周期中的这

---

① 译者注:中文翻译来自秦典华。

② 本书第 1 章中讨论了亚里士多德关于心和脑的观点。

③ 从最广义的角度讲,记忆指神经元对过去经验的再现,这些经验随时间的推移而持久存在。记忆巩固是一种假想的过程,指长期存储过程中记忆的痕迹逐渐稳定。人们常用相片的显影来类比说明这些概念,拍照片对应记忆的编码过程,而图像的化学显影对应巩固过程。通过复述、回忆、联想、做梦等过程(Squire,1992;Squire & Zola, 1998;McGaugh, 2000;Nader et al., 2000;Sara, 2000;Dudai & Eisenberg, 2004),记忆痕迹可以被重新唤起,而且不断加强。一般来说,如果使神经元活动具有相同的相干时空模式,或重现负责形成特异细胞组合模式的神经吸引子,就为稳定或修补记忆痕迹所需的可塑性变化提供了必要条件。提取记忆不仅能增强记忆痕迹,而且每次提取还能使它们更容易受到影响。记忆痕迹相当脆弱,通过多次的稳定巩固过程,记忆痕迹可以被修改,这是我们记忆"不可靠"特性最基本的神经生理原因(Loftus, 1997)。关于 20 世纪记忆研究简史,可阅读 Milner et al.(1998)的文章。

207 个特殊阶段就被认为与巩固过程相关。自古以来，人们就认为梦是对日常生活中事件的整合，因此我们有理由认为，在快速眼动睡眠期间，于梦中复述所学的信息能够使相关的大脑硬件被重复利用。[1]

虽然早期的大量实验（主要是通过选择性剥夺快速眼动睡眠进行的实验）似乎支持快速眼动睡眠在记忆巩固过程中的关键作用，但最近 20 年来，这些研究的技术和理论问题逐渐浮出水面。第一，快速眼动睡眠中的前脑活动模式和清醒时非常相似。[①] 这就引发了这样一个问题：快速眼动睡眠中怎样的特殊过程不会在清醒大脑中发生？第二，鉴于睡眠是一个动态变化的过程，所以，使用物理手段进行睡眠剥夺，不可能选择性地只剥夺快速眼动睡眠而不影响整个睡眠进程。此外，用于剥夺快速眼动睡眠的操作会引起很大的精神压力，因此，压力可能是睡眠干扰后行为表现变差的原因。[②] 第三，大量临床研究表明，上百万使用抗抑郁药物的患者快速眼动睡眠会减少甚至消失，但他们并没有表现出明显的记忆问题。[③] 最后，还有一个理论上的问题：在清醒时的经验和快速眼动睡眠之间的时段中，记忆的痕迹停留在哪里？[2] 本章中讨论的实验旨在说明睡眠和休息时的确定性模式可以被清

208 醒时的经验干扰，然而，在每天的清醒经验过后，大脑会回到默认模式，并借此重新运行，将个体当前和过去的经验交织结合。

睡眠和休息期间自组织神经振荡的行为学影响

我们一生中有 1/3 的时间在睡觉，其中大部分时间处于非快速眼动睡眠期，因此，复杂的大脑发展出这样精心编排的周期性重复睡眠阶段一定有其原因。在睡眠期间，维持大脑活动的代谢成本仅略有下降，而且在很多不与感知觉相关的结构中，能量消耗甚至与清醒时相当，这间接地说明了睡眠的重要性。[3] 即使对冬眠的动物而言，其大脑的代谢水平仍然相对较高。

睡眠的特点在于神经元活动的高度同步，这个特点来自睡眠周期内不同阶段的强烈振荡。然而，关于睡眠中构成神经振荡的神经元的实证研究结果却相当有

---

① 快速眼动睡眠中的大脑和清醒时的大脑当然存在区别。例如，在清醒时，一些皮质下神经调质释放水平会达到峰值，而快速眼动睡眠期间它们的释放量最低，这些神经调质包括 5-羟色胺、去甲肾上腺素、组胺以及下丘脑分泌素。然而，这些已知的清醒大脑与快速眼动睡眠期大脑的差异都无法解释快速眼动睡眠对记忆巩固的特殊作用（Macquet & Franck, 1996）。

② 使用物理手段进行快速眼动睡眠剥夺的常规做法是每当检测到实验对象进入快速眼动睡眠时就将其唤醒。对小型动物而言，最经常使用的方法是倒置花瓶法（inverted flower pot）：在水池中放置一个小型平台，每当动物进入快速眼动睡眠时就会因失去肌张力而掉入水中。显然，被唤醒后的实验对象不会立即回到和先前相同的非快速眼动睡眠阶段，因此这一过程不是选择性的。

③ 人们还想象，睡眠（尤其是快速眼动睡眠）会刺激清醒时没有得到充分利用的突触，从而维持这些突触连接（Fowler et al., 1973；Krueger et al., 1995；Kavanau, 1997）。根据这种说法，在快速眼动睡眠期间，神经元可能会随机放电，从而消除清醒时对突触连接的修改（Crick & Mitchison, 1983）。还有一些评论文章反驳了认为快速眼动睡眠是记忆巩固唯一机制的观点（Buzsáki, 1998；Vertes & Eastman, 2000；Siegel, 2001）。

限。根据在海马中进行的实验(见第 12 章)推断,我们暂且假设在睡眠和休息期间,丘脑-皮质振荡的神经元内容受清醒时经验的影响。[4] 如果是这样的话,那么反复激活与最初经验时相同的神经元和突触或许有用,这是因为增强或减弱神经元之间突触连接的分子过程所需的时间相当长。[5] 通过回放清醒时所学信息的组块或片段,睡眠能够使这些信息维持足够长的时间,从而能够完成这个慢速分子过程。

然而,即使未来的研究能提供令人信服的证据,证明清醒时和睡眠期间新皮质中神经元集群的构成具有相似性,这些观察结果本身也无法充分证明睡眠振荡的关键角色。虽然如此,但物理学知识和计算机模型或许能够提供一些线索,帮助我们理解大脑中神经振荡在这个过程中的作用。谐波振荡是极佳的存储装置,这是因为,我们可以借助短期观察的结果可靠地预测或回忆这个振荡在长时程范围内的行为。举个最简单的例子来支持这一观点:一个网络中的神经元随机连接,并且网络的振荡可以被"开启"和"关闭"。在振荡开始之后,参与的神经元及其序列活动就只取决于开始状态和神经元之间的连接。对于一个无噪声系统而言,神经元活动的顺序会以可靠的形式一直持续下去。或许你还记得这样的情形:在播放旧唱片时,唱片机的唱针总是不停地滑向同一个外部凹槽,因而产生了恼人的重复片段。与之类似,除非这个振荡受到外界干扰(就像唱针被手动移到另一个凹槽中),否则这个振荡网络就会永久性地重复其自身模式。这一结果相当重要,因为这意味着即使偶然出现了突触传递失败,大脑仍可以根据重复的序列放电模式可靠地重现初始振荡状态。而以相同初始状态重新开始的群体活动会引发相同的序列放电模式。举个和这一过程相关的例子,癫痫小发作(petit mal seizure,即失神发作),该疾病的特征是丘脑-皮质系统中规律性的 3 赫兹棘慢波,随后立即恢复正常神经元活动。被发作时棘慢波(持续时长为数秒或数分钟)打断的句子通常会在癫痫发作结束后继续进行(赫伯特·贾斯珀,个人交谈)。这是一种令人困惑的现象,对此,一种可能的原因是引发节律的初始状态被"封印"为确定性振荡,在发作结束后,这个振荡可以被解封恢复。

如果正在进行的振荡受到了瞬时干扰,那么情况就会变得更为复杂,此时,新的活动序列反映的是初始状态和干扰的组合(在第 12 章中会就此展开讨论)。[6] 我们可以大胆一些推测,干扰大脑内部动态过程的日常经验也会留下它们的痕迹。在睡眠过程中,大脑不受干扰时,日常清醒期间的活动对突触连接和离子通道分布进行的改动就会被"封印"在各个睡眠阶段的自组织振荡中。鉴于睡眠中状态的变化是一个固定的过程,因此这一可能性是存在的。因为在睡眠的不同阶段中会逐渐演变出多种振荡模式,所以神经元回放的动态过程应该也会随时间的推移而变化。假设睡眠期间丘脑-皮质系统内果真存在由经验诱发的神经元模式,但迄今为止,我们仍对这一模式知之甚少。

　　睡眠的内容与经验相关,这一点缺乏坚实的生理学证据,然而这并没有阻止具有好奇心的心理学家测验记忆巩固的两阶段模型在现实生活中的影响。目前,德国吕贝克大学(University of Lübeck)的简·博恩(Jan Born)为非快速眼动睡眠在记忆形成过程中的关键作用提供了令人信服的支持性证据。[①] 在不同的实验中,博恩团队使用视觉纹理辨别任务和配对词语(如骨头/狗)关联任务,发现被试在睡眠后的表现明显改善。重要的是,他们发现这类改善主要来自夜间前 4 小时的睡眠(包含大量第 3 阶段和第 4 阶段睡眠),随后的睡眠时段(主要包含浅层睡眠和快速眼动睡眠)对此影响较少。[②] 哈佛医学院的罗伯特·斯蒂克戈尔德(Robert Stickgold)及其同事具有类似发现,他们发现睡眠后记忆增强的程度和早期夜间慢波睡眠的含量呈正相关。此外,在白天小睡后(其中主要包含慢波睡眠),被试的行为表现同样会提升。[7]

　　睡眠有助于提升创造力,这或许算得上是睡眠研究领域内最吸引人的结果。或许你曾有过这样的体验:头天晚上无论如何也无法解决某个问题,但第二天睡醒后就自然而然地想到了它的答案。博恩团队在实验情境下对这种符合常识的心理现象展开了研究。他们请被试根据特定要求推出数字序列的最后一个数字,但其中隐含了不需要完整推导就能得到答案的规律——答案就是序列中的第二个数字,而被试只有在进行若干个试次之后才能发现这一暗藏的简单解法。实验组被试在睡前进行两个试次的实验,此时他们并没有意识到其中隐含的规律,但第二天清晨再次进行这一任务时,大多数被试都发现了隐含的规律,即获得顿悟。与之相比,控制组被试在白天进行实验,他们在两次进行该任务之间保持清醒,任务间隔时长与实验组保持一致,但这一清醒时段对获得顿悟的作用相当有限。在很多关于著名科学家、作家、音乐家的轶事中都提到了睡眠会促进创造过程,而这个研究首次使用控制变量的实验对此话题进行了探讨。[③] 在本书第 12 章,我们会讨论该过程可能的生理学基础。

---

　　① 必须强调的是,记忆不是单一的术语,依据相关脑机制的差异,记忆具有多种形式。陈述性记忆(declarative memory)涉及个人过去经历的事件(情景记忆)和一般知识(语义记忆),这些记忆能够被"有意识地"提取并加以陈述。人们认为这种记忆依赖海马-内嗅皮质系统。其他形式的记忆依赖其他系统(如小脑、纹状体或杏仁核),这些记忆涉及程序性技能、习惯(如骑自行车或发音)和情感,它们不能被"有意识地"提取(Tulving, 1972, 2002; Squire, 1992; LeDoux, 1996; Eichenbaum, 2002)。

　　② 在该研究的视觉辨别任务期间,部分被试可以进行 3 小时睡眠,其他被试则全程保持清醒。结果表明只有主要包含慢波睡眠的早期夜间睡眠才能显著提升行为表现(Gais et al., 2000)。

　　③ 参见 Wagner et al. (2004)的文章。相关轶事如奥托·勒维关于迷走神经研究的梦,具体可见序言及序言第 3 页脚注①;门捷列夫发现元素周期表,具体可见 Strathern(2000)的文章。此外,马凯和鲁比(Maquet & Ruby, 2004)提到了其他著名人物关于睡眠促进洞察力的轶事。

清醒经验对自组织模式的干扰

前面提到的实验表明,在睡眠过后,对睡前学会的技能或记住的材料进行测试时表现会提升,但或许会有人反驳,认为表现的提升只是由于经过了一段时间而已。虽然在经历了同等时长的清醒阶段后并没有观察到表现提升,但这也可能是由于清醒时后续的其他活动造成了干扰,其效应抵消了时间带来的行为进步。为了让睡眠的影响更具说服力,我们应当证明一些睡眠过程本身的特殊变化。根据经验,我们都知道日间的创伤性事件会显著影响睡眠,有规律的非创伤性事件也同样会对睡眠周期的宏观表现造成影响吗?至少有一些实验表明事实确实如此。

为了选择性刺激特定脑区,苏黎世大学的亚历克斯·博尔贝伊及其同事在被试入睡前给其惯用手施加了长时间的振动刺激,他们发现,刺激后对侧半球的脑电功率在低频带(1～10 赫兹)内显著提升。而且,不出所料,感觉-运动皮质处电极记录到的提升程度最高。在大鼠中进行的一项实验也得到了类似的结果,表明清醒时的经验会改变随后睡眠中新皮质的活动。对清醒大鼠单侧的触须施加刺激,会诱发非快速眼动睡眠期间低频带脑电功率向对侧半球偏移。[①]　随后,威斯康星大学麦迪逊分校的朱利奥·托诺尼的团队在实验中运用了类似的原理。[②]　他们让被试将连接到电脑上的手持光标从中央起点移动到某视觉目标刺激的位置,不过其中包含一些小设计。研究者使用一个不透明挡板阻止被试看到自己手部和胳膊的运动,同时,在被试不知情的情况下,光标的位置会相对于手的位置逆时针旋转一个固定角度。因此,这个任务不仅是重复充分训练后的动作,它还需要复杂的视觉与手部运动适应调节。先前的研究已经证明这种适应过程会激活对侧顶叶。在实验之后,研究者立即使用 256 通道高分辨率脑电技术记录头皮脑电图信号。该技术的应用相当关键,因为事实证明由行为诱发的脑电变化只发生在很小的皮质区域内。在睡眠的第一个周期结束后,之前的练习会诱使对侧顶叶有限范围内的脑电功率显著提升,而大脑的其他部分则不受行为经验的影响。重要的是,研究者还发现不同被试局部的低频脑电功率增加的程度和睡眠对行为表现的增益(gain)程度相关。[8]

虽然这些实验表明脑电信号会在大脑局部空间内有选择性地发生变化,但研究者并未专门关注其中特定的振荡形式。其他实验的结果显示,在空间学习或高

---

　　① 　在对睡眠模式进行检测的 6 小时前,研究者剪去了大鼠的单侧面部触须。在慢波睡眠中,和完整触须同侧的半球相比(控制组),对侧半球的脑电功率密度有所提升(Vyazovskiy et al.,2000)。

　　② 　在睡眠前,被试学会了用手持光标寻找视觉目标。在这个任务中,被试在没有意识到的情况下适应了施加给光标轨迹的系统性旋转。在控制组中,被试进行了相同的任务,但此时没有系统性旋转。在非快速眼动睡眠期间,δ 频带内功率百分比变化的头皮地形图表明,实验组右侧顶叶区内由 6 个电极聚合的部分功率显著提升(Huber et al.,2004)。该研究表明学习对睡眠中的特定脑区产生了局部影响。

强度语言学习后,睡眠纺锤波的数量和功率特异性会增加,而且第 2 阶段睡眠中睡眠纺锤波的密度和学习效率呈正相关。在一系列与之相关的实验中,被试不需要进行任何实验任务,但不同被试额叶区睡眠纺锤波的密度和他们的智力水平之间存在关联。这些指标之间正相关关系的一种可能解释是:特定形式睡眠振荡更高的出现率反映了导致高智商的各种生命经历。痴呆患者的睡眠纺锤波数量会减少,这进一步支持了睡眠中的自组织神经振荡和清醒大脑的表现之间可能存在功能性关联。[9]

特定的行为操纵能够在特定大脑区域产生选择性的改变。在完全黑暗的环境中饲养小猫和小鼠 3～4 个月,不仅会影响它们的视觉,而且还会影响它们的睡眠振荡。尽管这些实验中黑暗饲养组和对照组动物用于睡眠的总时长没有差异,但黑暗饲养组动物的 δ 频带功率会特异性降低。重要的是,δ 频带功率的降低基本只局限于视皮质,在动物的躯体感觉皮质并未观察到这一现象,这表明视觉经验对相关皮质区域内的 δ 节律具有选择性影响。有趣的是,这种影响是可逆的,将黑暗饲养组的动物暴露于正常光照下 2 个月后,它们睡眠中的 δ 频带功率会恢复到对照组水平。加利福尼亚大学旧金山分校的迈克尔・斯特赖克(Michael Stryker)发现了皮质可塑性和睡眠之间更直接的联系。对正常的猫而言,从两只眼睛到视皮质的输入量大致相等。但在早期发育期间闭合其中一只眼睛会极大地改变两只眼睛之间的平衡,如此一来,来自遮挡眼的输入对视皮质神经元的作用远不及来自对照眼的输入。这种效应极其强大,仅遮住单眼数小时就能可靠地导致优势眼转换。斯特赖克及其同事遮住一群一个月大的小猫的一只眼睛,让它们在光照下自由探索 6 小时。随后,其中一组小猫在操纵结束后立即进行优势眼检查,另一组关键性的实验组小猫在遮眼操纵后又在黑暗中进行了 6 小时的睡眠,其余两组小猫作为对照组,分别在黑暗中或光照下停留 6 小时并一直保持清醒状态。研究者以主导眼优势度大小衡量神经可塑性的增强程度,并发现 6 小时睡眠组和 12 小时光照组的可塑性增强程度高达其余两组的 2 倍,即使其中一组在单眼处理后又在黑暗中停留了 6 小时。也就是说,双眼不对称效应在睡眠期间会继续增大,变化的程度和等时长的光照与行为模式操纵后变化的程度相当。对我们此处的讨论这个实验的重要性在于,优势眼转换的幅度和非快速眼动睡眠时长密切相关,但与快速眼动睡眠无关。[10]

这些在动物和人类被试上进行的实验共同表明睡眠及其节律为感觉经验提供了明确的、区域性的指示。这些持续时间很长的变化可能来自突触连接和强度的重新组织和/或神经元内部电导的变化。磁共振成像实验同样提供了支持这种连通性结构改变的证据。在连续 3 个月的实验中,被试每天都进行规律性的杂技锻炼,观察发现他们的感觉运动区域明显扩大,这可能是由轴突连接增加导致的。因此,这些发现支持这样的观点:清醒时的经验不仅影响睡眠的宏观表现,同样还会改变睡眠的结构。[①] 如果短期经验对睡眠模式和振荡的影响已经可以测量,那么长期实践的影响应当更为明显。

长期训练对大脑节律的影响

冥想引发的 α 节律

冥想是一种广泛练习的行为技巧,它帮助人感应到"内在自我",同时又保留对周围环境的感知。冥想的方法取决于其背后的哲学。简单来说,瑜伽强调内在的"真实"或超现实,而不重视外部现实。这和瑜伽哲学的信仰相符,该哲学认为我们周围的世界只是幻象,或用梵语来说只是"Maya"。通常,瑜伽冥想是闭着眼睛进行的,这样就可以使心灵完全集中在内部世界。瑜伽专注于内部体验的最终目标是忽略来自感官世界的刺激。与之相对,禅宗哲学并不否认外部世界的真实性,这种哲学寻求的是建立内心和外在世界的和谐。参禅时眼睛是半睁的,视线轻轻聚焦在一些模糊物体上,经过数年或数十年的禅修(kensho)方能使内心从初学者到达开悟(satori)境界。因此,在瑜伽修习者和禅宗修习者身上我们有机会检验长期行为训练对大脑节律的影响——虽然我们还未充分利用这个机会进行研究。可惜,要获得训练有素的瑜伽修习者和禅宗修习者的同意,请他们参加实验室研究相当困难,因此毫不奇怪,这方面的定量研究很少。即便如此,现有的线索也能说明一些问题:当瑜伽修习者沉入三摩地(Samadhi)状态,自我与环境之间的差异消失,此时外部刺激基本无法阻断他们大脑中的 α 振荡;而在禅宗修习者身上则可观察到被阻断的 α 振荡,且这一影响不因练习的习惯化作用而改变。这两种冥想行为都增大了 α 振荡的功率和空间范围,而且振荡的变化幅度和训练程度有关。冥想初学者枕叶区的 α 振荡功率会增加;对中级冥想者而言,他们的振荡皮质范围会扩大,但 α 频率范围内的振荡会减少;经过数十年的冥想训练后,高振幅的 θ 振荡会占据皮质的大部分区域。[②] 因此,瑜伽和禅宗训练反映了内部同步化驱力和外

[①] 参见 Draganski et al. (2004)的文章。这些发现表明成年人也可能形成新的轴突侧支。然而,对专业钢琴家的白质成像研究表明,儿童时期的练习对建立中等长度和远距离连接而言最为重要(Bengtsson et al., 2005)。这同样适用于其他支持高级能力的远距离连接。

[②] 想了解瑜伽冥想中的大脑活动可阅读 Wenger & Bagchi(1961)、Anand et al. (1961)、Anand et al. (1961)、Shapiro(1980)的文章。想了解禅宗修习中的大脑活动可阅读 Kasamatsu & Hirai(1966)、Kugler (1982)、Murata et al. (2004)的文章。1977 年,在阿姆斯特丹世界脑电图大会上我第一次听到了关于瑜伽修习者头皮脑电的报告,当时我以为这些脑电图记录来自全面性棘慢波癫痫发作患者,因为这些瑜伽修习者的脑电图信号振幅很大,涉及的脑区范围很广。还有一项研究(Lutz et al., 2004)强调冥想过程中 γ 频带内功率会增强,这或许反映了冥想过程中神经元计算的增强。

部干扰之间的竞争。①

感觉反馈增强 α 振荡功率

精神体验是改变大脑动力学的关键因素吗？反之，大脑动力学的变化与行为表现之间是否存在关联？"α 运动"学说的支持者认为确实如此。他们认为，当大脑主要产生 α 振荡时，我们会感到平静，因此，增加 α 活动会让焦躁的大脑平静下来。实验室研究也多次发现自发的 α 振荡和认知行为与记忆表现[11]之间存在相关性，这进一步为改变大脑的自发行为提供了理论依据。实现这一点的推荐方法是将自体训练(utogenic training)和神经反馈相结合。一种训练方法是将在头皮检测到的脑电图模式转换成声音音调，这样一来，仅接受最简单的训练，受训者就可以实时识别并监测 α 振荡。另一种训练方法是借助适当的计算机算法，将几分钟内的 α 振荡功率整合起来，反馈给受训人员。经过数日的练习，人们就能更容易地主动将大脑活动引向 α 振荡状态。还有一种增加枕叶 α 振荡的方法是借助低频闪光使振荡波之间协同。只要闪光的第二或第三谐波的频率和"自由运行"的 α 振荡（即自发振荡）之间偏差不超过 1～2 赫兹，那么就能产生协同效应。[12]经过一周左右的训练，即使在没有针对性训练的大脑前方部位也能观察到显著提高的 α 振荡频率，但是偶尔也会出现 α 振荡频率减慢的情况。禅宗修习者需要数年的练习才能减慢 α 振荡频率并扩大其范围至前方脑区，但在这些研究中，仅通过一周的 α 反馈训练就能达到大致相同的效果。[13]

这种快速的 α 振荡强化过程是否意味着存在实现放松（例如治疗焦虑症）的简单方法？这一问题尚未获得简单的答案。可惜，大部分既使用 α 反馈训练又使用冥想的研究都只在少数被试身上进行，而且这样的研究也很少考虑安慰剂的效应。更麻烦的是，在客观检验这种"α 放松法"训练对大脑和行为作用的大规模研究之前，这种训练方法就已经被商业化了。商业化后的 α 生物反馈疗法往往给出很多许诺，但其实际效用却十分有限，而且到 20 世纪 70 年代后期，这种 α 生物反馈疗法已经在大众视野中消失了。此外，人们对放松疗法和冥想的目标也存在概念误解，冥想不是为了缓解压力，它是一种高强度的心理过程，其目标是增强注意力和视觉想象力。一些瑜伽修习者能够一边在脑海中将一些复杂图像保持数小时，另一边还能快速转移注意。矛盾的地方在于，对一般被试而言，增强的 α 活动可能是大脑休息和放松的证据，而对于佛教僧侣而言，更强的 α 活动却和更高的内部注意水平之间存在生理对应。显而易见，这个矛盾现象非常值得研究。在本书第 12 章中，我会试图探讨这个与 α 振荡相关的"休息与注意"之争。

---

① 大量练习可以改变大脑节律的模式。瑜伽和禅宗练习的目标是在没有感觉刺激的情况下充分调动大脑。这两种训练方法都反映了振荡同步化的内部驱力和外部干扰之间的竞争。

利用大脑中的振荡

　　21 世纪伊始,再次出现了和控制 α 振荡及脑电波相关的话题,不过此次的应用与先前完全不同。如果大脑活动的功率能够被个体的意愿控制,那么这种可控信号就能用于进行开电视、移动鼠标或轮椅等操作。虽然头皮脑电图的空间分辨率很低,但通过有选择地控制不同频率(如 μ 振荡和其谐波),可以实现分别控制电脑光标或机器臂在水平面或竖直面上的运动(图 8.1)。在一个有代表性的实验中,实验人员要求被试想象光标从屏幕正中移动到 8 个外围目标中的某一个位置,被试可以任意选择想象中轨迹的目标点,同时,在被试左右两侧感觉-运动皮质位置通过两个电极记录脑电图,并通过算法测量脑电信号在 12～24 赫兹范围内的功率,再借助算法的输出来移动屏幕上光标的位置。在几周的练习后,表现最好的被试能在 2～5 秒内高度准确地命中目标。这个研究除了对四肢瘫痪的病人具有潜在的医学意义之外,最吸引人的一点在于它能够通过视觉反馈选择性地增强或减弱任意神经振荡。由于脑电图是大量神经元集合在一起的平均场,因此这个现象涉及的是一大群协调性通过训练而被提升的神经元。[14]

218

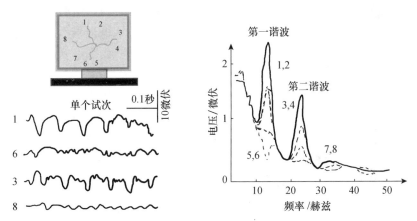

图 8.1　通过神经振荡信号控制机器。在被试头皮记录脑电图,这个 μ 振荡的第一谐波分量和第二谐波分量分别控制屏幕上光标的横坐标和纵坐标。被试的任务是将光标移动到屏幕中 8 个目标中的一个上,这也是被试在完成任务过程中唯一可获得的反馈信息。图中显示器下方展现的是单独一个试次的脑电图。右图:和成功试次相关的信号分量的平均振幅。在实验中,场信号的第一谐波和第二谐波能被分别控制,这证明 μ 振荡具有多个源头。图中显示器上的数字表明目标位置,其中的曲线表示所有试次在 4 个主要运动方向上的平均功率。参考自 Wolpaw & McFarland(2004)的文章。

减少的感觉输入和神经振荡

如果引发丘脑-皮质系统各个初级感觉区内神经振荡的原因仅仅是缺少输入，那么人们或许会认为盲人的枕叶 α 振荡应当尤为明显。然而事实并非如此，其背后的原因可能主要来自盲人大脑的组织。先天性失明的人的枕叶 α 振荡功率明显更低，同时，他们前部正常脑区内的 α 振荡可能变得更强，这表明适当的感觉输入控制了丘脑-皮质振荡位置的特异性发育。[15] 丘脑-皮质模式不仅对局部皮质回路的精细调节相当关键，而且对远距离连接的建立也相当重要，在下面我们会就此展开更深入的讨论。临床研究和实验室研究都表明，盲人在触觉加工和言语记忆方面优于有正常视力的人。[①] 此外，和有正常视力的人相比，盲人不仅能更有效地借助声音并通过辨别音调的变化进行定位，他们还表现出优于平均水平的音乐才能。一个人失去视力的年龄越小，这些效应就越为明显。童年时失明的音乐家雷·查尔斯（Ray Charles）在自传中写道："音乐生来就是我的一部分。"另一位音乐家史蒂夫·旺德（Stevie Wonder）则生来就已失明。早期失明经验是如何影响他们非凡的音乐才能的呢？[16] 这个问题背后的深意在于，如果一个未联合的皮质区域（如盲人的视皮质）没有接收到与之对应的生理输入的影响，在这个前提下，如果这一区域的远距离连接能有效地和其他系统相连，那么这一区域可能会被用于处理其他输入。如果盲人的枕叶能获得新的专门化的非视觉特性，那么盲人被试的眼动对脑电图中枕叶 α 振荡没有太大影响也就不足为奇了。[②]

如果一个失明的成年人恢复视力会怎样呢？20 世纪初最著名的一个病例名叫迈克·梅（Mike May），他是一位成功的加利福尼亚州商人，在 3 岁时失去了视力，40 年后，他的右眼成功移植了新的晶状体，并因此恢复了视力。尽管他重新获得了视力并具有了视网膜水平的感知能力，但即使经过了 5 年的大量视力训练，他仍旧习惯借助手杖和导盲犬行走——虽然在训练后他已经有能力感知颜色和光强的差异，并能够将他丰富的过去经验和新获得的感觉模式相结合，例如，一看到篮球场上某个移动的橙色物体，他就能判断这个物体为球形。已经习惯了借助声音、触觉和气味了解世界的大脑形成了与之相关的连接模式，很难完全接受新的感觉

---

　　① 巴赫-丽塔（Bach-y-Rita，1972）可能进行了该领域内最早的实验研究，他将相机拍摄的光学图像转换为一系列皮肤振动。这样一来，光学图像就能在手臂或大腿上产生一个二维的触觉定位模式，并以此作为视网膜替代物。经过足够的训练之后，先天性失明的人也能够体验到物体的深度和它们在三维空间中的位置了。

　　② 尽管如此，我们还是有必要了解对先天性失明的人而言，触觉或听觉刺激能否改变枕叶脑电图。如果这些触觉或听觉功能确实扩展到纹状皮质了，那么我们可以借助枕叶 α 振荡对行为的依赖效应来监测此进程。一些研究表明存在从视觉到听觉的跨通道可塑性，例如，对听觉信号的空间定位可以激活枕叶的相关区域，而在正常人中，这些区域参与背侧通路的视觉加工过程。有关动物以及先天性失明的人大脑可塑性相关的综述可见 Rauschecker（1995）的文章。

模式。在一项以他为被试的功能磁共振成像研究中,呈现视觉面孔和三维物体无法激活他的颞下皮质,这表明,对于未曾用于识别视觉物体的大脑而言,视觉模式的复杂组合没有任何意义。与之相反,如果给他呈现的是运动的物体,就会在他大脑的运动探测区记录到高水平的活动。[17] 在盲人的大脑中自然能够激活运动探测区,因为对运动的感知并非仅限于视觉系统。迄今为止,还没有以视力恢复患者为研究对象的脑电图实验,因此,我们并不清楚他们的枕叶 α 振荡最终能否恢复,变得和视力正常的人相同。尽管如此,这些研究和相关的其他研究都明确表明,早期生命中形成的解剖学连接是后来决定大脑能发挥何种功能的关键因素。

大脑和身体：最早的皮质振荡如何产生,又如何被干扰?

想象一下,在实验室中分别培养一个大脑和一个躯体,几年之后人为地将它们相连,造出一个大脑-身体结合体婴儿。那么他将无法行走、说话,甚至无法挠一挠自己的鼻子。而且和早产儿一样,在局部刺激他的手或脚时会诱发全面性的惊跳反射,与之相反,足月儿在这样的情形下只会产生局部空间范围内的动作反应。这些现象的原因在于与身体分开培养的大脑所产生的动作或感觉关系不匹配。① 在这种不匹配的情形下,感觉和知觉这类概念将失去意义。如果眼睛、耳朵、鼻子等所有感觉输入都与大脑相连,但所有的输出效应系统都被截断,那么其结果与上述弗兰肯斯坦式思维实验的结果也不会有太大差异。此处这一目的论的论述意在说明,如果无法对感知到的刺激做出某种反应,那么感觉或知觉就毫无意义。

躯体感觉系统独有的问题在于如何将感觉信息和现实世界相联系。如果没有参考坐标系,你如何知道自己的鼻子位于何处?如果没有明确的参考系统,大脑就不可能在身体各部分之间建立可靠的空间关系和尺度关系。这样,即使所有的感受器都完好无损,大脑仍无法推断感觉刺激究竟是源自球体还是蛇形或任何其他几何形状的物体。我们因此可以认为,大脑中所有空间度量的基础都来自肌肉活动。如果没有用于监控的运动系统,我们就无法验证距离、深度或任何空间关系。这个校准问题在早期发育过程中尤其突出,在这一阶段中,身体的绝对大小和不同身体部位的相对比例每一天都在发生巨大变化。

我们形成了对大脑外部世界(如身体和环境)的神经元表征,这些表征的组织形式如何被感觉输入影响呢?哈佛大学的卡拉·沙茨(Carla Shatz)和杜克大学的拉里·卡茨(Larry Katz)已经证明,在视觉系统中,从视网膜到视皮质的每个部分都支持自发的神经网络模式,即使动物是在没有相关感觉输入的黑暗环境中饲养

221

---

① 类似的大脑与身体分离的现象同样发生于快速眼动睡眠中,然而,快速眼动睡眠中的大脑有先前感觉和运动经验的积累效应。幻觉也最常发生在睡眠瘫痪期间,这是一种很罕见的情形,此时的个体无法在清醒时自主地移动骨骼肌。

的也是如此。他们假设，当存在特定形式的视觉输入时，内部产生的连接可以被修改，从而表征一致的形式。他们这一大范围的研究项目可以用如下话语总结：给予外部视觉图案，对其做出反应的同时放电的神经元之间也会连接到一起，并以此形成功能性神经元组合。[18] 在这个思维实验中，没有移动能力时的视觉输入同样能够改变大脑回路，然而，我认为这类连接的改变对大脑的所有者而言没有"意义"。人们普遍相信"经验改变发育中大脑的连接"，然而，经验究竟是什么？在下面的讨论中，我将经验定义为直接的行为带来的知识或技能累积。该定义的潜台词是，如果没有大脑的输出（行为），任何技能或有意识的经验（即外显的经验）都不存在。大脑会产生自组织行为，并据此修改内部连接，然而，如果没有与躯体和环境之间相互作用的输出，再多的感觉刺激也无法产生有用的大脑。

　　鲁斯捷姆·哈兹波夫（Rustem Khazipov）、安东·西罗塔·泽维尔·莱内库格尔（Xavier Leinekugel）和我决定寻找发育过程中新皮质最早的自组织模式，并检验脊髓产生的动作输出如何调节这一模式，这在一定程度上受到了沙茨和卡茨开创性实验的启发。[19] 我们的合作者，地中海神经生物学研究所的耶海兹克尔·本-阿里，已经进行了一系列研究，证明在离体单独培养的新生大鼠皮质中，神经元会因自发的网络兴奋性而表现出"巨大的去极化电位"。此外，之前的研究已经表明大鼠在出生后第一周内会发生独特的发育学变化，包括皮质感觉地图的建立、浅表皮质神经元树突的发育、远距离皮质-皮质连接的出现，以及更强的依赖经验的可塑性等。[20] 然而，我们并不清楚这些过程如何共同建立成熟的大脑连接模式和行为控制形式。

　　我们的第一个发现是，和成熟新皮质内持续不断的活动相比，大鼠幼崽大脑内的新生神经元活动模式具有间歇性网络爆发的特点，两次爆发式放电之间以数秒的静息期相隔。这种神经元的群体爆发式放电表现为尖锐的电位，其后通常跟随着起伏变化的纺锤波形场振荡，其频率大约为 10 赫兹。通过对麻醉下幼鼠进行细胞内记录，我们很快证实了这种活动产生的原因：已经形成的局部输入和丘脑-皮质输入释放相互协调的兴奋性神经递质和抑制性神经递质。由于不清楚记录到的这种模式的具体位置，大多数生理学家将这些皮质内场活动模式归为自发的睡眠纺锤波或 μ 振荡。因此，我们可以认为，完整大脑中第一个有组织的模式是一种神经振荡。然而，和成年个体的睡眠纺锤波不同，幼鼠的纺锤波局限在很小的皮质范围内，这些在特定位置出现的纺锤波一直停留在局部，或缓慢地传播到临近区域。要解释这种对神经活动的范围限制，我们可能需要在发育中的大脑和成熟大脑的硬件差异中寻找答案。在大鼠出生后的最初几天中，它们的皮质内只有局部连接，皮质第 2 层和第 3 层内神经元的树突结构非常简单，而且这些神经元能跨越远距离的轴突仍在发育中。相比之下，丘脑-皮质系统和第 5 层内的局部连接已经建立。这个阶段的新皮质只有局部组织，就像马赛克拼贴图或蜂巢一样，其中中等距离和远距离位点之间的关联相当有限。[21] 因此,我们在大鼠幼崽中观察到的结果支持了之前陈述的观点:如果没有远距离皮质连接,那么就无法产生整体性功能组织。然而,为什么发育中的丘脑-皮质系统需要这样的节律性振荡呢?

像大多数啮齿类动物一样,大鼠是晚成性的动物,它们出生时眼睛和耳道封闭、面部触须发育不全、感觉-运动协调能力极差。发育生物学研究表明,大鼠在出生后的第一周内和人类在晚期妊娠阶段中具有很多相似之处。事实上,我们在大鼠幼崽中观察到的纺锤波非常类似于在人类早产儿头皮中记录到的大脑活动模式,不过围产期神经学家还不确定这样的模式究竟是未完全发育的迹象还是正常发育过程中的一部分。那么,这种有组织的不连贯神经振荡和行为学之间又有什么关联呢?

表面上看起来身体在子宫内似乎不太需要运动,然而,实际上胎儿是在运动的,这是自然本能,每个准妈妈在怀孕后期都会意识到宝宝在踢她。胎儿的运动密集度和各种产后健康指数(包括阿普加评分、运动和言语发展、智商等)之间存在相关性,这也说明了胎儿运动的重要性。然而,这些不规律且不协调的胎儿运动对大脑发育的影响尚未被研究清楚。[22] 和人类胎儿的运动类似,新生大鼠幼崽也会表现出肌肉抽动、全身惊跳反应等动作,这些随机运动模式由脊髓产生,即使没有大脑也仍然存在。观察一窝新生大鼠或小鼠的"爆米花样"运动相当有趣。在改进了记录技术后,我们能够记录自由运动的幼鼠的大脑活动,因而得以着手研究和这些最早的皮质活动相关的行为。令人惊讶的是,几乎所有的皮质纺锤波都和单次出现的肌肉抽动、惊跳反应、爬行或吮吸相关,也就是说几乎所有皮质振荡都和某种运动形式有关。前后肢抽动等单次出现的运动会在躯体感觉皮质的不同部位触发局部纺锤波(图 8.2)。

对前后肢皮肤施加机械刺激,会诱发和前后肢运动时相同的单次皮质反应。我们系统性地比较了肌肉运动诱发的皮质反应和皮肤刺激诱发的反应,发现它们完全吻合。当然,感觉刺激会诱发躯体感觉皮质内的神经元活动,这并不令人惊讶,这正是由基因控制的皮质初级连接的作用。真正令人惊讶的是纺锤波反应的持久性,它比输入刺激的时间长数百毫秒。请记住,在成年个体中,睡眠纺锤波和 μ 节律会自发产生,不需要运动的作用。那么在新生个体中,纺锤波是否需要外部驱力?还是它同样可以自发产生?为了检验这一点,我们在麻醉条件下切断了新生大鼠的下部脊髓,从而阻止了所有来自后肢的感觉反馈。尽管进行了这一传入截断操作,纺锤波仍旧出现在皮质中对应后肢的区域中,不过此时纺锤波的出现率较低。该实验结果为纺锤波的自生成特性提供了明确证据。然而,在完整的、发育中的大脑内,由运动诱发的感觉反馈出现率很高,而且始终先于由大脑定时出现的纺锤波,此时的感觉反馈会干扰由中枢产生的模式。同样,这也符合第 5 章中讨论的振荡规律:如果前一个周期到施加干扰之间已经经过了足够长的时间,那么这

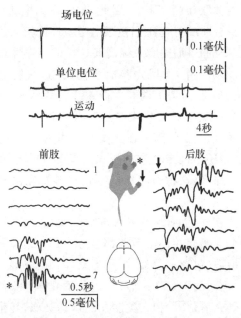

图 8.2 第一种有组织的新皮质活动模式是神经振荡。上图：在出生 2 天的大鼠幼崽中记录到的由运动诱发的纺锤波脉冲（场电位和单位电位）。在纺锤波事件之间不存在放电活动。下图：自发的前后肢运动诱发躯体感觉皮质内局限于对应脑区的纺锤波。参考自 Khazipov et al.（2004）的文章。

些不规则的干扰会提前诱发占空比（工作周期），而且会重置这一振荡，让它重新进入准备放电期。如果没有外部诱发的这种同步过程，大脑就会通过产生神经振荡来产生同步性。但是，在婴儿中这种由运动诱发的纺锤波有什么特别之处呢？

在肌肉和肌腱中有感受器，能够将肌肉收缩的状态报告给脊髓，并最终将信息传入躯体感觉皮质。此外，四肢抽动或舌面部肌肉抽动会增加此处肌肉表面的皮肤接触到窝内其他幼鼠或垫料的可能。脊髓产生的未经过协调的肌肉运动会以一定概率持续性地激活此处的皮肤传入通路，这个概率和相应肌肉抽动的频率成正比。考虑到哺乳动物身体上有数百块骨骼肌在运动，因此，原则上说，不同运动形成的组合数量可能相当大。然而，实际上，由于受到骨骼和关节的物理条件限制，这种巨大的组合中只有很有限的一部分会出现于运动协调的过程中。感觉输入之间的时间组合不受限制，因而其自由度相当高，但刚性身体结构和组织弹性带来的限制极大地降低了组合的自由度。重要的是，所有这些真实存在的运动组合对于躯体感觉系丘脑和皮质而言都是有意义的输入，因为在之后的生活中个体会用到它们。以骨骼肌的三维物理布局作为参考，"运动-传入反馈-皮质纺锤波序列"之间的协调合作可以将躯体感觉皮质内最初的抽象身体表征转化为具体的度量空间。这个过程的本质就是将躯体感觉表征与骨骼肌的现实度量关系之间进行锚定。只通过通用的"一刀切"设计是无法实现这一点的,因为这种度量关系需要针对每个个体的躯体量身定制,并根据身形的改变而不断更新。在这样的训练过程中,通过增强或削弱已有的突触,从而建立新的连接,消除旧的连接,身体不同部位之间的距离被转化成了躯体感觉系统中的时空组织模式。[1]

在躯体感觉皮质中对身体表面的粗略地形图式表征并不意味着功能表征,认识到这一点相当重要。事实上,是神经元之间的突触连接提供了有生理意义的表征。运动可以引发多个感觉输入在时间上共同被激活,通过这一过程,可能实现对突触连接的时间调校。由于新生大鼠的轴突髓鞘尚未完全形成,所以脑内以及大脑和脊髓神经元之间动作电位的传播相当缓慢。因此,短暂的局部活动可能不足以抵消各种传入序列之间的时间延迟。由于在负责躯体感觉的丘脑-皮质模块内,纺锤波的活动能持续数百毫秒,因此这些振荡可以作为必要的时间桥梁,帮助增强对应不同躯体部位的神经元之间的联系。在使运动模式受皮质控制的过程中,这种对时间间隔的桥梁作用非常关键。这一过程还伴随着皮质-脊髓连接和远距离皮质间连接的建立,它们对于建立内部正向模型极其重要,这些模型的作用是提供对运动的感觉预测。[2] 因此,感觉-运动协调性的出现是一个遴选过程,它受随机肌肉收缩的监督,是源自运动的回馈感知传入和丘脑-皮质系统内自组织动态过程之间的竞争与合作。

根据这些观察结果可以做出一项重要的预测:如果没有运动行为,那么躯体感觉信息就无法和各种刺激的空间关系相结合。在空间关系和视觉感知之间以及空间关系和听觉感知之间,这可能同样适用。[3] 只有借助运动,距离才能被测量,并被整合进感觉系统当中。对于不动的观察者而言,感觉信息的方向、距离和位置都是无法理解且毫无意义的概念。要在现实中检验这一假设,就需要在大脑早期成熟阶段内出现感觉诱发的纺锤波之前使骨骼肌系统瘫痪。虽然目前还没有进行过这样的研究,但现有数据支持这一假设。大鼠借助面部触须感知触觉信息、区分物体的形状和质地,选择性地切断面部神经能够去除触须运动,并保证不直接影响触须的感觉神经分布。如果在出生后第二周进行这一操作,丘脑中对触须的表征就会受到严重影响,尽管此时触须仍能提供用于头部和身体转向的触觉信息。对这些动物而言,触摸触须仍然能引发丘脑神经元的反应,但它们的方向性组织功能消失了,这支持了"运动诱发的感觉是表征物质世界的基础"这个观点。与这一话题相关的另一个实验检验了早期固定四肢对随后行走能力发展的影响。对大鼠而

226

---

① 改变有效连接的方式很多,包括改变突触权重、生成或剪除突触、改变离子通道等。关于大脑发育过程中这一话题的综述可阅读 Chklovskii et al. (2004) 的文章。

② 此处我指的是感知回馈假说的皮质内基础(von Holst & Mittelstaedt,1950;Sperry,1950)。

③ 虽然原作者没有强调,但纺锤波式的振荡模式同样存在于发育中的雪貂视皮质中,而且它们可以由视觉刺激诱发(Chiu & Weliky,2001)。

言,成熟的运动模式大约在出生后的第 15 天出现,在出生后的前三周内,用石膏固定大鼠的一只后腿,使其保持伸展姿势,会导致被固定的腿部肌肉在肌电图中的时序激活模式出现异常,而且这种异常会持续很久,虽然这些大鼠最终都获得了成熟的运动模式。当然,即使打了石膏,这个过程也无法阻止肌肉抽动,因而也无法阻止与之相关的来自后肢的感知回馈。行为对感知的重要性在成年个体中同样明显。如果脊髓内部的所有其他神经束都被切断,只留下用于将躯体表面区域表征通过脊髓传至丘脑的内侧丘系,那么人们可能会认为断面下方的感觉体验不会受影响,因为从躯体到大脑的主要感觉传入通路仍然完好无损。然而,在实际实验中,这样的大鼠往往会忽略切面下方的刺激。[①]

　　对人类胎儿的超声成像经常记录到他们在吮吸拇指。根据我们对大鼠幼崽的观察,这种运动模式会引发表征口腔和舌头的皮质上与时间相协调的纺锤波。加州理工学院的约翰·奥尔曼推测,如果胎儿不断吮吸两只手中的一根拇指,增加的动作和触觉刺激可能会支持皮质内对其表征的发展,这反过来会进一步导致用手偏好性和皮质表征的不对称性。[②]

227　　运动诱发感觉反馈的首要地位或许也是一些更复杂的过程(如社交和语言发展等)的基础。鸣禽,如广为研究的斑胸草雀会从父亲那里学会鸣叫。不过,这类学习更像是偶然的过程,而不是经过深思熟虑后的学习。幼鸟不会跟着父亲从第一个音节开始,一个音节一个音节地学习。与之相反,每一只鸟都会"咿呀学语"般地发出一些声音,并从这些自己生成的音节中,学会其特定物种内成鸟独有的鸣叫方式。也就是说,每一只鸟都从一个独特的初始音节开始学会鸣叫。与之相似,人类婴儿的咿呀学语过程也反映了自组织的内在动力学过程。如果婴儿发出的声音类似于某种语言中的某个单词,此时父母会通过强化这种自发的发音来充分开发这一大脑内在动态过程。我一直强调,对大脑的默认自组织模式施加干扰是一种比从空白状态起步更有效的模式形成机制,这是因为前者能够利用发育中大脑内已有的动态过程。[23] 大脑、身体和环境是在多个层次上高度交织的系统,躯体感觉、体液反应、自主运动、环境影响以及它们之间的动态交互会自下而上地产生影响,这种上行因果作用和大脑对效应器的下行因果作用同样重要(回顾图 2.1)。[24]

　　在轴突髓鞘形成之后,细胞集合之间和脑区之间的连接内信息传递的速度变得更快,于是不再需要由纺锤波介导的感觉反馈延时作用。在感觉-运动协调建立的同时,丘脑—皮质回路逐渐受到皮质下调节系统的控制,从而阻止了发育成熟的

---

　　① 参见 Wall(1987)的文章。内侧丘系是一条纤维束,它源自薄束核和楔束核,在延髓下方交叉,随后终止于丘脑腹后核。内侧丘系可以传输包含触觉辨别、躯体位置感知、振动感知等在内的躯体感觉信息,其传递的信息具有躯体特定区域特性。

　　② 参见 Nicolelis et al.(1996)、Westerga & Gramsbergen(1993)、Allman(1999)的文章。波特等人(Potter et al.,2006)的研究项目检验了这些想法,他们将神经元培养中的输出模式与机器人相连,并使用机器人上的传感器输出修改神经元连接。

大脑在清醒时出现纺锤波。因此,早期发育其实是将前脑从占据主导地位的类睡眠状态中"唤醒"的过程。然而,在动物的一生中,纺锤波会继续在睡眠早期阶段出现。在第 7 章中我们曾提到,睡眠往往被视作大脑和环境之间彼此分隔的状态,在很大程度上,它也同样被视为大脑与身体之间的分隔状态。然而,和发育中的大脑类似,睡眠中至少有一部分纺锤波会被通过运动引发的感觉传入诱发。在逐渐入睡的过程中,我们都偶尔经历过自发的肌肉抽搐现象,甚至有时还会经历影响整个躯体的惊跳式动作反应。[25] 这种运动诱发的传入式兴奋性作用能够触发 K-复合体以及随后的睡眠纺锤波。因此,我们推测成年个体中睡眠纺锤波的功能和早期皮质中的纺锤波之间并没有本质差异。躯体的形态和体积不仅在早期发育阶段会变化,在整个一生中也都在不断变化。如果睡眠纺锤波或 μ 节律确实和婴儿大脑中的纺锤波类似,那么这些涉及躯体感觉系统的节律或许有助于保存大脑对躯体的表征。

228

对发育中的大脑而言,运动对于知觉尤为重要,这个特性在成年后仍然存在,德国蒂宾根马克斯-普朗克研究所的尼科斯·洛戈塞西斯及其同事进行了大量工作证明了这一点。他们研究了视觉系统看到两可图形[①]时双眼竞争过程的神经机制。该研究发现,仅通过视皮质中神经元的活动,我们无法确定大脑做出判断时所依据的知觉改变,研究者认为这一过程中的关键要素是通过眼动持续性地监察物体。也就是说,看这一动作实际上是一种对环境的主动探索过程。[②]

来自位于美国马萨诸塞州的布兰迪斯大学(Brandeis University)的理查德·赫尔德(Richard Held)和艾伦·海因(Alan Hein)的经典实验,同样可以很好地说明运动在视觉领域的首要地位。他们使用配对的小猫进行实验,其中一只猫被拴在圆盘上并能在其上自由运动,另一只实验组的猫则被绑在悬挂的吊篮里由自由运动的猫牵拉。除实验过程之外,这些猫都在黑暗中生活。在几周的训练之后,实验者对这些猫的感觉-运动协调性进行了测验。不出所料,自由运动的猫表现得和其他正常的猫一样;然而,实验组的猫的表现却不同,它们不会在靠近地面时伸出爪子,还经常撞到物体,而且无法正确地协调自己的运动和视觉看到的物体——因为它们的运动与视觉输入之间没有进行过匹配。赫尔德和海因由此得出结论,知

---

①　两可图形具有亚稳态。两可图形(如内克尔立方体,Necker cute)可以被知觉为几种可能的稳定构型中的一种(例如一个立方体盒子要么是从上看的,要么是从下看的)。这类知觉变化由眼动引起。

②　参见 Leopold & Logothetis(1996, 1999)、Sheliga et al. (1994)的文章。姆里甘卡·苏尔(Mriganka Sur)及其同事同样强调视觉过程中眼动的关键作用(Sharma et al., 2003)。有研究者观察到一种"忽视"现象,此时,病人在承认其受影响的部分视野时存在困难,即使这代表的是他自己躯体感知的一部分(Kinsbourne, 1987)。研究者发现这种现象来自顶叶运动区的损伤,该发现进一步揭示了运动行为对感知的首要地位(Rizzolatti et al., 1983)。有关运动影响感知的哲学内涵探讨可阅读 O'Regan & Noe(2001)的文章。

觉的习得需要借助运动系统的活动。① 知觉不是简单的感觉输入前馈过程，它依赖于探索或动作输出的活动和感觉信息之间的相互作用。知觉是我们"所做的事情"。我想利用改编自狄奥多西·杜布赞斯基的一句话来总结这一章：除了行为，大脑中没有任何东西是有意义的(见第 3 章题词)。

本 章 总 结

229

　　睡眠是大脑的默认状态——"默认"的意思是指它是一种自组织或自发的状态，其产生不需要任何外部监督。睡眠和早期大脑的自主发育之间有很多共同的特征。它们都不是同质状态，而是一系列不断演变的阶段，在这些阶段中，产生的神经振荡会暂时使大脑的动态过程变得稳定。由于振荡的确定性，这些阶段中神经元放电的内容可以根据初始条件来预测。在清醒时发生与体验的事件会干扰放电模式，从而改变初始条件，因此，睡眠和早期发育过程中放电模式的内容也会随之改变。一个多世纪以来，人们一直猜想，睡眠或许能回放清醒时体验的部分和细节，并借此巩固或增强记忆。最初，睡眠的这种作用被认为只是快速眼动睡眠和梦的贡献，但最近的实验强调了慢波睡眠和其他状态对巩固过程的重要性，这是因为这些阶段中的群体动力学和支持突触可塑性的条件之间具有一些相似之处。以人类为对象进行的研究表明，和相隔等时长的清醒条件相比，睡眠能够提高记忆力和行为表现。大量终生定型的体验(如冥想、运动、其他技能等)能使相关皮质中的振荡模式发生可测量的改变。

230

　　如果没有受监督的训练，大脑不会发展出对现实中关系的感觉。我们无法推测为什么大脑以三维和线性的方式表征而非多维的、对数或指数的方式表征环境。大脑中的感觉表征在早期发展阶段中获得对真实世界的度量，这种受监督的训练过程中的关键机制是由肌肉运动产生的感觉，该过程开始于妊娠后期。在大脑发育的关键期内，骨骼肌系统的三维结构触发丘脑-皮质系统中的振荡，从而为感觉中枢提供了真实世界的度量，与此同时，生物也发育出了远距离皮质间连接以及皮质-脊髓连接。如果没有肌肉系统的监督作用，大脑就不会发展出关于躯体形状的感觉。相似地，大脑控制的行为可能对视觉和空间定位等其他知觉能力也相当有必要。

　　过去，人们不会考虑优先研究静息或睡眠状态下大脑节律的复杂机制，因为当时人们尚不清楚它们是具有某些重要功能，还是仅为一种附带发生的现象。然而，本章中提到的原因表明有必要对它们进行广泛研究。但是这些振荡的重要性不会得到显现，除非我们能够揭示这些振荡的内容与清醒时的行为有关，而这需要大规模记录非麻醉状态下动物的神经元放电情况才能实现。

---

　　① 虽然赫尔德和海因(Held & Hein，1963)强调主动探索的作用，但他们认为观察到的结果主要是大量视觉体验的作用，而不是由于运动在为深度知觉提供必要的真实世界度量的过程中具有首要作用。

γ高频活动：在清醒大脑中通过振荡实现结合

本章其他注释

在原子尺度层面，迫使我们放弃普通时空系统中对自然的因果描述，并在多维空间中建立某种隐形的概率场以替代它。

——卡尔·荣格，《心灵的本质》

20 世纪 80 年代，出于种种原因，系统神经科学处于发展的低谷。这些原因包括体外切片制备技术的开发，以及因此导致的单细胞水平生物物理学的根本性革新，还有分子生物学方法的迅速普及，以及随后在 90 年代早期发明的完整人脑功能性成像技术。虽然这些新技术提供了研究大脑的新窗口，但是系统神经科学仍停滞于传统理论和单细胞记录方法。该学科一度丧失它的阵地和支持者，然而，1993 年在美国华盛顿举办的神经科学学会大会中的视觉研讨会立即彻底改变了这一情况。那是一次具有里程碑意义的会议，除它之外，在任何其他神经科学主题的讲座中我都不曾见过如此数量众多的神经科学家齐聚一堂。当时，巨大的礼堂里挤满了人，很多人甚至无法入场，显然，对那场讲座感兴趣的听众来自各行各业，包括从分子层面到认知层面的众多神经科学家，他们当中只有一小部分是直接研究视觉问题的。这次史无前例的讲座出席情况清楚地表明，大脑内复杂的结构与功能问题吸引了所有神经科学家。

那次会议中，在系统性神经科学研究的长期真空状态之后，一种完全不同的综合性理论出现在了大家面前。研讨会的主角是来自德国法兰克福马克斯-普朗克研究所的沃尔夫·辛格，他的响应者同样是经验丰富且充满智慧的专家。辛格所传达的关键信息是：通过振荡同步，神经元集群对各种视觉世界属性的表征能够在时间域中被和谐地绑定在一起。这个理论被简称为"经同步绑定"（binding by synchrony），它改变了神经系统内结构-功能关系的研究范式。根据这一理论，重要的不再是连接本身,而是神经活动通过振荡同步实现的时间相干性组织方式。虽然在那场会议上和会议之后人们对此提出了很多反对意见和替代机制,但是迄今为止,物体知觉的时间绑定假说一直是最为被广泛讨论的假设框架。[①] 在那次研讨会上真正引发激烈讨论的是大脑内时空管理之间的关系,这也让这些持久争论变得更加有趣。

通过自下而上的连接绑定

在瓦萨雷里的画作中,哪些是人物,哪些是背景？在铺满落叶的地面上,斑点蝾螈会被视为地面背景的一部分还是单独的部分？我们的视觉系统如何在这些情况下做出不同的决定？根据贝拉·朱尔兹的说法,物体之所以成为物体,图形之所以成为图形,都是因为其组成部分之间具有时间和/或空间连贯性。斑点蝾螈皮肤的伪装效果只有当其静止不动的时候才有效,只要它或其身体上的一部分开始运动,那么它就会从在统计意义上具有相同特征的背景中被清楚地区分出来。正如格式塔心理学在数十年前总结的那样,一起移动的特征往往属于同一个整体,它们具有共同的命运。然而,物体不会始终表现出所有属性,物体识别需要在过去经验的基础上成功实现模式补全。狗具有独特的大小、形状、颜色、气味、皮毛质地、行走和吠叫模式等,这些特征使其与其他动物区别开来。这些特征之间的适当组合会在人类大脑中被绑定结合为单一的图像,从而识别狗这个物种或是某只特定的狗,这种识别过程不受知觉过程中狗的尺寸、观察角度、光线条件等变动的影响。对这些特征的加工在皮质的不同区域内由不同的神经元集群分开进行,因此我们需要解答的问题是,大脑如何在 200 毫秒左右的时间内将它们结合为单一的复杂表征,这类问题也被称为绑定问题(binding problem)。[1] 还有一个与之相关的问题,是如何避免将共同存在的图案"叠加"成一个整体,并将它们彼此区分开来,比如前面提到的静止不动的斑点蝾螈和落叶地面。绑定和叠加问题引发了一个我们已经很熟悉的问题:整合与分隔之间具有怎样的微妙关系,或怎样从逻辑上构建相似性和差异性。这个问题的神经生理学本质是,被斑点蝾螈和落叶地面的形状、颜色、运动以及其他属性激活的神经元如何产生单一的或者两个不同的表征。

对绑定问题最早的神经生理学解释来自哈佛医学院的戴维·休伯尔和托斯坦·威泽尔。他们记录被麻醉的猫和猴子的大脑活动,发现初级视皮质(V1)中大多数神经元只对视野中有限区域内的条形移动刺激以相位依赖的方式放电。他们将这些细胞称为"简单细胞"。另一类被称为"复杂细胞"的神经元具有更大的感受野,而且其放电活动没有相位依赖性。他们认为复杂细胞接受多个简单细胞的共

---

① 神经生物学学术杂志《神经元》(*Neuron*)有一期专刊专门讨论了这个绑定问题,其中有介绍该理论优点和缺点的优秀综述(Roskies, 1999)。该话题同样可参阅 Phillips & Singer(1997)的文章。

同输入，它们整合后者较小的感受野，从而对来自视野中更大区域内的输入做出反应。V1 下游视觉区中的一些神经元对更高级的刺激特征（如物体边界）做出反应，这些细胞被称为"超复杂细胞"。根据这些观察结果，我们可以得到的直观结论是：视觉系统是一个前馈的分层处理系统，其中每一步都代表着越来越复杂的输入特征。必须承认这是一种相当精简的结论，它符合广为流行的序列加工理论，该理论认为大脑按照"输入-决策-反应"序列进行信息加工并执行功能。[①]

来自神经科学各个领域的很多发现都支持这个前馈模型。灵长类动物的视皮质组织形成了一系列解剖学上彼此区分的区域，在这些区域中视网膜区域定位（retinotopy）特异性的中央凹优势逐渐减小。[②] 在视觉加工的每个阶段，神经元都会对视觉输入的某些不同属性做出反应，这表明随后的阶段内发生了生理分化。在随后的加工阶段，神经元将来自早期阶段输入的特征组合在一起，因而这些神经元失去了一些初级特征并获得了更复杂、更高阶段的特性。重要的是，灵长类动物的顶叶和下颞叶中存在彼此分离的结构通路，它们分别从本质上不同的方面对视觉场景进行加工。[③] 神经元计算的上行层级性特征导致了逐渐增加的组合复杂性，它们最终在下颞叶处形成独特的神经元模式。人们发现这个区域中的一些神经元会选择性地对手、面孔和其他可识别的特征放电。情境、大小和平移的不变性是这群细胞的关键特性，也就是说，它们会持续性地对相同物体放电，即使视野中这些物体的背景、尺寸或位置发生了变化。它们明确地表征该物体在各种情形下的共同特征。[2]

234

长期以来，人们一直假定存在某种神经元，它们能够整合复杂特征。波兰的行为科学家耶日·科诺尔斯基（Jerzy Konorski）最早提出行为表现取决于高度专门化的诺斯替单位（gnostic unit）。[3] 随后，英国神经生理学家霍勒斯·巴洛（Horace Barlow）估计产生知觉需要几百到几千个诺斯替单位或枢机（cardinal）神经元。[4] 这些想法同样为神经生理学研究提供了一种长期使用的策略，即巴洛的"单

[①]　感觉信息的输入-决策-反应模型并不是视觉系统独有的，它一直是所有系统的主导理论框架。它直接源自心理学中的输入-反应模型（通常被称为 Hull-Spence 理论，Pavlov, 1927; Hull, 1952; Spence, 1956），这个模型的起源可以追溯到英国经验主义者。

[②]　视网膜区域定位指视网膜上的感受器和大脑视皮质表面之间存在地图样映射。从某种意义上说，这种映射地图是高度非线性的，因为中央凹不成比例地在 V1 中得到高度表征，而在高级视皮质内，对中央凹和中央凹外区的表征逐渐趋于平衡。

[③]　参见 Felleman & Van Essen(1991)的文章。视觉结构的背侧通路和腹侧通路被认为用以区分空间位置信息（"哪里"）和物体识别信息（"什么"）（Ungerleider & Mishkin, 1982）。古德尔和米尔纳（Goodale & Milner, 1992）认为用行为相关的视觉（vision-for-action）和感知相关的视觉（vision-for-perception）对它们进行区分更为合适。例如，颞叶中部视觉区（MT）和 V4 分别属于腹侧通路和背侧通路，它们各自表现出对运动和对颜色的选择性（Van Essen & Zeki, 1978; Felleman & Van Essen, 1987）。然而，背侧通路和腹侧通路之间有很多解剖学联系，而且它们之间有大量相互混合的信号和表征（Ghose & Maunsell, 1999）。重要的是，我们目前还不清楚，感知能否在没有行为的条件下存在。

细胞学说"。该学说声称,只要该物体的物理特性在记录过程中保持不变,那么通过逐一记录加工处理过程中的神经元,人们就可以推测出大脑关于某个物体的所有计算。[5] 根据这个信号处理模型,某一物体的低级特征在前馈系统的早期被表征,而后,随着低级信息逐渐被整合,细胞表征的特征变得越来越复杂。巴洛写道:

235
> 我们的知觉是由一小部分神经元的活动引起的,它们所在的整个细胞集群中的大部分细胞都处于静息态。因此,每个细胞的活动都是重要的知觉事件,这些事件和我们的主观经验之间存在简明的关联。知觉的微妙性和灵敏性来自决定某个细胞何时活跃的机制,而非来自使用神经元的复杂组合规则。[6]

在巴洛看来,即使是最复杂的大脑活动也源自一小群特殊的细胞。

单向前馈系统最终会聚到顶层,顶层的诺斯替单位将所有关键特征绑定组合,从而明确地对物体进行表征。某个物体的几乎任何复杂特性(例如弯曲回形针的特定朝向)都能从猴子颞下皮质内神经元的放电模式中被单独提取出来,这进一步支持了会聚理论。然而,这种能力并不是凭空而来的,对任何形式上细微差异的辨别都需要数月或数年的训练。[7] 对这一理论的最后一点(或许也是最有力的)支持来自诺斯替单位和行为表现之间的关系。研究人员已多次报告,在视觉和其他皮质区域内存在特定的神经元,它们的单细胞放电模式能够准确预测动物的行为表现,即使动物是基于模棱两可的刺激进行的决策。[8] 至此,绑定问题解决。

236
然而,纯粹的前馈模型及其严格的层级结构并不足以解决问题。第一个也是最重要的一点是,在这个模型中,皮质内同样广泛存在的反馈连接并没有起到作用。[9] 一个忽略了一半解剖学连接的生理学理论不可能是完整的。第二个常用于反驳视觉识别层级模型的理由是其中的"组合爆炸"问题。[10] 从这个角度出发的推理过程如下:在 100 种形状、100 种位置、100 种颜色的所有可能组合中,如果表征每一种都需要至少一个诺斯替单位,那么就需要 100 万个神经元来表征其中所有可能的组合。当然,如果继续增加其他特征,那这个数字会迅速增长。随着具有各种各样特征的独特物体数量的增加,表征它们所需的神经元数量将呈指数级增长,因此,大脑中的神经元很快就不够用了。当然,如果用于表征个体特征的不是单个神经元而是细胞集群,那么这种不够用的情况会变得更糟。然而,大脑可能并不遵守这种纯粹的数学论证过程。我们很难估计人类的大脑究竟能识别多少独特的物体,但这一数量显然不会大到不可思议。除了因纽特人之外,我们中的大部分人都无法分辨上百种深浅不同的白色,而一个普通人也只能说出不超过十多个几何图形。从大脑的角度出发,神经元本身并不是独立的编码单位,它们是紧密相连的系统中的一部分,这种相互连接的特性很明显会限制我们辨别不熟悉物体的能力。

我觉得差不多的物体可能会被有不同洞察能力的人认为是截然不同的。① 然而，如果对大脑能识别的物体数目没有合理的估计，那么我不认为这种说法——组合的可能呈指数级增长——具有任何合理性。

第三个反对理由涉及诺斯替单位的准确位置和空间关系。它们是聚集在一小块区域（例如一个皮质柱）内还是分散分布在大片区域？诺斯替单位似乎不太可能呈现聚集性分布，因为集群性会导致系统在攻击面前存在隐患。阿尔茨海默病等破坏性疾病会对皮质柱进行大量的局部侵袭。② 然而，随机发生的皮质柱损伤从不会导致患者对特定的书本、手指或家庭成员的识别问题，但这些患者却丧失了识别客体所需的组合机制。另外，如果诺斯替单位是分散分布的，我们就会面临一个根本性问题：它们之间如何相互交流？它们如何发送信息？实现这一点需要特殊的连接，这会让诺斯替单位的独特性不仅源自它们具有连接特异性的反应特点，而且源自它们之间高度专门化的连接排布。诺斯替单位对复杂特征的表征可能并非借由它们独特的形态学或内部生物物理学特性，而是来自它们之间的功能性连接和它们所处的神经网络动态过程。③ 如果立刻选择性地清除当前我的颞下皮质中所有对某个特定面孔活跃的神经元，我是不会出现面孔识别问题的，因为其邻近的神经元会迅速接管那些被清除的细胞的反应特性。[11] 此外，还有一条批评也能算是对层级模型的反驳意见之一：带有闭合终端的纯粹前馈回路在大脑中并不存在。大脑的层级结构并不存在顶点，而且自下而上的通路通常都会和自上而下的连接相结合。因此，诺斯替单位最终不可避免地会将其脉冲信息送回到早期加工阶段。但是，诺斯替单位在已经识别了整个物体之后，又把脉冲送回给之前表征物体部分的神经元，这种举动的意义何在？在这一自下而上的模型中没有停止信号，因此，在某个物体被识别之后，我们不清楚何种机制能用于阻止相互连接的系统中神经元活动的反复回传。在前馈层级模型中，信息在阶段之间的传递是分别进行的，但这个模型缺乏相应的时间尺度以保证这种分段的信息传递过程能够及时进行。没有这样的时序安排机制，我们就不清楚输入信息如何与输出信息进行有效关联，从而获得现实世界中的意义。如同在第 5 章中所讨论的，振荡非常适合用于这种时间分段，视觉系统中存在的节律性活动（例如明显的 α 振荡）是兴奋性反馈回路活动的生理信号。最后一点，前馈模型在本质上是某种顺序整合器，它在比较新建表征和过去关于相关图像的语义知识时，选择相当有限，这一点反驳论据同样也相当重要。

237

---

　　① 训练有素的观察者能识别更多特征，他们能识别的特征数比未经训练的被试多出了几个数量级，戈德斯通（Goldstone，1988）讨论了关于这一话题的研究。在正常人群中，判断颜色（包括深浅和明度）相同或不同的能力有明显差异。每 20 个人中就有 1 个不具有正常的颜色视觉（Goldstein，2002）。

　　② 关于阿尔茨海默病的神经元损伤模式可阅读特里的文章（Terry et al.，1991）。多发梗死性痴呆是另一种多处发生随机性脑组织损伤的情形，不过此时的损伤主要发生在白质。

　　③ 我将在第 11 章中讨论从功能连接中如何产生外显的表征。

在大脑的效应器系统中，纯粹的层级运作模式同样存在问题。即使我们找到了某种用于灵活地连接知觉通路终端诺斯替单位的机制，我们仍需要解决很多问题，例如，我们需要解释反向层级顶端的几个决策神经元如何有效地调动大脑的运动系统，以及它们如何有效地将任务分为运动输出和其他输出的若干子程序。高度会聚的感觉输入和广泛发散的输出导致瓶颈问题——假设存在某个中央统领，如果这个中枢受到损害，那么就会导致知觉和自主运动功能同时受到影响。然而，临床观察发现和实验性损伤研究都不支持这一假设。

最后，还有一个从哲学上反对层级模型的重要理由。层级模型假设我们看到的事物已经存在于视网膜上的二维图案中，"看"的生理过程是信息按照序列激活的过程，而这些信息本身在输入水平上已经存在。这一感觉处理的严格前馈模型并不支持当前感觉输入和过去经验的相互结合。前馈结构中的信息是单向流动的，因此，该结构无法适应网络的扩大。层级的提升需要相应的网络具有涌现特性，而具有涌现特性的系统需要反馈过程。而且，既然存在反馈回路，那么对于感觉信息的处理过程而言，或是对于感觉输入与过去经验的结合过程而言，这些回路就可能相当重要。

去中心化的"平等主义"大脑通过时间实现绑定

在物体识别的层级模型之外，另一种替代的模型更加"平等主义"——通过时间一致性实现绑定。这个模型的核心论点是：当空间上分散分布的细胞集群被某一物体激活时，它们会将各自的反应同步化。这一论点通常认为由唐纳德·O.赫布在加拿大麦吉尔大学的同事彼得·米尔纳（Peter Milner）和在海德堡大学工作的德国理论物理学家克里斯托夫·范·德·马尔斯伯格（Christoph von der Malsburg）提出。[12] 在这个新的模型中，细胞之间的连接不再是主要变量，取而代之的重要影响因素是表征物体不同属性的神经元之间的时间同步性。分散的细胞集群通过活动表征不同的刺激特征，借助组合间相互的同层水平连接，这些特征被结合到了一起。

层级模型和同步绑定模型之间最根本的区别或许在于：层级模型需要事件的因果顺序（即时间顺序，详见第1章）；而在同步模型中，事件同时发生，不同属性之间不存在因果特性，整个模型中也不存在高阶特性。同步绑定模型中相关理念的根源可以追溯到卡尔·古斯塔夫·荣格（Carl Gustav Jung）和沃尔夫冈·泡利（Wolfgang Pauli）创造的"共时性"（synchronicity）概念。当时的泡利陷入了深深的个人危机：他的母亲在1927年结束了自己的生命，随后他和一位卡巴莱舞者的短暂婚姻又以失败告终，而且他还经常由于醉酒行为被赶出镇上的每一家咖啡馆。因而他向当时著名的精神分析学家荣格寻求帮助，虽然他们的关系始于医生与患者，但在两年的咨询治疗之后，他们保持了多年充满思辨性的交流讨论。作为一名物理学家,泡利在寻找一种统一的场论,而荣格在寻找有意义的巧合、个体意识和时空整体背后的统一原理。根据对泡利超过 400 个梦境的回顾与几年的讨论,他们提出了共时性的概念,并将其定义为"不存在因果关联,但又有相同或相似意义的多个事件在发生时间上的巧合性"。共时性描述了一些令人惊异而且看似无法解释的"有意义巧合"或"明显相关的偶然模式",例如某个梦的内容和看似不相关的外部事件具有极其相似的模式。对他们而言,共时性相当于一种"非因果连接法则(acausal connecting principle)",与因果关系相对(见第 1 章)。他们还认为因果关系是"西方的现代偏见"。[13] 或许是意识到了区分共时性和偶然巧合的困难,泡利后来倾向于使用"有意义关联"(*Sinnkorrespondenzen*)或"整体性秩序"(*ganzheitliche Anordnung*)。[14]

　　通过同步对平等过程进行绑定这一假说中最具吸引力的部分在于,理论上讲,它为特征结合提供了几乎无限的编码能力。而且此时,跨通道表征能够以相同的格式直接相互映射。这个模型只存在一个问题——要想灵活地表征任何可能与其他特征共存的特征,就需要大量的横向连接,其中就包括不同通道之间以及感觉-运动区域之间的远距离连接。而大量存在的远距离连接需要占据更大的空间,而且和增加局部连接神经元的数量相比,维持这些远距离连接的代价更为高昂。新皮质的小世界结构和密度有限的远距离连接并不符合这一假说的需求。① 这就是将振荡作为连接机制的方便之处:通过振荡实现的同步相当高效,即使通过一些少且弱的连接也能实现目标(见第 6 章)。在神经振荡的过程中,相互交替的细胞集群之间可以在后续的振荡循环中实现同步,从而提供一种时间多路复用机制,以消除图像重叠或图像背景分离的歧义。一个特定的细胞集群可以通过一串简短的同步脉冲而界定,其中的每个神经元只需要贡献一个或几个动作电位。因此,这种自组织的同步集合能够迅速建立起来。[15]

　　所有这些理论推理是如何被转化为神经元机制的? 支持时间同步假说的第一组实验来自辛格和他们实验室的博士后查尔斯·格雷(Charles Gray)。[16] 与传统上研究感觉系统使用的单个单位记录和分析方法不同,他们不仅记录了被麻醉的猫的大脑中的多个单位的活动,还使用单电极记录了它们纹状皮质的局部场电位。通过对单位放电活动和傅里叶频谱进行简单相关分析,他们发现,在被记录到的信号中,有很明显的一部分单位对运动的条形刺激表现出 30~60 个周期/秒(γ 频段)的振荡行为。这些局部场内和多位点上 γ 频段振荡的爆发现象持续时间长达数十至上千毫秒,虽然它们很少被同时观察到,但视觉刺激能可靠地诱发这些振荡。能诱发最稳定的单位放电现象的最佳刺激所引发的场域内反应最强,而未达到最佳标准的刺激则较少引起单位放电现象,并伴随较不规则的场振荡行为。单

---

　　① 如同在第 2 章中讨论过的,我们的大脑没必要这样组织,这是因为现实世界是高度受约束的,而且关联的范围也并非没有限制,它取决于环境的统计学特征。

位活动和场振荡的波谷之间锁相,但无论是这些单位还是整个局部场都没有表现出和视觉刺激的出现或任何其他变化之间锁时的任何证据。① 这些发现提供了决定性证据,证明神经振荡将发生于局部的事件组合了起来。振荡的动态过程与刺激本身没有直接关联,它是大脑增加的过程。在被发现 50 年后,人们终于找到了活化新皮质中 γ 节律可能具有的功能。[17]

这些早期观察引发了在各种系统和物种之中进行的大量实验。或许其中最重要的发现是,只有在各个位置上的神经元对物体上彼此相关的视觉特征做出反应时,这些部位之间才会出现同步。感受野相互重叠且有相似反应特性的神经元之间稳定地以零时间延迟发生同步,而感受野不同的神经元之间不发生同步。重要的是,决定同步化过程的不是神经元之间的空间分离特征,而是它们的反应特性。在视觉系统的同一阶段或不同阶段,相隔数毫米甚至跨越两个大脑半球的神经元之间都已被证实能通过 γ 频带同步化过程在时间上被短暂地结合在一起。跨区域和跨半球的神经元或神经元集群间的同步化过程主要发生在刺激诱发的瞬时振荡期间。

振荡同步过程来自大脑而不由刺激驱动,支持这一观点的证据来自这样一个实验:在清醒的猴子的大脑中对运动敏感的中部颞叶内取两个记录位点,并记录这些神经元随单根或两根移动的条形刺激而激活的模式。当两个记录位点上的神经元被两根在感受野内朝其偏好方向运动的条形刺激激活时,虽然这两处的神经元都被激活了,但研究者很少在它们之中观察到振荡的耦联。而使用一根更长的条棒同时激活两组神经元时,这两组神经元之间会形成稳定的同步。因此,反应物体单一性的是 γ 频带内单位活动之间的相干性,而不是同等程度的放电率提升。[18]

在患有斜视性弱视的猫中进行双眼竞争任务,我们获得了神经元同步性和行为之间更为直接的关系。② 对光的反应诱发双眼对应的 V1 神经元的放电率发生相同改变,然而,如果给弱视眼呈现缓慢移动的精细光栅刺激,这种神经元同步性就会被减弱。在这之前,已经有行为学实验证明弱视眼很难分辨出这些光栅,但主视眼却能够分辨。还有一个与之相关的研究使用两面镜子向双眼呈现不同的图案,并借此检测双眼竞争过程。患有斜视的动物在进行知觉时会交替双眼,而这一感知交替过程可以用于检验感知到和未感知到刺激时神经元对刺激反应的变化情况。在进行双眼刺激时,每一只眼睛都会看到朝向相同但移动方向相反的光栅刺激。当主导眼接收到合适朝向的刺激时,视觉区 V1 和 V2 内的神经元表现出强烈

---

① 研究者在猫的初级视皮质内记录到的场电位和过滤后的多单位反应中,振幅最大的单位具有偏好的运动方向,朝这个方向运动的视觉刺激会诱发 γ 频带(约 40 赫兹)内的节律性放电和场振荡。需要注意的是,场活动和单位放电之间存在相关性(Gray & Singer,1989)。

② 斜视(strabismus 或 squint-eye)是一种发育障碍,多数情况下是由眼部肌肉控制障碍导致的,其结果是双侧视网膜投射给大脑不一致的空间信息。在发育过程中,一只眼会变为主导眼,来自另一只非主导眼的信息会被抑制(Attebo et al.,1998)。

的同步性，如果此时给另一只眼睛施加竞争刺激，那么神经反应的同步性甚至会更强。对于弱视眼而言情况则正好相反。[①]

这些动物实验表明，通过同步进行时序安排是解决绑定问题的另一种机制，而且和层级模型相比有很多优点。然而，这两种模型具有共同的假设：大脑对物体的知觉表征基于其独特的物理组成元素，同时每个关键元素都被神经元活动所识别和表征。这两个模型的根本差异在于组合过程中的神经元机制不同。在层级模型中，组合通过简单特征逐渐向复杂特征会聚实现；而在无层级的同步绑定模型中，简单表征借助振荡集中在一起，不需要产生中间的复杂过程。以这种方式产生的神经元知识不是少数"聪明的"诺斯替单位的贡献，而是大量个体细胞集体智慧的反映。尽管如此，这两种模型的基本结构假设都是前馈的上行通路。[②]

图形与背景的分离通常被认为是同步绑定模型的重要胜利。然而，这些实验大都使用两可图形进行，而在更真实的情境中，图形与背景之间是密切相关的，背景也决定了大脑对图形的解读。在这些情况下，需要借助同一神经元机制决定的应是两组刺激之间的相互作用，而非它们之间的相互分离。目前还不清楚前馈或同步绑定模型是如何实现这一点的。严格地说，在麻醉动物中只能建立起生理同步，但无法实现知觉绑定，而在清醒动物中，同步过程可能受到自上而下的控制作用。

这个图形-背景分割问题让我们回到了刺激-反应这一研究途径的基本问题（见第 1 章）。在知觉研究中，默认的假设是实验者知道刺激的属性，也就是认为组成物体的元素或特征会激活不同的神经元集群，而神经科学家要着力回答的问题是大脑如何实现基本属性之间的绑定。然而问题在于物体的属性并不存在于物体之中，这些属性是在观察者大脑中产生的。格式塔学派的心理学家早就知道，整体往往比部分更快被识别，这表明物体识别并不是简单地对基本组成特征进行表征，而是自下而上和自上而下过程相互作用的结果——这很符合大脑皮质的组织结构。在讨论这些自上而下事件的重要作用之前（第 12 章），让我们先讨论一下 γ 振荡的一些其他的重要特征。

人类皮质中的 γ 振荡

在人类大脑中，通过 γ 振荡实现绑定的假说也有一项明确的推论。尽管在历史上，绑定问题主要是在研究对物体的视觉识别时提出的，但"整体由其包含的各

---

①　在双眼竞争实验中（Roelfsema et al., 1994；Fries et al., 1997），研究人员通过麻醉猫的视动性眼球震颤的方向来验证用于探测刺激的是哪一只眼睛。在一项与之相关的人类脑磁图研究中，在双眼竞争的条件下，知觉主导眼诱发的 γ 频带内功率比来自非主导眼的更大（Tononi et al., 1998）。

②　通过同步进行绑定的模型经常出现在讨论自上而下运行过程的文本中，然而，那些特征并不直接遵循原来的理论。

种属性组成"这一观念相当普遍,应该可以适用于所有感觉通道。因此,皮质的每一部分都应具有在合适条件下支持 γ 振荡的能力。这个推论引发了新的假说:意识——作为一种需要将大脑-身体-环境交互界面的整体特征相连的状态,或许能与某个确定的电生理过程相关联。对整个大脑半球的脑磁图信号进行相干性测量,结果表明在清醒的大脑和快速眼动睡眠期间的大脑内出现了明显的 γ 频带耦联。然而,感觉干扰能轻而易举地重置清醒状态下的 γ 振荡,但相同的感觉刺激对于快速眼动睡眠期间的大脑却几乎无效。[1] 无论如何解读,这都是一项相当重要的发现,因为在这之前,所有使用人类被试进行的脑电图研究都假设快速眼动睡眠期间的头皮电生理模式和清醒状态下的模式无法区分。然而,借助更精细的定位和行为学方法,我们发现 γ 振荡并不是普遍存在的,它只是暂时存在于参与特定操作的区域中。[2]

和动物实验中的发现一样,以人类为对象的研究也发现,在自主运动和感觉-运动任务进行期间或发生之前,运动皮质内 γ 振荡的功率会增强。在另一组实验中,在进行和知觉切换过程相关的多稳态心理旋转任务过程中,额叶的 γ 振荡会间歇性增强。将符合 Julesz 模式[3]的随机点阵融合,产生三维立体知觉,这个过程会增加枕叶 γ 振荡的功率。呈现刺激不容易被知觉到的隐藏图像,例如斑纹背景中的斑点狗或正立与倒立的"Mooney 面孔",和没有知觉到刺激时相比,知觉到刺激时会产生更大的 γ 振荡。通过学习在视觉刺激和触觉刺激之间建立关联,这个过程会使视皮质和躯体感觉皮质在视觉刺激呈现后产生明显的 γ 振荡,而且两处皮质内振荡信号之间的相干性也有所提高。无论采用视觉任务还是听觉任务,真词(word)和伪词(pseudoword)诱发的神经振荡模式之间都存在显著的 γ 频带功率差异。所有这些实验都具有一个共同特性:被诱发的 γ 振荡在刺激呈现后 150~300 毫秒时出现,这一潜伏期或许反映了赋予刺激意义需要花费的时长。[4] 由于这

---

① 参见 Ribary et al. (1991)、Llinás & Ribary(1993)、Llinás et al. (2005)的文章。其中存在一个技术问题,快速眼动睡眠期间的 γ 振荡周期持续时长的变异性比清醒阶段大得多,这种变异同样能够解释为什么在快速眼动睡眠中刺激诱发的重置现象不那么稳定。另外,还要注意,人们认为有意识和无意识状态之间存在本质差异(Crick & Koch, 2003;Koch, 2004),但在睡眠/觉醒周期中,γ 振荡频率(事实上是所有振荡的频率)以及振荡间的相干性耦联都只存在量的区别而非质的差异。

② 检测瞬时振荡是一项很大的技术挑战(Pfurtscheller & Aranibar 1997)。因为涌现出的自组织 γ 振荡持续时间很短,而且不和刺激特征锁定,因此通过时域平均方法无法检测到这些振荡。一种方法是在分析脑电图信号时采用时变谱并使用固定时长的移动时间窗(Makeig, 1993);另一种方法是对单个试次采用 Morlet 小波变换估计信号的时间—频率功率谱(Percival & Warden 2000),并将试次之前的功率取平均值(如 Sinkkonen et al., 1995)。这两种方法在数学上最终是相同的(见第 4 章)。

③ Julesz 模式是两张略有差异的随机点图,通过平行眼视角(即左右眼分别加工左右两张图像)观看这两张图像时,会产生深度知觉(Julesz, 1995)。

④ 自然,这一潜伏期对应事件相关电位(event-related potential,ERP,多次事件诱发的反应在时间上平均后得到的事件-反应关系)研究中被充分研究的 P300 成分(出现于诱发事件后 300 毫秒左右的正向波)(Näätänen 1975;Näätänen et al., 1987)。

些实验中实验组和控制组所用刺激的统计学特征相同，因此，被诱发的反应中早期成分（即小于 150 毫秒）的波形十分接近。总而言之，在多个皮质区域内，依赖于情境的 γ 振荡增强现象往往较晚出现，这种现象通常被认为支持了 γ 振荡与认知之间存在关系的假设——自组织 γ 振荡反映了自上而下的认知过程。[19]

上述这些发现还表明，对物体知觉的一致性涉及大片皮质区域的同步过程。这个结论与在动物中发现的现象相反，在动物研究中，γ 振荡强度和耦联程度的提升只发生在被激活的皮质模块中，这些区域周围的其他大部分皮质区内都不发生类似变化。不过，这可能只是由于人类研究所采用的头皮记录方法的空间分辨率过低。如果人类皮质中 γ 振荡的作用和根据动物研究所做的预测相似，那么 γ 振荡应当局限于分散在各处的激活区内，而不是在大片区域内广泛存在。借助诊断用记录电极，对病人进行的颅内和硬膜下记录结果证实了这个论点。视皮质中相距仅 3～4 毫米的记录位点之间所记录到的 γ 振荡具有完全不同的振幅。重要的是，在任务的不同时刻，大脑内会出现不同的持续性 γ 振荡，这和头皮上记录到的大范围短暂振荡形成了鲜明对比。[①] 颅内和头皮记录结果之间的差异表明，头皮电极记录到的短暂振荡实际上反映的是时空上整合到一起的局部事件。[20]

借助硬膜下网格电极记录，人们发现了工作记忆和 γ 振荡之间存在明显的相关性。工作记忆是大脑运作的一种假想机制，它使我们能在刺激不再呈现后将其"暂时记在心里"。任何时刻，我们都可以保存的信息量被称为记忆负荷，例如，在试图复述一句外语敬酒词时，我们暂时记住的"无意义"音节就是一种记忆负荷。需要记住的音节串越长，记忆负荷就越大。有些癫痫患者脑内植入了用于诊断的硬膜下电极，在他们身上进行的实验表明，在脑内多个散布的位点内，尤其在前额叶内，γ 振荡的功率会随记忆负荷的增加而线性增加。在工作记忆保持阶段，γ 振荡的功率一直保持在较高水平，然而，当不再需要工作记忆信息后，振荡的功率会快速下降到基线强度。总而言之，这些发现支持一项更具概括性的结论：大脑借助 γ 振荡对不同项目进行按时间划分的表征。[21]

为什么 γ 振荡是大脑选择的高频活动？

神经元集群进行同步化的目标和单个细胞产生动作电位的目标是一致的，都是为了用最高效的方式给下游神经元传送信息。在第 5 章中我们提到，清醒大脑中的神经元集群活动会通过自组织的方式形成 15～30 毫秒的时间窗，其原因在

①　我们可以在人类视觉纹外皮质内记录到 γ 振荡。在难治性癫痫患者脑内与矢状面垂直方向植入多触点深部电极，这些电极被用于进行术前癫痫病灶定位。由患者注意到的视觉刺激诱发的 γ 振荡会被记录下来。研究者会将振荡功率随频率和时间的分布绘制出来，其中可见在刺激呈现后 100～500 毫秒内，电极记录到的 60 赫兹左右的强烈振荡（Tallon-Baudry et al., 2005）。

于,单个锥体细胞的时间整合能力大致在这一范围。因此,突触前神经元在这个长度的时间窗内放电能最有效地激活下游目标。[22]

　　还有个原因可以解释为什么细胞组合要反复建立时间窗,而且这个原因或许更有说服力。目前为止,我们还不曾考虑大脑改变神经元之间连接以提高适应性的能力,而这或许是大脑最独特的机制。神经元之间的连接并不是全部等同的,它们会受到调节作用的影响,这一过程依赖于对连接的使用。至少存在两种改变神经元集群内成员之间关系的基本方式。一种方式是在神经元之间形成或去除物理连接。虽然这种方式主要被发育中的大脑采用,但它在成熟的大脑中仍然存在,不过此时它的影响已经大大降低了。另一种方式是改变现存连接的突触强度。影响突触强度的基本条件有二:突触后神经元发生足够强的去极化;突触前活动和突触后神经元放电之间适当的时间间隔。[23]由于这两种改变成员间关系的机制都受 γ 振荡介导的同步过程影响,因此皮质中会持续性地进行突触强度的调节(图 9.1)。近些年来,

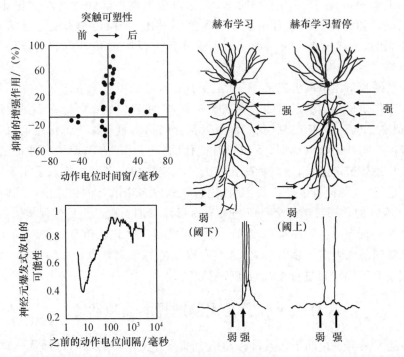

图 9.1　γ 振荡反应突触可塑性的时间窗。左图:如果突触前输入(图中"前"表示强度较弱,只诱发突触后的阈下去极化)出现之后的 40 毫秒之内发生突触后神经元的爆发式放电,那么这个突触强度会增加,这种过程被称为"赫布学习"(Hebbian teaching)。参考自 Bi & Poo (1998)的文章。右图:如果弱输入的强度达到能独立诱发动作电位的水平(即成为阈上输入),那么赫布学习就会暂停,因为一个单独的动作电位会阻止爆发式放电发生。单峰否决效应的时间进程(右图左下)和依赖于动作电位发生时刻的可塑性形成的时间进程(右图右下)十分相似。参考自 Harris et al. (2001)的文章。

测量突触前神经元（发送者）和突触后神经元（接受者）活动之间的关键时间窗已经成为可能，这些测量结果显示，每当突触后神经元的放电导致树突中的自由 Ca^{2+} 增加的时候，在这之前或随后激活的突触前连接就会被修改。

和本章话题相关的重要信息在于，可塑性的关键时间窗长度和 γ 振荡周期的时长差不多。在我看来，依赖于动作电位发生时刻的可塑性是神经生理学领域内最重要的发现之一，因为这一广为人知的发现凸显了放电时间点在调整神经网络连通性过程中的关键作用。毋庸置疑，这是一种基本的大脑机制。[1] 因此，即使随后我们证明了 γ 振荡与前面提到的绑定问题无关，这类振荡仍是一种对突触可塑性至关重要的中央计时机制。另外，绑定问题和可塑性或许能借助 γ 振荡结合在一起，因为通过 γ 振荡实现的同步化过程不仅会导致知觉特征的绑定与结合，而且不可避免地会改变参与神经元之间的连接。突触修饰能够使表征当前所经历状态的细胞集群之间具有更加稳定的连接，相应地，这些因使用而导致的改变会使随后出现同一刺激时，同样的细胞集群被激活的可能性增加，而且即使随后出现的刺激略有改变，这些细胞集群同样可能被激活。细胞集群的成员之间通过 γ 振荡诱发的同步化过程被捆绑在一起，借助依赖时间安排的强化作用，神经元集群内部成员间的连接明显增强，因而能够在只存在部分线索的基础上重建整体模式。

γ 振荡依赖快速抑制

γ 振荡是新皮质固有的神经振荡，而且可以通过局部活动的形式出现在一小块组织内部。重要的是，同时出现的局部 γ 振荡岛屿般分散于大片皮质区域，它们之间偶尔会发生同步。[2] 在第 3 章中我们讨论过，对大多数神经振荡而言，抑制性中间神经元网络是必不可少的。对于 γ 振荡而言尤为如此，而且在这个过程中，γ-氨基丁酸 A 受体起到了关键作用。[3]

---

[1]　根据巴甫洛夫条件反射（Pavlov，1927）的规律，人们预测放电的时间顺序在突触可塑性中有一定作用，利维和斯图尔德（Levy & Steward，1983）最早发现了这种作用。关于放电时间安排重要性的理论讨论，可参考 Sejnowski（1977）、Stanton & Sejnowski（1989）的文章。单细胞水平上依赖于动作电位发生时刻的可塑性研究可见 Magee & Johnston（1997）、Markram et al.（1997）、Bi & Poo（1998）的文章。相关综述可阅读 Kepecs et al.（2002）、Dan & Poo（2004）的文章。比毕格等人（Bibbig et al.，2001）通过模型模拟了 γ 振荡的同步化和可塑性之间的关系，该研究的基础在于实验研究发现神经元树突处 Ca^{2+} 减少的时间进程大致和 γ 振荡相符。

[2]　和由自然输入诱发的高度局部化的瞬时 γ 振荡不同，在活体动物内刺激脑干胆碱能核团，会在施加刺激 50～150 毫秒后诱发皮质中广泛分布的 γ 振荡，即使使用的动物是被麻醉的猫也是如此（Steriade & Amzica，1996）。里巴里等人（Ribary et al.，1991）使用脑电图记录了人类大脑内广泛分布的 γ 振荡活动。

[3]　中间神经元介导的快速抑制性作用对于 γ 振荡而言至关重要，这一认识来自体内观察的结果——一些中间神经元以和场活动锁相的 γ 频率动作电位放电（Buzsáki et al.，1983；Bragin et al.，1995a）。关于此话题的综述可见 Miller（2000）、Buzsáki & Chrobak（1995）、Engel et al.（2001）的文章。特劳布等人（Traub et al.，1999，2004）讨论了体外节律活动。南希·科佩尔（Kopell，2000）的综述很好地讨论了关于 γ 振荡和振荡耦联的数学问题。

249　　诱发 γ 频带内振荡的方式很多,其中最基本、最简单的是使用持续性去极化驱力影响孤立的中间神经元网络(见第 3 章)。锥体细胞对中间神经元的相位性激活作用可以被轻而易举地去除,例如可以在体外切片制备中使用适当的药物阻断离子能谷氨酸受体,或是在计算机模拟的网络中直接去除锥体细胞。我们试图借助这些方式解决两个主要问题：神经振荡如何产生,如何消失？什么因素决定了振荡的频率？

　　英国伯明翰大学的迈尔斯·惠廷顿(Miles Whittington)、罗杰·特劳布和约翰·杰弗里斯(John Jefferys)首次证明,强烈的去极化输入(如体外条件下施加给局部的快速刺激序列)可以引发中间神经元网络的振荡。[24] 通过直接记录中间神经元的活动,或借助计算机模型观察它们的活动模式,研究者发现中间神经元网络振荡的频率和其中每个神经元的放电特性之间几乎无关,因为这些组成成员中没有一个具有类似单细胞起搏器的功能。这些成员的平均放电频率的变化范围低至 0 赫兹,高达 300 赫兹,而细胞集群的平均放电频率也与网络振荡的频率不一致。因此,调节网络振荡频率的机制应存在于神经元放电频率外的其他因素中。计算机模型和数学模型表明,整个网络中相干的振荡及其频率都取决于抑制作用增强和减弱的时间进程,即细胞集群被阻止放电的时长。我们使用 γ-氨基丁酸能电流衰减的时间常数确定这个关键变量。前面我们已经介绍了一些和振荡相关的知识——引入在系统的大部分范围内协调一致的时间常数,会不可避免地使系统倾向于进入有序的周期性状态。借助这一知识,我们便能够预测这个群体抑制性作用的结果。由快反应 γ-氨基丁酸 A 受体介导的抑制性突触后电位衰减的时间常数为 10～25 毫秒,因此,网络振荡频率的变化范围为 40～100 次/秒。使用药物延长或缩短快速抑制电位的衰减时间会导致 γ 振荡的频率减慢或加快。[25] γ-
250 氨基丁酸 A 受体在大脑中无处不在,这就解释了 γ 振荡几乎无处不在的原因。另一种促进中间神经元同步化的机制是借助缝隙连接直接进行电信号传递。缝隙连接的阻抗很低,它们使相邻的中间神经元之间紧密耦联,能够双向促进动作电位同步化。①

　　虽然我们借助中间神经元网络理解了 γ 振荡的基本原理,但真实的大脑中并不存在孤立的中间神经元网络。在完整的皮质中,中间神经元存在于大范围兴奋性网络中,而且大脑内的主要神经元和中间神经元都受振荡影响,会在特定的相位活动,这一点可以从细胞内记录到的兴奋性和抑制性突触后电位中看出,这些神经

---

　　① 缝隙连接主要存在于同种中间神经元之间(Katsumaru et al., 1988；Fukuda & Kosaka, 2003；Gibson et al., 1999；Tamás et al., 2000)。中间神经元的树突和胞体可以通过一个或多个(多达 16 个)缝隙连接蛋白 Cx36(connexin-36)相互耦联(Bennett & Zukin, 2004),其耦合值为 0.5～1.5 纳西门子(nanosiemens)(Galarreta & Hestrin, 2001)。缝隙连接可能有助于减轻中间神经元网络中固有的异质性问题(Traub et al., 2001)。缝隙连接蛋白 Cx36 基因敲除小鼠中 γ 振荡的功率降低,从而说明了缝隙连接在 γ 振荡中的作用(Hormuzdi et al., 2001；Traub et al., 2003；Buhl et al., 2003；Connors & Long, 2004)。

元之间动作电位的相位同步现象也反映了这个特性。虽然 γ-氨基丁酸 A 受体的衰减时间仍然是决定振荡频率的主要因素,但诸如分流抑制(shunting inhibition)、兴奋性突触后电位的幅度和衰减过程、峰电位后膜电势(spike afterpotential)等其他因素也都会影响网络振荡的时间常数。尽管如此,对细胞外记录到的 γ 振荡功率而言,抑制性突触后电位的作用仍然是最关键的,兴奋性突触后电位对这类振荡的作用相对较为有限。在群体水平上,靠近胞体层的 γ 电流功率最大,而近胞体层内集中了最多的抑制性轴突末端,这充分反映了抑制性突触后电位对 γ 振荡的关键作用。[①] 如果既有主要神经元,又有中间神经元,那么它们会就抑制性神经元动作电位发生时刻的安排展开竞争。同步放电的中间神经元之间相互抑制,而且它们还在相同的时间段内抑制锥体细胞,从而使锥体细胞最容易在抑制性作用衰退之后放电。另外,如果一部分锥体细胞恰好对一些输入做出反应并产生动作电位,那么整体情况就会变得截然不同,这是因为主要神经元和中间神经元之间的兴奋性突触相当高效。[26] 激活一个锥体细胞,就能使它的目标中间神经元放电,而被激活的中间神经元可以进一步影响抑制性作用的时间进程。因此,放电的锥体细胞引入了一种新的相位成分,它可以干扰振荡,或使振荡增强。这种不可预测的相互作用或许是完整大脑中 γ 振荡脆弱性和瞬时性的主要原因。[②] 尽管某一时刻只有很小一部分主要神经元处于激活状态,但它们的影响能会聚到中间神经元上,因此,主要神经元先于中间神经元数毫秒产生动作电位。[27]

主要神经元对 γ 振荡的这一相位领先现象引发了一个重要问题[28]：主要神经元的动作电位中是否有一部分专门用于引发和维持节律活动？如果是的话,那么和振荡相关的动作电位或许并不用于信息传递。[29] 这似乎不是一种高效利用能量的策略。另一种可能是,用于信息传递和用于诱发节律的动作电位之间没有区别,就像根据视皮质中"借助 γ 振荡实现绑定"假说得到的推论一样。尽管视皮质中的锥体细胞偶尔以 γ 频率的动作电位对相关刺激做出反应,但单个锥体细胞的放电模式通常是不规则的。[30] 对于维持一个分散分布的 γ 振荡网络而言,主要神经元以网络振荡的频率放电并不是必要的。然而,神经元动作电位发生的时间受到正在进行的振荡周期的限制;反过来,锥体细胞的动作电位也会影响其周围中间神经元动作电位的发生时刻。

---

① 体内和体外研究的结果都表明细胞内和细胞外 γ 振荡功率的主要部分来自快速放电的篮状细胞和吊灯样细胞(Bragin et al.,1995a；Fisahn et al.,1998；Penttonen et al.,1998；Csicsvari et al.,2003；Mann et al.,2005)。

② 如果没有外部干扰,而且去极化和超极化驱力之间相互平衡且互相协调,那么 γ 振荡或许能够一直存在。在体外小型皮质切片中,可以通过使锥体细胞和中间神经元发生强直性去极化的药物(如氨甲酰胆碱、红藻酸盐或代谢性受体激动剂)诱发这种持续性 γ 振荡(Fisahn et al.,1998,2002；Gillies et al.,2002；Mann et al.,2005)。这些体外研究还证明了 N-甲基-D-天冬氨酸受体和 γ-氨基丁酸 B 受体对于 γ 振荡的形成并不是必需的。

我们可以从另一种角度解释 γ 振荡产生的生理学原因：锥体细胞在某一特定频率内的放电水平升高，而且这一放电频率和由 γ-氨基丁酸 A 受体介导的局部抑制性作用的步速耦联。因此，γ 振荡更可能出现于锥体细胞放电水平更高的皮质区域内。然而，在这一振荡网络中，任何一个神经元都不能被指认为网络振荡的领导者，相反，主要神经元和中间神经元以同等的重要性共同参与了整体振荡的形成。这意味着在小型网络和大型网络中会产生同类的神经振荡，而且部分网络的振荡与整个网络的振荡一致。那么，这种具有分型特征的分布式网络振荡能否无限地扩大其尺度呢？

远距离 γ 振荡间的耦联

γ 振荡的频率在小鼠、大鼠、猫、猴子和人的大脑中都是相似的，这种节律的跨物种不变性同样表明神经网络的大小是次要的。而且，跨物种不变性还表明，动物的大脑内存在某种机制，能在更大的大脑内和更远的距离间保持原有的时间特性。如上所述，在人类和大脑较小的动物中，我们都已经在相距较远的结构，例如两个大脑半球的初级视皮质之间观察到了相干的 γ 振荡。这种现象是因为参与局部振荡的神经元同属于一个整体尺度不断增大的振荡吗？还是因为这些各自分开的局部振荡借助一些有效机制相互发生了耦联？无论是二者中的哪一种情况，要实现振荡的尺度不变性，都必须解决轴突传导延迟的问题。[①]

让我们先考虑尺度不断增大的整体振荡假设。在新皮质的小世界样组织结构中，突触路径长度保持不变，不受大脑体积的影响。因此，如果仅从突触角度考虑神经元距离，那么大脑的体积不会影响振荡的相干性。必要的捷径可以通过兴奋性的远距离皮质-皮质连接和（可能存在的）抑制性的远距离皮质-皮质连接建立起来。为了保持相位同步，同处于局部的神经元和相隔较远的神经元应在振荡的活跃期内放电，对 γ 振荡而言，这一时段长 5~10 毫秒。符合这个标准的快速传导远距离轴突确实存在，但它们的数量非常稀少，而且主要用于连接初级感觉区（见第 3 章）。[②]

现在，我们来考虑在空间上相隔较远的位点内建立起相干 γ 振荡的另一种方式：两个网络（例如两个半球内的初级视皮质）形成两个不同的振荡，并且它们之间依靠一些连接相互耦联。在纽约州立大学州南部医学中心（Downstate Medical

---

① 第三种可能的解释是丘脑起到了起搏器的作用，并使得整个新皮质内的 γ 振荡具有相干性（Llinás et al., 2005）。然而，鉴于丘脑内缺乏半球间连接，它不太可能让不同半球的皮质区域之间发生平均时滞为零的同步（Engel et al., 1991）。如果没有远距离皮质连接，那么丘脑起搏的纺锤波之间就会保持彼此分离的状态（Contreras et al., 1996；Khazipov et al., 2004）。

② 和兴奋性连接相比，远距离抑制性连接的优势在于，在弛豫振荡中，抑制引发同步效应的有效时间窗比兴奋引发同步效应的时间窗更长。兴奋性作用必须在很短的占空比相抵达才能起到同步化效果。

Center)工作的特劳布及其同事最早通过实验和计算机模型研究神经元振荡的耦联。[31] 他们研究了海马切片中在两个部位诱发振荡的同步性。在这个实验和相关的模型中，要实现网络间同步，都必须满足一个条件——其中一个网络内至少一部分中间神经元要对来自另一个网络的兴奋性输入做出反应并产生动作电位。篮状细胞和其他中间神经元通常在每个 γ 振荡周期内释放一个单独的动作电位，而它们双峰电位主要出现于两处的 γ 振荡发生同步时，因此，中间神经元的双峰电位被认为是远距离同步的必要条件。模型研究表明，中间神经元的第一个峰电位由局部锥体细胞诱发，在短暂的延迟后，远处的振荡位点会诱发另一个峰电位。如果中间神经元的后一个峰电位和第一个峰电位出现在 γ 周期的相同相位，那么这两处振荡位点之间就维持着时滞为零的同步性。

　　一旦在某个 γ 周期内建立了同步，那么不需要额外的同步化事件，这两个振荡位点之间就可以维持数个周期的同步性。认识到这一点相当重要，这是振荡性同步的主要优点，也是相对较弱的连接和极少数动作电位就能建立起同步性的主要原因。如果来自远处位点的输入由于传递时间过长而滞后，那么此时中间神经元就会产生额外的峰电位，这个电位会延长抑制性作用，并干扰进行中的振荡，导致失同步现象发生。远处输入的进一步延迟可能再次引发同步，但此时锥体细胞每隔一个周期就会被抑制一次，因而以中间神经元 γ 振荡频率的一半进行有效放电。因此，当两个位点间的传导延迟过长，就会发生这种 γ 振荡向 β 振荡的转变。[①]

　　虽然我们仍不清楚远距离和大尺度下 γ 振荡的确切机制，但目前已有的发现已经清晰地表明，γ 振荡同步的主要限制是大脑内快速传导纤维的可及性。因此，借助关于远距离连接轴突直径和髓鞘化的解剖学知识，以及快速传导纤维的比率，我们就能够预测不同皮质位点间的有效耦联程度。双侧的初级躯体感觉皮质之间通过粗大的胼胝体纤维连接，而额叶皮质间则没有类似连接（见第 2 章），因而可以预期双侧半球的躯体感觉皮质内会发生 γ 振荡同步，而额叶皮质内则不会。

254

　　正如在先前的章节中所讨论的，远距离连接会占据大脑内很大的空间，因此，大脑内很少使用直径粗大的纤维进行连接。而且在大象和鲸类等巨大的动物的大脑中，皮质网络之间的物理距离过于遥远，因此要使位于皮质不同位置的远距离网络之间实现同步，即使是粗大的纤维也无法提供足够快的传导速度。考虑到我们假定 γ 振荡同步对于认知功能而言相当重要，我们可以借此推测，由于功能连接欠佳，以及由其导致的时间同步效率降低，因此比人类大脑更大的大脑对于实现整体

---

　　① 需要注意的是，体外诱发的 γ 振荡模式是过度同步的，几乎所有的锥体细胞都会放电，就像 γ 间期内大振幅的群体放电现象一样（Traub et al., 1996）。因此，这些情况下的双位点间同步化研究更类似癫痫样同步，而非生理性 γ 耦联（Traub et al., 2005）。除了传导延迟之外，γ 振荡向 β 振荡的转变还有其他原因，具体可见 Kopell et al.（2000）、Bibbig et al.（2002）的文章。

功能而言并不是最有利的。[①]

外部振荡和中央产生的振荡都能引发同步性

我们无法根据某些已有的缘由推测为何信息以振荡的方式传递。原则上讲，即使信息传递的时间安排是随机的而非精准的，只要不同层级内每一步的信息传递之间能借助某种机制相互协调，那么计算机或任何家用电器也仍旧能以几乎相同的方式运行。简而言之，关键的机制是为了效率而实现同步，节律性只是恰好作为一种实现同步性的便捷的生物物理方式而已。

两种常规的机制能让神经元在较短的时间窗内被集中在一起：一种是通过强烈的刺激介入引发同步；另一种是自发涌现出的同步性。[②] 无论同步由哪一种机制引发，同步放电的神经元都会对它们的目标产生同样的效果。大多数关注 γ 振荡在绑定过程中作用的研究都会使用静止或恒速缓慢移动的刺激。此时，中央涌现的振荡由输入诱发，并且节律性活动以及振荡周期和外部事件出现的时间之间没有精准的对应关系。然而，如果刺激具有随时间动态变化的特性，那么其结果就大不相同了。例如，猕猴中部颞叶内的单神经元（位于视网膜输入下游，和输入之间相隔几个突触）能够编码移动信号的实时变化过程，其时间精确度可以达到毫秒级别。[32] 如果外部刺激变化的速度比内源性 γ 振荡的频率更快，那么就不会产生内源性 γ 振荡。这种行为可以借助弛豫振荡的特性进行预测（见第 6 章）。外部刺激可以被认为是某种干扰。如果它们以适当的时机出现在占空比相之后，那么就能让下一个周期发生相位前置。如果输入是不规则的，那么这个胁迫振荡（这种情况下就不是节律性振荡了）同样会产生不规则的输出，但其输出与输入之间锁相。我们已经在大鼠幼崽中发现了这类模式的跟随机制——大鼠幼崽皮质纺锤波发生的时间反映了来自肌肉运动的触发信号（见第 8 章）。

如果神经元已经参与了内源性同步，那么外部刺激就会和内部振荡展开竞争，最终的结果取决于外部刺激的相对时间和强度以及内部振荡的倾向。外部刺激可能会被忽略，也可能会增强或抑制内部振荡。为了验证这些想法，德国马尔堡-菲利普大学的莱因哈德·埃克霍恩（Reinhard Eckhorn）及其同事在麻醉猫的 V1 和 V2 脑区中检验了和刺激锁定的同步信号对中央产生的 γ 振荡的干扰。随着快速瞬时运动的振幅逐渐增大，内部振荡的功率会逐渐减小，而和刺激锁相的活动功率

---

① 尽管到目前为止这个猜想还没有实验基础，但具有讽刺意味的是，它和任何现有试图解释人类大脑优越性的假说一样合理。鲸类大脑内的远距离传导延迟或许是造成它们大脑半球独立性的原因。这也可以用来解释在它们当中观察到的单半球睡眠现象。关于大脑体积/复杂性和智力之间的对比可以阅读 Emery & Clayton（2004）的文章。

② 内源性同步（或中央性同步）是指两个神经元或一群神经元的放电概率之间具有统计上显著的共变性，而这一共变性无法用它们和刺激锁定的共变性解释。

会逐渐增加。① 这些实验指明了振荡最重要的意义——同步。如果能够通过其他方法，例如通过强烈的外部输入实现同步，那么就不需要振荡行为；而如果输入不足以实现同步，那么大脑就会通过振荡实现同步。研究人员在清醒的猴子中也进行了类似的实验。当物体突然运动或其对比度发生瞬态变化时，会导致视网膜图像快速变化，这个过程会减弱内部振荡的功率，微眼跳（microsaccade，眼睛的快速震颤，速度约为 60 次/秒）导致的视网膜上物体图像位置的变动也会产生类似的效果。②

除非被眼球运动追踪，否则快速运动刺激的特征难以被深入检查。探测运动物体位置和进行物体识别过程之间的竞争同样引发了一个重要问题：知觉绑定过程中细胞集群的必要存在时长是多少？通过 γ 振荡实现绑定这一假说的一种可能优势是它具有多路复用能力（multiplexing ability），这种能力允许细胞集群在连续的 γ 周期之间发生快速交替。重要的问题是，在连续的 γ 周期内能否激活相同的或不同的细胞集群。原则上讲，这一交替特性可以帮助区分图像和背景。然而，仅仅一个 γ 周期内的神经元活动或许不足以让分散存在的神经元之间达成共识，并引起预期的知觉体验。正因如此，所以我们感知快速运动物体细节的能力有限，而对人类皮质进行刺激的研究结果也体现了这个问题。对清醒病人的躯体感觉皮质施加短暂的电刺激时，这种刺激能够被检测到，但不会被感觉到。只有当施加的刺激序列持续时长达到 200～500 毫秒时，被试才会报告感受到了触觉体验。③ 诱发性 γ 振荡对时间窗的需求让我们可以从另一个角度看待这个过程。内部振荡的功能有可能是为了募集相同的或系统性增大的细胞集群，从而获得对产生主观知觉体验必要的间隔时长。在触觉体验后，刺激躯体感觉皮质能够缩短细胞集群存在的时长，还能阻止对先前触觉的感知，这种刺激操作支持了上述观点。细胞集群具有必要时长窗口，全面评估这一假设需要大规模记录神经元活动。这种方法能提供足够的时间分辨率和单细胞水平的空间分

---

① 内部诱发的同步性活动和刺激触发的同步性活动之间存在相互竞争。在单个试次内，视皮质中多个单元对平滑移动的刺激或上下波动的刺激的反应不同。值得注意的是，持续平滑移动的信号会引发 γ 频率范围内（30～60 赫兹）发生高度节律性的活动，而随机移动的刺激则诱发由刺激运动主导的非节律性反应。当逐渐增加运动的随机程度时，会导致刺激诱发的 γ 振荡的功率逐渐降低（Kruse & Eckhorn，1996）。

② 参见 Kruse & Eckhorn（1996）、Eckhorn（2000）的文章。清醒的动物会频繁出现眼跳现象，而被麻醉的动物的眼睛位置是固定的，这或许也能够解释为何麻醉时由视觉诱发的 γ 振荡通常比清醒状态下更大。想了解视觉系统中信号定时的精度，可阅读 Schmolensky et al.（1998）的文章。艾丽萨和阿里利（Ahissar & Arieli，2001）强调了知觉过程中微眼跳的积极作用。

③ 参见 Libet（2004）的文章。同理，对枕区进行经颅磁刺激会诱发光幻视（phosphene，眼前出现微小的运动光点），但不会造成对模式的感觉（Amassian et al.，1998）。直接刺激大脑的方法存在一个普遍问题——电脉冲不仅会诱发神经元超同步化放电，而且其作用强度随神经元与电极之间距离的改变而改变，还不可避免地会引发强烈的抑制性作用。这种作用会抑制动作电位的发生，其影响时长远超 γ 振荡对神经活动的生理性抑制的时长。观察两可图形时发生知觉转换的最短时间或许也与诱发 γ 振荡的持续时长有关。

辨率,从而使我们能够检验神经元集群的形成、衰退,以及外部干扰对自组织相互作用的影响。

γ 振荡的内容：来自昆虫研究的见解

模拟的系统往往都是妥协后的产物,会为了简单性而放弃一些直接关联,将昆虫的嗅觉感知作为模型理解高等哺乳动物视觉的过程就是如此。然而,这些完全不同的感觉系统至少有一个共同点：由刺激诱发的 γ 振荡。和使用哺乳动物进行研究相比,使用昆虫进行研究具有巨大的技术优势。生理学家在研究中遇到的主要对手是哺乳动物的呼吸和血管搏动等运动造成的伪迹。昆虫的头部及其内部的大脑可以被固定,而且不需要使用会对大脑动态造成重大影响的麻醉剂。为了额外的机械稳定性,昆虫的头部还可以和躯体分离,这个过程并不会造成严重后果,而且生物相关的刺激可以通过很高的精度被施加给头部的感受器。尽管昆虫神经元的体积很小,但在未用药、有感觉、基本完整的研究对象上可以进行可观察的复杂生理反应。

加州理工学院的吉勒斯·劳伦特和同事一直在研究嗅觉信息编码的问题。他们最喜欢使用的动物是蝗虫,因为我们已经能够很详细地描绘蝗虫嗅觉系统的解剖结构。由于气味发挥作用的速度很慢,因此实验人员有了充足的时间研究时间上逐渐变化的神经活动模式。其中一种活动模式是 γ 频率的瞬态场振荡反应,这种振荡在昆虫嗅觉加工过程中的触角叶（antennal lobe）、蕈状体（mushroom body）和 β 叶（beta lobe）这 3 个按顺序连接的结构中反复出现。触角叶中的投射神经元和 γ-氨基丁酸能中间神经元都表现出和胞外电场相干的膜振荡,这和哺乳动物大脑皮质的表现非常类似。投射神经元的动作电位展现出独特的放电模式,它的反应非常缓慢,在 1～3 秒内逐渐变化。不同的气味会激活不同的细胞群,这表明对气味存在某种空间表征。然而,很多神经元会对多种气味反应,而且针对不同气味和不同浓度的反应电位时间模式具有不同的特性。劳伦特观察到,在气味呈现后的某一特定时刻,部分细胞的单个动作电位和诱发的 γ 振荡周期锁相,也和同时记录到的其他神经元活动锁相。

振荡和动作电位精细的时间安排对于识别气味是必要的吗？还是说它们只是这种神经回路的副产品,某种相关的噪声呢？使用药物阻断 γ-氨基丁酸 A 受体,会使对气味做出反应的投射神经元的同步化过程受到影响,这表明抑制性受体在产生 γ 振荡的过程中的重要性。[1] 重要的是,虽然阻断触角叶中的快反应 γ-氨基

---

[1] 蝗虫触角叶中的 γ-氨基丁酸能神经元不会产生动作电位,因此这些观察结果进一步支持这样的假设——γ-氨基丁酸 A 受体的时间常数是 γ 振荡频率调节的主要源头。昆虫中的 γ 振荡频率（20～30 个周期/秒）比哺乳动物中的更低（Laurent, 2002）。

丁酸 A 受体会破坏 γ 振荡和振荡引导的时间安排，但这一过程不会影响单神经元在长时间尺度上的放电模式。在一系列巧妙的实验中，劳伦特的团队关注了如下问题：这种触角叶中去同步化的现象是否会影响动物的行为反应？下游网络又是如何利用这种精细的时间结构来提取气味信息的？

　　他们还使用蜜蜂进行了行为实验，发现蜜蜂的基本生理模式和在蝗虫中观察到的类似。研究者训练蜜蜂区分化学成分不同的气味（简单任务）或区分化学成分相似的气味（复杂任务），随后他们发现阻断触角叶中的 γ 振荡会影响蜜蜂在复杂任务中的表现，但蜜蜂仍能够区分不同的气味。研究者据此推断，触角叶内神经元集群的 γ 振荡具有功能学意义，而且神经元放电的精细时间结构对于区分刺激表征必不可少。为了验证这个假设，他们向前迈进了重要的一步，记录了 β 叶中的神经元活动。这些神经元位于触角叶下游，经两个突触相连，和触角叶中的投射神经元相似，β 叶中的神经元也表现出了具有气味特异性的放电模式。由于"观察者"神经元位于触角叶上游，因而研究者关注的是输入神经元之间精细的时间关系和"观察者"神经元的反应模式之间是否存在关联。研究者首先在 β 叶中筛选出具有气味特异模式的神经元，随后使用药物阻断触角叶中的 γ-氨基丁酸 A 受体，这会导致触角叶中的 γ 振荡消失，但并不影响触角叶中神经元的一般反应模式。他们观察到了两个结果。第一个观察结果是 β 叶神经元通过改变放电模式的方式区分气味的能力受到了影响。虽然研究者仅通过观察动作电位在呈现气味时和呈现气味后的分布就能判断呈现的是樱桃味还是柠檬味，但当触角叶中的 γ 振荡被阻断之后，下游 β 叶对不同气味的神经元反应的区别变得不那么明显了。第二个观察结果是发现 β 叶中对某些气味出现了新的反应模式，而当触角叶中的 γ 振荡正常时，β 叶神经元从未对它们产生反应。[33]

　　无论这些在昆虫身上进行的实验多么令人信服，我们都无法借助类比的方式用它们证明哺乳动物的视觉系统中存在相同的机制。毕竟，谁也无法保证昆虫对刺激的编码机制和哺乳动物的视觉或者其他认知能力之间有很多共同之处。我们还需要来自更复杂的大脑中的证据。不过，在昆虫中进行的实验确实表明通过振荡进行的精细的时间组织是一种大脑的基本机制，这一过程或许在很多结构中都很有价值。如果自然让一种构造机制出现在简单的动物当中，那么更复杂的动物往往会对其加以利用。这些研究结果还表明，信息不仅存在于单神经元放电率的改变当中，神经元对或神经元集群之间动作电位发生的时间关系也包含了信息。此处值得重申的是，γ 振荡和其他各种神经振荡都不是给神经元动作电位强加时间特性的独立事件，相反，它们反映了用于探测、传递、存储信息的神经元之间通过自组织产生的相互作用。要想充分探究这种说法，就需要记录大量已识别神经元的活动，而且需要合适的分析方法。

本 章 总 结

清醒、活跃的新皮质内最典型的场活动模式是 γ 振荡。由于这种振荡的振幅较小,因此使用早期机械笔式记录仪很难记录到这种脑电模式,所以人们过去常将清醒时皮质脑电图模式称为"去同步化模式"(desynchronized pattern)。γ 振荡在整个大脑中普遍存在,这主要是因为它的产生主要依赖 γ-氨基丁酸 A 受体介导的抑制作用和/或分流作用随时间衰减的过程,而这些受体均匀分布在大脑皮质和其他脑区中。由于这些神经元介导的抑制性突触后电位相当可靠,所以和以不可靠闻名的兴奋性突触后电位相比,它们可以提供一种更为有效的时间安排方法。此外,作为兴奋性神经元胞体周围所受快速抑制性作用的主要来源,篮状细胞和吊灯样细胞的细胞膜在 γ 频段具有选择性共振特性,而且这些中间神经元也经常在这一频率范围内放电。除了彼此之间的抑制性连接,中间神经元之间还通过缝隙连接相连。篮状细胞和吊灯样细胞的局部轴突和缝隙连接使得皮质中的 γ 振荡通常局限于一小片组织中。这些相隔较远的 γ 振荡间的耦联过程需要快速传导路径。远距离中间神经元广泛分布的轴突侧支,或许还有某些锥体细胞的长轴突提供了所需的快速传导路径。被诱发的 γ 振荡之间能发生相位耦联,通过这一过程,皮质内不同区域中被激活的细胞集群之间可以实现同步性放电。清醒大脑中的神经元集群会自发地形成 15~30 毫秒的时间窗,这一发现表明了 γ 振荡在生理学上的重要性。这个时间窗对细胞集群下游的神经元最有利,因为在这个时间范围内锥体细胞能够最有效地整合兴奋性输入。在 γ 振荡的时间周期内,通过依赖于动作电位发生时刻的可塑性可以最有效地实现突触增强或减弱,这或许可以作为一条更有说服力的论据,证明 γ 振荡在实现功能上具有重要作用。

知觉过程中的绑定问题困扰了人们近百年,γ 振荡或许为这个问题提供了一种解答。皮质不同部分中的神经元集群分别加工物体的各种特征(例如颜色、质地、距离、空间位置、气味等),我们需要解释的是大脑如何在大约 200 毫秒内将这些特征绑定在一起,形成复杂的表征并最终"重建"整个物体。对这个问题的早期解答来自前馈网络的层级性特征提取过程,根据该理论,在网络顶层应存在一群诺斯替单位。在加工的每个阶段,之前表征的特征会被结合在一起,从而获得逐渐复杂化的特征。人们认为,层级结构顶层的诺斯替单位明确地表征独特的物体和概念。

不可否认,大脑中的确存在层级组织和特征提取过程,然而,仅用诺斯替单位进行物体表征的理论存在一些问题。另一种进行序列化特征提取的方案是一种时间上绑定的机制,这一过程通过依赖 γ 振荡的时间同步性而实现。这是一种关于物体知觉的新假设,该假设引发了对大脑中时间安排作用的新思考。在这个同步绑定模型中,会聚性的连接不再是特征提取的主要变量,相反,起关键作用的是神经元间的时间同步，它们代表了物体的不同属性。各处细胞集群的活动包含了关于刺激的不同特征的信息，通过被激活的神经元之间在 γ 频率范围内的时间相干过程，这些特征信息可以被短暂地聚集在一起。同步绑定模型具有吸引力的特点在于它为特征组合提供了通用的编码能力。此外，借助这种本质上相同的编码格式，跨通道表征之间可以直接相互映射。

　　振荡这样的简单机制能够解决绑定这样的复杂问题吗？或许不能，但它可能是最终解答里必不可少的要素。必须强调的是，通过振荡进行时间同步和层级性特征提取不是相互排斥的两种机制。重要的是，通过 γ 振荡实现的同步化过程并不仅限于绑定问题。即使它并不是绑定问题的答案，对于神经元通信而言，在 γ 频率范围内的振荡仍然是重要的时间安排机制和选择机制。

认知和运动依赖大脑状态

本章其他注释

复杂系统不会忘却其初始状态,它们会"背着历史前行"。

——伊利亚·普里高津

在睡眠中,我们会丧失和环境之间产生交流、有意控制骨骼肌的能力,同样也会失去意识,这些现象表明"睡眠"和"清醒"代表着两种截然不同的大脑状态。这两种被认为存在本质上差异的状态根据能否意识到周围的环境来认定。然而,对于任何特定的时刻而言,并非所有的系统和子系统都必须同时处于睡眠或清醒状态。就像睡眠具有阻尼振荡特征的不同阶段一样,不同的生理功能、主观感受、情绪和警觉性水平等也会系统性、周期性地在清醒时发生变化。一天当中能获得最佳运动表现和认知表现的时间不是固定的,它取决于任务的性质。即使是一些不重要的动作(如握住)和一些简单的认知表现(如乘法计算)在一天当中也存在很大差异。在分、秒,甚至更精细的时间尺度上,我们的运动和认知能力也存在明显的差异。

根据心理物理学测量提供的充分证据,借助各种概念描述的大脑状态都会强烈地影响大脑对感觉信息的解读和预期,这些用于描述状态的概念包括唤起、警觉(vigilance)、注意、选择性注意、集中注意(focused attention)、期望、预期、心理定势(mental set)、心理搜索(mental search)、评估、惊讶、情绪、动机、驱力、新奇性(novelty)和熟悉性(familiarity)等。此外,诸如计划、准备、决策、意志等其他抽象

概念也会影响运动执行过程和感觉输入与运动输出之间的反应时。然而,我们目前还不清楚这些概念之间(尤其是它们对应的神经生理学过程之间——如果存在对应的话)存在怎样的差异,又或者它们也可能具有相同或相互重叠的机制。例如,"选择性注意"或"集中注意"概念的前提是事先假定某些大脑中的高级中心已

经知道了输入的哪些方面值得关注。在没有先验知识的条件下,只有在识别了物体之后才能获取和物体细节相关的信息。格式塔学派的心理学家已经证明,整体能够放大或削弱对局部的加工,这表明存在自上而下的大脑机制能够使感觉和认知过程发生偏差。显然,对于知觉过程而言,简单的前馈层级式加工和时间绑定还远远不够。

"状态"通常指一种静止的模态,例如水具有固态、液态和气态 3 种状态,它们之间可以发生快速相变。然而,认知状态却很难被定义。大脑状态可以被认为是一种短暂的平衡模态,它包含了对未来模态有用的全部过去信息。这样定义的状态和另一个概念——"情境"之间存在关联,但它们又不完全等同。情境指的是围绕某事件、某种情况或某一物体的一系列现象或环境。和状态类似,情境概念中暗含着过去信息,因此,它会激活某种动态感。然而,我们的大脑是以怎样的方式创造出诸如"状态"和"情境"这种理想化变量的?不借助"执行网络"(executive network)或"脑内微型人"(homunculus),不依赖不可避免的无限回归,我们又是怎样客观地对其进行定义的?我们可以通过探索反应变异性的来源回答这些问题。大脑的动态活动一直在发生变化,这种方法试图理解这些变化的神经生理机制,而不是仅仅认为变异性的来源是大脑缺陷导致的"噪声"。

在第 5 章中我们讨论了大脑整体活动的 $1/f$ 统计学,并认为它是一种理性化的临界状态,一种持续存在的相变,正是这一特性赋予大脑最有效地对外界干扰做出反应的能力。然而,$1/f$ 统计学来自大脑过去的状态,它既受皮质内连接的影响,也是各种随时间变化的振荡整合后的结果。在任何时刻,大脑都表现出不同的各种振荡,具体的表现取决于大脑对其过去长期内动态变化过程的记忆。本章讨论的主题围绕如何评估环境干扰对这种随时间变化的背景的作用。由于这种背景不是恒定的平衡状态,因此大脑网络的反应自然也不会是恒定的。被诱发的大脑活动或许更能反映大脑的状态,而不是刺激的物理属性。

平均化大脑活动

解剖学上彼此相连的结构之间会发生活动的传播,而追踪神经元活动平均场的改变在原则上是一种用于监督此过程的可靠方法。这种方法基于成熟的研究手段——脑成像研究中在时间上对刺激诱发的脑电或代谢变化取均值。一直以来,在认知心理学和实验心理学领域,这种平均化方法都是成功研究项目的基础。[1] 平均化过程背后暗含的假设是外部刺激会使一些东西凭空产生,这里的"凭空"是指大脑活动的基线水平,即没有神经元活动或神经元随机放电。平均化在本质上是一种相减的过程,是通过减法将不变的和变化的反应成分区分开来。不同试次之间反应的变异性通常被归因于未被解释的方差或是噪声,这些噪声需要通过平均化被消除,从而显露出大脑对不变刺激的真实表征。由于刺激的物理特征保持不变,因此这种方法默认大脑对刺激的反应也应保持不变,而试次之间的变异应当来自背景神经元活动产生的无关噪声。在功能磁共振成像研究中,被试的反应通常会被汇总在一起,并忽略被试的个人特征,进行被试间平均,以便进一步减小结果的差异。

"信号与附加噪声加和"这一概念有令人不安的一点——观察结果表明自发活动的幅度通常和刺激诱发反应的幅度相当,而且背景和诱发活动的频谱成分往往也十分相似。从时域角度出发,平均波形不仅随背景信号(或自发活动)变化,而且还时常包含背景信号的特征。例如,如果在两种不同的状态下(例如睡眠中和清醒时)呈现刺激,无论呈现多少次,最终收集记录到的平均反应之间都存在不同特质。如果背景信号只是随机噪声的话,就不应该发生这样的现象。而且,我们已经在先前的章节中提供了充足证据,表明用于显示大脑状态的自发神经活动既不是稳定的,也不是随机的。

通过行为很难实时预测大脑状态的改变,而实时脑电图记录结果的瞬时变化可以被精准检测,并能及时进行关联和比较。这种定量的比较指向诱发反应的另一种可能来源:正在进行的神经振荡发生了相位重置。[2] 根据这两种相互对立的模型对诱发反应的解释,我们可以做出不同预测,并借助实验手段对这些预测进行检验。[3] 如果被诱发的反应是独立的噪声与信号之间的和,那么,在施加了和平均反应成分具有一致性的频率刺激之后,信号的功率应当增加;而如果刺激只是重置了原来进行中的振荡,则信号的功率不会增加。另外,平均的刺激诱发反应应当包含频率和背景振荡相同的阻尼振荡分量。

加利福尼亚大学圣迭戈分校的斯科特·马凯格(Scott Makeig)、特里·谢诺沃斯基及其同事所做的关于振荡相位重置的研究相当引人注目。在被试面前的显示器中呈现不同位置的刺激,他们需要在目标刺激出现于目标位置时按键反应,并且忽略目标刺激出现在非目标位置时的情况。研究者分析了被试在这种忽略条件下对刺激的反应(图 10.1)。第一个令人震惊的发现是:如果在刺激呈现前没有 α 振荡,那么几乎不会诱发任何神经反应;而如果背景中 α 振荡的功率很高,那么诱发反应的振幅同样很高。平均的诱发反应在本质上是一种响铃式振荡(ringing oscillation),其频率和背景 α 振荡的频率完全相同。如果根据进行中振荡的相位对每个试次的反应排序,那么会出现和根据噪声与信号加和模型预测结果不同的现象——诱发反应的峰值并没有固定潜伏期,也没有变化的峰值。相反,潜伏期随进行中的 α 振荡的相位系统性地改变,而且没有很大的振幅变化。对单次反应的细粒度分析(fine-grain analysis)清楚地表明了被忽视的刺激只是重置了先前进行中的 α 振荡的相位,这和先前观察的结果一致。[4] 很多类型的自发振荡都参与了被诱发的反应,它们包括视皮质内的 α 振荡、μ 振荡,甚至还有额叶中线的 θ 振荡,这表明头皮记录到的电位具有复杂性特征。

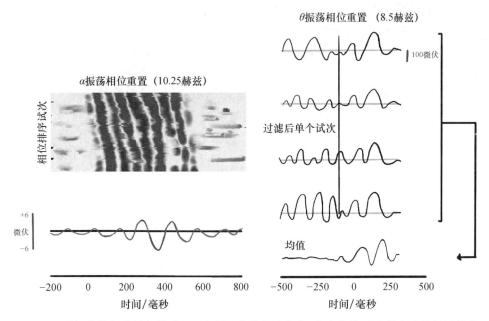

图 10.1　进行中的振荡的相位重置。左图：在单个试次中，头皮上位于后部中央的记录位点记录到的诱发反应。根据进行中的 α 振荡的相位进行排序（上图），每条水平线代表一个试次。按照相位排序的刺激后 α 振荡呈 S 形，表明它们依赖于刺激前 α 振荡的相位。下方图像是平均化后的诱发反应，即相位重置事件的均值。参考自 Makeig et al. (2002) 的文章。右图：在病人新皮质硬膜下进行场电位记录，过滤后单个试次内刺激诱发的 θ 振荡相位重置现象。竖直的线表示呈现视觉探测项目。最下方图像是数百个试次结果的均值。需要注意的是，振荡的频率和振幅都不受刺激的影响。参考自 Rizzuto et al. (2003) 的文章。

　　背景皮质活动的功能重要性由另一项研究揭示，这项研究探索了躯体感觉阈值刺激（可知觉到的最小感觉刺激）的影响。实验者不断地调整施加给被试左侧或右侧食指的电刺激，使得其中只有约 50% 的刺激能够被被试感知和报告。虽然呈现的刺激从物理学上来看完全相同，但是，只有当刺激前后具有功率足够大的 α 振荡和 θ 振荡，并且刺激出现的时间和这些进行中的振荡的特定相位一致时，被试才能探测到刺激。这些进行中的振荡不仅出现于躯体感觉皮质中，还出现于顶叶和额叶皮质中。刺激诱发的锁相反映了知觉到刺激，而锁相的缺失则反映了未知觉到刺激。早在施加皮肤电刺激后 30 毫秒就发生了这两种情况的区分，这表明，能否知觉到刺激取决于大规模皮质网络的状态。[5] 因此，感知接近阈值的刺激需要一种特殊的皮质振荡网络活动，而且进行中的自发反应对信号探测能力的增强至关重要。

　　相位重置模型具有一个重要的、有实际意义的暗示：平均反应并不能代表单次反应。单次反应不是具有固定潜伏期的平均反应简单地增加了噪声的结果，实际上，平均反应的振幅表现的是单次反应中振幅和潜伏期变异的结合。因此,尽管推测平均反应中兴奋性作用和抑制性作用对正负电位的影响很有诱惑力(使用这种方法的大量已发表论文也证明了这一点),但是这种自上而下或逆向工程的推论是无法实现的。这些结果提示我们和刺激相关的事件更能反映对自发振荡的干扰作用,而不是引发新的神经活动。外部刺激不能被视为随后大脑活动的唯一初始条件。

人们发现运动的起始时间和反应时间随头皮记录到的 α 振荡的相位发生系统性变化,这进一步证实了相位重置的行为学相关性。[6] 针对大鼠海马中明显的 θ 振荡也发现了相似的相位重置与行为关联。具有行为学相关性的、能够预测奖赏的条件刺激可以有效重置海马中的 θ 振荡,并产生类似响铃振荡的平均诱发反应。反之,如果在刺激重置的 θ 振荡波峰处施加较短的电脉冲序列,受影响的海马回路内会出现长时程增强现象,而在波谷施加相同的电脉冲序列则不会产生这一现象。对于完整大脑中的自发 θ 振荡而言,长时程增强现象具有同样的相位依赖特性,因此,这些发现进一步支持了自发和诱发(或相位重置)振荡的相似性。[7] 在正常人类被试中的脑磁图研究和癫痫病人中的硬膜下脑电图研究支持了研究人员在啮齿类动物中发现的结果。在一项研究中,被试需要进行工作记忆任务,在一系列数字呈现和随后对工作记忆内容的探测过程中研究人员会记录被试的脑磁图结果。研究发现刺激会重置 θ 振荡,而且和刺激相关的 θ 振荡持续的时长随记忆负荷的增加而增加,到大约 600 毫秒时达到上限,此时大约能存储 5～7 个项目。[8] 如同第 6 章中所讨论的,通常情况下振荡的相位重置取决于振荡的内部特性。皮质和海马内神经元的放电模式集中在局部 α 振荡和 θ 振荡的波谷处(见第 8 章和第 11 章),因此,虽然宏观上的场电势具有谐波特性,但这些 α 振荡和 θ 振荡的表现类似弛豫振荡。这种弛豫振荡特性能够解释为何它们容易发生相位重置。

皮质振荡的弛豫振荡特性同样为相位重置的行为学优势提供了解释。通过对振荡的重置,大脑在细胞集群的放电和刺激相关的信息之间建立起了最佳时间关系:如果外部输入的随机作用与振荡周期内的相位相反,并且不能影响神经元组合的放电时序安排,那么刺激诱发的效应就有可能被增强,也有可能被忽略;而如果输入的刺激能够使参与振荡的神经元的放电模式出现偏差,那么忽略这种刺激的概率就会大大减小。因此,相位重置能够选择性地放大传入信号的影响。相同的推导同样可以用于解释另一个疑问——为什么多数情况下,平均化后的诱发活动既反映了进行中振荡的相位重置,也表现出增强的活动功率。和自生成的自发振荡相比,明显的刺激或强刺激能够影响更多神经元。例如,高唤起的刺激和明显的刺激不仅能利用当时进行中的大脑动态,还能够改变大脑状态,因而使新创建的动态过程和刺激前状态之间具有明显差异。由事件诱发的去同步化过程是指 α 振荡和 μ 振荡迅速转变为 γ 振荡主导的现象,这一现象是大脑网络活动状态改变的典型例子(见第 7 章)。中等强度的刺激可能只能轻度改变进行中的振荡,因此大脑对它们的反应既有增强的神经元活动,也有背景振荡的相位调整。而弱刺激可能只能够重置振荡,而不能改变原有的状态。此时,进行中的振荡可能会通过随机共振增强弱输入的影响(见第 8 章),并且从强度较弱但作用时间合适的信号中提取信息——即从和整体振荡占空比相一致的信号中提取信息。

上述关于平均诱发场的讨论同样适用于诱发的节律,例如和绑定过程相关的 γ 振荡。大多数明显的或隐蔽的行为都是瞬时的,所以它们对应的神经振荡同样只持续很短的时间。尽管对短时功率谱取均值似乎是分析大脑与行为间关系的完美方法(见第 9 章),但诱发 γ 振荡的试次间变异同样取决于随时间变化的背景情境,在本书第 12 章中我们会继续讨论这一重要问题。

神经元在其偏好的皮质状态下放电效果最好

背景信息和诱发活动之间存在彼此协调的相互作用,根据这一假设,存在某种能使神经元放电效果最好的特异性网络状态。在一系列备受瞩目的研究中,以色列魏茨曼科学研究所的阿莫斯·阿里利(Amos Arieli)、阿米拉姆·格林瓦尔德和米莎·措季科斯(Misha Tsodyks)系统性地探索了麻醉猫视皮质内自发活动和诱发活动之间的关系。[9] 他们首先发现个体神经元动作电位出现的概率不仅和神经元附近记录到的场活动密切相关,还和几毫米外记录到的场活动存在关联。显然,这种关系并不令人惊讶,因为正是个体神经元的活动产生了细胞外电场的活动。个体神经元的放电受细胞组合的控制,细胞组合又受局部网络的影响,而局部网络又内嵌于更大的网络当中。然而,研究者观察到的结果远不止这一常识。这些新的观察都要归功于一种新的工具,它具有高空间分辨率,能够对大型神经元集群的膜电位变化进行成像。这是一种借助电压敏感染料对局部场电位进行光学成像的技术,这些染料能够测量皮质表面神经元和胶质细胞的膜电势变化。这种方法在本质上和电极记录场电位没有差异,但这种光学成像法的空间分辨率明显优于电极方法。

研究者们已经借助这种表面成像的方法证实,朝向、运动方向、视觉刺激的空间分辨率等不同的刺激特征都会诱发具有独特空间分布的皮质表面活动。在视皮质中,具有相似反应特性的神经元聚集成群,而且视觉特征会沿皮质表面的切线方向逐渐改变,因此才会出现这些独特的模式。这种系统性的对视觉特征的表征被称为"功能地图"(functional map)。在各种特征中,初级视皮质的朝向偏好性最为突出。[①] 由于功能地图产生于一大群神经元组合的群体性活动,因此,通过随意选

269

---

① "功能地图"这一术语由休伯尔和威塞尔(Hubel & Wiesel,1963)创造。沿切向分布的皮质方向柱表现出一个独特特征:同方域的皮质柱以类似风车的形式围绕奇点排列,该奇点被称为"风车中心"(pinwheel center)(Braitenberg & Braitenberg, 1979; Swindale, 1982; Bonhoeffer & Grinvald, 1991)。围绕风车中心顺时针或逆时针旋转,皮质柱的偏好朝向发生相应的连续性变化,变化范围为 -180°~180°。关于视皮质空间地图,可阅读 Grinvald & Hildesheim(2004)的综述,该综述较为易于理解。

择一个神经元,并识别驱动该神经元反应的最佳刺激组合,人们就能探测出功能地图和该神经元之间的关系。例如,如果某一垂直光栅是该神经元最"喜欢"的刺激,那么多次重复施加这种刺激能够持续性地让这个细胞放电,并且可以同时获得平均功能地图。诱发的功能地图以图像的形式反映了有相同输入偏好性的未记录神经元的群体活动,这被称为神经元"偏好的皮质状态"。在没有视觉输入的条件下检验个体细胞的自发放电活动和整体电场空间分布之间的关系时,研究人员发现了有趣的现象。此时,平均场活动的诱因是神经元自发出现的动作电位,而不得不提的是,研究人员发现以这种方式产生的功能地图和刺激诱发的功能地图非常相似(图 10.2)。

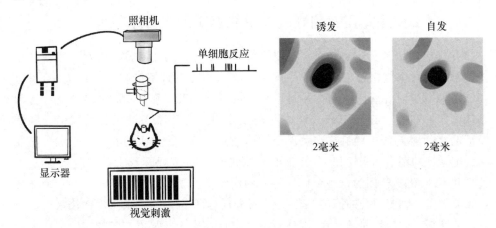

图 10.2 个体神经元的放电模式受其所在皮质网络的限制。通过同时对皮质表面的光信号和单细胞反应进行记录,可以比较个体神经元及其网络相关活动之间的关系(左图)。朝某一皮质单元的偏好方向运动的视觉刺激,能够诱发皮质表面特征性的空间模式(中图)。当没有视觉刺激时,单神经元的平均自发活动(自发动作电位的时间均值)模式(右图)类似于刺激诱发的功能地图。参考自 Tsodyks et al.(1999)的文章。

    假设没有视觉刺激,若单细胞动作电位出现于网络中的活动轨迹最类似于刺激诱发条件,则可以解释单个动作电位相关的功能地图和视觉诱发的功能地图之间的相似性。也就是说,当没有视觉输入时,视皮质内神经元的活动不是随机噪声,而是可预期的、由动态变化的皮质状态控制的活动。如果没有外部输入,局部的皮质网络会游走于各种吸引子状态之间,每一种状态都对应一群独特的细胞组合的群体行为。针对长时程自发皮质活动的研究表明这样的模式绝非随机,相反,大多数动态转变的吸引子状态都和视觉刺激诱发的朝向功能地图之间存在紧密的对应关系。令人惊讶的是,大多数状态要么对应于水平光栅诱发的功能地图,要么对应于竖直光栅诱发的功能地图。① 后一项发现或许可以解释为什么猫、人类和其他哺乳动物在识别水平或竖直刺激时都比识别其他朝向的刺激表现得更好。根据这种观点,刺激并不诱发随意的群体模式,而是诱发某一个默认吸引子状态,而这些吸引子状态的数量是有限的。匹配的自发皮质状态和输入特征应当能够增强知觉能力;而和偏好的输入组合状态相去甚远的吸引子状态则可能忽略输入,除非输入能够将网络转变为偏好状态。后一种效应类似于前面描述的刺激诱发振荡发生相位重置的过程。

　　在一个相关研究中,德国马克斯-普朗克研究所的戴维·利奥波德(David Leopold)和尼科斯·洛戈塞蒂斯检验了猴子脑电图信号的自发功率波动和功能磁共振成像信号之间的关系。他们在不同频带内分别估计脑电图功率,并使用秒级和十秒级的整合功率变化进行比较。如同第 5 章中所述,脑电图信号的低频波动包含数个相互作用的节律(慢波 1 到慢波 4),并且具有扩展到分钟级的 $1/f$ 幂律关系。有趣的新发现是脑电图信号的功率变化往往与借助功能磁共振成像观测到的氧提取分数密切相关。和猫的实验中借助电压敏感染料绘制功能地图的研究一致,局部记录到的电信号和皮质大片区域内(有时甚至是整个大脑内)记录到的功能磁共振成像信号同步变化。②

　　但这种绘制功能地图的研究具有一项重大限制——动物处于深度麻醉状态,此时的状态和未用药时大脑活动之间的相关性十分有限,而且功能磁共振成像研究中并没有单位记录结果。尽管如此,之前在麻醉动物和清醒动物之中进行的研究仍然提供了充足的证据,证明多个脑区内和慢速脑电图功率波动相关的神经元可兴奋性会发生大规模变化。[10] 此外,某些根据麻醉状态下实验观察而提出的原则应当同样适用于清醒大脑:皮质中内源性产生的吸引子状态能够使大脑从环境中提取信息的能力发生偏差。该原则同样来自皮质中同时进行的前馈和反馈操作,这表明即使在初级视皮质和其他躯体感觉皮质内,活动的传播也都具有内在的多方向性。[11] 若果真如此,那么自发的背景活动应当会对认知和运动行为产生重大影响。

---

　　① 自发状态在水平和竖直吸引子条件下的高发生率同样暗示着皮质组合模式背后的功能连接可能是受经验影响产生的,因为在我们周围环境中,水平刺激和竖直刺激出现的频率比其他朝向的刺激出现的频率更高。这种经验造就与固有机制之争相当复杂,布莱克莫尔和范·斯勒伊特斯(Blakemore & Van Sluyters, 1975)的早期发现也表明了这一点,他们发现对于产生朝向功能地图而言,视觉经验并不是必要的。

　　② 虽然大多数生理学测量都是在清醒的猴子身上进行的,但在这一脑电图和功能磁共振成像信号的比较研究中,猴子处于麻醉状态(Leopold et al., 2003)。神经活动以及与之相关的功能磁共振成像和正电子发射体层成像信号的自发波动使赖希勒(Raichle et al.,2001)对成像研究中广泛使用的基线相减法的效度提出了质疑。在理想情况下,基线应当对应生理上具有完备定义的状态,而不是任务操纵前任意时段内的活动。

行为表现受大脑状态影响

大脑的工作依赖自身状态,针对这一现象提出的吸引子动力学说能够解释 20 世纪 50 年代中叶加拿大神经外科医生怀尔德·彭菲尔德(Wilder Penfield)的著名观察发现。他对癫痫病人新皮质表面的不同位置施加刺激,并要求他们讲述自己的体验。这种刺激诱发的感觉类似做梦,既包含实际情形也包含可能的回忆。重复刺激同一个皮质位点通常会产生不同的体验,而刺激某些不同部位却能够引起相同感受。[12] 可能是因为刺激的效果会和进行中的神经活动轨迹相结合,因而才会产生这种现象。不过这显然只能是一个猜想,除非有相关的人类神经活动记录结果,也就是说,目前这一依赖大脑历史状态的假说无法被证实。研究大脑状态对行为的影响有一种直接的方法——检验认知或动作行为出现之前的神经元活动。

之前我们已经讨论过神经元集群活动的振荡相位对人类动作执行和反应时的影响。在猴子身上我们同样观察到了类似现象。在这个研究中,实验中的任务序列由猴子而非实验人员发起,在猴子按下按钮后,屏幕上就会出现一个菱形或一条直线,如果能正确识别刺激的形状,猴子就能获得奖励。研究发现,在前额叶区记录到的振荡中,5~25 赫兹频带内的功率和相位相干性与枕叶内诱发电位的振幅和潜伏期高度相关,同样也和运动的反应时高度相关。这些发现表明,皮质前额叶的状态确实能够让感觉区为高效加工信息做好准备。[13]

在情景记忆和语义记忆的编码过程中,同样多次出现类似的状态依赖效应。记忆编码是处于实际体验和大脑中相关记忆痕迹形成之间的一种假设过程。记住什么、遗忘什么并不是我们自己通过简单决定就能够控制的过程。大量研究已经证明,在编码过程中记录的各种电生理参数能够区分随后被记住的项目和被遗忘的项目。在以癫痫患者作为被试的实验中,编码阶段内,在嗅皮质和海马中记录到的项目诱发电位的波形能够可靠地预测被试对这个项目的记忆表现(是记住还是遗忘)。这些区域中增强的瞬时 γ 振荡同步性同样也预示着成功的回忆。[14] 编码阶段和随后回忆阶段内头皮记录的 θ 振荡功率同样存在相似的预测相关性。此后,对人类被试进行大规模硬膜下记录的结果提供了大量证据,表明进行中的大脑状态的变化是决定能否成功编码的关键因素。① 在一系列以一组癫痫患者作为被试

---

① 对于正确回忆项目,在编码过程中,γ 振荡的功率会增加。时频图(2~96 赫兹)中的灰色区域表明,成功编码条件与不成功编码条件相比,振荡活动显著增强。需要注意的是,对于随后正确回忆的词汇而言,集中在 40~80 赫兹内的 γ 振荡的功率首先在词语呈现(0 毫秒时)后 500~1000 毫秒增强,随后在编码阶段的第 1500 毫秒左右再次增强。研究用数据来自 15 名进行有创癫痫灶定位的癫痫患者左侧海马内共 91 根电极。许多皮质区内也能观察到类似的模式,即成功回忆所对应的编码过程中的 γ 振荡功率增加,这些皮质区包括左侧下侧前额叶和左侧颞叶。内容参考自卡哈纳,并总结了赛德尔伯格等人(Sederberg et al.,2003)的发现。

的实验中,所有 800 个记录位点中相当一部分的记录结果表明,在对随后测试时记住的词语进行编码时,神经振荡的功率会增加。记录到 θ 振荡(4~8 赫兹)增强的记录位点主要集中于右侧顶枕叶,而 γ 振荡增强的位点则相当分散,这表明皮质内广为分布的振荡的功率波动会影响对外部输入的加工(见第 12 章)。

这些在人类身上的发现和早期在兔子中发现的现象相符。和蜥蜴、鸟类以及部分哺乳动物一样,兔子有第三眼睑,这是一种被称为"瞬膜"(nictitating membrane)的结构,任何对眼球的刺激(如吹气)都会导致半透明的瞬膜发生收缩,这是一种非条件反射。如果在吹气前总会出现某个中性刺激(如某种声音),那么经过几次学习,动物就能学会在吹气到来前关闭瞬膜。学习的速度受很多外部因素的影响,例如条件刺激(声音)和非条件刺激(吹气)之间的时间差,以及刺激的强度等。但声音刺激出现时兔子大脑的状态同样非常关键:海马内 θ 振荡的功率和条件性学习的速度呈正相关,在记录位点没有检测到 θ 振荡的兔子学会这一任务所需的试次数是 θ 振荡功率最高的兔子的 5 倍。[15]

另一组实验进一步说明了动物对相同物理刺激的反应取决于内部的大脑状态。在这个实验中,实验人员训练猫区分两种不同的刺激,并对它们做出不同的行为反应(例如刺激 A 出现时去右侧取食,刺激 B 出现时去左侧取食)。在学会这个任务后,两种不同的物理刺激诱发的反应是截然不同的。此时,如果猫做出了错误的行为反应(例如刺激 A 出现时转向左侧),那么诱发的电位和正确试次中另一刺激(即刺激 B)诱发的电位相同,表明这个诱发电位反映的是猫对反应正确性的"信念"(即"认为"应当做的反应)。显然,诱发电位反应的这一记忆成分反映了大脑对信号的"解读",而非刺激的物理特征。[16]

这些在人类和其他动物研究中观察到的结果通常使用心理学研究中的选择性注意概念进行解释,它反映的是和 γ 振荡以及 θ 振荡相关的自上而下的执行机制。[17] 根据该假说推断,只要让大脑处于最佳状态,产生足够的 θ 振荡和 γ 振荡,那么就能实现成功的编码。然而,大脑并不是这样运作的,至少不是长时间这样运作的。出于某种原因,这种假设的过程无法维持长时控制。要想"指导"大脑的关键部分表现得更好,一种方式是从身体和环境中向它发送信号。我们都体验过长途驾驶时不可抗拒的疲劳感,防止大脑入睡的最有效方法是伸伸胳膊、动动头、眨眨眼、进行深呼吸、呼吸新鲜空气或打开收音机——向大脑发送来自外界的信号。如果没有外界刺激,大脑就会屈从于其内部设定好的振荡模式,从而导致神经表现的波动。出于同一原因,也没有简单的方法可以让我们随意愿在任意时长内保持注意、认知、记忆或运动输出的稳定。

还有一种对认知、学习、运动能力波动的解释:γ 振荡和 θ 振荡的功率不是由假定存在的意图或中央执行者控制的,而是在时间上由进行中的慢速节律调节的。例如,猴子蓝斑中去甲肾上腺素能神经元自发放电率的变化和起伏波动的认知表现密切相关。[18] 已有研究证明,神经递质去甲肾上腺素能够增强 θ 振荡和 γ 振荡。在人类头皮上记录到的 γ 振荡和 θ 振荡活动的功率表现出遵循 $1/f$ 幂律的尺度特性,这同样表明存在某种导致知觉与运动准备状态波动的内部机制。[19] 总之,这些发现都表明,大脑状态的波动既不是随机的,也不是简单地由受意志引导的自上而下的机制控制的。

有一种高灵敏度的方法可以用来检验自组织大脑模式对认知表现的影响——向被试呈现两可图形。此时,来自环境的物理输入没有任何变化,所以知觉的改变应当是大脑动力学过程变化的结果。两可图形的一个被充分研究的典型例子是内克尔立方体,面对这种可以在两种知觉体验中转变的图形,观察者会感到自己的知觉体验发生了自发的改变——他们有时看到的是立方体顶部,有时看到的是立方体底部。因为输入保持不变,所以是我们的大脑通过某些规则导致了这种知觉体验的改变。通过要求被试在每次知觉到立方体朝向发生变化时按键的方法,我们可以追踪知觉转变的过程。转变间隔通常没有特征性的时间尺度,因此许多研究人员认为模式的转变是随机的。然而,对立方体朝向变化的时间序列进行定量分析,可以发现这种时间序列符合 $1/f$ 关系,这表明这一过程中存在记忆效应。这些发现和切分音实验中错误的无尺度分布结果相符。

人们发现,只有持续面对两可图形时才会发生这种自发的知觉转变,这进一步支持了大脑状态变化在此过程中的作用。通过周期性地将图像从视野中移除(例如频繁眨眼),自发的知觉转变可以被减缓,甚至可以被阻止。短暂的呈现时间阻止了刺激呈现期间发生的知觉转变,而且为随后的知觉设置了情境。改变双眼视差同样会影响知觉的稳定性。和低深度视觉条件相比,高深度视觉条件引发知觉转变的频率更低,表明图像两可性越强,自发大脑活动的作用也越强。[①]

总体来说,针对两可图形或谜语图形的研究结果表明,大脑会进行强迫性解释,而且这种解释由输入信息的物理特性和不断变化的自发大脑状态的瞬时特征共同决定。由于自发大脑模式的附加贡献,神经元或局部网络的行为并不能忠实反映输入信息的物理特征。如果想要确定某个皮质神经元的放电模式,我们就需要知道邻近区域中所有与之相连的细胞的放电模式,最好也能知道较远处与之相连的细胞的放电模式。为了提高预测的准确性,我们不仅需要知道当前的状态,而且还需要知道这之前 100 毫秒或数秒内的活动。简而言之,我们需要关于近期所

---

① 长期以来,人们一直认为知觉转变可能是某些大脑内部运算的结果(Attneave, 1971)。然而,由于人们认为转变具有随机性,所以这一观点一直未被认可(Fox & Herrmann, 1967)。利奥波德等人(Leopold et al., 2002)发现当以旋转的随机点球体作为持续呈现的刺激时,知觉的自发转变表现出 0.3 赫兹的特征频率。阿克斯和斯普罗特(Aks & Sprott, 2003)发现针对内克尔立方体的知觉转变具有无尺度分布的特性。

有输入信息以提高预测的准确性。[①] 这种历史状态依赖性正是大脑成为动态系统的原因。动态行为的结构基础可能是多个并联的回路。随着回路逐渐延长，传导用时和突触延迟也会逐渐延长，因而它们得以在逐渐增大的时间尺度下提供反馈。这些具有多个时间与空间尺度的反馈回路体现了输入干扰的情境依赖性。[②] 在这个框架下，情境被定义为一组能使某一输入特异性地对应某一输出的条件。这是一种分类机制，这种机制可以使大脑根据历史上的输入和先前内部状态的关联，以最合适的神经回路对输入进行表征。

为了充分理解这种多层级相互作用的结果，我们必须监控多个相互关联的系统的变化（第 12 章）。然而，在讨论系统间相互作用这一复杂问题之前，我们必须先探究长时记忆是如何形成的，因为归根结底，是每个人的经历决定了大脑在各种情形下的反应。

本 章 总 结

我们的运动能力和认知能力不是一成不变的，其变化在几十毫秒到几小时的多个时间尺度上都有所表现。很大程度上，大脑状态的变化是由内部协调的，即使在清醒的大脑中也是如此。这种内部协调不能被简单地认为是某种"相关噪声"——即大脑必须克服的无关信号，或是为了揭示大脑对环境输入的真实态度而必须被实验人员去除的噪声。恰恰相反，这种随时间变化的大脑状态是心理运算的重要来源。实验记录到的大脑信号可能包含更多关于大脑本身而非外部信号的信息，因为知觉的机制是神经元回路对信息所做的解释，而不是对不变物理特性的整合或绑定。大脑当前的状态在某种程度上依赖于它先前的状态，正是这一点让大脑成为一个动态的系统。要预测神经元网络的状态，我们必须了解该网络最近的历史状态。各种整体的生理指标测量结果表明大脑的动态变化符合 $1/f$ 规律，可观察的明显行为（如各种心理活动和运动输出）具有相同的 $1/f$ 尺度自由性，这正是对大脑动态变化 $1/f$ 特性的反映。从这个角度出发，特定的（干扰大脑状态的）环境输入下产生的神经元信号反映的不是初始状态，而是对不断变化的大脑内网络模式的修改。

[①] 一项使用功能磁共振成像并要求被试进行自由回忆任务的研究极好地说明了这种情境依赖性。被试需要记住一系列包含 3 种不同类别的项目，这 3 种类别分别是面孔、地点和物体。每次扫描都记录了大量大脑结构的活动，并将它们在实验阶段的血氧水平依赖模式按照 3 种项目类别分类（具体技术讲解可见第 4 章）。在进行没有线索提示的自由回忆任务中，这 3 类项目对应的模式会以 5～10 秒为单位进行周期性的转变，这种转变决定了随后要被回忆的项目类别，而且大脑模式变化和项目类别匹配的程度可以预测被试随后提取的信息种类（Polyn et al., 2006）。

[②] 虽然状态的时间特征也暗示了情境，但我在第 12 章中将会提供一个更精确的对情境的神经生理学定义。

"其他皮质"内的振荡：在真实空间和记忆空间中导航

本章其他注释

> 我从不曾尝试阻挡过去的记忆，哪怕有些记忆是痛苦的……你经历过的每一件事都帮助你成为现在的你。
>
> ——索菲亚·罗兰

虽然新皮质具有精妙的复杂秩序，但这一以相对统一的方式组织的模块化大脑结构同样有其局限性。新皮质的结构主要以局部化的形式组织，这些结构支持的功能受到优化和调整，调整的主要依据是能够探测环境中有序的关系。我们对自然场景、语言、音乐以及身体形象的知觉，还有偶尔产生的错觉，在很大程度上都源自新皮质的独特组织结构。只要处于不变的环境中，具有这些组织特征的大脑就相当有用。然而，我们生存的世界是不断变化的，很多和我们的生存与福祉相关的事件都不依赖于我们自己，而且这些事件往往以某种独特的方式发生。我们很难想象出这样一种机器，它能够侦测和存储我们周围所有的随机事件以及它们之间的关系，更不要说创造它。这些随机事件大多无关紧要，对个人也没有任何意义，但其中有些事件却有意义，例如我们的名字、爱人的生日、其他的重要家庭事件等。这些都是我们独特的经历，它们的内容并不是简单地依照某些外部规则而产生的。个人经历的形成和存储过程建立了一个知识库，这是一种基于大脑的独特情境，它能够影响新皮质处理未来感觉体验和偶发事件的方式，也能够影响我们的行为。积累和维持个体的过去经验，这个过程被统称为记忆，它决定了个体身份（identity）的形成。

因此，个体性和个人身份的出现同某种特定的机制密切相关，这种机制能够让

动物回忆过去，并根据这些回忆改变未来的行为。物质世界中并没有什么能够告诉我们某张面孔是令人愉悦的还是令人反感的，基于过去积累的经验，不同的观察

者可能对相同的面孔做出不同的评价——有人认为是美丽的,有人认为是丑陋的。① 那么这些过去的经历是什么呢? 它们又存储在哪里呢?

　　存储在大脑中的经验通常被分为两大类:内隐的和外显的。对心理学家来说,外显的或陈述性的经验表示它们能够被有意识地回忆,而且能够以语言陈述。这些记忆包括每个人人生中独一无二的经历(例如论文第一次被接收、第一次得到资助等)以及学习到的任何和这个世界有关的事实(如弛豫振荡和谐波振荡的区别)。后一种涉及事实或语义知识的记忆缺乏和个人的联系。和这些记忆不同,内隐经验的获得(如学会如何穿着高跟鞋舒服地走路、忽略办公室空调恼人的声音等)并不需要我们意识到这个学习过程。②

　　形成和存储任意经历都需要有随机连接的适宜大小的存储空间。目前为止,我们已经认识到具有 6 层结构、规则的模块化组成且主要位于局部的由神经元连接的新皮质并不适于完成这一任务。在这些按照模块组织的新皮质中,很大一部分都是为了从感受器传入的信息中提取关于世界的统计学规律。但还有另一块皮质——一块我们目前还几乎没有提到过的皮质:"其他皮质",即希腊风格的术语所称的"异源皮质"(allocortex,也被称为 heterotypical cortex)。这类皮质具有各种数量的层次结构、独特的细胞种类和特殊的连接模式。¹这部分皮质包含一个很大的连接空间,这一特性对其预期的功能而言相当理想:即通过为要存储的信息提供时空情境,从而从任意关系中构建经历和事件序列。在随后的部分,我会对这一点展开具体论述。

　　关于记忆空间的推测得到了人类临床研究发现的支持,这些研究表明,海马-内嗅皮质系统的损伤会导致严重的记忆问题。而在动物身上进行的单细胞研究则提供了另一种不同的视角——海马和与之相关的结构负责空间导航功能。这两个方向的研究都涉及大量关于海马内神经振荡的研究,但直到 20 世纪初,这些研究方向才逐渐合并趋同。本章的主要目的是探讨并解释神经振荡在其中的作用——神经振荡如何将这些不同的研究方向联系在一起,又如何对海马-内嗅皮质系统的功能进行一致、连贯的描绘?③ 为了实现这一目标,我们需要先全面了解这几个看似相互独立的研究方向,然后才能将它们合并在一起,组合成一个全面的、基于神

　　① 这种说法并不是要否认(普遍存在的)物种特异性偏见的重要性,这种偏见即使在较晚出现的物种当中也同样存在,例如灵长类动物天生对蛇具有恐惧心理。然而,对大脑更大、更复杂的动物而言,知觉和行为越来越多地受个体习得的因果关系的影响。

　　② 关于记忆的主要类型可见第 156 页的第 8 章脚注①。关于记忆的分类以及不同记忆类别和大脑结构之间的关系这些话题,有很多优秀且可读性强的著作。我个人推荐 Tulving(1972,2002)、Squire(1992)、Eichenbaum(2002)、Nadel & Moscovitch(1997)的文章。关于 20 世纪记忆研究简史,可阅读 Milner et al.(1998)的文章。

　　③ 专注于情景记忆这个单一的话题会导致我们忽略异源皮质的很多其他重要功能,如情绪、嗅觉、运动控制等。

经振荡的整体框架。

异源皮质夹在最古老和最新的大脑区域之间

要推测某个结构的功能，最稳妥的方法是从仔细研究它的解剖组织开始。"结构决定功能"这句格言总是对的，虽然结构本身并不足以提供所有必要的线索，但是，关于神经元连接本质的知识为我们提供了重要的约束条件，而且将推测功能的自由度降低到了可接受的范围内。如同在第 2 章中所讨论的，大脑在本质上是大量叠加的、不断扩大范围的回路，这些回路由环境输入和大脑输出组成，其中最重要的输出是动作信息。我们不可能精准确定哺乳动物复杂的大脑中叠加回路的数量，因此，通过合理的分组来减少这些回路数量或许有一定作用。美国国家卫生研究院（National Institutes of Health）的保罗·麦克莱恩（Paul McLean）认为，大脑组织大致可以分为 3 个层次。[2] 在他看来，最底层的是相互连接的一系列结构，这类结构在前哺乳动物（premammals）中也很容易识别，因此麦克莱恩使用"爬行脑"（reptilian brain），或来自希腊-拉丁科学术语体系的词语"archipallium"来描述这一层次。这部分大脑包含嗅球（olfactory bulb）、脑干、中脑、小脑、基底神经节等多个结构。三层次组织的顶层是最晚出现的高级结构，它在哺乳动物中才出现，被称为"新皮质"，这一部分或多或少对应丘脑-皮质系统。在原始的爬行脑和理性的新皮质之间，还存在一个中间层——中皮质（mesocortex）或旧皮质（paleopallium），这部分皮质组成了边缘系统（limbic system）。[3] 麦克莱恩认为，这三个大脑层次是在物种从蜥蜴向智人演化的过程中按时间顺序出现的，而且这一序列性同样会在个体发育过程中重现。[4]

异源皮质（旧皮质）和覆盖在其上的新皮质之间主要的边界是嗅裂（即和鼻子相关的裂隙），这是一条在大多数哺乳动物的大脑中都很容易被识别的巨大裂隙。异源皮质内的结构具有一项共同特征，它们不像新皮质那样遵循严格的六层模块化排列。和在新皮质中一样，感觉信息不能直接穿过异源皮质的结构。嗅觉信息主要通过类似丘脑的中继站——嗅球直接到达异源皮质；而其他所有的感觉信息则经由新皮质，曲折抵达异源皮质。

因为嗅觉信息相对直接地进入某些异源皮质结构，所以早期研究者使用"嗅脑"（rhinencephalon）指称这个结构，这一称呼表示大多数异源皮质结构的主要功能是处理嗅觉信息。后来又使用术语"边缘系统"指代这部分异源皮质结构，这是因为它们的排列呈环状，具体的结构包括杏仁核、海马、内嗅皮质和下丘脑，这些结构在脑干和新皮质之间提供了相对清晰的界限。[5] 由于很多心理概念（例如情绪、感觉、无聊、热情、爱与恨、吸引与厌恶、喜悦与悲伤）被认为是哺乳动物所特有的，而爬行脑或理性的新皮质似乎都不适合用于实现这些功能，因此这些功能就被委派给了边缘系统。[6]

在 1960 年左右,鉴于当时已知的边缘系统解剖结构,这些假说是完全合理的。当时的解剖学研究表明,边缘系统的主要输入来自新皮质,几乎所有新皮质区域都会投射到嗅周皮质(perirhinal cortex)和内嗅皮质。经由这些结构,来自新皮质的信息被集中输入到海马中。因此,根据这一大脑层级结构的观点,海马是最终的一级结构,它接受最高级的神经元信息,起到将信息关联在一起的作用(见图 2.3)。所以,关键的问题在于,那些集中输入到海马的信息在此处发生了什么？根据当时解剖学权威圣地亚哥·拉蒙-卡哈尔的观点,海马加工后的信息被向下传递给了爬行脑。[7] 当时的解剖学研究和损伤研究表明,海马和杏仁核对控制下丘脑内分泌和自主神经系统功能至关重要,这也支持了这一"新皮质—异源皮质—古皮质"的集中式信息传递路径。如果把所有可用的拼图碎片拼接在一起,就会出现如下图景：理智的新皮质计算的结果被传送给异源皮质,在边缘系统的结构对其情绪性内容进行了适当评估后,海马和杏仁核的输出被用于指导骨骼肌和自主神经效应器产生"战斗或逃跑"反应,指导心率和血压的升高或降低,并调节压力和其他激素。[8]

然而,即使是大师也会犯错误,尽管错误可能并不大。在圣地亚哥·拉蒙-卡哈尔绘制出海马主要的输出方向的几十年后,人们发现,海马的皮质下投射并不是它最重要的输出投射,相反,主要的海马传出纤维会回到海马下托复合体和内嗅皮质深层,导致信息经由此处回到新皮质。因此,从新皮质传输至异源皮质的信息继续传递的主要方向不是向下到古皮质,而是向上返回新皮质。这条路径的组织不是简单的前馈层级结构,而是回返环状结构。当然,虽然我们发现了海马到内嗅皮质之间存在大量回返通路,但这一发现并不能否认海马和海马下托输出对下游投射——穹窿(fornix)和相关生理功能的重要性。

20 世纪 50 年代末,心理学家布伦达·米尔纳(Brenda Milner)和神经外科医生威廉·斯科维尔(William Scoville)没有执着于当时的解剖学知识,他们从另一个角度出发,认为海马和记忆功能相关。他们研究了如今著名的病例研究对象 H. M. 以及几个相关的、接受了双侧海马及其周围区域切除手术的病例,发现这些患者都无法获得新的具有情节性的陈述性知识,但患者们仍能记得接受手术前的大部分经历。[9]

记忆只有在能够被提取时才是有用的。显然,如果海马唯一的输出是投射到下游形成穹窿束的传出纤维,那么就很难理解新皮质如何能快速地获得关于先前经验的信息(即提取记忆)。新的解剖知识让我们得以从不同的视角看待这一问题。海马结构和杏仁核的主要输出与输入来源一致——都是新皮质,因此,这些结构就能被视为面积广大的新皮质的附件,而且它们之间能够形成双向信息传递。从这一解剖学角度出发,我们就能提出一个关键问题：如果一个结构的主要输出对象和主要输入来源一致,那么这样的结构能执行什么样的功能呢？这个问题的答案相当有限——这样的结构唯一适合做的就是修改输入。不过,如果结合米尔

283 纳和斯科维尔的临床观察结果，这倒是一个好的消息。异源皮质的输出也许能够帮助修改新皮质回路。通过将从人类手术病例研究中获得的知识和从动物实验中新近的解剖学知识相结合，可以开创一个有关边缘系统研究的完全不同的新方向——记忆过程。[10]

海马——一个巨大的皮质模块

异源皮质和新皮质具有不同的解剖学组织结构。大部分异源皮质没有第 4 层，表明其缺少主要的丘脑输入。还有部分异源皮质，如外侧杏仁核（lateral amygdala）缺少规则的细胞组织结构。但是，本质上使得新皮质和异源皮质结构有所区分的是海马组织（hippocampal formation）。[11] 和新皮质一样，大部分异源皮质结构由锥体细胞和 γ-氨基丁酸能中间神经元组成，只是它们的分层结构和连接组织与常规的新皮质模块具有巨大差异。① 海马齿状回内有一类完全不同的细胞类型，这种细胞被称为"颗粒细胞"，它具有和锥体细胞完全不同的特征。因为这类细胞本质上的特殊性，所以我们有理由相信，颗粒细胞独有的性质是我们全面理解海马功能的关键。[12] 然而，我们对海马齿状回功能的了解却最少。

284 根据教科书中的解剖学知识，海马是由一层细胞构成的，但这实际上取决于我们如何看待它。的确，如果将牙齿形状的齿状回和 C 形的真海马，也被称为海马角或阿蒙角（cornu ammonis，CA）展开，就会得到只有单层颗粒细胞或锥体细胞的一张巨大的薄片。② 但如果关注的是连通性而不考虑实际尺寸，那么就很难忽略海马和新皮质模块之间的相似性。③ 研究海马的一个重要入手点就是齿状回内的颗粒细胞。颗粒细胞的轴突末梢能够刺激大约一半的海马锥体细胞，这些细胞位于海马 CA3。CA3 实际上有两层，两层之间有连续的过渡。位于门区的锥体细胞被卷进颗粒细胞之中，它们的主要轴突投向 CA1 锥体细胞。④ 其余的 CA3 和 CA2 神经元组成高度循环的连接网络。它们不是将信息快速传递给输出 CA1 神经元，而是形成广泛的循环性侧支，和局部以及远处的细胞彼此连接，

① "分层"一词常被解剖学家和计算机建模研究者使用。对后者而言，"层"表示的是一组平行的计算单位。在解剖学中，拉丁语名词"*stratum*"（层）指在垂直于表面的方向上能够被区分的组织，例如树突层和胞体层，或是具有不同来源的各种输入。

② "海马"这一名称由意大利解剖学家朱利奥·切萨雷·阿兰基（Giulio Cesare Aranzi）提出，因为人类大脑中的这部分结构的宏观形状类似于海洋生物海马（seahorse），其中大脑海马齿状回对应海洋生物海马的头部，大脑海马结构细长弯曲的后部对应海洋生物海马的尾部。

③ 整个海马可以被视为一个巨大的皮质柱。底层的颗粒细胞将输入信息分散（"正交化"）传递给第二层 CA3b/c 内的神经元，这些神经元主要投射给 CA1 细胞，但也投射给 CA3a/b 细胞——它们主要形成循环回返连接网络。位于海马门部（hilus region）的苔藓细胞同样可以被视为单独的一层，它们给大量颗粒细胞提供兴奋性反馈。

④ 从 CA3 弯曲投射到 CA1 辐射层的粗大主传导轴突被称为"谢弗侧支"（Schaffer collateral），这一名称是为了纪念匈牙利解剖学家兼神经科学家卡罗伊·谢弗（Károly Schaffer，1892）。

这些细胞包括位于门区的 CA3 细胞和 CA1 锥体细胞。有时候,这些侧支甚至还会返回,与颗粒细胞相连。[1] 从这个角度来看,这一组织形式在某种程度上类似于新皮质第 4 层（颗粒细胞）—第 3 层（CA3 门部）—第 2 层（CA1）和第 5 层（CA3 循环回返神经元）兴奋性前馈结构中的信息流形式。新皮质和海马组织的本质差异主要在于哺乳动物演化过程中这两个系统的增长方式。新皮质的小世界样组织使其几乎可以无限扩大,只受轴突传导速度以及远距离"捷径"（这对保持新皮质内较短的突触路径长度很有必要）的限制。海马结构的演化则遵循不同的规则。在演化过程中,海马形成一个整体性的大型多层空间。[2] 这种结构的演化优势在于它创造了一个巨大的随机连接空间,这是任意信息间发生组合的必要条件。[3] 海马结构增长的主要限制是轴突传导速度。事实上,从大鼠到人类,海马中神经元的数量只增加了 10～20 倍,而在哺乳动物演化过程中,新皮质则扩大了好几个数量级。除了尺寸和细胞数量外,不同物种间海马的整体外观和微观连接惊人地相似。

在第 2 章中关于整体大脑回路的讨论对海马而言尤为适用。要从一个神经元到任意其他位置,可能的路径有很多条,有些只需要经过一个突触,有些则需要多达 10 个突触。[4] 短回路和长回路的回返路径间的整合取决于可用的时间窗。这种既有发散又有集中的回传循环通路可以发挥多种功能,包括修正错误、模式补全、放大以及临时存储。

---

[1] 在大鼠的背侧海马中,CA3 到颗粒细胞的回返投射非常稀疏,但这类投射在腹侧的 1/3 部分则相当突出（Li et al., 1994）。啮齿类动物海马的这一部分类似于灵长类动物中的海马齿状回。虽然 CA3 神经元在整个结构内都具有分布广泛的轴突树,但海马的背侧和腹侧（齿状回部）之间存在一些重要的解剖学、生理性和病理学差异。海马背侧和腹侧（在灵长类中对应体部、尾部和齿状回）之间具有一些显著的功能差异,这些差异可能来自它们的输入,而不是来自内部连接。尽管存在这些差异,海马内的大突触空间概念仍然相当流行。

[2] 海马是解剖学和生理学上最具特征的网络之一。因此,理解其运行过程对于理解系统的一般运行模式而言具有重大启发意义。但必须记住的是,研究孤立的海马和研究孤立的新皮质模块没什么区别。

[3] 数字计算机中随机获取的记忆（random access memory, RAM）是将 CA3 神经元的回返循环系统进行概念化的有用类比（例如 Marr, 1971；McNaughton & Morris, 1987；Kanerva, 1988）,但它们之间存在几处不同,随后我会指出这些差异。

[4] 在海马组织及其相关结构中的多个兴奋性谷氨酸能神经回路中可见,连接内嗅皮质第 2 层、颗粒细胞、CA3、CA1 和下托的回路最后会返回内嗅皮质第 5 层,在这条长回路之上还存在多条捷径和叠加回路作为补充。内嗅皮质和海马之间最短的回路是从内嗅皮质第 3 层到海马 CA1,随后返回内嗅皮质第 5 层。多个回路中的兴奋性信息交流受各类中间神经元控制（见第 2 章）,这些中间神经元的连接不是环状的。

海马是新皮质的图书管理员

　　海马中可用的"随机空间"到底有多大？通过标记完整大鼠大脑中的单神经元，并在三维空间内重建它们轴突侧支和突触连接的整体结构，我们着手对这一问题进行了研究。此处提供一些从大鼠中获得的有用数据。单个 CA3 锥体细胞的轴突长度为 150～400 毫米不等，可在同侧海马中形成 25 000～50 000 个突触，并在对侧海马中形成数目约为其一半的突触。因为每个半球大约有 20 万个 CA3 锥体细胞，所以这就意味着每个半球内有总长度约为 40 千米的轴突侧支和 50 亿～100 亿个突触连接。[13] 这一令人难以置信的连接矩阵被挤进大鼠的海马之中，其体积差不多和一粒豌豆一样大。重要的是，这个连接矩阵在空间上覆盖范围很广，因此单个细胞的轴突就能覆盖海马纵轴的 2/3。与新皮质内的锥体细胞不同，海马锥体细胞并不一定只与相邻的细胞连接，一个 CA3 神经元和其邻近细胞以及远处细胞相连的可能性差不多相同。循环性 CA3—CA3 回路和前馈性 CA3—CA1 回路中的联系的分布类似于随机图，其中的突触连接概率为 2%～5%。[14] 虽然没有针对其他物种的类似数据，但根据神经元大小、数量以及人类海马的体积，我们估计人类大脑中海马锥体细胞的连接概率和大鼠中相当。由于海马外传入（包括最突出的兴奋性内嗅皮质传入）只占所有突触的不到 10%，因此，海马可以被视为一个超大皮质模块，其连接在很大程度上是随机的。

　　100 亿个突触并不是天文数字，尤其是与人类新皮质中的连接数相比时，而且，作为一个巨大皮质模块的海马还提供了一个广大的可供搜索的多维空间。为了理解这一组织的重要意义，我们可以将新皮质想象为一个巨大的图书馆，而海马则是其中的图书管理员。一座理想的图书馆不仅应当藏有大部分现有的图书，还应当能快速而准确地获取其中的任意一本图书。然而，无论是人类建造的还是自然存在的，真正的理想图书馆并不存在：馆藏书目越多，作者名称、书名和内容的重合程度就越高。在如此庞大的图书馆中寻找某一特定的内容可能会成为一场噩梦。如果要寻找彭蒂·卡内尔瓦（Pentti Kanerva）所写的《稀疏分布式存储》（*Sparse Distributed Memory*），那么这一任务十分简单，因为我们可以提供明确的关键词。然而，如果你想要找一本书，但只记得它的开头情节——有一位东欧记者，因他能够记住复杂的规划数据等所有事实，故从未在编辑会议上做过任何笔记——在这种情况下，你所能提供的信息过于零碎，几乎不可能在实际的图书馆中找到这本书。即使你在互联网上搜索，在搜索框内输入你可能记得的多个关键词的数种不同组合，搜索引擎或许会提供上百万个条目，但其中可能只有一个是与你的目标相关的。然而，如果你询问一位专业的图书管理员，那么他有可能很快告诉你，你拼命寻找的那本书是亚历山大·罗曼诺维奇·卢里亚（Aleksandr Romanovich Luria）关于广大记忆空间的一本小册子。[15] 搜索效率存在如此巨大差异的原因是你询问的图书管理员的大脑内有海马这一结构,而搜索引擎则没有。多亏存在海马,人们才能高效地存储和回忆事件的情节,并根据某些片段记起整个事件。[①]那么这一点是如何实现的呢?

289

自关联结构中的检索策略

让我们从理论推测来开始后续的讨论。循环性组织结构(如广泛分布的 CA3回返循环系统)的计算特性符合自关联结构的要求。根据其计算特性上的定义,自关联结构是一种自我纠正式的网络,它能够重新建立最接近当前输入模式的已有模式——即使输入的模式只是存储版本中的一个片段。给自关联网络输入部分内容,它就会产生完整的内容。衡量自关联网络性能的是其记忆容量(memory capacity)和内容寻址性能(content addressability)。和上面我们所进行的类比(图书馆中藏书量和书籍检索过程)类似,自关联网络的这两种需求之间是相互竞争的,因为其中的存储空间和检索速度都是有限的。记忆容量很容易定义:可存储并能被正确提取的模式的最大数量。内容寻址性能是一个技术名词,它指根据某个只包含一小部分原始信息的提取线索回忆出整个情景的能力。[16]

除非图书馆藏书具有组织性,否则,在图书馆中找一本书可能需要进行穷尽检索,也就是每一本书都需要被查看。在有组织性的图书馆中,用关键词进行检索能够极大地简化搜索过程。进行检索的最高效的方法依赖于系统的组织。CA3锥体细胞广泛分布的轴突树表明它们和附近或远处 CA3 锥体细胞连接的概率大致相同。[17]在第 2 章中我们讨论过,具有相同的"点对点"接触概率的系统可以被视为随机图。随机图的概念意味着:我们可以沿着计算出的可能存在的最短突触路径从任意神经元到其他神经元,这一过程就像是在一个无障碍的空间中从任意位置移动到其他位置。要在 20 万个 CA3 锥体细胞中构建出一个完整的随机图,理论上每个细胞只需要 15~20 个不同的连接。然而,从任意神经元到其他神经元可能需要经历许多步骤(即第 2 章中提到的长突触路径长度)。理论上的最少连接数(10~15 个)和 CA3 锥体细胞之间的实际突触数形成了鲜明对比——一个普通的CA3 锥体细胞与其他细胞会形成 10 万~20 万个突触。由于这种巨大的发散性,原则上讲,活动能够仅跨越两个突触就实现神经元之间的传递。此外,巨大的分散 290性表明任意随机选择的起点细胞和目标细胞之间可能的路径数量真的是天文数字。然而,无论这一数字多么巨大,仅凭上述解剖学角度的推理都是不够的,因为

---

① 这些观点的源头可以追溯到赫什(Hirsh,1974)以及泰莱尔和迪申那(Teyler & DiScenna,1985)的文章,他们认为海马是一种用于情境指引的结构。从最宽泛的定义来看,情景记忆反映了事件独有的时空轨迹。举个日常生活中关于情景记忆的例子——对特定事件的自由回忆。一系列在特定时间情境下共同出现的事物(例如随机词表或任意物体组成的序列)也体现了一种情景记忆。内侧颞叶的损伤(包括海马-内嗅皮质区域的损伤)会严重损害对情景信息的回忆(Vargha-Khadem et al.,1997;Squire & Zola,1998;Tulving,2002)。

神经元之间的突触十分脆弱,单个起点细胞的放电并不能激活任何一个目标细胞,只有放电的神经元才能用于编码和提取记忆。[1] 再进一步讲,神经元之间的突触强度是高度可变的,也就是说,路径之间并不等同。另外 CA3 循环结构是有方向性的,因为细胞之间的连接很少是双向的。无须进一步推测,我们就能够发现,CA3 自关联系统和 CA3—CA1 回路区域表现出的是一个高度关联的、具有方向性和不同权重的连接结构。[2] 这种排布模式简化了活动在循环网络中的传递方式。兴奋不是随机地向任意方向传播,实际上,海马空间中按序列放电的神经元轨迹只取决于两个因素——神经元之间的突触权重以及局部抑制状态。当活动传播到分叉路口时,它会沿着突触连接更强、抑制性作用更弱的路径继续传播,也就是朝阻力最小的方向前进。[3]

准确的解剖数据和计算机模型为评估真实网络的存储能力和内容寻址性能提供了有用的帮助。然而,仍有几点需要注意。第一个需要关注的问题是轨迹的安全编码格式。推荐的计算方案是稀疏且分散的分布式存储。稀疏表征意味着某个物理存储位置内只表征了一部分轨迹。每个突触只能够存储一种关于环境或个体过去经历的事实,与此同时,记忆分布于大片区域中。这有点像是在同一扇门上装了 12 把锁,并将每一把锁的钥匙藏在不同的地方,其中每个地方都会提供下一把钥匙所藏位置的线索。海马的解剖学特点符合稀疏表征的要求。和初级躯体感觉皮质不同,海马中表征相同信息的细胞集群由几乎随机分布在整个 CA3—CA1 回路区域中的神经元组成。[4] 记忆痕迹分布于巨大的编码空间中,这一特性能够减少存储模式之间的重叠。[5]

291

在自关联结构的巨大空间中实现输入的分散分布需要特殊机制,正因如此,颗粒细胞的存在至关重要。每一个处于浅层的内嗅皮质神经元都会接受来自大片皮质区域的输入。随后,大约 5 万个位于第二层的星状细胞会向 100 万个颗粒细胞

---

① 人们认为,编码是一种神经元过程,参与信息与神经表征之间的转化过程,将外部事件和内部思维转化为暂时的或长期的表征。无论这种神经表征是否被提取或被重新使用,编码过程都可以发生。

② 参见 Muller et al.(1996b)的文章,也可参见下面关于自关联图的进一步讨论。

③ 神经元活动在多维网格状空间(如 CA3—CA1 回路区域)中的传递取决于两个因素——神经元之间的突触强度和瞬时的抑制性作用。任何连接处的抑制性作用都会立即改变活动的轨迹。可能的轨迹数相当可观。这种活动的传递过程类似于河流三角洲中漂浮物的移动,漂浮物在每个交叉口都会沿着河水流速最快的路径移动。当然,如果突触后的目标能够以发生动作电位的方式做出反应并偶尔发生会聚,那么活动就能够沿多个方向传播,从而产生多个轨迹。可能轨迹的数量几乎无限,随之产生的情节(表现为序列激活的细胞集群)的数量也几乎无限。

④ 最能说明稀疏分布表征的例证来自海马中的位置细胞(O'Keefe & Dostrovsky, 1971)。然而,在隔侧-颞侧轴(septotemporal axis)上,位置场的大小会系统性增加(Jung et al., 1994),而且细胞集群由空间上随机分布的神经元组成(Harris et al., 2003)。

⑤ 在大脑中,分布在空间中的细胞集群成员或许是通过赫布的可塑性规则被集合在一起的,下面我们将对此展开讨论。

传输信号。这 100 万个颗粒细胞中的每一个都会接受来自约 1 万个内嗅皮质神经元的会聚性输入。反过来讲，单个内嗅皮质星状细胞会将信息分散传输到数量为其 20 倍的颗粒细胞中。① 我们进行这一计算过程的目的是对比新皮质—内嗅皮质—颗粒细胞回路和颗粒细胞向 CA3 回返循环系统的投射，前者具有较大扇出（fan-out），而后者的发散率与会聚率都极其低——一个典型的颗粒细胞和 20 个 CA3 锥体细胞相连，只占可能目标的 0.1%。由于这一较低的发散率，每个锥体细胞只能接受不到 50 个颗粒细胞的会聚性输入。

和从这些解剖连接中所得的预期一致，很多输入必须会聚到同一个颗粒细胞上才能使其放电，但颗粒细胞要想有效传出信息，则需要一种本质上不同的机制。这种独特的解决方案依靠的是一种靠近细胞胞体分布的巨大突触，它们被称为"苔藓突触"。② 这种大型突触包含多个神经递质释放位点，在合适的条件下，一个颗粒细胞就足以使其目标神经元放电。我实验室的达雷尔·亨齐（Darrell Henze）证明了这一点。[18] 在颗粒细胞的帮助下，需要被记住的输入信息能够被分散到 CA3 回返系统的巨大空间中 ——至少在被提出的模型中是这样的。[19]

292

如何在动物中研究外显记忆的机制？

在研究记忆存储的机制时，一个主要的概念难题涉及记忆定义的排他性。情景记忆被认为独属于人类，这是一种朝向过去的心理时间旅行，它让个体具有在时空情境下提及过去经历的能力。我们正是通过这些跨越时空而存在的独特事件，以及这些生命中的经历体验而产生自我感：它们是个人独特性的来源。[20] 通过自由回忆过程，独一无二的事件可以重新出现；而语义知识则在很大程度上是一种与情境无关的信息形式，是事物的"意义"。在这样的背景下，我们如何在比人类简单的动物身上研究陈述性记忆的生理机制呢？

幸好，实验心理学提供了一些关于记忆的内部组织的线索，其中包括马萨诸塞州布兰迪斯大学的迈克尔·卡哈纳深入研究的相邻性原则（principle of contiguity）和时间不对称性原则（principle of temporal asymmetry）。实验人员发现，在回忆某个项目之前呈现的或回忆的其他项目会促进这一项目的回忆，这种现象被称为相邻性原则。与之相关的另一个原则是时间不对称性原则，这个原则基于另一个众所周知的事实：正向的关联比回返的关联更强。例如，在一系列需要记忆的

① 玉卷和彼女（Tamamaki & Nojyo,1993）在体内标出了单个第 2 层神经元的形态结构，它在齿状回分子层和 CA3 腔隙分子层中巨大的云状轴突分布表明了内嗅皮质输入的高扇出。即使投射到齿状回的神经元数量随大脑的增大而增加，其发散率仍保持在相当高的水平。

② 颗粒细胞与数量有限的主要神经元通过巨大的终扣（也被称为苔藓末梢）传递信息，和数量更多的中间神经元通过丝状伸展结构（filopodial extension）传递信息。苔藓末梢比正常大小的 CA3 锥体细胞兴奋性末梢要大许多（Acsády et al.,1998）。

物品列表中依次出现"桌子""鲜花""罐头""小鸟""台灯",如果被试在回忆时想起了"罐头",那么下一个被回忆的词最有可能是"小鸟"。也就是说,在某一情景过程中,需要被回忆的项目往往来自序列中相近的连续位置。此外,从对相邻项目的选择角度看,在该项目之后出现的项目被选择的可能性是该项目之前的项目的两倍。本质上说,对情景片段的回忆重建了该情景的时间情境,而时间情境又促进了序列性自由回忆。[21]

这样一来,我们就有了一些能够指导在动物中进行神经生理学研究的原则。无论关于情景记忆的神经生理学模型展现出怎样的形状或形式,它都必须符合这些一般原则,并且受海马独特的结构组织限制。上面我们简要提到,一个模型不能只基于解剖学数据,巨大的可检索空间本身并不会告诉我们搜索如何进行。例如,当检索了整个空间之后,是什么阻止活动传播进入无限循环?在抽象模型中,针对该问题的解决方法通常是放宽吸引子限制。我认为在海马中,采用以 θ 频率的振荡形式进行的周期性抑制解决了这个问题。然而,在我们继续讨论情景记忆如何通过神经元的整体性行为实现之前,我们必须了解过去 50 年中针对单个细胞和海马节律的研究。这两个领域内的研究在记忆研究之外相对独立发展,而且它们经常与记忆研究发生冲突。

在二维空间中导航

条条大路通罗马,克里斯托弗·哥伦布在地中海和去往美洲的航行中使用的方法被称为"dead"——这一方法最初被称为"推断"(deduced)。[①] 我们之所以知道这一点,是因为这一航位推算法正是哥伦布详细的航海日志所反映的方法,这种方法需要连续记录船只相对于某个已知出发港口的航线和距离。[22] 航线通过磁罗盘测量。导航员用船只的速度乘以航行的时间来计算距离。对速度进行标定非常简单:领航员会将一块漂浮物扔到船的一侧,当它经过船侧的某一标记时开始按节奏吟唱,等到它经过另一个标记后停止吟唱,这两处标记间的距离是已知的,只要记住最后吟唱的音节,船只的速度就可以通过计算而得到。离开陆地的总时间由翻转沙漏的次数或后来研发出的更为复杂的钟表决定。导航方向由磁罗盘辅助测量,这是一种自 12 世纪以来在欧洲持续使用的主要导航仪器。最终,当一天结束时,估计的航线和总距离会被填入导航表中,并且,如果已知目标的预期位置,这些数据会被用来和预期位置进行比较。对于长途航行而言,通过航位推算法估计的距离很不准确,更新或重新校准船只的位置依赖的是不准确的航海计时器和不精确的仪器,因而误差会随时间的推移而逐渐累积。这种航位推算法有利的一面在

---

① 这种方法实际上展现了航位推算法(路径整合)导航的过程。通过持续记录航行中每一段的距离和方向,人们就能够计算出回到基地的最短路径。

于，它不需要可见的地标，而且原则上讲，它在完全黑暗的环境中同样有用。对哥伦布而言，这种方法足够优越，帮助他发现了新大陆。

　　在地中海，无论身处何处，纬度都差不多相同，因而，依靠地标或天体进行定位并不重要。然而，当葡萄牙水手开始沿着非洲南北走向的海岸进行长途航行时，他们很快发现，在广阔的大西洋中，不重新校准船只位置的航位推算法并不可靠。因此，他们采用了一种新的方法——天体导航。这种导航方式通过天文观测（远处线索）来确定某人的地理位置。例如，在白天，水手可以利用太阳定位；在晚上则可以利用北极星（靠近北天极的一颗恒星，所有水手都知道）定位。通过观测太阳和北极星粗略估计纬度相当容易。每颗恒星都有自己的天体纬度［天文学上称之为"赤纬"（declination）］。即使某颗恒星不在头顶正上方，通过计算该恒星和头顶点［被称为"天顶"（zenith）］之间的角度，就能推算出它的天体纬度。①

　　从最简化的形式上看，天体导航或地图导航就是一个三角定位问题。三角定位是通过三角形来确定某个物体位置的方法。通过持续追踪航行者和远处地标之间的角度，人们得以估计所处的位置和航行距离。如果至少有两个固定地标可用，那么定位问题就变成了一个简单的三角测量问题，在这个过程中时间信息就无关紧要了。但人们必须能够看到或通过其他方式感觉到地标。在陆地上，人们可以通过密铺（tessellation）构建详细的地图，这个过程类似于铺地砖，使平面的每一部分都能被相同大小、形状的多边形覆盖，不留任何空隙，也没有任何重叠。② 这些多边形能够提供固定的参考点。

　　天体导航或地图导航是一种优越的导航方式，但它需要一张地图，而这张地图必须先通过航位推算导航法绘制出来。如果没有可供使用的地标或天文锚定点，航行者就只能依靠航位推算法。不只是人类，所有的哺乳动物（甚至低等动物）都能灵活使用航位推算法和三角定位法进行导航。[23] 人类"发明"了已经被其他动物使用了数百万年的导航原理。但导航方法和神经振荡以及记忆之间又有什么关系呢？很快你就会看到我所讲的这个航海故事与神经振荡和记忆之间的关联。

海马和内嗅皮质中的位置细胞和地图

　　对于海马这样的中央结构而言，寻找其中单神经元的行为学相关表现是一项艰巨的任务，因为这个中央结构和外围输入之间相隔太远。然而，如果让大鼠

---

　　①　天体不是静止不动的，所以必须在恒星位于空中最高位置时进行测量。哥伦布从葡萄牙水手那里学到了天体导航方法，并尝试使用这种方法，然而他的航海日志表明他对地理位置的计算极其糟糕——即使以他那个时代的标准而言也是如此（Pickering，1996）。

　　②　密铺一词来自拉丁语"tessera"，表示方形平板。无论使用等边三角形还是平行四边形，都能实现对平面的密铺。密铺可以对一种重要的观点加以说明——对称性。平面对称性可以指：移动平面上所有的点从而使它们之间的相对位置保持不变。

在饲养环境或测验装置中进行自由导航,那么在这一过程中,如果有某个海马锥体细胞放电,我们就可以同时观察到动物的行为和该神经元的放电活动(对放电活动的观察是通过将动作电位转化为声音来进行的,并借助扬声器进行播放),从中我们可以发现这种神经元的放电活动和大鼠运动到空间中的某个位置(这一行为)之间具有明显的相关性。对任何一个人来说,观察到一个精准放电的位置细胞的活动都是一次难忘的经历。"位置细胞"这一术语表示锥体细胞或颗粒细胞具有的感受或解码特性。在几十个被记录的神经元中,只有 8 个展现出了这种令人惊异的关联,但这也足以让伦敦大学学院的约翰·奥基夫在 1971 年宣称:海马神经元负责编码大鼠在笛卡儿坐标系中的空间位置,这种编码过程与大鼠的具体行为无关,也和大鼠抵达这一位置前的运动方向无关。[①] 这是一项具有突破性的重大发现,该发现表明,明显可观察的行为和高度关联性结构中的单个单位之间存在明确的关联。[24] 在随后的研究中,奥基夫证明了每个海马锥体细胞都和某一位置相对应,进而做出推断,认为空间中的每一部分都会被部分海马神经元的放电过程表征。奥基夫和唐纳德·赫布的另一位追随者林恩·纳德尔(Lynn Nadel)合作,将他们的观察结果扩充成为一个系统性理论。他们介绍这些观点的著作至今仍是之前所有关于海马研究工作的著作中的杰作。[25] 本质上讲,这本书的作者认为,海马以类似葡萄牙水手使用的地图导航或天体导航的方式计算以环境为参照的空间(即不以自我为参照的空间)。来自所有通道的信息经由内嗅皮质进入海马,形成一张地图。这是一张构想出来的整体性认知地图,这张地图使动物能够在空间中进行定位导航,类似我们凭借一张已有的地图进行导航的过程——有地图在手,我们可以选择近路、避免绕行,并能经济性地规划一次途径多个城市的旅行。

在过去的 30 年中,奥基夫和其他研究者发现了位置细胞的很多重要特征。在二维空间中(对大多数野生大鼠而言,这是它们生活的正常生态空间),位置细胞的位置场呈圆锥形,其中心由该位置细胞最高的放电率决定(图 11.1)——也就是说,在各个方向上,位置细胞的放电率增加情况相同,不受大鼠抵达方向的影响。这种全方向特性表明,位置细胞不编码简单的感觉刺激,而是计算环境中明确的位置。只要还有可用的环境线索,去除其他各种环境线索都不会影响位置细胞的放电模式。然而,如果房间中远处的环境线索共同旋转,或者将动物进行测试的盒子移动到其他房间,那么位置细胞就会随着远处线索的旋转而旋转,即发生"重新编码"(remap),这表明地图的形成的确依靠远处地标的指导。[②] 只要地标保持不动,

---

① 参见 O'Keefe & Dostrovsky(1971)的文章。我们并不清楚在这个最初的里程碑式研究所记录到的 8 个细胞中,哪些是真正的位置细胞,因为它们在"大鼠面朝某个特定方向"时放电,这是定义"头朝向细胞(head-direction cell)"的标准,并非定义具有全朝向性的位置细胞的标准。

② 这些特征提示我们,根据零碎的输入重建或补全整体是自关联网络的标志(Wills et al., 2005)。

在相同环境下,位置细胞就能够保持稳定,并维持几个月之久。在所有锥体细胞中,只有一小部分可以在任意给定环境中放电,而且它们在其位置场外几乎保持静息。由于位置细胞被认为具有明确表征空间位置的能力,再加上它们这种稀疏放电的特性,因而它们可能作为诺斯替单位而存在。[26]

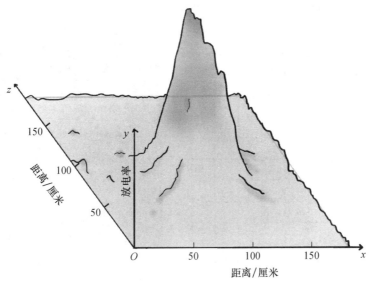

图 11.1 CA1 位置细胞对动物在二维环境中的位置进行明确表征的示意。x 轴和 z 轴上的距离以厘米为单位,y 轴(竖直方向)表示神经元的放电率。图中位置场表现出以 40～50 厘米为底面直径的圆锥形(具有全方向性)。位置场的形状与大鼠运动的速度、加速度、过去和未来的运动轨迹无关,而是取决于位置场的高度(即放电率)。

　　来自挪威特隆赫姆记忆生物学研究中心的爱德华·莫泽和迈-布里特·莫泽(May-Britt Moser)及其同事的研究发现,海马中这种借助外部参照的地图直接源自背内侧内嗅皮质第 2 层的细胞。来自视皮质和顶叶的信息主要作用于这些内嗅皮质神经元,它们也是海马颗粒细胞和 CA3 锥体细胞的主要输入来源。然而,和具有明确单感受野的海马位置细胞不同,这些内嗅皮质细胞具有独特的激活模式:假设存在分布于整个环境表面的等边三角形网格,那么这些细胞会在动物运动到网格任意顶点时放电,因此,这些细胞被称为"网格细胞"(grid cell)(图 11.2)。网格的尺寸大小约为 30 厘米,和海马位置细胞典型的位置场大小相符。相邻的内嗅皮质网格细胞之间具有旋转偏角的或平移位置不同的同一网格结构。[①] 以周期性方式组织的内嗅皮质空间地图较为固定,因为如果将大鼠移动到不同尺寸或形状

---

　　① 从内嗅皮质的背侧到腹侧,神经元的网格尺寸逐渐增加,这一模式同样表现为隔侧-颞侧轴上逐渐增加的海马细胞位置场尺寸(Jung et al., 1994)。因此,无论在内嗅皮质中还是在海马中,空间距离都会在多个尺度上进行表征。

的其他环境中,或是将其移动到其他房间内的同一环境中,则同时活跃的网格细胞
组合保持不变。[27] 与之相反,海马空间地图则更为灵活,不同的环境会调用不同的
细胞集群。重要的是,网格细胞在任何新环境中都能立即被激活,而海马内稳定的
位置细胞的建立则需要经过数分钟甚至数日的学习过程。[①] 因此,海马和内嗅皮
质对环境的表征存在共性,但也存在重要区别。

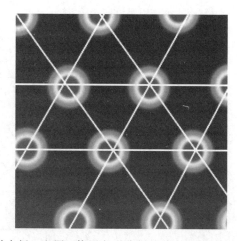

图 11.2 内嗅皮质内的神经元对环境进行网格样表征。左图:使用方形分割的城市地图,这
种做法能提供关于位置、距离和方向的信息,并使定位任意特定位置变得容易。右图:在大鼠
探索某个 1 平方米大小的实验场地的过程中,其背侧内嗅皮质中神经元放电率的增强具有规
律性,放电率增强的位置和三角形网格顶点的位置相符。单神经元在这 12 个位置场中的每一
个都具有类似图 11.1 中的圆锥形状。

地图体现了地标之间的空间关系,它帮助我们计算位置、距离、方向,并帮助
我们进行高效的导航。然而,我们如何识别大脑中的地图呢?和环境中物体有
序且恒定的关系不同,研究结果一致表明,海马中物理上相邻的神经元并不编码
空间中相邻的位置(图 11.3)。[28] 海马的随机图式构建不具有简单的生理拓扑特
性,这个产生明确地图的大脑结构并没有严格的地形组织,它也不需要具有这样
的组织。随机连接同样可以构建有序的地图,虽然这可能使读取的路径看起来
相当复杂。假设我们要从纽约开车去旧金山,借助美国公路地图,我们能够测量
沿途不同城市之间路线的距离,从而计算出最短的路径。但如果我们把地图做

---

① 和内嗅皮质神经元的平面对称特性(Hafting et al., 2005)不同,海马神经元这种依赖于大环境的重
新编码过程是对称性制动(symmetry braking)的典型标志。利弗等人(Lever et al.,2002)发现,如果将大鼠反
复暴露于两个不同形状的环境中,海马细胞的位置场在每个环境中都会在数天内发生偏离。他们的研究表
明,长时程偶然性学习可能依靠位置细胞来实现。这种环境灵活性和对海马位置细胞最初的构想(O'Keefe
& Nadel, 1978)完全相反,这种最初的构想依据康德的哲学,认为对环境的表征是天生存在的,而非后天习
得的。

成一个纸球,虽然路线仍然保持不变,但在这种情况下,想要再寻找最短路径就有点难度了。①

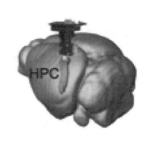

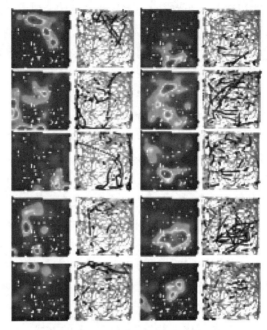

图 11.3　海马对环境的表征不具有地形组织。CA1 的钙信号成像示意图(左图)和采集的 10 个海马位置细胞在短期内记录到的单位放电现象(右图)表明了这一点。

要寻找到最佳路径,对海马而言,这一过程存在两个主要因素:具有全方向特性并能明确表征位置的位置细胞,以及它们之间的突触连接强度。适当的算法能够很轻易地计算出任意两个神经元之间的最短路径(也就是最有效路径)。因此,在神经元空间中寻找路径的过程类似于看地图的过程。CA3 高度循环的连接网络和二维笛卡儿空间之间在本质上具有同构性,这一点最早由纽约州立大学州南部医学中心的罗伯特·马勒和纽约大学柯朗研究所(Courant Institute)的图论学家亚诺什·保奇(János Pach)提出。他们假设,笛卡儿空间中的每一条路径都能借助一条神经元空间中的路径(神经元—突触—神经元路径)进行描述。[29] 这一理论的关键猜想在于:两个位置之间的距离由表征这两个位置的细胞之间的突触强度进行编码。和相隔较远的两个位置相比,表征相邻位置的神经元之间借由更强的突触连接。因此,地图能够被存储在随机连接的神经元图中,即使海马和内嗅皮质中位置细胞的物理位置和其表征环境中的空间布局毫不相似。尽管没有太多实

① 环境和功能连接之间缺乏物理相似性,对此现象的另一个更具说服力的解释认为海马会存储很多地图,每个环境对应一张地图(Muller et al., 1996b;Samsonovich & McNaughton 1997)。

验支持这一假设,但马勒和保奇的建模结果表明,随着模型系统中单神经元的分散性增加,和神经元空间中最佳路径相关的二维空间最佳路径会逐渐接近于线段(即可能存在的最短路径)。本质上讲,上述神经元图模型说明,在实际空间和神经元空间中寻找最短路径在概念上具有相似性。神经元-突触空间中的图像搜索算法可以有效地计算出路障移除后的捷径,也能计算出面对绕行问题时能采用的最短路径。[30]

位置细胞的全方向特性和内嗅皮质细胞的等电位镶嵌分布特性说明了平面对称性这一重要概念。平面对称性指移动平面上所有的点,从而使它们的相对位置保持不变。对称性会保持距离、角度、尺寸和形状的不变。具有明确位置场的位置细胞和内嗅皮质网格细胞会进行平面对称性表征,这一点和情景记忆的非对称性回忆特性形成鲜明对比。对情景的回忆随时间向前,然而地图则不具有时间维度。但是,我在前面提到过,CA3 自关联系统和 CA3—CA1 回路区域是具有高度相互连接和方向性的加权网络,这样的结构对于存储和回忆情景信息而言极其理想。在概念层面上,这种冲突甚至更为明显,因为基于地图的导航是一种以外部为参照的概念,而情景记忆的核心是以自己为内核、进行自我参照的第一人称表征。[①] 为解决空间表征和情景记忆之间的冲突,我们需要给海马的神经元模式中增加两个成分——对路径进行对称性制动以及时间情境。在这一方面,一个有用的尝试是探究最初进行构建并校准空间地图的方式。

海马中的航位推算法:通过运动行为构建地图

想象一下,你在睡梦中被送到了一间黑暗的房间,随后在这个完全陌生的环境中醒来。随意朝某个方向运动,假设你碰到了一堵墙,如果记住了抵达这堵墙前自己运动的方向和行走的步数,你就能很容易地回到出发点。随后继续向反方向行走,然后抵达对面的墙,根据总共行走的步数,你就能感觉出两堵墙之间的距离。使用同样的航位推算法策略,你就能估计出所有墙面以及房间中所有可能存在的物体之间的距离。经过充分的探索(即航位推算法),你内心就能形成一幅表征这一房间的图像,这幅图像通常被称为心理地图或认知地图,它让你能够选择捷径并绕开障碍。本质上讲,在有光的环境中形成地图的方式与此相同。尽管通常情况下你也会基于视觉线索估计距离,从而使得在有光时的地图形成比在黑暗中更快,但这种通过眼球运动对视觉距离的估计同样基于之前运动实践所形成的经验。我们并非生来就有这些保存在大脑中的地图,它们是通过主动运动逐渐发展而成的。

---

① 在神经科学史上,多次出现自我和外部,或自己与他人的区分。休林斯·杰克逊使用术语"主体意识"(subject consciousness)指我们最早产生的、个人化的对主观自我的觉知,并将这一过程和"客体意识"(object consciousness)相区分,后者针对的是环境中的其他事物。

基于地图的导航需要对环境的表征，而且这种表征需要经过校准。就像第8章所揭示的那样，没有运动就没有感知这一现象同样适用于导航系统。[①]

　　然而，运动本身并不足以产生地图。在上述漆黑的房间中进行探索的例子中，如果你以螺旋形行走，走过的路径不相互交叉，而且从不同的方向抵达相同的（地标性）物体，那么你并不会形成表征该环境的地图。对任何一维的运动（例如在一条直线上往返运动，或在跑步机上运动）而言同样如此。然而，利用航位推算法进行探索在本质上是一类随机漫步的导航方式，在这个过程中，导航经过的路径通常发生交叉（图 11.4）[②]，因此，这些交叉点属于多条路线。对于纠正位置错误和构建地图而言，这些地标性交叉点相当关键。一旦建立了地图，能够产生地图表征的所有动物就更可能选择使用地图导航——一种更高级的导航方式。然而，如果没有地标，动物始终能够依赖航位推算法进行导航。因此，只有在通过基于航位推算法的探索建立了地图之后，航位推算导航和基于地图的导航之间才可以发生互换，这是因为二维地图是由一维路线的交叉演变发展而来的。

303

304

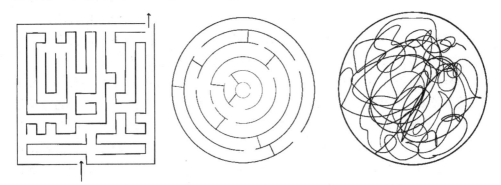

图 11.4　产生地图需要探索道径交叉点。在没有交叉点和远处地标的线性轨道、复杂迷宫或螺旋迷宫中，航位推算导航无法帮助动物建立锚点和地图。在这些环境中，运动完全基于自我参照线索。此外，在开放、非封闭的环境（例如较大的圆柱形空间）中，探索则是一种随机漫步式的导航方式。在这个过程中，走过的路径会多次相互交叉。这些多重的交叉点或许被用于产生具有全方向特性的海马位置细胞。

---

　　① 惠肖和布鲁克斯（Whishaw & Brooks,1999）训练大鼠在非封闭的平面上搜寻食物颗粒,较大的食物颗粒可以被大鼠带回隐蔽处（每次大鼠都会从隐蔽处出发）。在实验的测试阶段,隐蔽处的位置发生了改变。在这些试次中,无论在光照条件下还是在黑暗条件下,所有大鼠都会先以同样的活力主动对平面进行探索,随后才会带着食物走直线返回安全区——即使环境中存在能为它们找到食物并返回安全区提供合适指导和距离指示的地标。

　　② 这种随机漫步类比并不适用于所有种类的行为。在熟悉的生活环境中或是毫无特点的环境中,啮齿类动物会选择特定的位置作为基地,并以之为参照,组织对环境的探索。从基地出发的探索通常是绕行迂回的,包含很多段被停顿隔开的前进性运动。在典型的探索活动最后,动物往往会快速地直接返回基地。在海马损伤后,动物的这些行为模式会发生改变（Whishaw et al.,2001）。

区分一维运动和二维运动的一个重要理由在于这种差异对大脑而言似乎相当重要。如果大鼠在一条直线轨道上往返运动，在两个方向不同的运动过程中会激活不同组别的海马神经元。[31] 一维轨道上这种依赖于方向的（即单向的）神经元放电现象和二维空间中位置细胞的平面对称性、全方向放电特性形成鲜明对比。这一观察发现同样表明，单个细胞的放电率本身和动物当时的位置之间并不存在简单明了的相关关系。虽然环境线索能够有效控制海马细胞的放电率，但其他类型的输入同样重要。其中一个具有重大影响的因素是动物穿过位置场的速度。速度信息可能有多个来源，包括前庭系统、光流（optical flow）、来自肌肉和肌腱的感觉回馈信号等。我实验室的安德拉什·楚尔科（András Czurkó）和平濑一已经确定感觉回馈是提供速度信息的关键来源。让大鼠在跑轮上运动，同时记录位置细胞，通过这一过程我们发现，神经元放电和运动速度之间存在线性关系。[①] 光流和前庭输入似乎是次要的，因为在跑轮上运动的过程中大鼠的头部基本不发生运动，而且速度-放电率之间的关系在完全黑暗的环境中保持不变。重要的是，作为标量的速度并不能调节任意细胞的放电率，只有当大鼠的头部位于某细胞位置场的边界内时，增加速度才能使这个细胞的放电率增加。事实上，当大鼠运动的方向和某细胞的偏好方向相反时，增加速度可能会降低该细胞的放电率。[②]

跑轮实验的这些发现不仅证明了在另一个一维任务中发现的方向特异性放电，而且还表明单个细胞的放电率受动物位置和速度的共同影响。[32] 这种组合特性在工程学上被称为"增益"。[③] 速度是一种增益因子，它能够增强海马位置细胞的敏感性，从而产生更强的输出。[④] 由于增益控制（gain control），单个细胞对特定位置的放电率往往并不明确。然而，到目前为止，重要的是要记住海马系统能够利用速度信息。要从速率中推导出速度（矢量），运动的方向也是必需的。1984 年，纽约州立大学的詹姆斯·兰克（James Ranck）在一次海马研究者的小型研讨会上揭

305

306

---

① 锥体细胞的放电率随运动速度的变化而变化。让大鼠在跑轮中运动，可以保持空间和躯体参照的信号不变。实验中用负值表示向左运动的速度，正值表示向右运动的速度，可以发现在非偏好方向上，放电率会被速度增加抑制。中间神经元只表现出轻微的速度依赖特性，而且和运动方向无关（Czurkó et al.，1999）。

② 在跑轮中，大鼠的头部保持相对静止，在这种条件下发生方向特异性放电的海马神经元使人想起在头部固定的猴子大脑中发现的视野细胞（view cell）（Roll，1999）。

③ 不同的输入并不是简单加和，增益的概念也和结合性神经元不同，后者指几种单独的特性通过组合产生了新的性质（如 Deadwyler & Hampson，1997；Eichenbaum，2002）。例如，环境情境能够选择神经元集群，而（由局部线索、运动速度、情绪状态和其他因素提供的）增益控制以不同的方式调节集群成员的放电率（Leutgeb et al.，2005）。

④ 在其他系统中同样存在类似的增益控制。后顶叶皮质（posterior parietal cortex）中神经元的放电被表示为特定视觉反应的产物，这些视觉反应和视网膜（即细胞传统意义上的感受野）以及眼球在眼眶中的位置相关（Andersen et al.，1997；Zipser & Andersen，1988）。在 V4 视觉区，眼球扫视运动只会增强被偏好输入驱动的神经元的放电率（Sharma et al.，2003；Bichot et al.，2005）。

示了这一关键信息的来源：位于后部下托(postsubiculum,海马下托复合体在海马和内嗅皮质之间的一部分)的头朝向细胞。这种细胞只在动物的头朝向环境中的特定方向时放电,和颈部偏转的角度或动物的位置无关。[33] 一组头朝向细胞可以作为指南针——一种航位推算导航过程中的便利工具。只不过头朝向细胞的目标并不是地球磁场,而是任意某个用于参考的方向,如果实验环境中的线索以连贯的方式发生旋转,那么这些细胞的参考方向也会随之改变。很多组头朝向细胞可以分别指向不同的方向。兰克的学生杰弗里·陶布(Jeffrey Taube,现就职于达特茅斯学院)和法兰西公学院(Le Collège de France)的阿兰·贝尔托(Alain Berthoz)团队在后部下托之外寻找头朝向细胞,并发现大脑中存在完整的头朝向细胞系统。在丘脑前核(anterior thalamic nuclei)、背外侧丘脑(lateral dorsal thalamus)、后顶叶皮质、压后皮质(retrosplenial cortex)、背侧纹状体(dorsal striatum)、外侧隔(lateral septum)、背侧被盖核(dorsal tegmental nucleus)、乳头体外侧核(lateral mammillary nucleus)和内嗅皮质中都分布有不同比例的具有头朝向特性的细胞。重要的是,这种朝向系统能够独立于海马位置细胞工作,损伤或抑制海马并不会废除头朝向细胞根据方向调节放电的能力。[①] 除了朝向之外,乳头体外侧核中的很多细胞还可以对头部运动的角速度做出反应。因此,这种系统和报告定位的位置细胞具有共同的思路：这两种导航系统都由速度信号进行增益调制。上述特性赋予头朝向系统特殊的能力,用以表示大鼠在导航过程中对方向的感知。

对于亚利桑那大学(University of Arizona)的布鲁斯·麦克诺顿而言,这些发现以及与之相关的发现似乎足够有说服力,表明基于全方向性位置细胞的地图导航系统存在例外,因此,他对海马地图理论提出了质疑。[34] 在一组概念上相似的实验中,麦克诺顿和奥基夫检验了位置细胞的关键决定因素。在奥基夫于伦敦进行的实验中,大鼠被放置在不同大小和形状的矩形盒子中。在某个较小的正方体盒子中,可以记录到大鼠位置细胞的位置场；如果将大鼠移动到尺寸为其两倍的矩形盒子中,此时,之前记录到的位置场会被拉长,甚至可能被分成两个位置场。通常情况下,新建立的、被分割开的位置场之间是有方向性的,其中每一半的偏好方向都指向对侧。而麦克诺顿在图森进行的实验中,大鼠必须在线性轨道上的两处给食点之间来回移动,其中,某些试次两处给食点的距离会被减小。实验结果表明,在这些试次中,位置场的尺寸也会被压缩,偶尔还会完全消失。奥基夫和他长期以来的合作者尼尔·伯吉斯(Neil Burgess)为此提供了几何学解释,他们认为大鼠会基于墙壁的垂直高度和其他视觉线索进行三角测量,从而计算盒子的尺寸。麦克

307

---

① 关于头朝向系统的全面综述可阅读 Taube & Bassett(2003)、Muller et al. (1996a)的文章。丘脑头朝向细胞的放电同样和头部转动的速度相关(Blair & Sharp, 1995)。海马下托复合体中某些神经元既表现出空间特性,也表现出朝向特性(Sharp & Green, 1994；Cacucci et al., 2004)。头朝向细胞可以使动物在视觉场景发生变化后 80 毫秒(大约一个 θ 周期)内对熟悉的环境进行重新定位(Zugaro et al., 2003)。

诺顿则提出了另一种解释：航位推算导航或路径整合模型。[①] 他的主要论点之一在于，仅仅看到或以其他方式感知到远处的地标不足以激活位置细胞，相反，动物需要基于自我运动的线索计算距离。在运动过程中，大鼠会记住每一次和墙壁的物理接触，并监测接触地标的运动次数和运动方向，从而计算距离和方向。通过一个简单得令人羡慕的实验，他的团队已经发现，仅仅用毛巾包裹住大鼠就足以证明这一点：在这种简单的运动限制条件下，无论是位置细胞还是头朝向细胞几乎完全静息，即使实验者移动动物，并使其穿过这些细胞的位置场，它们也不会放电。在另一个实验中，大鼠要么主动在环形跑道上"驾驶"玩具车运动，要么轨道周围的围帘相对大鼠发生旋转，但大鼠停留在轨道上不动，此时位置细胞的放电率和大鼠主动产生的运动以及 θ 振荡的功率成正比。[35]

在麦克诺顿的航位推算模型中，主要的内容包括多通道的感觉输入、自我运动的方向、海马位置细胞以及某个假想存在的整合器。方向通过海马之外的头朝向系统计算，这个方向信息被提供给海马位置细胞系统，该系统起到二维平面上吸引子的作用，在整合器的作用下计算地标之间的最短距离。整合器接受来自路径整合系统其他所有组成部分的输入，并计算头朝向和空间位置之间所有可能的组合。[36]

308

海马间接参与航位推算导航，这个想法使时间概念这一情景记忆的基本维度重新被纳入考量。因此，故事讲到这里，如果不讨论时间安排和计时机制，我就无法展开进一步的讨论。此外，我们还必须弄清楚另一件事：海马自关联网络和内嗅皮质网格地图中的突触权重以怎样的方式实现对距离的表征。由于航位推算和情景记忆都具有时间依赖性，而且这两个过程都是以自我为核心的，所以它们之间可能存在某种关联。更进一步，其他同样和海马-内嗅皮质系统的活动相关的功能——外部参照的地图和语义记忆（自我之外、明确的记忆）之间的关系也有待进一步阐明。[②] 在继续讨论这些难题之前，我要先大致介绍 θ 振荡——海马和内嗅皮质系统中主要的时间组织途径。我想表达的主要观点是：我们正是通过 θ 振荡理解一维和二维导航，以及情景记忆和语义记忆之间的关系的。

θ 振荡：与在物理空间和神经元空间中导航相关的节律

海马 θ 振荡（大鼠中为 6～10 赫兹，在更高等的物种中更慢一些）和先前讨论过的所有皮质振荡都不相同，θ 振荡是持续性节律，即只要动物进行相同的行为，θ 振荡就会一直存在。[37] 在第 1 章中我们曾提过，关于和 θ 振荡相关的确切行为这一

---

① 参见 O'Keefe & Burgess(1996)、Gothard et al. (1996)的文章。"路径整合"这个术语来自 Mittelstaedt & Mittelstaedt(1980)的文章，他们发现在黑暗中通过随机漫步寻找丢失幼崽的沙鼠妈妈，在找到幼崽之后，会以直线直接回巢。路径整合和航位推算在此处是同义词。

② 神经元活动能够预测动物在完成 T 形迷宫任务时未来时刻的选择，这一发现同样支持航位推算和情景记忆之间可能存在某种关系(Frank et al., 2000；Wood et al., 2000；Ferbinteanu & Shapiro, 2003)。

问题，目前还从未达成共识。我一直使用"探索"一词来避免"自主行为"或"有意行为"等词可能包含的隐藏意义，但第 100 次在相同的轨迹中运动这一行为能否还被认为是探索？对此的看法存在争议。"导航"或许是用于描述这一过程最合适的术语，它既意味着在神经元空间中进行自我运动相关的探索，也包含和记忆相关的导引。[38]

θ 节律的产生

很多结构中的神经元都能和海马 θ 振荡锁相放电，尽管实际相位协同的程度取决于不同的结构、细胞种类和任务类型。在这种存在多个回路的高度连接的系统中，识别负责产生节律的关键结构并不容易。最简单也是最古老的观点认为，某个"起搏器"产生了所有结构中的节律。40 多年前，维也纳大学脑研究所的赫尔穆特·佩切（Helmut Petsche）就指出，胆碱能内侧隔核（medial septum）可能是 θ 节律产生的起搏器。后来，研究人员提出，乳头体上核（supramammillary nucleus）——一个位于下丘脑并和中隔具有双向连接的结构可能是辅助起搏器。[39] 佩切和很多后续研究者表明，完全破坏内侧隔核会导致海马和所有相关结构中的 θ 振荡消失。这可能是由于中隔是独立的起搏器或节律发生器——如同该假说所称。但还有另一种解释，中隔的连接可能位于结构回路中关键的十字路口，而所有这些连接共同产生 θ 节律。

中隔细胞和其他释放乙酰胆碱或 γ-氨基丁酸的基底前脑细胞能够以 θ 频率维持放电，也就是说，它们具有维持阈下和阈上振荡所需的合适时间常数和必要的内在机制，这支持了起搏器观点。然而，使单个神经元协同形成同步活动的回路究竟是完全存在于中隔中，还是需要辅助（如来自中隔内部的 γ-氨基丁酸能神经元），抑或是需要来自其他结构（如海马）的反馈？这个问题至今从未得到解答。神经递质乙酰胆碱的作用也相当复杂。例如，如果使用药物阻断乙酰胆碱的作用，和运动相关的 θ 振荡不会受到明显影响，但由于药物确实阻断了运动行为，在没有运动反馈的条件下，有意义的感觉输入诱发的 θ 振荡会被减弱，甚至消失。另外，如果选择性损毁或全部损毁中隔区的乙酰胆碱能细胞，虽然不会完全消除海马中的 θ 振荡，但其振幅会减小至之前的几分之一。相反，使用促胆碱能药物则能诱导海马切片产生短暂的 θ 样振荡（即在没有中隔的条件下诱发振荡）。[40] 这种"体外 θ 振荡"依赖于 CA3 自关联系统的兴奋性回返侧支以及它们和中间神经元的相互作用——后者迄今仍未得到充分理解。和我实验室的阿纳托尔·布拉金（Anatol Bragin）以及哈佛大学的伯纳德·科奇斯（Bernard Kocsis）一起，我们已经证实，CA3 中的 θ 振荡发生器和完整大脑中的其他 θ 振荡发生器之间相对独立。因此，在海马网络支持的 θ 振荡中，至少有一种需要中隔胆碱能输入的允许作用，而不需要外部计时。

自从兰克在进行导航任务的大鼠中发现了节律性 θ 细胞以来,海马内的 γ-氨

310 基丁酸能中间神经元同样被认为参与了 θ 振荡。[41] 位于布达佩斯的匈牙利实验医学研究所的陶马什·弗罗因德的团队一直处于内侧隔核-海马内 γ-氨基丁酸能系统中相关微观回路研究的最前沿。他们团队最重要的发现之一是 γ-氨基丁酸能神经元集群之间连接的选择性:内侧隔核的 γ-氨基丁酸能神经元向海马内所有种类的中间神经元发出投射,但完全不与锥体细胞或颗粒细胞相连。反过来,远距离中间神经元是海马中唯一会投射回内侧隔核并对其中细胞进行神经支配的细胞种类,这群远距离中间神经元可能也参与同步化内侧隔核神经元集群的过程。类似于假设的内侧中隔起搏器,还有一种可能,此时的对象是一组特殊的中间神经元——起始-腔隙分子层(oriens-lacunosum molecular, O-LM)中间神经元。O-LM 中间神经元的树突主要局限分布于起始层,主要受 CA1 锥体细胞支配,且它们的轴突主要支配锥体细胞的远侧顶端树突。类似于胆碱能中隔细胞,O-LM 中间神经元具有必要的内在特性——它们会各自独立地以 θ 频率发生振荡行为。产生这种振荡倾向性的主要原因在于,在这些细胞中,和起搏电流 I_h 相关的离子通道密度特别高。然而,对于相互协调的群体性活动而言,个体 O-LM 中间神经元之间需要发生同步作用——这个过程可以由快速放电的篮状细胞或远距离神经元实现。[42] 克劳斯伯杰等人(Klausberger et al.,2003,2004)的研究结果展现了一组相互协调的中间神经元保证主要神经元动作电位时序安排的过程。通过绘制 θ 振荡中锥体细胞和不同类型中间神经元的平均放电概率,以及这些细胞的快速涟漪振荡,可以看出对 θ 振荡和涟漪振荡的形成发挥作用的中间神经元的群体组成不同,其群体作用具有特异性和差异性。

当然,还需要增加其他的关键因素。尽管海马锥体细胞通常情况下并不会单独放电,但它们在 θ 频率上具有共振特性,这主要是受到了电流流经 I_h 和 I_m 离子通道的时间常数的影响。[43] 而第 2 层内嗅皮质神经元(网格细胞)则会以 θ 频率发生阈下振荡。这种振荡是两种相反的驱力之间发生动态相互作用的结果,这两种驱力分别是由去极化激活的持续性内向电流(I_{NaP})和由超极化激活的起搏电流(I_h)。

311 我进行上述简短介绍的目的在于说明一点——为了确保在 θ 时间周期内进行

312 准确的时序安排,自然界演化出了联合机制以实现此目的。无论是主要神经元还是中间神经元,每个细胞的特性都和整体回路性质完美匹配,因此,多重 θ 振荡机制能够以复杂的方式促进海马-内嗅皮质神经元的计算特性。当然,我们最感兴趣的还是最后这个说法的确切细节,因为这些细节决定了细胞集群以怎样的方式被聚集在一起,从而表征情景信息和地图。但在这之前,我们需要先了解 θ 电流产生的过程。

θ 电流的产生

θ 电流主要来自层状排列的锥体细胞和颗粒细胞，这只是因为这些细胞数量众多。我们对 CA1 区的 θ 电流研究最为深入。[44] 最早的一项重要发现是：从胞体层到远端树突，细胞外记录到的 θ 振荡的相位逐渐反转，没有明显的不连续段。这种行为是多个相移偶极子作用的典型迹象。多个偶极子的存在并不令人惊讶，因为每一条和整体节律锁相活动的回路都通过作用于海马神经元的突触而影响细胞外平均场，而且可供选择的回路有很多。振幅最大的 θ 振荡出现于 CA1 锥体细胞的远端树突层，来自内嗅皮质第 3 层神经元和丘脑连结核（nucleus reuniens）的传入终止于此处。内嗅皮质或连结核介导的 θ 振荡在很大程度上依赖于 N-甲基-D-天冬氨酸受体。第二层中的网格细胞给颗粒细胞和 CA3 锥体细胞的远端树突提供节律性偶极子。然而，移除内嗅皮质输入并不会使所有 θ 振荡消失。CA1 锥体细胞的树突中层至顶层区域内存有节律性电流汇，这反映了 CA3 输出的 θ 振荡。腔隙分子层内也保留有另一个偶极子，这或许反映了 O-LM 中间神经元的抑制性作用。固有电导能进一步增强突触电流。我实验室的安尼塔·考蒙迪（Anita Kamondi）在完整动物大脑内 CA1 锥体细胞纤细的树突处记录到了神经信号，发现了振幅大、阈值高且和 θ 振荡锁相的 Ca^{2+} 峰电位。在兴奋的神经元中，这些非突触跨膜电流同样对细胞外 θ 振荡有贡献。[①]

每一组兴奋性末梢都和一组中间神经元相匹配（第 2 章），这使得整个过程进一步复杂化。内嗅皮质-连结核向锥体细胞远端树突输入兴奋性信号，和它们相配的中间神经元群组是 O-LM 中间神经元。通过反馈作用，一个兴奋的 CA1 位置细胞能够增强和它对应的（一个或多个）O-LM 中间神经元，这些中间神经元会反过来阻止相邻锥体细胞之间远端树突处的突触兴奋性作用和 Ca^{2+} 峰电位介导的去极化作用——表现出"赢者通吃"的作用。来自 CA3 的兴奋性输入和双层中间神经元（bistratified interneuron）相匹配，这些中间神经元的树突和广泛分布的轴突侧支都局限于始层和辐射层——CA3 锥体细胞的目标区域。篮状细胞同样至关重要，因为它们以 θ 频率产生节律性爆发式放电，从而在胞体周围诱发抑制性电流。尽管这些中间神经元以及几乎其他所有类型的中间神经元的活动都和整体 θ 振荡协同，但它们参照 θ 周期相位产生最大幅度活动的时间却各不相同。我们和托马斯·克劳斯伯杰（Thomas Klausberger）以及彼特·索马吉合作进行的研究正表明了这一点。[45] 很难想象，仅凭单独的一个中隔起搏器如何形成如此复杂的相位对应方案。θ 电流起源的多重性或许同样能够解释为什么先前使用单个"典型"神经元的集中模型无法解释很多和 θ 振荡相关的问题。包含其组成成员细胞内特

313

---

① 当树突发生强烈去极化时，依赖膜电压的细胞固有振荡会比进行中的网络 θ 振荡更快（Kamondi et al., 1998）。

性的网络模型还没有出现,因为这样的模型需要关于神经元瞬间放电模式的信息——这些神经元的活动都对细胞外电场有贡献。

位置细胞的放电由 θ 振荡相位引导

如果 θ 振荡和导航行为相关联,而动物借助海马锥体细胞产生内部地图,那么猜想它们之间存在关联是相当自然的。尽管好几个实验室都借助长时程记录技术发现了细胞放电和 θ 振荡相位之间存在定量的可靠关系,但这些研究都没有明确指向海马位置细胞。我曾就这个问题咨询奥基夫,他向我保证,在 θ 振荡和位置细胞的活动之间不存在关系,或者至少他看不出存在关系。事实上,位置细胞放电速率越快,我们就越有可能在每个可能的相位上看到动作电位。粗略地讲,这一现象的原因是强烈激活的位置细胞或许能够以某种方式脱离共有节律的控制。但也有可能这两种现象(位置细胞放电和 θ 振荡)代表着不同的含义,毕竟通过三角测量方法进行地图导航的过程不需要时间维度的测量。目前,我们无法立刻获得这一问题的答案,而对 θ 振荡和位置细胞的研究也仍然在不同的实验室中独立进行着。

在一场研讨会上(兰克在同一场会议中公布了新发现的头朝向细胞),研究者们展开了一场关于不同类型的 θ 振荡的讨论。大家主要关注两类 θ 振荡:胆碱能 θ 振荡(等同于固有的 CA3 θ 活动来源)和非胆碱能 θ 振荡(对应内嗅皮质介导的大振幅振荡)。在讨论过程中,奥基夫提议,或许我们应该:

> 思索这样一种可能性——事实上这两种脑电图模式之间可能存在多种相位关联,而脑电图的部分功能可能就是创造一些受到这两种 θ 振荡之间不同相位关系影响的干涉模式。这或许是我们研究这些 θ 振荡功能的入手点。[46]

314

9 年后,他解开了这个谜团。奥基夫认为,频率略有不同但作用于相同神经元的两个振荡之间发生的干涉作用能够系统性地影响动作电位时间。他和他的学生迈克尔 · 里斯(Michael Recce)为这一假设提供了实验支持。他们发现,位置细胞的动作电位会随进行中 θ 振荡的相位发生系统性变化。他们将这种现象称为"相位进动"。[47]

奥基夫一直是对的,单个位置细胞的动作电位几乎可以出现于 θ 振荡的任何相位。① 也就是说,动作电位的相位分布宽度很大,然而,这个特性并不由随机噪声导致,因为动作电位和 θ 振荡相位之间存在独特的系统性关系。大鼠进入位置场后,在 CA1 锥体细胞层记录到的位置细胞的动作电位出现于靠近 θ 振荡波峰处。在动物穿过整个位置场的过程中,该位置细胞的动作电位可能会延迟一整个

---

① 下面我将对下述现象的形成展开讨论——尽管动作电位可以出现于任何相位,但只有在 θ 周期波谷处动作电位的密度才最高,这是动物运动到位置场正中的标志。如果将 θ 振荡视为集群行为的指令参数,那么其波谷就是吸引子。

周期。因此,动作电位出现的相位和动物在运动轨道上的位置之间具有相关性。神经元的放电率与之不同,单个位置细胞的放电率并不能明确标记动物的位置,因为运动速度会对放电率进行增益调制。此外,随着动物进出位置场,位置细胞的放电率也会相应增加或降低。但是位置细胞放电的相位随大鼠在线性轨道上的位置发生单方向变化。位置和放电相位之间的关系(也被称为相位进动斜率)不受放电率或动物的运动速度的影响,只取决于位置场的尺寸。在理想情况下,这一相位进动斜率是位置场开始和结束点之间的一条直线,它跨越 360°相位,因此,相位进动的非对称性和具有平面对称性的放电率分布之间具有本质差异。

相位进动现象为长期以来一直备受质疑的时间"编码"提供了最早的令人信服的实例,它也是最有说服力的证据之一,支持神经振荡对大脑功能的关键作用。动作电位时序安排和可观察行为之间可能存在因果关系,因而这催生了数十种计算机模型用以探索其中的可能机制。[48]

因为发现了相位进动现象,对时间的关注直接被纳入了位置细胞研究领域,结合空间和时间的信息为研究情景记忆提供了可能。令人惊讶的是(至少令我惊讶的是),尽管在发现相位进动现象的实验设置(一维线性轨道)中并没有观察到全方向性位置细胞,但奥基夫仍然认为相位进动现象是另一个支持海马进行外源性、基于地图导航的证据。他认为,对于位置编码而言,放电率并不是至关重要的,因而,放电率这一不受限制的维度能够被用于编码其他内容(例如情景记忆)。[①] 但矛盾之处在于,在他提出的这个编码方案中,时间(相位)被分配给不需要时间信息的基于地图的导航过程,而需要时间的情景记忆中又不包含时序信息。[49] 在接下来的小节中,我将试图关注这个矛盾,并在大鼠的导航过程和人类的情景记忆之间寻找某些共同点。

神经元集群受 θ 振荡相位指示,进行序列性编码

利用航位推算导航最简单的形式是沿着直线运动,例如从热那亚(意大利西北部城市)到瓦伦西亚(西班牙东南部城市)然后返航,或是在线性轨道上往返运动以获得食物奖励。由于这样的运动轨迹没有交叉点,所以不需要地图或全方向性明确在特定位点放电的位置细胞。事实上,由于位置细胞的全方向性特点是地图导航的标志,线性轨道和跑轮上海马细胞的单向性放电可以被视为一维

① 根据我们所了解到的细胞集群生成 θ 场的机制,很难想象如何独立操控放电率和相位(Hirase et al., 1999; Harris et al., 2002; Mehta et al., 2002)。如果放电率的改变完全独立于相位,那么就很难解释细胞膜极性、动作电位、细胞外平均场电位之间的关系了(Buzsáki, 2002)。

任务中较少形成地图的证据。[①] 另外,为有序的位置和距离进行编码的过程类似于学习某个由序列呈现或访问的项目组成的情景。线性轨道上的位置序列和情景记忆中的任意项目序列都是单向的,因此,位置关系和时间关系之间存在关联。根据海马神经元的 θ 周期和依赖于速度的放电率,可以计算得到有序的位置和它们之间的距离。

在人类被试中,情景记忆的表现通过学习后的自由回忆任务进行测验。[②] 对动物而言,这一自由回忆实验无法进行,我们要研究动物的情景学习和行为之间的相似性,只能通过比较自由回忆的定义特征和线性轨道上航位推算导航的神经元相关的表现。如同前面所讨论的,自由回忆实验表明,出现时间相近的刺激之间会形成更强的关联,这种关系对高阶距离同样适用。此外,它们还具有正向关联比逆向关联更强的特点。如果这些特点能反映在海马细胞集群的组合关系中,或许就能支持情景记忆和航位推算导航具有相似的神经元机制。

位置细胞放电与 θ 周期之间系统性的相位关系之中还有一个重要现象,这个现象支持了上述假设——位置细胞的放电率分布图存在拖尾,这会导致很多神经元在时间上重叠放电。在连续的 θ 周期中,多个具有相互重叠的位置场的神经元共同发生时间上的变化,而且它们之间始终维持原有的顺序关系,这样一来,大鼠最先到达的一定是最早放电的细胞所表征的位置场(图 11.5)。如果动物的运动速度恒定,那么其空间位置既和特定位置细胞的放电率相关,也和位置细胞放电时所对应的 θ 振荡相位相关。因此,特定细胞的放电相位可以帮助我们估计该细胞位置场与出发点之间的距离。然而,对不同的细胞而言,这一距离信息互不相同,这是因为相位进动的斜率取决于神经元位置场的大小。因此,不能简单地通过单个位置细胞的相位进动斜率计算先后到访的位置之间的距离,要计算距离还需要其他机制。

对两个或多个位置细胞而言,根据两个不同时间尺度上对应的神经元动作电位之间的时间关系,就可以估计相邻位置场峰值之间的距离。第一个时间尺度很容易找到,它对应大鼠经过位置场峰值间距离所花费的时间,位置场峰值指的是每个位置细胞在其位置场中的最大放电率。然而,还有一个更短的时间尺度,被称为 "θ 周期尺度",在这一条件下,动作电位在几十毫秒尺度上的时间关系将被用于表征同样的距离。本质上讲,一维轨道上的位置场序列被"压缩"为 θ 振荡的时间/相位序列。[50]

---

① 双向编码的神经元偶尔会出现于单向环境中,如矩形轨道的角落(Dragoi et al., 2003)或轨道上某部分放置的物体(Battaglia et al., 2004)。角落和物体都可能引起动物侧向偏转,从而使动物从多个视角观察同一位置,这个过程就会导致交叉(全方向)神经元的产生。

② 另一个程序上的差异在于,在自由回忆任务中,人类被试先按顺序学习序列项目,但整个序列只呈现一次,随后他们需要重复这些项目;而在线性轨道上的大鼠则会被反复测试。

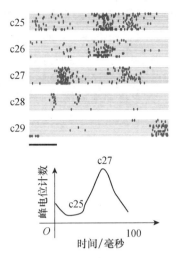

图 11.5 海马神经元动作电位之间的时间相关性表征空间距离。上图: 大鼠按顺序经过一系列离地轨道上的位置,在这一过程中 5 个位置细胞(c25~c29)的放电位置。下图: 神经元 c25 和 c27 之间的时间相关性,在神经元 c25 参考动作电位之后大约 60 毫秒,神经元 c27 的放电率最高。

θ 振荡从时间上协调神经元动作电位,这一发现为海马神经元集群的功能提供了新的思路。在麦克诺顿和卡罗尔·巴恩斯(Carol Barnes)的实验室中共同工作的威廉·斯卡格斯(William Skaggs)和马扬克·梅塔(Mayank Mehta)认为,依赖于动作电位发生时刻的可塑性需要短暂的时间窗,表征线性轨道上连续位置的神经元之间的放电时间关系正好适合这一时间窗。[51] 根据依赖于动作电位发生时刻的可塑性现象,对于阈下突触输入和在其后数十毫秒内发生的较强的阈上输入而言,后者总能增强前者的突触强度。这一可塑性规则,以及神经元在 θ 周期内的序列激活现象,或许就是将一系列位置和项目按顺序联系在一起,形成有意义情景的关键。接下来,我们将展开讨论这一过程。

θ 相位进动的机制

两个或多个频率不同的振荡之间短暂的相位耦联是一种有效的方法,可以产生连续移动的矢量相位。如我在前面提到的,同样是因为受到两个相互干扰振荡的启发,我们才发现了海马位置细胞的相位进动现象——目前初步认为这两个振荡可能是来自内嗅皮质的输入 θ 振荡(非胆碱能)和海马内 CA3 中的 θ 振荡(胆碱能)。然而,两个谐振子之间的干涉作用只能解释单个动作电位的相位进动。对于位置场内的神经元动作电位而言(其放电率受场内具体位置的影响),产生相位进动还需要另一种机制。此外,根据简单干涉机制,整体振荡的特性对所有位置细胞的锁相活动产生同样的影响,这会导致所有的位置细胞具有相同的相位进动斜率。

但事实并非如此,不同神经元的相位进动斜率和与之相关的位置场尺寸以及放电率之间存在很大差异。

双振荡模型的一个改进版本在单细胞层面上起作用:来自空间输入的短暂树突去极化会产生电压依赖的振荡,其频率比胞体起搏的整体 θ 振荡输入略快。[52] 根据单细胞起搏器模型的预测,具有更强空间输入的神经元产生的振荡更快,因而具有更陡的相位进动斜率和更小的位置场。据此推论,如果神经元的树突激活更强,那么它的放电率也必然更高,从而产生放电率和放电相位前移幅度之间的相关性。[①] 在假定的单细胞振荡模型中,位置细胞相位进动的斜率只与外部空间输入的大小有关。如果轨道上的位置细胞按序列被激活,那么根据动作电位相位进动的单细胞模型,具有重叠位置场的神经元之间将在 θ 周期尺度上形成关联。[53] 由于这个简单的模型中不存在神经元间的相互作用,因此,在任何试次中,某个位置细胞的"理想"相位进动斜率都是所有试次中斜率的均值。如果某些试次中的结果偏离了均值,那么这会被认为是由未解释的"噪声"导致的。

还有一种看待神经元之间存在 θ 时间尺度相关的方式——独特的细胞集群代表了轨道上按照顺序排列的位置,解剖学上分散的各个细胞集群按顺序被激活,在这个过程中,集群内部和集群之间发生时间上相互协调的活动,从而产生动作电位的相位进动现象。至少,神经元之间突触的相互作用应当能解释相位进动的试次间变异。我们可以使用一个类比来说明起搏器模型和细胞集群模型之间的差别:想象在一个管弦乐队中,如果乐队成员按照同一个节拍器的指导,各自独立演奏他们应演奏的部分,假设所有成员都分别完成了自己的部分,那么录制出的片段就能够合成一段完整的乐曲。不需要我声明,读者也会明白,这种在一个节拍器指导下各自完成并剪接形成的乐曲的质量永远也比不上实际在音乐厅中整个乐队共同演奏的质量,因为在共同演奏的过程中,乐队成员之间能够在比节拍器更精细的时间尺度上进行互动。[②] 和乐队成员类似,海马神经元也处于一个相互作用的突触环境中,它们产生动作电位的时间安排不仅受 θ 振荡节奏的影响,还受所有它们自己的突触连接和动作电位的影响。[54] 还有一种更加极端的观点,这种观点认为回返相连的 CA3 位置细胞之间的相互作用产生了 θ 频率的节律性集群放电,而且这些细胞集群通过向中隔发出间隔的远距离中间神经元来协调中隔中神经元的活动。

---

① 参见 Kamondi et al. (1998)、Harris et al. (2002)、Mehta et al. (2002)的文章。放电率、θ 相位进动和位置场尺寸之间的关系表明,平均而言,和背侧海马相比,腹侧海马的放电率更低、相位进动斜率更大。然而,观察发现,位置场大小不同的神经元偶尔会彼此相邻,这说明在简单的外部兴奋性作用之外,必定存在其他机制的作用。

② 外部起搏器能够产生时间相关性,但时间相关性同样可以由神经元之间的相互作用产生。在具有相互作用的情况下(无指挥管弦乐队模型),动作电位之间的时间协调更加准确,而且在更精细的时间尺度上相互协调。

位置细胞之间在功能上的相互作用提供了以下几种关于相位进动效应的假说。其中的关键在于海马中按顺序激活的细胞集群通过突触相互连接,这些突触的强度通过细胞集群之间的时间关系来体现。[55] 我实验室的研究生乔治·德拉戈伊设计并进行了实验,验证了这个位置细胞集群协同假说。他让大鼠在矩形轨道上进行顺时针或逆时针运动,同时记录其海马中神经元集群的活动。轨道上两个位置细胞之间位置场峰值间的距离和这两个细胞在 θ 时间尺度上存在关联,这种方式被我们称为"序列压缩"(sequence compression)。[56] 我们进一步发现,和朝向位置场中心运动过程相比,当大鼠向远离场中心的方向运动时,单个神经元相位进动在各试次间差异变大。通过给朝向场中心的运动过程中产生的动作电位增加足够的时间抖动(即噪声),我们使单个神经元相位进动的变异性均等化,从而去除了单个细胞所受的细胞外振荡的影响(如果存在细胞外振荡)。尽管增加了动作电位时间抖动,并形成了相同的相位进动斜率,但我们仍旧发现,在接近位置场的过程中,序列压缩现象(即不同神经元之间的动作电位时间协调)比离开位置场时更稳定。这一发现支持了下述观点：在活跃的细胞集群内,成员之间会发生直接的突触间相互作用,也会经由中间神经元介导而发生间接相互作用,这两种作用中的一种会导致动作电位发生时间之间的"过度相关性"。[57]

让我换一种方式说明这个观点。想象一下,如果在大鼠穿过某个细胞以及和其同属于一个集群的其他细胞的感受野的过程中,我们能够记录海马内每个细胞的放电活动,那么这将允许我们跟踪多个细胞集群随时间发生的变化,并识别用于表征特定位置或情景列表中的单个项目的所有神经元。在实际的实验中,我们并不能同时记录所有细胞,而是在多个动物完成多个试次任务的过程中记录神经元集群的行为,所有记录到的位置场被叠加在一起,用以代表平均感受野(图 11.6)。[①] 如果某一点"X"位于时间零点和距离零点,它对应多个试次中参考神经元在其位置场峰值(即距离为零)处产生的动作电位均值,那么其周围的点就对应同集群其他神经元动作电位的平均时空位置。德拉戈伊和布扎基(Dragoi & Buzsáki,2006)的研究表明重要的是,某个特定的位置不是简单地由一组细胞在时间上具有分散性的动作电位定义,相反,对位置的表征会随时间演变并消失。在他们的研究中可以识别出 7～9 片云状分布,这些云的中心之间存在 110～120 毫秒的间隔,其时长和 θ 振荡的持续时间有关。空间距离则通过同集群其他神经元的动作电位被重复表征,这些动作电位大约开始于大鼠抵达位置场中心之前 500 毫秒处,并且持续 500 毫秒,直到大鼠离开位置场。在随后的 θ 周期中,随着动物逐渐接近位置场中心,对场中心的预测准确性逐渐提高,这对应密度最高的部分(中心云)。中心云在空间上跨越 30～40 厘米,这反映了背侧海马细胞的平均位置场大小和背内侧内嗅皮质神经元的网格尺寸。

①　因为单个位置场的大小各不相同,所以叠加的位置场会产生噪声。因此,如果能记录海马中所有神经元的活动,并且在单个试次中以类似的形式展现,那么可以预期,图中这些放电云之间的区分将更明显。

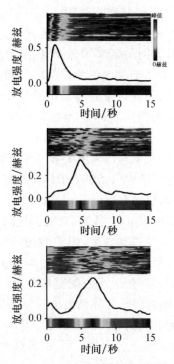

图 11.6 细胞集群对测量距离的时间编码。同组神经元的放电时间和某个特定位置细胞在其位置场中心的动作电位之间的关系随大鼠运动而变化。

大鼠在轨道上的平均运动速度是 30 厘米/秒,对应下来差不多每个 θ 周期运动 5 厘米,因此,同一组细胞会在随后 6～9 个 θ 周期中重复地、间歇性地表征同一个感受野的不同部分。神经元序列具有方向特异性,因为对于同一轨道上反方向的运动过程,根据相同的参考动作电位绘制出的同一组神经元集群的点图并不会形成与之相似的云图。

因为位置场分布存在拖尾现象,所以每个 θ 周期内会有多个活跃的位置细胞,但每个周期内细胞集群的组成都不相同。整个位置场的范围只在 θ 周期中央被表征一次,周期的周围是表征过去和将来位置的位置细胞。下面我举个例子,解释这种通过细胞集群形成和解离进行的复杂的位置和距离表征。如果在一列行驶中的火车上向窗外看去,并将视线固定于远处移动的物体上,我们就会进行连续快速的眼动,其方向平行于火车运动的方向。在所有的快速眼动扫视过程中,我们会反复地看到不断变化但彼此重叠的风景。每一次眼动扫视的过程都会让我们看到景色的一个新的片段,这一片段和之前看到的片段相互重叠。同理,海马中的细胞集群对信息的表征也以这种重叠式"快照"的方式进行,每个 θ 周期覆盖 30～40 厘米范围的空间。参与定义当前位置的神经元同样是表征过去和未来位置的细胞集群中的成员。细胞集群在多个 θ 周期之间的这种时间关系有利于增强发展中的细胞集群成员之间的突触连接。

细胞集群性组织具有明显的效果，其中一个是轨道上的连续位置和位置细胞与 θ 振荡相位相关的动作电位（即相位进动斜率）之间的关系不受大鼠运动速度的影响。由于位置细胞的放电频率受到运动速度的增益调节，因而这种连续位置和相位进动斜率之间的恒定关系才能成为可能。[①] 为了说明这一点，让我们进行这样一个假设：在两个连续的试次中，大鼠分别用 1 秒和 0.5 秒穿过被记录神经元的位置场。在第一个试次（慢速运动）中，这个位置细胞将在 8 个 θ 周期内被激活；而在第二个试次（快速运动）中，这个位置细胞仅在 4 个 θ 周期内就被激活。[②] 然而，由于依赖于速度的增益作用，在快速试次中，这个位置细胞的去极化作用更强，它在每个 θ 周期内产生的动作电位的数量也可能翻倍。因此，相邻两个 θ 周期之间动作电位对应相位的变化是慢速试次中的两倍。简而言之，速度增益作用弥补了在位置场中停留时间较短的影响，使得相位和空间位置之间的关系保持不变。

CA1 和 CA3 细胞集群的补充作用

CA1-CA1、CA3-CA3 和 CA3-CA1 神经元对都能以相似的方式通过 θ 时间尺度上的相关性表征距离。然而，CA1 和 CA3 细胞集群具有重要的差异。最根本的差异在于 CA1 和 CA3 细胞集群的放电概率具有交替性。CA1 细胞集群主要在局部 θ 振荡的波谷放电，而 CA3 细胞集群在 θ 周期的相反相位处最为活跃。CA1 锥体细胞最主要的兴奋性输入来自 CA3 轴突侧支，因此，我们需要解释为什么这两群细胞倾向于在相反的相位放电。

研究这一问题的一个合理方式是关注 CA3-CA1 前馈系统内部的功能连接和两个区域内不同的群体动态学过程。孤立的 CA3 切片中可以涌现出类 θ 振荡，这一现象说明 CA3 兴奋性回返系统能够维持自组织活动。随着回返式兴奋性作用逐渐增加，越来越多的抑制性中间神经元参与到其中，这些神经元会限制并终止回返系统内兴奋性作用的传播。也就是说，对于 CA3 区域而言，在 θ 周期内，兴奋性作用和抑制性作用以相对同步的方式产生和消退。逐渐增强的兴奋性作用和抑制

324

---

① 位置细胞放电的速度增益调节使放电相位和空间位置关系保持不变。如果大鼠分别以较快速度和较慢速度穿过迷宫，大鼠海马神经元在其位置场中产生的动作电位数量几乎保持恒定。但是，在快速运动试次中，位置场中 θ 周期的数量是慢速运动试次中 θ 周期数量的一半。因此，在快速运动试次中，每个 θ 周期中动作电位的数量以及相邻 θ 周期之间动作电位相位的变化量更大。通过大鼠在两次（快速和慢速）运动中的轨迹可以明确看到大鼠在位置场中的瞬时位置（相关内容参考自 C. Geisler 和 G. Buzsáki 的未发表结果）。

② 虽然速度对 θ 频率也有一些较小的影响，但这种影响很小，所以运动速度翻倍可能只能让 θ 频率提高几个百分点。

性作用同样会产生短暂的 γ 振荡,这一变化和篮状细胞以及吊灯样细胞的变化相关,后两者和 γ 周期锁相的振荡活动会增强。牛津大学的奥利·保尔森(Ole Paulsen)和同事通过体外实验说明了这一点,我实验室的约瑟夫·赛斯瓦里在完整海马中同样证明了这一现象。[58] 当然,CA3 细胞集群除了可以产生 θ 振荡和 γ 振荡外,其轴突侧支同样可以激活 CA1 锥体细胞。[①] 其结果是在 CA1 锥体细胞 θ 振荡的下降阶段,两个区域内的 γ 振荡在时间上一致增加,而这正好是 CA3 周期性兴奋性作用达到最强时的相位。

CA3 和 CA1 细胞集群以相反相位放电,这一观察结果表明,和 CA3 兴奋性输入同时增加的 CA3 前馈抑制阻止了大部分 CA1 位置细胞的放电。因此,当胞体周围的抑制性作用最弱时,CA1 锥体细胞的放电率最高。[59] 这或许从神经生理学角度解释了"位于 θ 周期波谷处的吸引子"这一抽象概念。所以,是什么导致 CA1 锥体细胞放电?除了前馈抑制之外,CA3 输入的作用又是什么?目前我们还无法完全回答这些问题,但几条线索指向一个可能的答案。第一,一个特定 CA3 细胞集群对 CA1 区域的前馈抑制性作用在空间上的分布比其兴奋性输入更为广泛(后者是会聚性输入)。这是一种阻止部分 CA1 锥体细胞放电的有效机制(这部分 CA1 锥体细胞不接受来自 CA3 神经元的会聚式兴奋性作用)。第二,CA1 锥体细胞的主要海马外输入直接来自第 3 层的内嗅皮质投射,这条回路能够决定 CA1 锥体细胞和位置相关的活动。[60] 第三条线索来自宾夕法尼亚大学的道格拉斯·库尔特(Douglas Coulter)及其同事,他们以海马切片为材料,使用细胞内记录和光学成像方法,证实了广为人知的观察发现——给内嗅皮质输入施加电刺激会诱发 CA1 锥体细胞超极化。然而,如果在刺激 CA3 输入之后激活内嗅皮质输入,CA1 锥体细胞的超极化就会被转变为去极化和放电。[②] 对 CA1 锥体细胞有激活作用的 CA3 和内嗅皮质输入之间的最佳时间间隔是 40～60 毫秒,正好是完整 θ 周期的一半。这意味着兴奋性的 CA3 细胞集群能够预测动物在半个 θ 周期后的位置。如果来自内嗅皮质第 3 层的输入"确认"了这一预测,那么 CA1 锥体细胞就会做出反应。如果 CA3 的预测没有得到证实,那么内嗅皮质的输入基本就是无效的。[61] 总而言之,结合上述所有观察发现,我们可以得出结论:在 θ 振荡期间,CA3 和 CA1 系统作为功能单位运行。

---

① 吊灯样细胞或许能以类似的方式被激活(Klausberger et al., 2003)。然而,大部分吊灯样细胞的顶端树突都局限于腔隙分子层内,因此,它们从 CA3 锥体细胞处获得的兴奋性作用比篮状细胞弱(Li et al., 1993)。

② CA3 轴突侧支短暂地激活 CA1 锥体细胞中的 N-甲基-D-天冬氨酸受体,这是内嗅皮质输入从抑制性作用转为兴奋性作用的主要原因(Ang et al., 2005)。

时空情境的生理学定义

将目前讨论过的发现整合到一起，就可以形成一张逻辑清晰的画面。[1] 动物通过 CA3-CA1 系统内神经元的突触权重存储线性轨道上不同位置之间的距离信息。在每个 θ 周期内，动物会检索这个系统内巨大的突触空间，然后回忆出几个在时间上相互联系的细胞集群。神经元空间内的轨迹表示大鼠刚刚经过和将要在半秒左右经过的位置序列。通过内嗅皮质中活跃的网格细胞，先前经过的位置会触发 CA3 按照内部顺序读取内容，读取的内容在时间上具有向前的方向，反映了学习过程中的顺序。在每个 θ 周期中，最活跃的 CA3 细胞集群出现于与 CA1 锥体层相关的 θ 振荡波峰处，并和大鼠对当前头部位置的预测相关。[2] 随着 CA3 细胞集群解散，CA1 细胞集群会加强，这种现象的部分原因是胞体周围的抑制性作用逐渐减弱，而且来自内嗅皮质第 3 层的输入逐渐增强（这一输入反映的是当前的位置信息）。因此，预期位置会在 CA3 最活跃的细胞集群中按照顺序重现，而感知到的位置会在 CA1 细胞集群中被重现。

随着动物向前移动，每个 θ 周期都会由一个新的细胞集群主导。然而，对于定义了当前位置的细胞集群成员而言，它们的动作电位同样参与表征多个 θ 周期内过去和将来的位置。最活跃的 CA1 细胞集群固定于局部 θ 振荡的波谷处放电，其两侧是在 θ 下降相和上升相产生的动作电位。这些动作电位分别来自表征过去和未来位置的集群成员，从而和大鼠在轨道上的运动轨迹相对应。换句话说，关于位置和距离的信息不仅由放电时相对应 θ 振荡波谷的单个细胞集群决定，还受振荡周期内精准的时间序列的影响。θ 周期内的序列准确反映了轨道上按顺序激活的细胞集群在过去、现在和将来对应的各个位置场的中心。

根据上面的总结，我们可以得出结论：在时间和空间上，动物当前的位置嵌于对先前的表征和对未来预期的表征之间。简而言之，通过 θ 振荡机制，当前编码的项目被置于特定的时空情境中。这种情境依赖性能够解释一个现象：对于一维单向运动过程中在某个位置被激活的海马位置细胞而言，当动物由反方向经过同一位置时，这个细胞不一定会被激活。[3]

327

---

[1] 动物会通过细胞集群对应振荡的时间安排定义"情境"。对各个位置的预期表征（CA3）和由环境更新的表征（CA1）根据相位而发生变化。大鼠头部当前的位置被 θ 振荡波谷处最活跃的 CA1 细胞集群表征。在同一个 θ 周期中，对过去和将来位置的表征围绕着这一细胞集群，从而定义了这一细胞集群的时空情境（Dragoi & Buzsáki, 2006）。

[2] 马勒和库比（Muller & Kubie, 1987）还提出，位置细胞的放电可以预测大鼠头部前方几厘米处的未来位置。

[3] 神经元集群的时序序列定义情境，根据这一假设，可以做出一项预测——改变神经元之间的突触强度，就能够改变它们在轨道上放电的序列。通过长时程增强作用人为改变突触权重，这一操作既会影响神经元表征的位置场，也会影响不同神经元表征位置之间的距离，这一结果支持了上述预测（Dragoi et al., 2003）。

在真实空间和记忆空间中导航

我们讨论了数十年来对海马中单个细胞和 θ 振荡的研究，也通过生理机制对情境进行了定义，现在可以回到记忆问题上来了。如同在前面讨论的，在人类中进行的研究表明海马-内嗅皮质系统既参与情景记忆也参与语义记忆。这两种类型的记忆都能够通过语言被陈述，因为它们属于"有意识的大脑系统"。此外，在动物身上进行的研究表明海马-内嗅皮质系统和航位推算导航以及基于地图的导航过程相关。因此，具有挑战性的问题在于，一种在拥有较小大脑的动物中演化出的有用的神经机制（例如在物理空间中导航）如何在后续的大脑演化中被用于其他目的（例如记忆的存储和提取）。

情景记忆和一维运动之间的关系

简要概括关于航位推算法和地标法导航的讨论：在航位推算法导航的过程中，个体使用自我产生的线索而非环境输入来计算经过的距离，这个过程不需要重复；与之相反，基于地标的导航过程需要外部线索，或者至少需要对环境的内部表征，而且这个过程要求动物多次经过同一个位置。研究这两种不同的导航策略的最佳环境分别是一维轨道和二维空间。形成地图的先决条件是存在交叉点，即从不同的方向访问相同的位置，这很容易在二维空间中实现。[①] 由此可见，在绘制地图之前，必须先进行航位推算勘探。在神经元层面，这两种导航过程的差异表现在单向位置细胞（对应一维空间）和全方向性位置细胞（对应二维空间）之间。[62] 其中，全方向性位置细胞明确定义特定的位置，不需要时间情境，也不进行自我参照。[②] 然而，这些不同的导航形式和记忆有什么关联呢？

在一维任务中，动物通过编码空间中距离的度量信息和运动方向实现对序列位置和它们之间关系的表征。这个过程类似于形成对序列呈现项目的情景记忆。这二者之间的差异不在于海马计算的特质，而在于输入信息的特质。对情景进行编码和回忆的理想结构是自关联网络，这是因为自由回忆在本质上是一个模式补全问题。CA3-CA3 回返连接和 CA3-CA1 连接的不对称性质、细胞集群形成的时间序列安排，以及依赖于动作电位发生时刻的可塑性共同支持时间上正向关联的建立。类似于线性轨道上的物理距离，情景列表中项目的位置距离可以通过代表各个项目的细胞集群之间的突触强度进行编码。因为对距离的表征被聚集在 θ 周期的时间范围内，因此，不仅时间上相邻的项目之间能形成联系，时间上不连续的

---

① 如上所论，在没有视觉的情况下同样可以产生地图。在这种情况下，动物必须亲自抵达空间中的每一个位置。如果存在视觉作用，那么或许只需要视线看到空间中的各个位置（即目光探索空间）就足够了。

② 全方向性位置细胞的放电是地图导航的标志（O'Keefe & Nadel, 1978），因此，线性轨道上海马神经元的单方向性放电可以被视为一维任务中缺乏地图的证据。

项目之间也能通过突触可塑性被联系在一起。因为海马内任意细胞对之间形成解剖学连接的概率相同，所以才能形成这些高阶关联。因此，突触可塑性的时间规则使在序列呈现的细胞集群 a～e 中，细胞集群 a 和 b 在功能上的连接比 a 和 c 更强；然而，如果出于某些原因，细胞集群 b 无法被回忆，那么兴奋就会向下一个连接程度最高的细胞集群（即细胞集群 c）传递。

在以人类为被试的记忆研究中，记忆的表现通过随后的自由回忆任务检验，这是一种不存在明确外部线索的回忆任务。如果在特定的 θ 周期中，编码记忆项的最兴奋的细胞集群"调用"了下一个连接程度最高的细胞集群（这一细胞集群同样反映了项目顺序），那么连续性的自由回忆就能够发生。由于动物缺少自由回忆途径，因此研究人员只能通过比较自由回忆的基本特征和行为的神经元相关活动来间接地研究这个关键特征。[①] 然而，在线性轨道上，通过更新参与每个 θ 周期的细胞集群，环境线索持续性地监督和影响兴奋序列的方向，这有点类似于经由线索引导讲述故事情节的过程。[63] 与之相反，在自发的回忆或自由回忆过程中，参与后续 θ 周期的细胞集群序列需要由参与前一个周期的细胞集群推动，而不是由外部线索推动。我们在头部被固定并在跑轮上运动的大鼠中观察到了位置细胞自发的放电率改变和与之相关的相位进动现象，这支持了上述可能。[64] 因为环境线索和与自身运动相关的线索保持不变，这种自发的相位进动可能来自连续的 θ 周期中发生变化的细胞集群。这种内部产生的序列可能被认为是和情景回忆相关的神经元表现。

330

语义记忆和空间地图之间的关系

在建立了一维导航任务和情景记忆之间的关联之后，现在让我们转而关注二维空间内的地图和语义记忆之间的关系。如上所论，在一维导航任务中的位置细胞具有单向位置场，它主要由经过的位置序列决定。如果导航经过的路径之间相互交叉（这在探索过程中经常发生），这种情形便会发生巨大变化，此时，在交叉点被激活的神经元将处于不同的路径（或情景）之中。[65] 此类交叉点的建立和全方向性位置细胞的出现标志着地图的产生。因此，位置细胞的全方向性可以被视为证据，证明大鼠从不同方向抵达了同一位置或地标。因而全方向性意味着位置细胞已经成为多条神经元轨迹中的一部分，其激活不再依赖于特定细胞集群的独特时间序列。一旦形成全方向性位置细胞，它们将不再需要时间情境，这些细胞就成了明确的诺斯替单位。[66]

将同样的思路类比到人类的记忆过程之中，多个具有共同项目（交叉点）的情景能够让这一共同项目从情境中脱离出来。如果某个情景中的某个项目在其他情

---

① 福廷等人（Fortin et al.，2004）在识别记忆测验中使用了这种方法，发现大鼠和人类在行为选择模式方面惊人地相似。

景中被多次重复,这个交叉点项目就不再需要项目序列提供的时间情境。例如一个情景——发现一类新的神经元或是一种新的振荡,对于这个情景的参与者而言,该情景反映的是时间和空间中按顺序发生的一系列令人兴奋的难忘事件。然而,当这一发现被多个实验室确认,发现的先驱和最初的研究条件就变得无关紧要了,多个研究的会聚性结果或共同要素便丧失了时空情境,成为科学事实。因此,多个相互重叠并具有共同交叉点的观察发现是语义知识的根源。第一次看见一只狗是情景过程,但在见过许多不同的狗和狗的图片之后,所有这些经历的共同特征便具有了语义性含义,形成了“狗”这一概念。[①] 全方向性(或明确指向性)细胞集群的神经元成员共同定义或代表项目的“含义”,这种明确的高阶表征不随其产生情境的变化而变化。

尽管航位推算导航和情景记忆是形成地标地图和语义记忆的必要条件,但存储巩固后的语义知识可能就不再需要海马所提供的巨大的组合关联网络了。[67] 一旦建立了确定的地图和语义信息,它们就能够被转移至新皮质中。然而,这个信息传递过程需要另一类神经振荡的作用,我们将在第 12 章中对此加以讨论。

331

本 章 总 结

海马是提取已存储信息的最终搜索引擎。在本章中,我们讨论了海马 θ 振荡和情景记忆、语义记忆、航位推算导航(路径整合)、地图导航(地标导航)之间的关系。这些概念和海马-内嗅皮质系统有关,这一结论主要是基于人类脑损伤病例研究和在较小的动物身上进行的神经元记录与细胞外场记录研究。

海马及其相关结构具有多回路组织模式,它们属于异源皮质的一部分,并且和新皮质之间相互连接。海马神经元最突出的群体活动模式是 θ 振荡——和探索性导航相关的持续性节律活动。整体回路和单个细胞的特性相互结合,共同支持 θ 振荡。这种振荡帮助安排海马内每个锥体细胞、颗粒细胞,以及边缘系统内主要神经元的放电时间。海马中的 θ 电流主要产生自内嗅皮质向 CA1 锥体细胞远端树突顶部的输入,此处 θ 电流的产生至少涉及 3 种机制。第一,兴奋性突触后电位产生的电流(汇电流)主要通过 N-甲基-D-天冬氨酸受体调节;第二,在强烈兴奋的神经元中,远端树突处会产生电压依赖的 Ca^{2+} 峰电位,这一节律性电位是另一个汇电流产生的原因;第三,放电的 CA1 锥体细胞会激活 O-LM 中间神经元,这些神经元的主要轴突终止于腔隙分子层,形成的突触会产生抑制性电流(源电流),并且在激活程度不太高的锥体细胞中和内嗅皮质兴奋性输入相互竞争(“赢者通吃”效应)。

---

① 通过改变连接来学习归类的计算机模型在本质上是以相同的方式工作的(McClelland et al., 1995)。不同的类别产生了帮助提取记忆的情境。例如,如果呈现了一个包含面孔、位置和物体的列表,在回忆过程中,属于同一类别的物体往往会被集中回忆。对于语义记忆的机制,目前仍没有达成共识,认为语义记忆源于情景记忆的说法也具有争议。

内侧隔核是 θ 振荡的关键来源,但回返性相互连接的 CA3 系统同样能够产生 θ 振荡。CA3 锥体细胞和篮状细胞之间的相互作用同样会产生 γ 频率的振荡,这一振荡和较慢的 θ 振荡之间锁相。抑制性作用和 γ 振荡的功率在 CA3 和 CA1 中同时积累,导致这些区域内的锥体细胞通常情况下于 θ 振荡的相反相位放电。这些不同的 θ 振荡机制为锥体细胞提供了时序组织。

单神经元的放电模式主要取决于实验条件。如果是在一维空间内运动(如线性轨道),那么动物只可能使用航位推算导航。在运动过程中,单个锥体细胞在特定位置具有最高放电率,表示该处是对应细胞的位置场中心。对于 CA1 锥体细胞,随着大鼠进入位置场,动作电位最先出现于 θ 振荡的波峰处;随后,当大鼠运动到位置场正中时,CA1 锥体细胞在 θ 振荡波谷处最活跃;随着大鼠逐渐离开细胞的位置场,该细胞放电的相位会继续改变,并在大鼠离开时达到一整个周期。因此,动作电位发生的相位和动物在轨道上的位置之间具有相关性。随着大鼠向前运动,每一个 θ 周期都由一个不同的细胞集群支配。然而,对于定义了当前位置的细胞集群成员而言,它们的动作电位同样参与表征多个 θ 周期内过去和将来的位置。最活跃的 CA1 细胞集群固定于局部 θ 振荡的波谷处放电,其两侧是在 θ 周期下降阶段和上升阶段产生的动作电位,这些动作电位分别来自表征过去和未来位置的集群成员,从而和大鼠在轨道上的运动轨迹相对应。由于位置野(place field)的分布具有拖尾现象,因此,在特定的 θ 周期中,多个细胞集群会被共同激活。轨道上两个位置细胞的位置场峰值之间的距离和它们在 θ 周期时间尺度上的关联相关,因此,θ 周期内精准的时间序列能够反映连续的距离信息。对当前位置的表征嵌于对过去和未来的表征之中,因此,θ 振荡的时间压缩机制对时空情境进行了客观定义,而时空情境是情景记忆的关键组成部分。

为有序的位置和距离进行编码的过程类似于学习某个按序列呈现或访问的项目列表这一情景过程。和通过 θ 周期表征一维任务中物理距离的过程类似,对于情景列表而言,项目之间的位置距离同样能通过表征各个项目的细胞集群之间的突触强度进行编码。由于距离表征被压缩进 θ 振荡的周期之内,因此,无论是时间上相邻的还是不连续的项目都能够通过突触可塑性被关联在一起。这些高阶的连接之所以能够形成,是因为海马内各个细胞之间形成解剖学连接的概率相同。细胞集群中建立的连接或许能够解释情景记忆的相邻性和时间不对称性原则。具有很大的随机突触空间的自关联系统是编码和回忆情景信息的理想结构,这是因为自由回忆在本质上是一个模式补全问题。CA3 锥体细胞广泛分布的轴突、回返式 CA3-CA3 连接,以及 CA3-CA1 连接是存储大量情景记忆并进行高效提取的理想结构。

在二维空间中探索时,动物会从不同的方向经过相同位置,从而产生交叉点。这些交叉点被用于建立地图,并支持后续的地图导航(基于地标的导航)。认知地图以两类细胞为特征——海马内具有全方向性的位置细胞和内嗅皮质内具有镶嵌性特征的网格细胞。单神经元的全方向性放电模式表明,位置细胞是多个神经元轨迹的一部分,其激活不再依赖于特定细胞集群的独特时间序列信息。一旦形成全方向性位置细胞,它们就不再需要时间情境,也不再需要进行以动物自我为参照的定位——这些细胞会明确地定义并表征空间位置。

333　　　在大鼠的导航过程中,单向神经元变为全方向神经元,这一变化是航位推算导航向地图导航转变的范例。和此过程类似,当涉及同一项目的多个情景共同存在时,这种共同项目便能够脱离原始的时空情境。全方向性(或明确指向性)细胞集群内的神经元共同定义或代表该项目的"含义",明确指向的外显表征不受形成条件的影响。用一句话概括本章的要点便是:情景记忆和语义记忆表征可能分别源自航位推算导航和地图导航机制。

通过振荡进行系统耦联

本章其他注释

不仅要研究孤立的组成部分和孤立的过程,而且要解决在将部分统一为整体的过程中存在的组织和秩序性问题,这些组织秩序来自部分之间动态的相互作用,使整体中部分的行为表现不同于单独存在部分······

——路德维希 · 冯 · 贝塔朗菲,《一般系统论》(*Allgemeine Systemtheorie*)

大脑的层级性运作特性不仅表明,高层级和低层级的区域相比,"高级"中心的表征更为复杂和抽象;它还让我们意识到另一点——这种序列性的前馈加工会导致不可避免的时间延迟。然而,将自下而上过程和自上而下过程进行区分只是一种抽象的做法,是一种将大脑回路中的活动进行概念化的便利方法。在实际的皮质系统中,纯粹的前馈机制只是例外现象,典型的神经连接是双向循环性的。在神经元层级系统中,并没有真正意义上的"顶层"结构,因为某个脑区中的高阶信息可以被立刻"向下"传递到其他区域。通常,是时间预示着大脑计算的顶层或终点的出现,它的标志是神经活动受到抑制,终点不由某一确定的解剖学边界定义。神经元信息在多个并列的和多个相互叠加的回路中并行推进,因而区分顶层和底层加工过程相当困难。例如,"注意"这一心理学概念通常被认为是一种自上而下的加工过程,是一种有意的主动行为,由某些位于顶层区内的假想"执行者"发起。然而,一种可能用于解释"注意"的生理机制是增益控制,这是一种定量的变化,而非定性的改变,它反映的是加工回路对输入具有更强的敏感性。神经元网络中更强的增益主要通过皮质下神经递质(如乙酰胆碱和去甲肾上腺素)实现,这些神经递质可以增强皮质的 γ 振荡。[1] 如果这些神经递质对于和注意相关的神经元反应增益是必要的,那么注意就不仅是自上而下的指示,而且是某种循环的模式。

我在前面章节中讨论过,哺乳动物大脑中所有的大脑皮质回路都能维持自组织活动,这种神经活动是独立于输入的。因此,皮质活动处于永恒的运动状态,所有的运动和认知行为都是自生成并由回路维持的神经活动和环境干扰共同作用的结果,这就是我们在第 8 章讨论中涉及的躯体-环境框架中的大脑。[①] 虽然大脑能在很大程度上使自己脱离躯体和环境(例如在睡眠中);但反向的关系(即不论大脑自身状态如何,其对环境的反应保持不变)只会在涉及较短回路的初级反射过程中出现。大多数情况下,大脑对环境变化的反应不是一成不变的,它取决于之前在相似情境下反应的结果和当前的大脑状态,而当前的大脑状态又由各种神经振荡之间的多重相互作用决定。这些关于大脑功能的新近看法强调了适应性神经元运算的建构特性。[2] 如果各个脑区和系统都不断地产生自主的自组织模式,那么它们又是如何发起通信并相互交流的呢?我认为,脑区和系统间通信与信息交换的基础是振荡锁相。在双向相互连接的系统中,通过锁相对神经元活动进行时间排序,便可以指导兴奋性作用的传播。早期放电的神经元能够驱动参与到随后振荡中的其他神经元(见第 4 章)。只需要简单地将相位偏移反转,就能反转驱力的方向。本章的主要目的是说明网络和系统之间的相互作用如何借助振荡来辅助实现。

海马和新皮质回路之间借助 θ 振荡发生耦联

大脑对环境输入的反应在很大程度上取决于过去的经验,因此,海马和相关新皮质区域之间的交流应当是连续的。从这个角度来看,海马中的 θ 振荡作为大脑中少有的一种持续性振荡并不令人感到意外(见第 11 章)。[②] 原则上讲,这种持续性的交流能够通过几种不同的方式实现。第一种最简单的方式是,相位性海马输出驱使新皮质内细胞集群以同相位的 θ 频率放电,不过这种情况不大可能发生。第二种可能的方式是,海马输出会驱动新皮质—海马回路中的多突触回传通路,这些通路中的联合突触传导延迟接近 θ 振荡周期。此时的情形属于极限环振荡的时间延迟性同相位同步化,由于存在持续的单方向相位偏移,因而可以建立一种独特的共振回路。在这种共振回路的作用下,新皮质内的宏观场振荡可能并不明显,甚至可能无法观察到。然而,我们可以识别出不同部位之间按序列激活的细胞集群,因为它们和海马内 θ 振荡之间的相位延迟逐渐增长。新皮质内的路径序列本身并不会活化,它需要海马节律的协调,也需要一些外部输入。[3] 第三种可能的方式是,

---

① "场景性"(situatedness)这一概念描述了这种依赖情境的内外综合影响(Varela et al., 1991; Thompson & Varela, 2001)。

② 部分研究展示了人类海马-内嗅皮质中的 θ 振荡。直接从病人海马中记录到的一小段未过滤脑电图表明清醒状态下的海马中 θ 振荡占据主导地位。在快速眼动睡眠中,相同的电极记录到的是较短的 θ 振荡(Cantero et al.,2003)。在另一位病人的内嗅皮质中记录到的 θ 振荡又有所不同,该振荡由呈现词语引发,相关内容参考自哈尔格伦(E. Halgren)和乌尔贝特(I. Ulbert)。

不同的新皮质区域在适当条件下能够自己产生局部 θ 振荡,随后,海马 θ 振荡与新皮质 θ 振荡之间会发生相互协同作用。这种可能的方式还可以更进一步,新皮质局部回路的随机共振特性能够提取通过 θ 振荡编码的信息。在海马 θ 振荡与皮质回路间关系的这三种假设的方式中,后两种的优点在于可以通过很弱的连接建立耦联,而且多个皮质细胞集群之间能够以很短的时间延迟相互协同,这样它们的联合输出就能够以最小的延迟同步。因此,没有解剖学连接或解剖学连接较弱的远距离皮质网络之间也可以通过这些方式实现活动协调,从而使它们暂时锁相的输出可以选择共同的下游细胞集群。总之,通过这些方式的单独或联合作用,大脑便可以实现自上而下的海马-新皮质信息交流,交流的速度取决于海马 θ 振荡。

　　在讨论具体的例子前,我需要(再次)明确说明,这种站在整体角度对振荡的讨论是一种过度简单化的处理,是有问题的。在宏观水平上对振荡的描述假设存在一个单一的巨型谐振子,但这种描述忽略了组成个体的动态变化,而在决定耦联还是猝灭的过程中,个体的性质往往至关重要。每个网络振荡都由大量神经元个体组成,因此,宏观的或集中式模型假设干扰会同时作用于每一个个体成员,而且对它们产生同等的影响。

　　一系列早期探讨 θ 振荡对耦联的作用的研究都涉及海马和内嗅皮质(海马系统和新皮质之间的主要枢纽)。加利福尼亚大学洛杉矶分校的罗斯·阿迪(Ross Adey)及其同事以猫为实验对象,研究了海马 θ 振荡和内嗅皮质 θ 振荡之间的关系。他们让猫学习 T 形迷宫中的视觉辨别任务,在训练早期,海马 θ 振荡比内嗅皮质 θ 振荡超前一个相位,但在训练阶段结束时,它们的相位关系发生了逆转,此时内嗅皮质 θ 振荡比海马内信号更早。有趣的是,对训练有素的动物而言,这样的两结构间相位逆转现象同样发生于正确试次和偶尔的错误试次之间。在错误试次中,海马 θ 振荡的相位在先,类似于学习的早期阶段。和学习相关的相位变化和海马 θ 振荡的频率的降低(从 6 次/秒下降到 5 次/秒)有关,且和正确试次相比,错误试次中 θ 振荡的频率更低。[①] 从这些早期实验中我们可以推测,海马或内嗅皮质中神经元活动的相对相位延迟决定了两结构间神经元信息交换的方向,而脉冲流的方向随经验的改变而变化。在人类癫痫患者中使用深部电极进行的相关研究进一步支持了这一初步结论。这些实验中的被试被要求进行词表学习,随后在完成干扰任务后进行自由回忆测验。和未成功的记忆形成过程相比,被成功回忆的内容在编码阶段整体显现出了海马-内嗅皮质 θ 振荡之间更强的相干性,但振荡频谱的

---

　　① 阿迪是最早一批受益于美国国家航空航天局(NASA)太空科学项目的神经科学家之一,因此,他得以最先使用计算机处理大脑信号。他的研究报告最早定量评估了不同脑区之间的合作机制(Adey et al.,1960a,b)。然而,这些文章并没有明确报告记录电极的组织学定位,而且在不同的猫中电极植入的位置存在很大差异。因此,在不同的猫中观察到的振荡相位可能来自海马或内嗅皮质不同细胞层内的植入电极。和训练相关的相位先行或相位滞后现象还受到平行频率变化的干扰。

功率并不会发生明显的变化。① 东京大学宫下康史（Yasushi Miyashita）实验室以猴子为实验对象的研究进一步支持了训练反转信息流向的现象。在这些研究中，研究者使用颞叶和嗅周皮质内个体单位记录的方法，记录了猴子在进行视觉配对任务过程中知觉信号和记忆提取信号的时间过程。知觉信号先到达颞叶，后到达嗅周皮质，确证了它的正向传播路径；与之相反，记忆提取信号先出现于嗅周皮质，随后，颞叶中的神经元逐步参与进来，表征要搜寻的目标。[4] 在杏仁核—海马回路中同样发现了通过 θ 振荡实现耦联的过程。在进行恐惧性条件反射作用之后，小鼠杏仁核中会出现 θ 振荡，这种波动和海马内 θ 振荡同步。这种时间上的协调作用可能会将杏仁核传递的恐惧信号与海马接收到的由空间输入提供的环境情境关联在一起。[5]

人类头皮脑电图记录的结果间接地支持了 θ 振荡在记忆过程中的作用。奥地利萨尔茨堡大学（University of Salzburg）的沃尔夫冈·克利梅施（Wolfgang Klimesch）及其同事一直在研究 α 振荡和 θ 振荡在认知表现中的作用。基于头皮地形和行为学关联，他们区分了频带相互重叠的 θ 振荡（6～10 个周期/秒）、低频 α 振荡（6～10 个周期/秒）和高频 α 振荡（9～14 个周期/秒）。重要的是，这些根据行为定义的振荡频带的边界存在很大的个体差异。因此，如果不确定每名被试的频带边界，直接将不同被试的频带集中在一起，就会消除重要的效应，因为这些高度个性化的频带在不同任务中是独立变化的，而且常常向相反的方向变化。在区分了每名被试的 α 频带后，克利梅施认为，感觉刺激和语义记忆表现与高频 α 振荡功率的下降（"去同步化"）高度相关；而枕叶区增强的 θ 振荡功率则与新信息的编码相关。在一项典型的记忆任务中，不连续的视觉或听觉项目逐一出现，每个刺激呈现时长为数秒。在回忆阶段，被试会看到一些先前呈现过的项目（即目标，如知更鸟）和一些新的项目（即干扰，如麻雀），目标刺激和干扰刺激混合呈现，被试需要辨认出先前词表中呈现过的项目。大体上讲，回忆阶段中项目诱发的 θ 振荡功率比编码阶段的更大。该研究的关键发现在于，在学习阶段，和错误识别的项目相比，随后正确回忆的项目会伴随明显更大程度的 θ 振荡功率提升，这表明针对特定刺激的成功编码需要更强的 θ 振荡活动。[6] 为编码新信息创造有利条件的不仅是整体性的大脑状态，而且是特异的振荡组合。

虽然 θ 振荡的功率和认知表现的共变性最高，但 α 振荡在认知过程中可能也起重要作用，不过可能是以一种间接的方式起作用。研究发现，在记忆任务中表现较好的人和表现不好的人相比，前者的基线（刺激出现前）α 振荡频率大约每秒比后者快一个周期。但是，由于头皮记录信号的空间分辨率不佳，记录到的 α 振荡和

---

① 对于同一病人，θ 频带内相干性的增强与和记忆相关的海马-内嗅皮质内 γ 振荡相位同步化变化之间存在相关性（Fell et al., 2001, 2003）。

θ 振荡的源头仍无法确定。使用标准的记录电极,我们无法确定 θ 振荡功率增加的原因:它反映的究竟是单一位点处振荡振幅的增加,还是头皮电极记录区内部子区域中的相干振荡?

功率的增加通常被认为来自增强的同步性,这意味着多个位点之间的相位相干性,但这一说法难以被证明。使用高密度头皮记录和视觉工作记忆[①]任务,美国加利福尼亚州旧金山脑电图系统实验室的艾伦·吉文斯(Alan Gevins)认为,增强的 θ 振荡信号来自皮质的前扣带回区域。θ 振荡的功率随着任务难度和练习的增加而增加。在其他使用语言或视觉空间刺激的工作记忆研究中,研究者发现,在前额叶和后部联合皮质中会观察到 θ 振荡相干性的增加。[7] 虽然这些研究认为 θ 振荡和陈述性记忆和/或工作记忆之间存在关联,但它们仍没有解释新皮质和海马振荡之间的关系。有研究表明,在工作记忆任务中,对项目进行编码和提取的过程都会重置脑磁图记录到的 θ 振荡信号,其偶极子源位于海马前部,这间接地支持了新皮质-海马关联。[8]

和 γ 振荡一样(见第 10 章),头皮脑电记录到的结果和硬膜下网格电极记录到的结果通常不一致。在一项大型临床研究中,实验对象是植有硬膜下网格电极和深部电极的病人,实验人员研究了他们大脑内数百个皮质和海马位点处的振荡反应。实验人员先给这些病人呈现了一小段辅音字母序列,在短暂的延迟之后,再给他们呈现作为探测刺激的辅音字母,病人需要报告探测刺激是否存在于之前的字母序列中。实验人员发现,在海马和部分新皮质位点上,θ 振荡有选择性地增强了,而且在整个试次中持续存在。重要的是,只有自由回忆任务中被成功回忆的项目才会伴随更强的 θ 振荡功率。部分新皮质位点表现出项目诱发的相位重置现象,同时,这一过程不伴随振荡功率的变化。表现出明显任务相关效应的位点大部分位于顶枕区,还有少数位于颞区。出乎意料的是,前额叶中只有很少的位点受到任务影响。虽然在海马和新皮质记录位点处会同时发生与任务相关的振荡功率调节,但海马和新皮质内的诱发振荡之间很少相位相干。皮质位点之间的振荡同样很少相位相干,而且随着位点之间距离的延长,振荡的相干性会随之降低,并且这一过程符合幂律。[9]

大脑的不同结构内同时出现没有相位相干性的 θ 振荡,这一现象引发了具有挑战性的问题——这些振荡实现什么样的功能?它们源自哪里?一种说法认为这些振荡只产生于局部回路,它们之间不需要任何精细的时间尺度协调,但这种解释显然没什么吸引力。还有一种假设可以解释这种整个编码过程中缺乏持续性同步的现象。这种假设认为,每个在学习和提取阶段中呈现的项目都会在部分记录位点中产生一组短暂的、独特的相干振荡,此过程类似于皮质柱不同子集中具有朝向

340

---

① 工作记忆也被称为短时记忆、即时记忆、有意识记忆、便笺式记忆或注意相关记忆,它是一种容量有限的心理工作空间。工作记忆对干扰相当敏感,一个人必须不断地重复其中存储的项目才能避免忘记。

特异性的 γ 同步(见第 10 章)。在这种情况下,每个项目都会激活独特的海马细胞集群,从而使海马细胞集群和与之相伴的、具有明确空间分布的新皮质细胞集群之间产生瞬时耦联。随后的项目会激活不同的海马细胞集群,每个细胞集群都会暂时地和位于不同位置的对应新皮质细胞集群耦联。以恒河猴为实验对象的研究证实了这一猜想。和人类相同,在工作记忆任务中,恒河猴的纹外皮质在整个编码阶段内都会发生持续性的 θ 振荡,并且其功率随任务难度的增加而增加。然而,在局部记录到的单神经元会选择性地对单个视觉刺激做出反应。和任务相关的神经元增强放电现象发生于每个 θ 周期中特定的优先相位附近,十分类似于海马中位置细胞的位置-相位关系。[10] 假设连续呈现的项目被海马内不同的细胞集群表征,那么它们的输出可能会导致具有不同空间分布的皮质细胞集群。

　　虽然这些在人和猴子身上的不同观察结果符合假设的观点——新皮质内的 θ 振荡和海马中的 θ 振荡之间存在相关性,但它们并不能证明这一观点。另一种假设认为,在工作记忆任务中,新皮质内的振荡源于丘脑-皮质网络。在这种情况下,θ 振荡实际上是一种较慢的丘脑-皮质 α 振荡。[①] 根据这种假设,α 振荡反映的是不参与任务相关计算过程的位点上与任务无关的活动,因此,这可以解释为什么大部分被激活的位点都位于新皮质后部。我们曾在第 8 章中总结过,α 振荡并不一定反映皮质网络的不工作状态,它反映的是主动从环境输入中脱离的状态,强调内部心理过程。[②] 然而,如果不能全面理解宏观场活动模式的生理机制,人们就只能推测在神经元水平上发生了什么。

　　通过同时记录大鼠海马和新皮质内细胞集群的研究发现的结果支持了这一观点——海马和新皮质之间至少有某些形式的对话会发生在 θ 振荡的时间单元中。θ 频率的场振荡,以及嗅周皮质和后扣带皮质的不同皮质内多个神经元之间的锁相放电通常发生于导航过程中和快速眼动睡眠阶段。虽然目前还没有 θ 振荡的偶极子被可靠地定位于皮质内,但无论是单位放电还是场活动,它们的出现都和海马内 θ 振荡锁相。后扣带皮质和海马旁结构、视觉相关结构以及前扣带皮质之间有单突触连接。前扣带皮质属于前额叶,而前额叶是腹侧海马传出通路的直接目标,内侧前额叶中相当一部分神经元的放电和海马 θ 振荡保持相干性。内侧前额叶神经元和 θ 振荡锁相的动作电位大约有 50 毫秒的延迟,这表明信息的传递方向是从海马到前额叶。[11]

　　对于解剖学上直接接受海马传出的结构而言,其中的神经元以和 θ 振荡锁相的方式放电,这或许并不令人惊讶。但位于新皮质其他区域、和海马之间相隔数个突触的神经元能否同样表现出和 θ 振荡锁相的放电现象呢?哪怕这种锁相放电只

---

　　① 处于 θ 频带内的枕叶活动同样可能反映的是起源于视网膜的 λ 振荡(Billings,1989)。

　　② 和传统上认为 α 振荡反映大脑"空载"状态相反,卢里亚(Luria,1966)认为 α 振荡反映的是视觉想象、内部注意、自由联想和计划。

是暂时性的？我实验室中的一名研究生安东·西罗塔试图通过研究海马 θ 振荡对初级躯体感觉皮质内神经元放电的作用来解决这一问题。他之所以选择初级躯体感觉皮质，是因为大鼠新皮质中的这个结构所占区域面积很大，而且海马和初级躯体感觉区之间的突触路径长度最长。他的第一个发现是，当动物进行导航任务或处于快速眼动睡眠阶段时，部分躯体感觉皮质神经元的放电模式会和 θ 振荡相干，这种 θ 振荡锁相放电虽然短暂，但相当可靠。重要的是，大多数表现出锁相放电的是抑制性中间神经元，其中一部分会以 θ 频率爆发节律性脉冲。[①] 在情景记忆任务中，皮质不同位置的诱发场活动并不一定和海马 θ 振荡相干，这一现象同样可以被上述细胞水平的发现所解释。[12]

这种远距离、跨越多突触的协同作用有什么优势呢？西罗塔和我推测，振荡协同主要对协同的主导者有利，在此处即是对海马有利，准确来讲是对演变的海马内细胞集群有利。在 θ 振荡中，海马以不连续的方式运作，因此在"错误的"时相抵达的信息可能会被忽略。然而，如果海马输出能够使相距多个突触的远处皮质位点内部中间神经元与其发生协同，那么它们就能够在短暂的时间内更多地受这些位点放电模式的影响，因而，海马就能够优先处理来自这些皮质区域的、时机适当的信息。总体上说，集中组织的节律能够让输入更多地产生于振荡适合接收信息的时间内，从而增强输入的效果。这种直接对话类似于老板直接安排下属进行工作进度汇报，这种临时指定的"征调"机制可以有效地解决顶层如何选择自下而上的输入问题。

非 θ 振荡状态下，海马与新皮质之间的交流

我们对大脑的大片区域内和区域之间的大量神经元的相互作用方式还不清楚。尽管如此，这些相互作用持续性地存在于各种大脑状态当中，不过不同大脑状态下的信息交换时间动力学过程却存在差异，这相当令人惊讶。理解这些依赖于大脑状态的交流相当重要，因为它们能为我们提供关于信息传递方向和时间窗的线索。这些信息传递并不是连续的过程，相反，信息会被更新过程分隔打包成集中性群体事件进行传递。在网络和系统的框架中，这一点表现为宏观序参量指导不同时间和空间尺度上的单细胞运算过程。

海马振荡模式反应新皮质状态

在第 10 章和第 11 章中，我们讨论了 γ 振荡如何将海马 CA3 和 CA1 连接在一起，CA3 的自相关连接如何产生固有 θ 振荡，以及齿状回的振荡模式如何影响 θ 振

---

①　在皮质神经元和海马 θ 振荡锁相放电的研究中，同时记录局部电场内 θ 振荡和初级躯体感觉皮质内某一假定的第 5 层中间神经元活动，可以看到海马 θ 振荡对皮质细胞动作电位的锁相调节（参考自 Sirota et al., 2003）。

荡和γ振荡等问题。在没有θ振荡的条件下,齿状回(新皮质信息的主要接受部位)活动和 CA3 及 CA1 活动之间的对抗特性更为明显。在行为上,这些非θ振荡状态涉及下述各种过程,如进食、饮水、梳洗、静止不动、非快速眼动睡眠、深度麻醉等。[13]

　　在各种麻醉剂的作用下,新皮质内的活动模式在下沉状态(几乎所有新皮质主要神经元都处于超极化静息态)和上升状态(大量神经元产生动作电位)之间交替(见第 7 章)。这种整体活动的上下转变部分是由新皮质内主要神经元的细胞膜电位的切换导致的。那么,在异源皮质和海马中也会表现出这样的模式吗? 来自我实验室的博士后研究员矶村义和(Yoshikazu Isomura)比较了新皮质整体性上下转变对前额叶、内嗅皮质、下托和海马内神经元的影响。和前额叶以及其他新皮质神经元相同,内嗅皮质和下托内的神经元都表现出双峰分布的膜电位,并且和新皮质的整体性上下转变同步切换。与之相比,海马内的颗粒细胞、CA3 和 CA1 中的锥体细胞则不表现出这种双峰模式,这进一步支持了海马具有不同功能组织的观点。然而,海马并不是完全不受新皮质输入的影响。在齿状回中,γ振荡的功率增加往往发生于新皮质整体活动的上升阶段,此时 CA3-CA1 系统内γ振荡的功率往往也会同步增加。当新皮质、内嗅皮质和下托处于静息态(下沉状态)时,齿状回内的γ振荡功率就会减小,这很可能是因为振荡缺失了来自内嗅皮质的必要驱力。但是新皮质网络的下沉状态和 CA3-CA1 系统中爆发的γ振荡相关。对这一现象最直接的解释是,CA3 回返循环系统能够产生可以自我维持的γ振荡,这也进一步支持了先前的论点。此外,齿状回的解剖学连接和动力学模式共同对 CA3 系统中的循环通路产生了普遍的抑制性影响,但在其他条件下,齿状回对同一网络可能具有促进作用。齿状回抑制 CA3-CA1 系统内γ振荡的机制仍有待探究,一种可能是齿状回γ振荡的临界强度和相位会导致目标振荡的湮灭。[①]

海马在"离线"状态下的振荡模式

　　虽然在使用麻醉状态下的观察结果解释大脑行为时应当谨慎,但上述讨论的发现在未用药物的大脑中同样存在。固定在某一位置的大鼠海马中有 3 种基本类型的模式交替出现:间歇性γ振荡、静息期,以及海马特有的模式——尖波涟漪复合体。第一种主要的模式——γ振荡是齿状回中最明显的活动模式,然而,不同于自由探索和处于快速眼动睡眠中的动物——这些阶段内的γ振荡相对一致,受θ相位调节。在没有θ振荡的情况下,γ振荡更不规则。第二种主要的模式是静息期。没有细胞放电活动的静息期和短暂的γ振荡期以不规则的方式发生交替,而

---

　　① 参见 Isomura et al.(2005)的文章。先前在未麻醉和麻醉状态下的动物中进行的研究都支持齿状回和 CA3-CA1 系统的活动之间存在竞争作用(Bragin et al., 1995a, 1995b; Penttonen et al., 1997)。温弗里(Winfree,1980)描述了跟随振荡的湮灭现象。

且 γ 振荡的频率和振幅都会发生明显变化。平坦的基线上偶尔只会出现 1～3 个 γ 周期的波形,而且中间的波振幅较大,整体看起来类似动作电位。这种不规则的齿状回 γ 振荡模式能够削弱 CA3-CA1 系统中的神经元兴奋性,不过这一过程相当复杂。[①]

　　第三种主要的模式包含尖锐的波形,这种模式出现于 CA1 顶端树突层,其发生不具有规律性。这种模式是来自 CA3 的连接施加去极化作用的结果,而这种去极化作用则产生于 CA3 锥体细胞同步爆发的动作电位。尖波是最根本的自组织内源性海马活动,因为只有动物和环境之间几乎不存在相互作用时,它们才会出现。它们是海马发育过程中出现的第一种,也是唯一一种群体模式。事实上,当海马完全和环境相隔绝(例如将海马移植到脑室或眼睛内的前房之后)时,尖波和与之相关的爆发式神经元动作电位会持续存在。[14] 在完整的大脑中,内源性海马尖波出现于 CA3 内的兴奋性循环回路中。这种 CA3 锥体细胞的同步性放电不仅会激活 CA1 锥体细胞,而且还会激活中间神经元以及不同锥体细胞之间的相互作用。随后,各种类型的抑制性中间神经元则会在 CA1 锥体细胞层内引发短暂的快速场振荡(140～200 次/秒)或涟漪。[15]

345

　　海马尖波涟漪有很多明显的特征,这些特征使其成为巩固突触可塑性和传递神经元模式的候选神经活动模式。[16] 尖波涟漪的主要特点之一是其广泛的影响。在海马尖波涟漪大约 100 毫秒的时间窗中,大鼠 CA3—CA1—海马下托复合体—内嗅皮质回路上有 5 万～10 万个神经元共同放电,海马尖波涟漪也因此有资格成为大脑中同步化最高的网络模式——我实验室的一名博士后研究员詹姆斯·赫罗巴克(James Chrobak)正是这样称呼它的。这个数字占局部神经元总数的 5％～15％,比 θ 振荡中参与的神经元数目大一个数量级(图 12.1)。这个特性本身就使尖波涟漪有能力影响新皮质目标。尖波涟漪募集参与细胞的动力学过程受到各类中间神经元的精细控制。锥体细胞和特定的中间神经元集群都会在尖波涟漪期间增加动作电位输出,但随着兴奋性的增加,抑制性作用无法继续保持,因此,整个网络的兴奋性将增加 3～5 倍。[17]

346

　　群体兴奋性短暂但明显的增益为突触可塑性创建了有利条件。然而,如果尖波涟漪要能用于实现它的预期目的,它需要具有可解释的内容,而且这些内容应当是可修改的。当然,理解尖波涟漪的内容,是理解任何宏观场模式的一般需求,而且需要进行大规模神经元记录。该策略已被用于揭示单细胞水平的行为和 θ 振荡之间的关系(第 12 章),因此,此处我将对尖波涟漪采用同样的推理过程。

_____

　　① 因为这些模式看起来类似峰电位,因此它们也被称为"齿状回尖峰"(dentate spike)(Bragin et al.,1995b)。这些齿状回尖峰的细胞-突触机制和 γ 振荡的机制相同,只是因为这些活动单独出现,而且振幅更大,所以才将它们与更规则的多波形 γ 振荡区分开来。

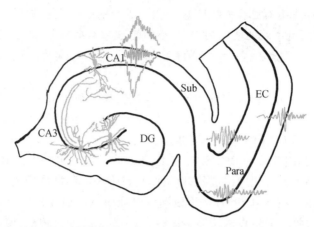

图 12.1　自组织的海马活动能够扩散到大片皮质区域。海马 CA3 内循环连接的兴奋性系统发生同步的群体性爆发式放电,从而使 CA1 内神经元发生去极化(反映为顶端树突层内的尖波)并产生短暂的快速振荡(胞体层中的涟漪)。和涟漪相关的强烈海马活动能够使下托(Sub)、旁下托(Para)和内嗅皮质(EC)内产生同样的群体性爆发式放电。经由这些结构,海马活动能够抵达新皮质内的广泛区域。在尖波涟漪中,神经元这种时间上"被压缩"的、依赖于经验的序列对于海马到皮质的信息传递过程或许相当关键。参考自 Buzsáki & Chrobak(2005)的文章。

通过经验改变自组织的海马模式

　　原则上讲,尖波涟漪期间的神经元活动以两种存在本质差异的方式发挥作用。第一种方式是:参与的神经元能够独立随机放电,从而擦除或平衡掉清醒大脑中特定活动导致的突触修饰作用。海马自组织系统又会变成崭新的"白板",从而每天早上都做好准备以迎接新的一天。当然,这种假想的擦除机制也应适用于探索性学习后的静止状态以及饮水和进食过程,毕竟尖波涟漪同样出现于这些完成行为(consummatory behavior)过程中。[18] 因此,尖波涟漪中发生的"嘈杂的"或随机的活动会干扰先前经验导致的突触修饰作用。第二种方式是:清醒大脑中使用过的和修改过的神经回路可以在非 θ 振荡行为中被重复回放,只是此时具有尖波涟漪的时间动力学过程。这种机制至少在 3 个不同方面发挥作用。第一,神经元对单个事件的表征能够被多次回放以协助巩固过程。第二,突触可塑性的分子机制具有多个阶段,包括暂时的局部突触修饰、向细胞核传递信号、基因转录,以及新合成的蛋白质与该突触(即引起这一级联反应的突触)相结合的过程。这个复杂的过程会持续数小时,在此期间,大鼠至少经历了一个睡眠周期(次昼夜节律)。目前我们还不清楚,这种涉及细胞核的多阶段分子过程如何选择性地回到先前被学习过程影响的突触上。尖波涟漪事件有选择性地重复激活相同的神经元和突触,这种作用对上述漫长的可塑性实现过程而言必不可少,因为这一过程中涉及的分子流

动仍被具有突触特异性的电学过程所引导。^① 尖波涟漪的第三种潜在作用是结合 **347**
各种不同的表征,即一种无意识关联过程。在尖波涟漪事件中活化的神经元数目
比单独的一个 θ 周期或任何其他相当的时间窗内的活化神经元数目都多,因此,在
清醒大脑中,以超过数百毫秒的间隔出现的表征可以被整合到突触可塑性的时间
尺度中。此外,在可塑性的关键时间窗内,还可以实现新近获得的信息与旧知识的
结合。^② 最后,这(将海马活动封装成短小的同步化脉冲)似乎是一种极为有效的
影响新皮质的方式。从这个角度来看,尖波涟漪或许是大脑内部进行海马-新皮质
间神经元信息传递的方式。尽管看起来混乱湍急,但海马尖波涟漪能够保持和回
放用于产生这种神经元活动的突触网络内部的信息。

　　不少实验都支持了上述假设。^③ 最关键的是,个体神经元并不是随机地参与
连续的尖波涟漪事件——一小部分锥体细胞参与多达 40％的连续性活动,而大多
数锥体细胞则保持静息,或者只是偶尔参与其中。尖波涟漪中活跃的神经元分布
不均等,这个特性在很大程度上类似于清醒动物体内海马锥体细胞的不同放电模
式,因此,我们面对的一个重要问题是:θ 振荡和尖波涟漪期间的放电模式是否彼
此相关? 通过对多个个体神经元进行大规模记录,亚利桑那大学的马修·威尔逊
(Matthew Wilson)和布鲁斯·麦克诺顿首次证明了这种相关关系。他们让大鼠进
行一项它们已经熟练掌握的行为学任务,并发现位置野之间存在重叠的锥体细胞
在随后的睡眠期间保持了两两配对的时间相关性,而空间或时间上不存在重叠的
位置细胞则很少在睡眠期间发生相关放电。不同实验室进行的其他研究已经证
实:在不变的环境中,多个睡眠—觉醒—睡眠周期中,神经元的放电率和放电时间
相关性保持不变,而且大多数相关的放电发生于尖波涟漪期间。如今,这一现象已 **348**
被研究人员广泛接受。^④ 然而,由于这些实验中没有新的学习行为发生,所以有人
可能会提出反驳意见,认为放电率相关性和成对激活模式反映的只是固有系统的
稳定性和海马神经元本身存在差异性的放电特征,而睡眠本身对于保存放电模式
而言并没有特殊的作用。

　　要给觉醒/睡眠相关性赋予因果关系,一种可能的方式是通过给予新的经验干
扰突触连接,并且检验后续尖波涟漪事件中随干扰而发生的改变。我实验室的佐

---

　　① 弗雷和莫里斯(Frey & Morris,1997)提出了突触标签(synaptic tag)假说以解释这一过程。被激活
的突触会触发局部蛋白质合成并产生一个持续时长很短的突触标签,该标签随后会吸引在整个细胞中运输
的基因表达产物。尖波涟漪的回放机制能够替代这种标签机制,也可能是两种机制共同发挥作用,从而确保
突触修饰的输入特异性。

　　② 海马尖波涟漪的结合特性或许可以解释我们在第 8 章中讨论过的问题,即睡眠为什么会增加创造力。

　　③ 关于经验对宏观睡眠模式的调节作用以及睡眠对行为表现的增强效用,可见第 9 章中的讨论。

　　④ 参见 Wilson & McNaughton(1994)、Skaggs & McNaughton(1996)的文章。帕夫利季斯和温森
(Pavlides & Winson,1989)率先在清醒和睡眠大鼠中观察已习得任务对应的神经元放电率的相关性。路易
和威尔逊(Louie & Wilson,2001)将这种对觉醒/睡眠阶段放电模式的观察扩展到了快速眼动睡眠期间。

尔坦·纳达斯蒂(Zoltán Nádasdy)和平濑一便从这一方式出发,展开了研究。和预期相符,如果将动物暴露于新的情境(例如给习惯的旧环境中增加跑轮或新的物体)中,那么在新情境中和随后的睡眠周期中放电的细胞集群结构会发生改变。让我们考虑 3 个不同的阶段:经历新环境之前的睡眠阶段、处于新环境中的阶段,以及经历新环境之后的睡眠阶段。在这 3 个阶段中,神经元放电的相关性在后两个阶段中比前两个阶段中更强。对共同激活的神经元对而言,新环境同样具有相似的影响。觉醒状态下具有高相关的神经元对在随后的睡眠阶段继续表现出高相关性。然而,在对新环境的探索阶段和探索前的睡眠阶段,个体神经元的放电仍保有部分相关性,这表明新环境并不会完全消除之前建立的神经元间的关系。

另一项分析结果更直接地支持了对学习后新形成的神经元模式的回放过程。这项分析比较了更为复杂的神经元序列,而不仅是神经元对的相关性。在第一次进行跑轮任务的大鼠中,研究者检测到了多个神经元具有精准时间安排的动作电位序列,在任务后的睡眠中的尖波涟漪活动期间,相同的神经元以相同的时间顺序重复放电,而在任务前的睡眠中则没有这一现象。如同根据尖波涟漪事件的动力学过程进行的预期一样,神经元峰电位在涟漪振荡波谷处以 5～6 毫秒的间隔出现。因此,和尖波涟漪相关的序列回放速度是压缩在单个 θ 周期内的细胞集群序列形成速度的两倍(第 11 章),这表明海马自组织系统在尖波涟漪期间的搜索速度比 θ 振荡期间更快。[1] 在另一个实验中,研究人员比较了动物在高架迷宫中运动时的动作电位序列和尖波涟漪复合体中的动作电位序列,发现了类似的序列重复现象(图 12.2)。

对这些实验结果的最简单解释是,特定的细胞集群会重复参与到发生在新环境中的学习过程中。细胞集群内成员之间和细胞集群之间的新型时间关系会改变 CA3 循环连接系统中的突触权重。而新形成的突触权重则会决定活动在海马巨大的突触空间内的传播。在第 11 章中我们讨论过,神经元招募遵循一条简单的规则——活动沿着有最大突触权重的路径传播。因此,在形成经验的过程中激活程度最高的细胞集群被最强的突触连接相连,成为自组织尖波涟漪事件的"爆发源头",随后是学习过程中激活程度逐渐降低的神经元。因此,尖波涟漪中神经元放电的时间间隔可以被视为神经元之间突触连接的强度的表现。另一项实验同样表明,如果人为地改变对特定神经元的突触输入,这些神经元在随后的尖波涟漪事件中的参与特性也会发生改变。[2]

---

[1] 参见 Nádasdy et al. (1999)、Hirase et al. (2001) 的文章。李和威尔逊(Lee & Wilson,2002)也发现尖波涟漪中的神经元序列和清醒状态下的序列有关。库德里莫奇等人(Kudrimoti et al.,1999)使用可解释方差(explained variance)的方法,发现和作为基线的先前睡眠阶段相比,进行了新体验后的睡眠阶段存在更强的相关性。

[2] 金等人(King et al.,1999)对尖波涟漪爆发和单细胞放电进行了赫布式配对,并以此增加神经元对尖波涟漪事件的参与性。

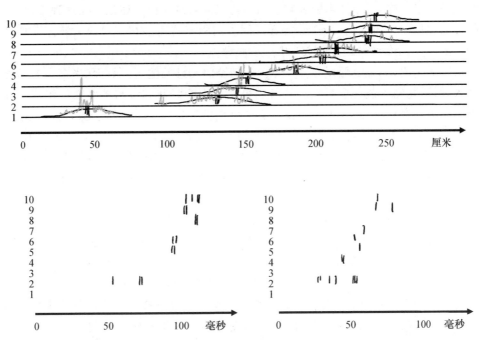

图 12.2　对习得神经元序列活动进行时间上压缩的回放。上图：在高出地面的轨道中，10个 CA1 位置单元的时空放电率变化。下图：相同单元在非快速眼动睡眠内两次尖波涟漪事件中放电模式的典型代表。请注意，尖波涟漪相关的动作电位序列和轨道上位置细胞的激活顺序之间高度相似。参考自 Lee & Wilson(2002)的文章。

新皮质和海马之间的暂时耦联

　　虽然上面讨论的实验都支持记忆巩固的"两阶段模型"，但它们都没有为关键问题提供直接线索——以尖波涟漪形式封装的海马细胞集群活动能否使新皮质内的突触回路发生改变？以及如果可以，这个作用如何实现？更进一步，在海马内的记忆向新皮质中更永久的记忆转移的过程中，这些细胞集群又是如何发挥作用的？目前为止，还有一个基本问题没有讨论——海马内尖波涟漪事件如何"得知"清醒过程中新皮质的哪个神经元被激活，即在离线状态时需要它进行修改的是哪个细胞集群？因为和尖波涟漪相关的 CA1、下托、内嗅皮质深层的细胞集群都能以大量分散分布的新皮质神经元为目标，因此要实现上述特异性修改，进行某些选择过程是必需的。一种假想的方案是"标记"出在进行新体验的过程中给海马提供输入的新皮质神经元，随后在尖波涟漪期间，海马-内嗅皮质的输出必须以某种方式重新抵达这些被标记的神经元。因为在慢波睡眠阶段，新皮质会产生自己的自组织模式(见第 7 章)，所以海马的输出可能经常遇到新皮质神经元的不应期，除非其间发生了某些协调过程。此外，尖波涟漪事件并不总是以同一细胞集群的活动开始，就像情景记忆一样,某个线索能够在该情景的任何片段内诱发回忆。在睡眠中,这些线索能够从新皮质到达海马,并能选择哪些细胞集群需要在特定的尖波涟漪事件中被激活。实验研究的结果支持了这一假设。

一般来说,尖波涟漪复合体的出现不需要海马外的输入。然而,当存在海马外输入时,这些输入或许会影响尖波涟漪事件出现的时间和参与神经元的组成。在第 7 章中我们讨论过,在上下转换过程中发生的新皮质活动通常会被触发的丘脑-皮质纺锤波放大。通过同时对新皮质和海马活动进行监测,研究人员发现和丘脑-皮质纺锤波相关的可兴奋性波动会可靠地影响海马尖波涟漪活动和细胞放电发生的时间,这与根据适当的新皮质-海马突触延迟做出的预期一致。[19] 在持续时间相对更长的新皮质睡眠纺锤波和插在其中的海马尖波涟漪共同发生的过程中,涌现出了具有精巧安排的时间结构。这个时间安排正是某种"征调"机制的另一个例子,这一机制具有潜在的作用——它可能提供了框架,从而能使大脑根据随后的场景对两个结构之间的信息传递进行协调。[①] 单个的睡眠纺锤波来自具有不同特征的丘脑-皮质神经元集群的活动,在连续的睡眠纺锤波事件中,其功率的空间分布变化便证明了这一点。特定新皮质细胞集群的输出能选择海马尖波涟漪事件的爆发源头。反过来,CA3—CA1—海马下托复合体—内嗅皮质回路内神经元偏好产生和尖波涟漪相关的动作电位,从而为它们的所有新皮质目标提供同步输出。然而,这种调节作用只针对一部分新皮质细胞集群——它们在睡眠纺锤波期间仍会放电,只有这些细胞的突触输入才受到调节。因此,海马输出的信息便在时间上被夹在睡眠纺锤波激活的新皮质神经元的周期性放电中了。这种睡眠纺锤波—尖波—睡眠纺锤波序列的时间特性促使了特定条件的形成。在这个条件下,借助依赖于动作电位发生时刻的可塑性,独特的新皮质向海马的输入以及海马向新皮质的输出会被选择性地调节。要直接证明这一假想机制,就需要记录海马和新皮质内细胞集群的活动,从而说明这两个脑区内的特定细胞集群产生于学习过程中,并且说明它们在时间上相互协调的出现会影响未来的行为。

通过多路复用振荡进行多重表征

当多个瞬时或持续性振荡同时出现于相同或不同的神经元集群中时,它们之间如何相互影响? 由于大脑中广泛存在不同频率的振荡,而且它们常常同时出现,因此这是一个相当关键的问题。然而,到目前为止,关注振荡跨频率耦联问题的研

---

① 海马和新皮质之间存在振荡耦联。通过躯体感觉皮质(第 5 层)内局部场活动的一个片段,以及过滤后的海马尖波涟漪(用更快的时间尺度表示单个尖波涟漪事件)可以看出这种关系。在小鼠平均海马尖波涟漪触发的新皮质活动频谱中,δ 振荡和睡眠纺锤波(10～18 赫兹)频带内振荡功率和海马尖波涟漪之间的相关性增强。慢波振荡(0.1 赫兹)对新皮质内睡眠纺锤波和 δ 振荡以及海马尖波涟漪活动具有辅助调节作用(Sirota et al.,2003)。

究还相对较少。最常见的情形是不同振荡共同出现或辅助调节。举个普通但有说服力的例子：皮质上升状态和 γ 振荡之间的时间相关性。形成 γ 振荡的一个必要条件是皮质内中间神经元的充分活跃（第 9 章），而只有在上升状态，这个条件才能得到满足。在下沉状态时，所有类型的神经元都处于静息状态，因而缺乏这一产生 γ 振荡的条件。在未使用药物作用的大脑中，γ 振荡既可以出现在清醒阶段，也可以出现在睡眠阶段，尽管不同阶段内振荡波形的变异和功率存在很大差异。海马 γ 振荡和 θ 振荡之间的耦联尤其引人注意：尽管 γ 振荡可以存在于所有状态中，但在进行 θ 振荡相关的行为时，γ 振荡具有更高的功率和更规则的特性。[1] 就海马中 θ 振荡和 γ 振荡之间的关系而言，除了平行共变之外，我实验室的阿纳托尔·布拉金还发现 γ 振荡的功率随 θ 周期的变化而呈现动态变化。在随后的实验中，我们在内嗅皮质和新皮质中同样发现了相似的关系。[20]

更慢的振荡对 γ 振荡的相位调制相当重要，这是因为细胞集群内嵌于 γ 振荡当中——这一点曾在第 6 章和第 11 章中讨论过。因此，在连续的慢波周期中，较慢的载波能够用于组装和分离细胞集群。每个 θ 周期都能承载 7～9 个 γ 周期。根据在大鼠研究上的发现，来自美国马萨诸塞州波士顿布兰迪斯大学的约翰·利斯曼提出，对人类而言，内嵌的 γ 振荡能被用于在工作记忆中同时维持数个项目。在连续的 γ 周期中有 7～9 个项目复用，借此，θ 周期能够定义记忆的容量。利斯曼认为每个 γ 周期内的神经元放电都由固有的细胞膜活动维持，而且其模式在工作记忆开始运行时就立即被建立。尽管目前还没有对这些假想机制的直接支持，但利斯曼这个短时记忆的时间多路复用模型主要的创新之处在于它不需要回传式通路。[21] 对这一假说的间接支持来自在人类被试中进行的实验。这些实验表明，记忆扫描的持续时长随记忆集的增大而增加，对应到每个"要被记住的"（to be remembered）项目上大约需要 25 毫秒。因此，借助 γ-θ 多路复用模型能够存储的项目数恰好和心理学研究测量出的工作记忆容量"7(±2)"相仿。[2] 在第 11 章中我们讨论过，这种多路复用机制或许同样被用于给情景记忆提供时空情境。与之相似，前额叶 θ 振荡中内嵌的 γ 振荡可以作为短时记忆的缓冲器。因此，通过前额叶 θ 振荡对 γ 振荡的相位调制作用，多路复用机制能够用于在短时记忆和情景记忆之间建立生理学关联。

353

---

[1]　通过振荡相位调制实现多路复用的过程现已较为清晰。大鼠内嗅皮质多位点同时记录的结果显示，较慢的 θ 振荡和较快的 γ 振荡通过滤波过程进行分离，其中，γ 振荡的振幅受到强烈的 θ 相位调制作用（Chrobak & Buzsáki，1998）。此外，内嵌的 γ 振荡可以用于对细胞集群进行分组。例如，在随后的 θ 周期内，从 A 到 G 重复细胞集群序列，这一过程能够将信息暂存在工作记忆中，而改变随后 θ 周期内的细胞集群序列则能够表示情景记忆（Lisman & Idiart，1995）。

[2]　组块是一种记忆技巧，是将项目进行组装打包从而增加记忆容量的过程（Miller，1956；Sternberg，1966）。

除了在睡眠的上升阶段和自由探索的大鼠海马中的 θ 振荡,人类新皮质内的 α 振荡同样会调节 γ 振荡的功率,而它们的耦联或许参与了知觉功能的实现过程。[22] 然而,由于 α 振荡的速度更快,所以存储项目的数量更少——每个 α 周期内有 4～5 个内嵌的细胞集群,这构成了它的容量限制。有趣的是,尽管生理学和行为过程之间的因果关联仍未建立,但这个数值恰好和一种知觉现象相符——根据心理物理学研究,人们一眼就能感知的物体数目也是 4～5 个。经典的观察结果进一步支持了这一假定关系,这些结果发现反应时直方图表现出 25 毫秒和 100 毫秒的周期性,分别对应 γ 周期和 α 周期。事实上,γ 周期或许是视觉和躯体感觉系统时间分辨率上限的生理度量。当时钟指示的时间一致时施加给手和脚的刺激被知觉为同时的刺激,虽然它们的诱发反应之间相差 10～20 毫秒——这是因为从脚传入的感觉需要更长的轴突传导延迟,但由于这一延迟比 γ 周期时长短,所以这两个事件就被知觉为同时发生的了。[23]

不同频率的两个或多个振荡之间的相互关联不仅可以通过对更快的信号进行功率调制来实现,还可以借助不同振荡之间的相位耦联。人们发现,在进行心算任务的过程中会发生 α 振荡和 γ 振荡之间的跨频率相位同步。以人类为被试进行的实验支持了这种相位耦联机制具有潜在的行为学关联,这些实验发现,任务负荷和相位同步的幅度之间存在正相关。[24]

振荡耦联的其他可能

如第 6 章中所述,使相同频率或不同频率的振荡之间实现同步的机制有很多。某个占空比能否使后续的生理振荡事件发生同步(或锁相),这个问题的答案主要取决于功能性连接的强度和后续振荡的相位动力学。随机的输入不能让振荡的目标发生同步,而具有不同相位动力学过程的输入能对目标振荡产生可预测的影响。两个频率几乎相同的振荡之间能够彼此交流,这是因为其中一个的相位(时间过程)对另一个的相位敏感。我们已经讨论过某些简单的例子,例如相互连接的 γ 振荡之间的一对一耦联。我们还说明了最小频率差导致的结果——它能够引起系统性相位进动或相位延迟。这是因为每次扰动都会对振荡产生持久的影响,所以随后的效应通常都是累积的,从而导致系统性驱动效应。另一个简单的例子是一对二耦联,即二倍频耦联。事实上,锁相现象能够发生于任意两个或多个振荡周期具有整倍数关系的振荡中。原则上讲,频率耦联几乎有无限多种可能的组合,但是只有有限数量的振荡类型能同时出现于相同的神经元基底中,因此,这严格地限制了可能的组合数。① 有些

---

① 在音乐中,振荡耦联的组合同样受到限制。人们一再声称,音乐其实就是数字。巴赫在他的管风琴赋格曲中使用了各种形式的数学模式,如斐波那契数列(1、1、2、3、5、8……,其中每个数字都是前两个数字的和)。贝拉·巴托克(Béla Bartók)也认为存在悦耳的数字逻辑(Lendvai, 1971)。

组合能够相互促进,而另一些则会相互抵消。[25] 到目前为止,大脑中只有很少一部分振荡组合得到了研究和理解。在这些组合中,有一种现象被称为"去同步化",很多研究都关注这一现象,但我们对这一现象的了解却相当有限。通常情况下,该术语是指当刺激呈现时,头皮记录到的信号中 α 振荡减少的现象。然而对 γ 振荡而言,刺激往往会导致它们的出现或增强,这或许是 α 振荡功率降低的原因。较慢的节律在高频振荡下会发生湮灭,对这一现象的最佳示例莫过于通过持续高频刺激丘脑底核而减少帕金森震颤——虽然这个过程是人为实现的。[①]

解释频率相同但来自不同结构(如海马和新皮质)的振荡之间的耦联具有挑战性,因为对源自不同物理基质但具有相似宏观表现的振荡而言,即使施加完全相同的干扰,也会导致不同的结果。两种或更多种频率的振荡之间的耦联会产生复杂的群体行为和同步性包络。因为这种复合包络振荡能够产生高维模式,因此,对编码信息而言它们相当有用。[②]

研究振荡耦联机制的主要动机之一是借助这些理解来描述感兴趣脑区之间功能连接的方向和强度。然而,针对由多个相互作用的振荡形成的振荡网络,目前还没有通用的数学或计算理论,因此,仅基于测量的场活动对功能连接或有效连通性进行预测仍只是一种推测。所有已知的模型都只针对特殊的情形,而且可能是其中最简单的情形。不过,无论具体机制如何,振荡都倾向于发生暂时的或长时间的同步,并借此影响神经元活动。因此,声称理解大脑中神经网络和系统的必要条件之一是理解振荡耦联的性质,这一说法也许并不夸张。

355

本 章 总 结

对信号的自上而下加工和自下而上加工只是抽象概念,在大脑网络中,并没有实际上的"顶层"这种结构,因为任何层级中的活动都能被向上或向下传递给其他层级。某一特定计算过程的终止由时间决定,终止的典型标志是活动的抑制,而不是某些明确界定的解剖学边界。对信息进行振荡封装能够定义传输信息的长度,这一机制还允许不同解剖区域之间进行有效的信息交换。不同区域之间的信息可以通过受迫振荡、共振回路或瞬时振荡耦联进行交换。在人类大脑皮质表面、大脑深部以及硬膜下进行的电极记录研究都描述了记忆任务中增强的 θ 振荡功率。只有测试中被成功提取的项目才会在练习阶段("编码"过程)内特异性地表现出更强的 θ 振荡功率。然而,在多个皮质位点观察到的增强的 θ 振荡之间很少彼此相干,

---

[①]　关于深部脑刺激的可能机制的综述可阅读 Garcia et al. (2005) 的文章。深入理解振荡过程有助于制订更合理的脑刺激治疗方案,并能产生更有效的治疗方法。

[②]　弗里斯顿(Friston,2000)将不同频率的跨区域耦联称为"异步性"(asynchronous),他论证这一过程重要性的主要论点在于,不同频率之间的耦联具有非线性特征,而非相同频带内的"简单"线性配对。也可参见 Bressler & Kelso(2001) 的文章。

它们也很少和海马内同时增强的 θ 振荡相干。海马和新皮质位点处的振荡缺乏持续性同步的一种可能解释是：在特定的新皮质位点处，会发生具有独特组织方式的短暂振荡，而学习和提取阶段中的每个项目都涉及这类振荡的不同子集。为支持这一假设，在啮齿动物中，各个异源皮质和新皮质区域内的神经元暂时和海马振荡锁相。这种皮质细胞集群和海马 θ 振荡之间的远距离瞬时协同作用的优势在于，细胞集群的信息能够在海马处于最佳接收状态（即对干扰敏感）的时段（相位）抵达海马。这种暂时指定的征调机制是选择输入的一种极其有效的方案。

356　　当大脑脱离环境（处于"离线"状态）时，海马和新皮质之间仍会继续进行信息交换，不过此时交换的时间尺度不同。即使没有新皮质输入，海马也能产生自组织模式。同步性最高的群体活动来自 CA3 回返性侧支系统，它会使其目标回路（CA1—下托—旁下托—内嗅皮质输出回路）发生短暂的快速振荡，这种振荡被称为尖波涟漪复合体。这些振荡的部分内容反映了先前清醒阶段时被激活的神经元的活动。借助尖波涟漪的时间压缩机制，最近获得的信息能够和提取的旧知识在可塑性关键时间窗内相结合。单个海马尖波涟漪的神经元组成都会受到丘脑-皮质纺锤波的影响而产生倾向性。因为每个睡眠纺锤波都来自独特的丘脑-皮质神经元集群的活动，所以同步的海马输出能选择性地针对放电的新皮质神经元，这是由于压缩的海马信息在时间上被夹在睡眠纺锤波激活的新皮质神经元的周期性放电之间。

　　在大脑的不同部位存在多重振荡，它们无处不在，而且同时出现，这种现象时常导致暂时的跨频率耦联或慢速振荡对快速振荡功率的相位调制作用。这样的耦联机制中有两类得到了广泛的研究，它们分别是 θ 振荡和 α 振荡对 γ 振荡的调制作用。在这两种情形下，内嵌的 γ 振荡周期始终一致地短暂出现，这或许是用于维持工作记忆容量或知觉功能的多路复用机制。尽管不同振荡之间的瞬时耦联很少被研究，但对于编码神经元信息而言，这些复合包络振荡或许十分有用，这是因为它们能够产生高维模式。然而，尽管这一现象开始变得有趣，但目前我们也只能讲到这里，因为我们对多个振荡耦联机制的理解还非常不足。

第 13 章

棘手的问题

本章其他注释

知识不是一系列趋于同一理想观点的自恰理论,它是由大量互不相容(可能甚至无法比较)的可能性组成的海洋,而且其体量还在不断增大。在这一充满了相互对立知识的海洋中,每一种理论、每一篇童话、每一部神话都在驱使其他理论、童话、神话共同形成更宏大的表述。通过这一竞争过程,所有的知识都对我们观念的发展有所贡献。

——保罗·费耶阿本德

位于美国纽约市的花旗集团中心(Citicorp Center)是一栋有流畅造型的 59 层建筑,它是纽约市历史上最大胆的工程设计之一。该建筑的基底是 4 根粗大的立柱,它们并不位于建筑的四角,而是位于每一边的中心。这样的设计使大楼的西北角得以悬在圣彼得路德教堂(St. Peter's Lutheran Church)之上。但建筑要实现灵巧和美观是需要付出代价的。摩天大楼往往会在强风中或在地震产生的地震波中摆动,以各种形式产生振荡——具体的形式取决于风向和地面运动的作用。这种振荡可能会对建筑造成破坏,也可能只是让在建筑里工作的人不安。鉴于几乎不可能建造不具有共振特性的建筑,因此,建造能够产生振荡并提供足够衰减作用的轻型结构建筑便是更易行的方案了。为了弥补这些摆动的不良影响,花旗集团中心的首席结构工程师威廉·勒梅热勒(William LeMessurier)设计了一种被称为调谐质量阻尼器(tuned mass damper)的装置来调节高层建筑的摆动。这一阻尼装置位于建筑顶部,它包含一个 400 吨的混凝土块,这个混凝土块能够在一个装满油的钢铁容器中滑动。阻尼装置的运动可以用于平衡建筑的摆动,这有效地减弱了有害的建筑振荡。[1]

高层建筑、桥梁以及其他许多人造物都具有振荡和共振特性,但这些特性很少具有专门的目的,甚至大多数是完全对功能有害的。一些日常生活中的例子将一个棘手的问题摆在了我们面前——振荡是在"设计"大脑时就考虑到的必要组成吗?又或者它们只是神经元和神经元网络中无处不在的对立驱力产生的无法避免的副产品?我在这本书中致力于使读者相信大脑中的振荡具有有用的功能,如果不能理解这些神经振荡,我们就无法完全理解大脑。然而,要给上述问题一个明确的答案是相当困难的,因此我将对该问题的讨论拖到了全书最后。此外,我还说自然演化利用了振荡的优点之一——轻易在多个时空尺度上实现同步化。然而,我还是没有涉及另一个棘手的问题:振荡是不是最复杂的大脑功能出现的必要条件?在关于意识的争辩中,振荡和复杂系统被广为讨论,因此,在一本关于神经振荡的书的最后,我认为我有必要谈谈这一备受争议的话题。[2] 下面我将谈到我的一些想法,但我不会假装自己给出的是针对这些复杂问题的正确解答。

如果大脑中没有振荡

之前章节中讨论的大部分实验都研究的是某些(外显的和内隐的)行为与神经振荡之间的相关性,然而,仅以相关性作为某种功能的支持性证据通常是不具有说服力的。大致来说,存在两类反驳神经振荡的理由。第一类:"我自己在实验中没有观察到神经振荡,因此,它们是不存在的,至少不是必不可少的。"第二类:"我进行的干预操作消除了神经振荡,但并没有影响行为表现。"这些反对意见相对比较容易被基于逻辑的推理驳回,例如,缺乏明显的迹象(没有观察到)并不足以否认神经振荡的存在,研究者需要进行更仔细的观察,并使用具有更高分辨率的方法。此外,研究中对神经振荡的消除可能并不彻底,也可能是观察的行为并不依赖于所研究的神经网络。而支持神经振荡重要性的论据同样脆弱。通常用于支持振荡的论据也有两类。第一类:"在我的实验中,特定的行为总是伴随着某种振荡的出现。"第二类:"每当我对神经振荡进行干预时,表现出的行为总是会受到影响。"这些论点也很容易被反驳。第一,相关性不代表因果关系。第二,所做的干预可能并没有足够的选择性,行为表现受到的影响可能不是来自对振荡的干预,而是来自干扰带来的某些多余且未被观察到的副作用。[①]

要为神经振荡在大脑计算和功能当中的关键作用提供明确证据,需要进行的决定性测验是有选择性地去除这些振荡,并检验在完全没有通过振荡实现的时间安排后还剩下什么。然而,由于我在先前章节中讨论过的原因,这一测验无法以纯粹的形

---

① 当然,科学假设或理论是无法被证实的。和数学中一样,只有在知晓规则的前提下才能提供证明,但科学的规则是未知的。在科学研究中,人们建构出假设和理论来推测可能的规则,好的理论不是被证实的,而是还未被更普遍的理论所取代的。

式实现。在此,我会简要重述这些论点。大脑中的大多数神经振荡都不是由独立的起搏器驱动的,它们来自非振荡性的大脑组织或神经元。即使存在可识别的起搏器,它通常也会内嵌于巨大的网络中,并且和产生振荡的神经元之间存在复杂的反馈作用。因此,神经振荡不是某些独立的功能或组织结构的产物,我们不可能在保持大脑其他部分不变的条件下物理性地移除或选择性地操控这些组织。事实上,寻求选择性去除振荡的做法在逻辑上是荒唐的。振荡是涌现出的性质,也就是说,它反映的是某一会反过来影响其组成部分的序参量。因此,如果不从根本上干扰其组成部分的基本属性,就没有什么"额外的东西"能够被去除。和单个神经元不同,振荡和其他涌现出的集体模式并没有能够被药物或其他方式影响的"受体"。如果要有选择性地去除某种神经振荡,那么所涉及神经元集群中的膜通道、突触、个体神经元的放电模式或它们之间的时间关系都需要发生改变。[3] 寻找选择性去除某一序参量这一做法的问题在于,涌现行为(如振荡)的组成部分和整体之间存在循环因果关系。

由于进行这样决定性的测验相当困难,因此,自然就产生了一个困扰很多人的问题——没有神经振荡的大脑还能不能正常工作呢? 原则上讲,这个问题的答案是肯定的——只要神经元集群可以通过某些其他机制在恰当的时间尺度上产生同步。也就是说,同步的节律性可能并不是关键。正如在第 5 章中讨论过的,从原则上说,只要存在其他机制能够在各个层次的计算中实现必要的时间协调,那么即使没有通过振荡进行时间安排的过程,计算机、电视等其他装置同样可以运行。如果能够通过某些非节律性的方式实现时间安排,那么同样的大脑硬件结构就能实现所有的功能。然而,这一假想的大脑需要解决一些其他问题。第一,它必须能消除或通过随机平衡所有组成神经元和神经元连接的时间常数,因为这些常数是振荡的自然来源。第二,它必须能消除相反驱力(例如兴奋性作用和抑制性作用、离子内流和外流过程)之间的平衡状态,因为这些相反驱力同样能产生振荡。又或者,这样的大脑应能采用特殊的机制消除产生的各种振荡。此外,要从大脑中消除振荡,还需要引入其他机制以追踪时间。也就是说,要避免振荡和它们对神经元集群行为的影响,比利用借助同步化自然产生的振荡行为要复杂得多。振荡在不同体积的大脑中普遍存在,因此,我们预期自然演化会利用这种固有特征。节律性振荡是由大脑基础运行之间的相反驱力自然地产生的,而且可以轻易实现同步化和时序安排。只有从演化的角度出发,才有可能理解神经振荡的效用,而且演化论的论点同样表明,对于由简单到复杂的各个层级大脑功能而言,振荡都具有关键作用,其中,振荡同样会影响大脑运算的主观特征——意识。

360

意识：没有准确定义的大脑功能

日常的眨眼(blink)和眨眼示意(wink)之间有什么差别? 最直接的答案是在眨眼示意时你必须意识到你在这么做,而日常的眨眼只是简单的反射。陈述性记忆和非陈述性记忆之间又有什么差别？答案是我们能够意识到自己的陈述性记忆，因此我们可以有意识地回忆并叙述这些记忆，而非陈述性记忆则不能进行这样的操作。当然，这些答案的解释力取决于我们对"意识"一词的理解，这个词应当能够明确区分陈述性与非陈述性、主动和自发的过程。意识是认知神经科学的支柱，或许也是最广为使用的对心理现象进行分类的解释工具。然而，这一经常使用的词语甚至没有明确的定义。它究竟指的是一种产物、一种过程，还是一件事物？甚至连关于意识的理论究竟是什么样的也没有达成广泛共识。[4]

361
　　虽然对哲学家、麻醉师、神经科学家而言，意识的定义各不相同，但列出其中某些定义或许仍有所帮助。卡尔·萨根（Carl Sagan）有一句名言："关于大脑，我的基本前提是，它的工作——有时被我们称为'心智'——是其解剖和生理机能的结果，仅此而已。"这句名言充分例证了简化论观点。[5]本质上讲，这一论点和与之类似的陈述都认为意识行为是大脑活动的直接产物。然而，这些论点都不足以解释这样一个复杂的问题——为什么我们能意识到某些大脑行为，却意识不到其他的大脑行为？换句话说，为什么某些神经表征能被转化为心理表征，而其他的却不行？[①]萨根的还原论定义还忽略了另一个问题——大脑既是身体的一部分，也处于整个环境当中，那么单独的大脑究竟有没有意识？[②]神经科学家 E. 罗伊·约翰给意识进行了如下定义：

> 　　（意识是）一个过程，在这个过程中，与多种独立感觉和知觉模态有关的信息被结合起来，形成统一的多维表征，以表征系统的状态及其所处的环境，并且这一表征还会和关于记忆和生物体需求的信息相结合，产生情绪反应，并计划行动，从而使有机体适应环境。[6]

　　这种基于情境的定义具有的优点是它不具有排他性，它可以包含各种问题，例如某些动物是否有和人类相似的意识体验。威斯康星大学麦迪逊分校的朱利奥·托诺尼在信息论的背景下对意识进行了定义：大脑整合和区分信息的能力与意识的总量相对应。[7]和这些概念性的定义相反，笛卡儿二元论的观点认为意识是某种物质，它独立于大脑或其他物质而存在。

---

①　意识研究的硬核问题在于感觉是如何产生的。其他的问题与之相比都被认为是"容易的"或可回答的，因为它们都能够借助神经机制加以解释（Chalmers，1996）。
②　按照一般的说法，意识是指保持清醒，并能对周围环境做出反应。"consciousness"一词来源于拉丁语"con"（表示"关于，共同"）和"scio"（表示"知道"），所以这个词语的本意是"我们知道的东西"。然而，在很多语言中该词的意思是"共享的知识"，指根据他人对输出的反应而对大脑输出进行的校准（Szirmai & Kamondi，2006）。普拉姆和波斯纳（Plum & Posner，1980）将意识定义为"对自我和环境的觉知状态"（第242页）。这一医学定义只是把问题转移到另一个无法解释的词语——"觉知"上了。面对客观定义的困难，通常人们采取的态度是将意识的意义视为理所当然（"你要是问什么是爵士乐，伙计，你永远不会知道。"——路易斯·阿姆斯特朗）或是忽略这个问题（"你要是无法解释它，那就否认它。"）。

由于提供客观的定义相当困难,因此另一种研究方法是关注大脑的哪些系统参与了通常被认为是有意识的行为过程,又是什么将这些系统与其他不支持意识的系统区分开来的。例如,与其要区分陈述性记忆和非陈述性记忆,我们不如按照是否主要依赖特殊大脑结构的功能来对经验进行分类(例如依赖海马的记忆)。下面我将遵循这一方法,提出如下观点——产生主观意识体验的大脑系统需要特殊的解剖学连接以及一类哺乳动物皮质中特有的特殊振荡。我的目标不是选择支持意识定义之争中的哪一方,而是建立不同演化谱系和它们性能约束条件的结构,并说服读者这种方法是可行的。

没有感觉的网络

目前我们已经讨论过两类完全不同的解剖学"设计"原则,它们具有不同的功能性作用:海马内相对随机的连接非常适合于存储和回忆时空情境中的任意事件;而新皮质的可扩展小世界样结构能够有效处理环境的统计学规律,结合或绑定各种特征,并进行基于复杂特征(如网络的先前经验和受到环境输入影响的当前状态)的计算决策。人们普遍认为新皮质对意识必不可少,而海马支持的情景记忆则产生个体感。皮质运作的本质在于,无论皮质局部发生了何种计算,由于中等长度和远距离连接以及振荡耦联机制的存在,其他皮质部位都会获知这一局部计算过程。反之,大片皮质区域内的自组织(自发性)活动会永久影响局部加工外界输入的性质。换句话说,大脑皮质内的计算是整体性的。

复杂的新皮质连接支持其复杂的(符合 $1/f$ 统计学)自组织网络模式,这是本书的一个主要观点,因此,研究其他按照不同演化路径发展而来的不支持 $1/f$ 型自组织规律的结构同样具有指导意义。而小脑和基底神经节就是这样的其他结构的两个典型例子。[①] 比较这两个结构和新皮质组织的另一个原因在于,即使小脑或基底神经节完全损伤,意识也不会消失。

小脑回路的组织

小脑的细胞数和小脑以外其他脑组织内细胞数的总和差不多相同,但它只占人类颅腔不到 10% 的体积。小脑之所以能这么高效节省地利用空间,是因为这一结构以相对独立的方式组织。它接受的主要输入来自大脑皮质、基底神经节、网状系统和脊髓神经束,其中,脊髓输入包含来自肌梭、肌腱、关节的感觉输入。通过这些输入,小脑持续地对骨骼肌活动进行监控,同时将这些信息传递给大脑内控制这些肌肉的区域。这就使得人们可以用很快的速度执行熟练动作,其速度比"意识"

① 保罗·麦克莱恩认为爬行脑/古皮质(包含嗅球、脑干、中脑、小脑和基底神经节;MacLean,1990)的特点是缺乏智力和主观性,而且也没有时间感和空间感。

感觉系统控制的运动快得多。[①] 这些计算是在小脑前叶和后叶中进行的,小脑中更古老的绒球小结叶则主要和前庭功能(如身体姿势和眼球运动)有关。由于存在浅裂,小脑皮质的表面积增大,而且形成了多个小脑叶,然而,其中并没有胼胝体、中等距离或远距离连接,也没有其他占据大量空间的连接。此外,小脑内并没有像新皮质中的布罗德曼分区那样能够证明细胞结构分类的明显区域性差异。不同于大脑皮质,小脑不是哺乳动物所特有的,所有的脊椎动物都有在系统发生学上同源的高度保守的小脑结构,它一直发挥相同的功能。[②]

小脑皮质内的计算由 4 种类型的 γ-氨基丁酸能抑制性细胞(浦肯野细胞、篮状细胞、星状细胞、高尔基细胞)和兴奋性颗粒细胞共同实现。[③] 浦肯野细胞是小脑内主要进行计算工作的神经元,它和大脑内的锥体细胞有很多不同之处。人类的

364 小脑中有大约 1500 万个浦肯野细胞。浦肯野细胞的大量树突分支结构是脑细胞中最复杂的,然而,皮质锥体细胞的树突树是圆柱状的,而且和其附近上千个锥体细胞的树突相互重叠,与之不同,浦肯野细胞的树突树是扁平的,它们的树突也几乎不会互相接触。这样的组织形式使得每个浦肯野细胞都具有最大的自主性。

小脑皮质内谷氨酸能兴奋性作用的主要来源是体积小、数量多的颗粒细胞,它们密集地排布于浦肯野细胞的胞体下方。小脑中颗粒细胞的数目(10^{11} 数量级)比新皮质中所有神经元加起来的数目还多,然而,它们的树突很小,只接受 3～5 个苔藓纤维(mossy fiber)传入的信息,这些苔藓纤维主要来自脑干。小脑中剩下的 3 类神经元数量都比较少。篮状细胞和浦肯野细胞的胞体相连,星状细胞则抑制浦肯野细胞的树突。最后,第五类细胞——高尔基细胞,则抑制颗粒细胞。

小脑的基本回路可以被分为 3 组和大脑其他部分相连的回路。短回路包含来自脑干的苔藓纤维,它们支配小脑深部核团,这些核团的输出主要影响参与运动控

365 制的结构。[8] 另外两条较长的回路包含小脑皮质,而且更为复杂。除了小脑深部核团之外,苔藓纤维的侧支也连接着上千个颗粒细胞,颗粒细胞的轴突随后投射到小脑皮质分子层外侧,在那里有浦肯野细胞的树突。在分子层外侧,这些颗粒细胞发出的轴突分叉并形成纤维束,这些纤维束平行于小脑皮质表面,垂直于浦肯野细胞

---

① 举个例子,格伦·古尔德(Glenn Gould)在 1955 年录制了巴赫的《哥德堡变奏曲》,他手指运动的速度极快,而手指几乎不可能在如此高的速度下以如此完美计算的时间精度进行运动。运动练习或许能够将长段的动作序列分割成不需要详细感觉反馈的"弹道样"动作。

② 贝尔(Bell,2002)对小脑演化进行了简短的综述。要全面了解小脑,可以阅读埃克尔斯等人(Eccles et al.,1967)的经典文献。虽然新小脑皮质内存在回路接收新小脑非运动区的信息,并向这些非运动区发出投射,而且这些回路可能也支持非运动相关的功能,但这些回路中计算的特征很可能在不同物种间保持一致。

③ 小脑组织及内部回路显示小脑是由多个不相互通信的并行回路组成的。浦肯野细胞彼此并行排列,具有巨大的树突树,但树突之间很少重叠。抑制性回路和苔藓纤维—深层小脑组成的兴奋性回路相互补充。短回路是一条包含爬行纤维(climbing fiber)—浦肯野细胞—深部核团的前馈回路,而长回路则包含苔藓纤维—颗粒细胞—浦肯野细胞—深部核团。

扁平的树突树,被称为"平行纤维"(parallel fiber)。平行纤维很细,也没有髓鞘包被,每根平行纤维会穿过约 500 个浦肯野细胞,而每个浦肯野细胞会接收来自大约 20 万条平行纤维的信息。这种排布模式是为了将输入分散到较大的突触空间中,以便进行精细计算。我们同样需要大量聚合在一起的颗粒细胞,使作为它们目标的浦肯野细胞达到放电阈值。随后,达到阈值的浦肯野细胞会输出动作电位,抑制小脑深部核团。因此,这条苔藓纤维—颗粒细胞—浦肯野细胞回路是叠加在短回路上的前馈抑制性回路。

　　另一条前馈抑制性回路是一条"捷径",它起源于脑干下橄榄核(inferior olivary nucleus),绕过颗粒细胞,直接终止于浦肯野细胞层。[9] 这条回路上的纤维被称为"爬行纤维",每一条爬行纤维都只支配一个浦肯野细胞,但它们和目标浦肯野细胞之间存在多个接触位点,因此,爬行纤维中传递的动作电位可以引起浦肯野细胞的爆发式放电。简而言之,小脑皮质的标准回路是两条并行的前馈抑制性回路,它们会给小脑深部核团的输出施加不同但精细的控制作用。[10] 这种解剖结构表明,和平行纤维范围大致对应的小脑模块负责在局部处理输入的信息,而且这期间它们不需要和小脑的其他部分进行关于局部计算信息的交流。

基底神经节回路的组织

　　另一个附属于脑干-丘脑-皮质系统的主要回路涉及基底神经节。和小脑回路一样,皮质—基底神经节—丘脑皮质回路主要由抑制性过程组成(图 13.1)。传递步骤之间的投射主要依据拓扑地形学,这为大脑的计算提供了两种可能的方式。第一种可能的方式是可重入回路(reentrant loop)的形式,例如,在灵长类动物运动皮质中,辅助运动区 1 和额叶眼动区分别将输入信息发送给基底神经节和丘脑,在回到产生它们的皮质细胞群之前,这些回路之间一直保持彼此分离。第二种可能的方式是神经活动在整个回路中"螺旋式"传输,从而能将回复的信息传递到不同于其源头的地方。无论是上述哪一种可能,不同回路的成员之间几乎不会进行整合——这是并行加工的另一个例子。并行加工不需要周期性的兴奋性作用或远距离连接,但需要注意的是,此时不会发生整合计算,因为信息只在局部回路中分享。

　　"基底神经节"这一名词是对多个结构的统称,包含序列连接的纹状体、苍白球外部区(external pallidum),以及苍白球内部区(即啮齿类动物的脚内核)或黑质网状部。这些巨大的灰质团块相当特殊,因为它们当中的几乎所有神经元都使用 γ-氨基丁酸作为神经递质。除了皮质以外,苍白球和黑质主要接收来自丘脑底核的谷氨酸能兴奋性输入。丘脑底核和其他很多区域间都存在纤维连接,是一个枢纽性结构,它和苍白球与黑质之间存在双向连接。此外,位于中线的丘脑核和丘脑板内核会提供进一步的兴奋性作用,而且腹侧丘脑核团和小脑之间也存在连接,从而将基底神经节和小脑相连。

366

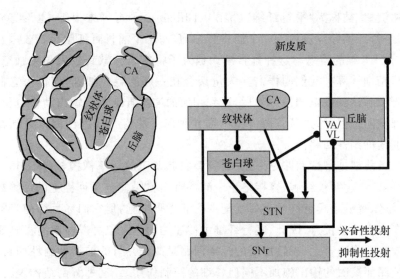

图 13.1 基底神经节的抑制性回路。左图：人脑水平切面上基底神经节主要结构的位置，图中包括尾状核（CA）、壳核和苍白球组成的纹状体。右图：基底神经节的主要纤维连接。主要由抑制性连接组成的多个回路集中到相对较小的丘脑腹前核和腹外侧核（VA/VL），影响皮质—丘脑—皮质回路信息交流。这些回路包含新皮质—纹状体—苍白球回路、新皮质—纹状体—黑质下网状部（SNr）回路、新皮质—丘脑底核（STN）—苍白球回路、新皮质—丘脑底核—黑质下网状部回路。

367 　　纹状体接收的主要兴奋性输入来自新皮质和异源皮质。在纹状体内，超过95％的神经元都属于同一种类，它们被称为"中型多棘神经元"（medium spiny neuron），其中，棘用于接收皮质输入和丘脑输入，树突只用于接收丘脑输入。这些神经元的轴突在局部分叉，形成树枝状结构，覆盖直径为数百微米的区域。随后，它们的投射性轴突向外投射到苍白球外部区或黑质。在这些投射神经元之外，纹状体内还有两类细胞——同样起抑制性作用的篮状细胞样中间神经元和巨大的胆碱能神经元，这两类细胞和主要的中型多棘神经元之间存在相互连接。这3种主要的细胞类型组成了纹状体的计算回路。它们之间的相互作用受到局部侧支范围的限制，如果没有其他结构的辅助，它们不可能进行远距离的信息交流。由于整个纹状体内细胞的组成结构和计算过程都具有相似性，因此，纹状体不同区域中具有特异性的行为效应必定来自它们所接收输入的特异性。

　　纹状体的目标结构之一——苍白球外部区的细胞组织与之类似，只是此结构中主要类型的神经元具有分支稀疏但长且光滑的树突。类似浦肯野细胞，这些神经元是扁平的。苍白球神经元的数目比纹状体内中型多棘神经元少一个数量级，这就使得大量纹状体—苍白球回路投射发生会聚。苍白球外部区的输出主要投射到苍白球内部区、多巴胺能黑质致密部以及 γ-氨基丁酸能黑质网状部。在这些核团中，γ-氨基丁酸能神经元输出的主要目标是丘脑底核。此外，抑制性神经末梢还支配丘脑腹侧核和其他丘脑核团。[11]

　　小脑和基底神经节组织结构之间的相似性相当惊人：大量并行的抑制性回路集中返回到一个相对较小且有广泛投射的兴奋性枢纽（小脑深部核团和丘脑腹侧核团）。有关这种排布对于计算的作用，最可能的推测是：回路中的神经元为准确安排枢纽中神经元放电的时间提供了必要的计算能力，而枢纽中神经元的数量比整个回路中的少得多。这些回路的严格局部组织只能为近处的目标提供高度准确的时间协调作用（例如相邻肌肉群之间的高精度协调）。如果需要进行非相邻计算过程之间的整合，那么这一过程只能发生于输出下游。如果不需要整合，那么计算都是并行进行的，其时间安排的准确性则来自输入引发的相似初始条件。

368

持续性活动需要正反馈

　　以抑制性作用为主的小脑和基底神经节回路与皮质网络之间存在另一个本质区别——前者无法形成大尺度、自组织的自发模式。[①] 最能说明这一点的观察结果是在小脑皮质表面和深处只观察到振幅很低的局部平均场电位。[②] 从解剖学角度出发，这一低振幅活动令人惊讶，因为小脑具有规则的组织结构，而且接收并行的兴奋性输入。仅看细胞组织结构，此处的局部场活动似乎应当和海马中观察到的活动大小相当。事实上，当施加电刺激使大量神经元之间发生同步时，情况也确实如此。[③] 然而，如果没有外源性因素诱发，小脑或基底神经节回路就无法支持空间上广泛分布的同步化。在 γ-氨基丁酸能神经递质占主导的小脑或基底神经节回路中从不会产生超同步的癫痫样放电。事实上，在这些结构内的局部性网络中，发生的计算似乎反映的是皮质性能的对立面，后者（即皮质）的计算特征是大片空间区域内的持续性自发活动和暂时性协调模式。[④]

　　在麻醉大鼠中进行细胞吸附式记录和全细胞记录，结果显示，体内的小脑颗粒细胞通常不产生自发活动，需要来自苔藓纤维的兴奋性输入才能激活放电。来自

---

　　① 皮质输入和丘脑底核确实会为纹状体神经元提供兴奋性作用，但这些作用不是周期性的，也无法产生进一步的活动。这两种兴奋性输入都会引发前馈抑制性作用。

　　② 尼德迈耶（Niedermeyer，2004）认为小脑脑电图的主要特征是超快速低振幅活动模式，但他同样表示"小脑脑电图仍未被充分理解"。

　　③ 来自脑干或下橄榄核的输入同步时，例如在广泛性丘脑-皮质癫痫小发作时，就可以在整个小脑内记录到大振幅的场电位，这表明，只要同步化的作用来自外部，小脑回路就能够产生细胞外电流（Kandel & Buzsáki，1993）。

　　④ 当然，限制在局部的计算是小脑和基底神经节回路的本质。躯体平衡和肌肉协调需要即时的、不断更新的快速反应，持续性的活动可能是有害的，因为它会对肌肉的精细调节过程造成干扰。每一个小脑和基底神经节模块都能够提供高时间精度的计算，不会受到远处模块的干扰作用。这一高度自治性的特点更类似于计算机的结构，而非大脑皮质的共同计算结构。

369 苔藓纤维的输入通常会形成 5～13 赫兹范围内的周期性节律。[①] 通过爬行纤维,下橄榄核同样可以给浦肯野细胞提供相同频率范围的节律性输入。如果没有化学神经递质,浦肯野细胞会表现出持续性动作电位,但不同神经元的持续性动作电位之间并不会相互协调。即使在体外培养的脑干-小脑切片中,这一结构也不会产生自发的群体活动。然而,无论在体内还是在体外切片中,精神活性药物骆驼蓬灵(harmaline,一种植物碱)的药理作用都会引发脑干-小脑系统产生相似的振荡反应。这种振荡产生于脑干橄榄核网络中,频率为 10～12 赫兹,并会传递到浦肯野细胞,随后,浦肯野细胞会使小脑深部核团产生节律性的抑制性电位。[12] 无论在清醒阶段还是在睡眠阶段,小脑核团中的单个神经元都会产生明显的节律性反应,其频率为 20～150 赫兹,但它们很少表现出群体同步性。[②]

同样,基底神经节中相互协调的网络性活动也来自皮质输入,但其振荡模式同样是高度局部化的。在猕猴纹状体的眼动相关区域中,当猕猴进行扫视时,焦点处的振荡会以 15～30 赫兹的频率发生同步化和去同步化过程。[13] 类似的局部场振荡模式在大鼠纹状体中同样存在,然而,单个神经元只是在例外情况下才发生和电场锁相的动作电位,表明这些快波具有互不相干的多焦点起源。[③]

只有表现出持续性神经元活动和包含大量神经元的结构才能支持意识

尽管我们无法解释产生有意识行为的充分条件,但我们至少可以通过研究支持意识的神经元组织结构的明显特征,列出意识行为产生的必要条件。上述讨论的研究结果表明,不同的解剖结构支持不同的生理功能。虽然多种类型的网络都可以产生振荡,但只有像大脑皮质这样的特殊结构才能支持多个时间尺度上的大370 范围振荡,并且形成 $1/f$ 型统计学和自组织临界特征。大多数皮质功能需要皮质整体进行群体性决策,然而,群体性决策需要邻近区域和远距离区域间的合作。局部细胞集群和远距离细胞集群之间的灵活合作被认为是皮质功能的基础,也被认为是认知功能的重要组成部分。因此,我们可以推测,网络产生持续性或持久性活动的能力是产生意识感受的关键。如果没有远距离连接,而且/或者活动无法持续

---

① 参见 Häusser & Clark(1997)、Häusser et al.(2004)的文章。可惜,对睡眠状态下的小脑和基底神经节进行研究的数量很少,无法推断同步性输入和内部回路对诱发细胞活动的作用(关于此话题的研究可见 Andre & Arrighi, 2001)。

② 浦肯野细胞的活动源自内部机制,这一机制主要通过持续性 Na^+ 通道实现(Llinás & Sugimori, 1980;Nitz & Tononi, 2002)。浦肯野细胞具有很强的亚稳态,会在持续性放电和超极化状态之间切换(Loewenstein et al., 2005)。然而,在相距较远的浦肯野细胞中,这些状态变化之间不是相互协调的。

③ 参见 Berke et al.(2004)的文章。大多数神经元会表现出和高压纺锤波同步的放电(Buzsáki et al., 1990),但这些节律产生于丘脑-皮质系统,纹状体神经元只是对皮质输入做出反应。重要的是,帕金森样震颤运动(基底神经节病变的一项主要症状)的节律来自丘脑腹侧基底部回路中的网状核。

足够长的时间,那么局部产生的活动就无法让远处的神经元参与进来,因此,就无法实现大片神经元空间内的信息整合。再生性活动需要兴奋性正反馈,而这是小脑和基底神经节回路中明显缺失的关键成分。正反馈能够将过去整合到系统当前的状态中,还能在时间和空间上让系统保持连续,从而允许比较输入诱发的干扰和先前相似经历造成的影响。因为存在这种具有重建功能的反馈及其支持的持续性神经元活动,所以输入信息才能被放置于情境当中。

最惊人但或许也是最不受重视的皮质网络行为是它不断再生的自发活动。这一自主产生的神经元活动受到持续性的感觉输入的影响。无论是感觉输入引发的还是自发的动作电位都能对远处的神经元起作用。在神经元水平上对大脑的研究其实就是对刺激诱发的和自主产生的大脑活动进行研究,认识到这一点相当关键。如果在足够大的神经元空间内,存在足够长时间的刺激干扰自发皮质活动,那么自发的皮质活动就会被注意到,也就是说,我们觉知到了自发的神经活动。这一皮质网络的自发性自组织活动是大脑独特性和自主性的来源。①

和抽象且晦涩的意识问题不同,通过比较输入在神经元空间内的存在时间和影响范围,自发性活动和诱发活动之间的相互作用这一问题可以进行实证性、系统性的研究。[14] 正如在先前的章节中讨论的一样,无论是否被知觉到,相同的物理输入涉及不同大小的神经元集群,而且它们的作用效果取决于大脑的状态。

然而,仅凭自发性活动并不能产生意识。如同在第 8 章中所讨论的,如果体外培养的大脑带有感受器,但无法通过自身输出使感受器发生位移,那么这样的大脑同样不具有意识,因为此时感觉输入诱发的神经元反应不具有意义。躯体感觉系统需要通过运动进行校准,海马的航位推算导航系统需要通过探索性移动进行校准,与之类似,意识同样需要校准。大脑和其躯体所处的物理-社会环境之间的相互作用,给它所有可能产生的自发状态中的一个子集提供了稳定性和意义。通过学习去预测其他大脑的神经元表现,大脑逐渐获得自我觉知。也就是说,自我意识的获得需要来自其他大脑的反馈。这一过程中的大脑或许可以类比为一场大型活动中的一名参与者:当你意识到很多(有相似过去和相同需求的)人也有同样的感受(产生共鸣)时,你会产生一种奇特的感觉。自我意识是需要通过学习建立的。

根据上述推断,可以做出一项明确的预测:大量以小世界样连接组织在一起的神经元能够产生符合 $1/f$ 特性的可再生自发性行为,而且这一自发性行为是意

³⁷¹

---

① 在我看来,理解大脑的自组织活动是科学界最有趣的挑战。如果没有这些知识,很难想象我们将如何揭开完好的大脑和错乱的大脑中最深层的秘密。

识的潜在来源。[①] 此外,还可以做出一项不那么明确的预测:这一特性并不是全或无的,而是分层级的,而且取决于网络的大小。早产儿的大脑内缺乏远距离连接,以间歇性方式爆发局部神经元活动,这些特性表明他们是缺乏意识的。在围产期,胎儿的皮质解剖学特征发育成熟,出现了 $1/f$ 皮质动力学,这为自我觉知的逐步产生提供了合适的基础。此外,这些大脑的特性不仅赋予人类意识,还赋予其他哺乳动物意识,虽然其他哺乳动物中意识性的级别可能较低。[②] 意识存在于组织结构之中,尽管它也受组织结构尺寸的影响,如弗洛伊德所言,在这方面,解剖特性就是天命。不论大小,小脑中的组织结构永远不可能产生意识体验。与之相反,大脑皮质则具有自发性的持续性振荡和整体计算原则,能够产生本质上完全不同于依赖输入的局部加工过程所产生的性质。因此,最终我们可能会发现,大脑中的振荡和节律同样是我们心智的节律。[③]

372

---

① 非快速眼动睡眠中和麻醉状态下的自主振荡和有意识的觉知相反。这些振荡是确定的,对来自环境和躯体的输入具有抵抗性,这同样也适用于具有睡眠期特征的大脑皮质的振荡(见第 7 章)。与之相反,清醒大脑中和快速眼动睡眠期间的无尺度(即 $1/f$ 型)新皮质脑电活动则反映了多个振荡的干扰作用引发的永久性相变,它具有对干扰高度敏感的特性(见第 5 章)。这一大脑皮质活动的 $1/f$ 复杂特性或许是神经生物学领域对意识整合指数(integration consciousness index)φ 的表示方式(Tononi, 2004)。

② 感受质(如对颜色的感觉)和对自我的感觉通常被认为是不同的特性。在我看来,这两个复杂问题之间是彼此相关的,因为真正造成它们难以回答的问题在于感觉的来源,而不在于解释颜色和自我之间的区别。在非人类动物中检验自我意识或自我觉知相当困难,然而,人们一致认为类人猿存在视觉自我识别或自我身份确认能力。比如,如果实验者在黑猩猩睡觉时给它们额头涂上一笔彩色颜料,那么黑猩猩能够通过照镜子发现这一点(Gallup, 1970)。现象学上是否存在意识(即意识经验在现象学方面的表现,具体和感受质相关)更具争议性(如 Nagel, 1974)。大多数哺乳动物都可识别的一种感受质是对疼痛的感觉,尽管只能通过外显的行为推测出感觉的强度,但作用于中枢的镇痛药物不仅可以减轻人类主观感受到的疼痛,而且可以消除其他哺乳动物被认为和疼痛感受相关的运动。对动物意识的兴趣不仅是一个哲学问题,而且具有很高的伦理道德重要性。

③ 新的篇章应当从这里起步。读者或许已经注意到,作为对皮质整体性计算过程的反应,神经振荡能够被各种各样的因素改变,而这些干扰必定会使大脑表现发生重大改变。神经振荡是一种稳定强健的表型,它可以被客观地监测和量化,从而用于精神疾病和神经疾病的诊断和病程进展的描述。虽然在过去多年中,人们已经多次讨论过节律疾病(rhythmopathy)、振荡疾病(oscillopathy)和节律障碍(dysrhythmia)(John, 1977;Rensing et al., 1987;Llinás et al., 2005;Schnitzler & Gross, 2005),但近期我们对大脑节律的机制和神经元内容研究的新进展能够为这些过去的术语注入新的生命。大脑节律受到大多数精神性药物的影响,对这些药物如何影响神经振荡进行检测,很可能成为发现和研究新药物过程中广泛使用的方法。

参 考 文 献

全书参考文献
请扫描二维码
查看

Abbott LF，LeMasson G（1993）Analysis of neuron models with dynamically regulated conductances. Neural Comput 5：823-842.

Abbott LF，Rolls ET，Tovee MJ（1996）Representational capacity of face coding in monkeys. Cereb Cortex 6：498-505.

Abbott LF，Varela JA，Sen K，Nelson SB（1997）Synaptic depression and cortical gain control. Science 275：220-224.

Abeles M（1982）Local cortical circuits：Studies in brain function. Springer，Berlin.

Achard S，Salvador R，Whitcher B，Suckling J，Bullmore E（2006）A resilient，low frequency，small-world human brain functional network with highly connected association cortical hubs. J Neurosci 26：63-72.

Achermann P，Borbely AA（1997）Low frequency（<1Hz）oscillations in the human sleep electroencephalogram. Neuroscience 81：213-222.

Acsády L，Kamondi A，Sík A，Freund T，Buzsáki G（1998）GABAergic cells are the major postsynaptic targets of mossy fibers in the rat hippocampus. J Neurosci 18：3386-3403.

Adey WR，Dunlop CW，Hendrix CE（1960a）Hippocampal slow waves：Distribution and phase relationships in the course of approach learning. Arch Neurol 3：74-90.

Adey WR，Walter DO，Hendrix CE（1960b）Computer techniques in correlation and spectral analyses of cerebral slow waves during discriminative behavior. Exp Neurol 3：501-524.

索 引[①]

5 个阶段　187

5-羟色胺　185,207

Abeles M.　57

Acsády L.　178,180

Adey R.　337

Albright T.　154

Allman J.　59

Anderson P.　97,108,309

Aquinas T.　12

Arieli A.　268

Aristotle　11,16,206

Ashby R. W.　12

Bach J. S.　123

Bak P.　64

Barabasi A. L.　38,23

Barlow H.　234

Barnes C.　318

Barthó P.　149

Bartók B.　354

Bayes T.　9

BenAri Y.　221

Benasich A.　82

Berger H.　3,81,84,112,171,198

Berthoz A.　306

Bland B.　309

Borbely A.　211

Borges J. L.　211

Born J.　209

Bragin A.　309,351

Brodmann K.　54

Burgess N.　307

C_{60}　42

Ca^{2+} 峰电位　181

Ca^{2+} 通道　67

CA3 回返循环系统　289,291

CA3 周期性兴奋性作用　325

CA3 自关联系统　290,302,309

Cage, J.　123

Canolty R.　82

Castaneda C.　42

Chrobak J.　345

Churchill W.　80

---

① 索引页码为原著页码,即本书边码。

Columbus C.　294

Connors B.　72

Cortazar J.　118

Coulter D.　325

Crick F.　22

Csicsvari J.　66,160,324

Czurkó A.　304

Denk W.　95

Dobzhansky T.　61,228

Dragoi G.　160,320

Eccles J.　180

Eckhorn R.　255

Edelman G.　22,53,132

Einstein A.　6

Einthoven W.　99

Erdös P.　18,36

Fodor J.　23

France A.　38

Fregnac Y.　167

Freud S.　371

Freund T. F.　69,88,310

Freyeraband P.　357

Friston K.　111,152

Fuller R. Buckminster　38,42

Geisler C.　170

Gevins A.　339

Gilden D.　132

Granovetter M.　56

Grastyán E.　18,21

Gray C.　240

Grinvald A.　94,268

Guillery R.　178

Gulyás A.　71

Haken H.　14

Halgren E.　336

Hamburger V.　223

Harri R.　85,200

Harris K.　149,161

Hebb D. O.　158,238

Hein A.　228

Held R.　228

Hippocrates　17

Hirase H.　160,304,348

Hof P.　59

Hopfield J.　61

Hubel D.　26,165,233

Hume D.　20

Huygens C.　169

I_h（"起搏器"）　183,197,310

Isomura Y.　343

I_T（Ca^{2+}电流）　183,197

Izhikevich E.　132

Jackson J. H.　19

Jacob F.　8

Jahnsen H.　180

James W.　20,115

Jefferys J.　249

John E. R.　159,361

Joplin S.　123

Julesz B.　46

Julesz 模式　244

K^+电导　195

K^+电流　194

K^+通道　86

Kahana M.　292

Kamondi A.　312

Kanerva P.　57,288

Kant I.　6

Katz L.　221

Kelso S.　17

Kenyon 细胞　235

Khazipov R.　221

Klausberger T.　69,313

Klimesch W.　338

Knight R. T.　86

Koch C.　22,361

Kocsis B.　309

Konorski J.　234

Kopell N. 171

Kurzweil R. 23

K-复合体 187,192,194,196,205,228

Laurent G. 257

LeDoux J. 41

Leinekugel X. 221

Libet B. 10

Lisman J. 352

Llinás R. 11,124,144,180,358

Locke J. 20

Logothetis N. 93,228

Lopes da Silva F. 201

Luria A. R. 288

Mainen Z. 67,68

Makeig S. 265

Mandelbrot B. B. 30

Marczynski T. 202

Markram H. 69,71

Marr D. 23

McBain C. 69

McCornick D. 181

McLean P. 280

McNaughton B. 99,306,347

Mehta M. 318

Mendeleev D. 113

Mies van der Rohe L. 29

Miles R. 149,336

Milner B. 282

Milner P. 238

Minsky M. 17

Miyashita Y. 338

Mooney 面孔 244

Moser E. 298

Moser M. B. 298

Mountcastle V. 26

Muller R. 301

N2-P2 复合物 125

Na$^+$ 峰电位 181

Nadel L. 297

Neda Z. 168

Neher E. 97

Nimchinsky E. 59

Nissl F. 54

Nuñez P. 116

Nádasdy Z. 348

N-甲基-D-天冬氨酸受体 251,312,325

Ogawa S. 93

O'Keefe J. 99,296,306

O-LM 中间神经元 310,312

P300 成分 244

Papp E. 67

Pauli W. 238

Paulsen O. 324

Penfiel W. 271

Penttonen M. 112

Peters A. 70

Petsche H. 309

Pinault D. 178

Prigogine I. 13,262

Ramón y Cajal S. 41,54,279,281

Ranck J. Jr. 306

Recce M. 314

Reyes A. 165

Richmond B. 166

Romhányi G. 109

Rényi A. 35

Sagan C. 361

Sakmann B. 97

Sarnthein J. 116

Scanziani M. 37

Scoville W. 282

Sejnowski T. 67,265

Shatz C. 221

Sherman M. 178

Sik A. 70,71

Singer W. 161,221,240

Sirota A. 221,341

Skaggs W. 318

Soltész I.　69

Somogyi P.　69,70,313

Sporns O.　55

St. Augustine　19,136

Steriade M.　190

Stevens C.　53

Stickgold R.　210

Strogatz S.　37

Stryker M.　213

Svoboda K.　96

Szentgyörgyi A.　24

Szentágothai J.　69

Talairach J.　55

Tank D.　61,96,98

Taube J.　306

Thomson A.　72

Tononi G.　55,211,361

Traub R.　185,253

Tsodyks M.　268

Tsubokawa H.　73

Turing A.　23,144

T-通道　181

Ulbert I.　336

Vadia E.　153

Van der Pol B.　138

Van Essen D.　45,52

Vanderwold C. H.　21

Varela F.　11

von Bertalanffy L.　14

von der Malsburg C.　238

von Stein A.　116

Walter G.　17

Webb W. W.　95

Whittington M.　69,249

Wiener N.　201

Wiesel T.　26,165,233

Wilson M.　347

Wing X. J.　170

Wise K.　102

X 射线　92

Young M. P.　52

Yuste R.　96

"点对点"接触概率　289

"富者更富"机制　167

"平等主义"大脑　238

"设计"原则　362

"最佳"噪声水平(另可见随机共振)　158

"征调"机制　342,350

α 放松法　217

α 节律的"空载"假说　203

α 振荡/节律　4,112,132,189,198—200,
214,216,237,265,266,338,370

α 振荡的功率　265

α 振荡的平均频率　199

β 振荡　116

γ-氨基丁酸　66,72,117,309

γ-氨基丁酸能系统　179

γ-氨基丁酸受体　74,192

γ 频率　251

γ 同步　340

γ 振荡　12,76,113,115,132,148,152,161,
163,194,243,245,248,250,252,258,274,
339,343,351

γ 周期锁相的振荡　324

γ 振荡的内容　257

δ 频带功率　156

δ 振荡　115,182,195

θ 电流　312

θ 细胞　309

θ 振荡　19,112,113,173,198,266,308,313,
336,341

θ 振荡相干性　339

θ 振荡相位指示　316

θ 周期下降阶段　332

μ 节律　184,199,200,202,223,228

τ 节律　200

A

阿尔茨海默病　236

阿蒙角　284

阿普加评分　223

B

白化　106,115
白质　92
摆动　141,169
斑胸草雀　227
半球偏移　211
绑定问题　232
爆发　189
爆发源头　351
贝兹细胞　59
背景活动　271
被动回返电流　91
本征频率　145
比喻　21
彼此分离的神经元　101
毕达哥拉斯学派　124
边缘系统　280—283
变异系数　124
标准回路　365
表面成像　269
表面局部场电位　95
表征　11
并行回路　30,363
并行加工　366
波包　111
波形　103
伯恩斯坦学派　159
泊松统计特征　152
哺乳动物大脑　59
不符合预期的事件　125
不宁腿综合征　227
不同类别的神经元　104
不稳定的大脑　111
不相互通信的并行回路　363
不应期　141
布朗噪声　121,201

C

苍白部　180
苍白球　366
侧抑制　63
测绘技术　81
层级　14,25,30,57,63,129,164,235,237,
　254,276,282
层级理论　52
插入　83,109
差异性　54
禅　215
产生兴奋性作用　63
场景性(另可见嵌入特性)　335
超导量子干涉器件　84
超复杂细胞　233
超极化　172
超快速节律　203
陈述性记忆(也可见记忆)　209
程序性技能　209
弛豫振荡器　138,139,171
持续性活动　107,368
持续性神经元活动　369
持续性振荡　372
尺度不变性　126,127,252
齿状回　70,90,283,284,291,343,344
齿状回尖峰　344
抽动　223
初级丘脑核团　179
处理窗口　115
触角叶　257
触须　226
传导速度　51
传导延迟　115,122
创造过程　211
词典定义　21
磁场　93
磁共振成像　92
次昼夜节律　117
从海马到前额叶　341

错觉　47,128

错误试次　337

D

达尔文主义自然选择　56

大尺度　33,127

大范围兴奋性网络　250

大规模 α 振荡　195

大麻　359

大麻素受体　359

大脑　17

大脑动态　131

大脑默认模式　206

大脑皮质　135

大脑网络连接最优化　53

大脑信号　104

大脑运算　360

大脑振荡器　48

大脑整体活动　263

大脑质量　39

大脑状态　263,271,275

大象　254

带宽　115

带阻滤波器　146

单半球睡眠　254

单孔目动物　52

单神经元时刻　151

单突触连接　341

单细胞学说　57,234

单向的　304,316

胆碱能　318

胆碱能 θ 振荡　313

胆囊收缩素（一类中间神经元）　72

导电性　91

导航　294,327

导航方向　294

导线　101

倒置花瓶法　207

等边三角形　99

低级特征　234

低通滤波器　72,89

低阈值 Ca^{2+} 峰电位　183

笛卡儿　21

笛卡儿二元论　361

笛卡儿空间　301

地标导航　331

地标地图　330

地图　233,296

地震　126,357

地震波　357

地震学家　81

癫痫病灶　245

癫痫样　133

癫痫样放电　76,368

电导　91,145,148

电流密度　83,91

电流源和电流汇　89

电流源密度　90,339

电压门控通道　144,181

电压敏感染料　95,269,271

电子合成器　105

电阻率　82

吊灯样细胞　69,325

调谐质量阻尼器　357

叠加　232

顶叶　50,116

定向反应　21

冬眠　35

动机　262

动力系统　15

动力系统理论　13

动作电位　87

动作电位点电源　103

动作电位时间（峰值时间）　63

动作电位时间抖动　321

短时傅里叶变换　106

对称性制动　299

对动作电位进行分类的方法　103

对时间流逝的感知　8
对数图　129
对速度进行标定　294
对图像的拓扑学表征　46
对香蕉进行特异性编码的神经元　234
多柄硅探针　102
多层空间　285
多发梗死性痴呆　236
多发性硬化症　48
多个空间尺度　56,115,121
多路复用机制　239,353
多路复用振荡　351
多肽　72
多维空间　288
多位点记录探针　102
多重并行回路　30

E

额叶皮质　266
二倍频　354
二维　102
二维空间　294

F

发散　165
发生　66,87,221
反馈　58,63,164,276
反跳动作电位　183
反相关　161
范畴学习　115
方向调节　306
纺锤波　156
纺锤形细胞　59
放大　157
放电阶段　141
放电神经元　172
非陈述性记忆　362
非胆碱能 θ 振荡　313
非快速眼动睡眠　187

非突触相关　90
非线性　13,62,64
非线性行为　181
分布式存储　290
分布式计时器　72
分布式网络振荡　252
分类法　71,115
分离　164,167
分离程度(另可见突触路径长度)　37
分流抑制　250
分歧问题　197
分形　30,126,127,129
分形几何　30
分形结构　47
粉色噪声　120,121,129,131
风车中心　269
峰值-电场关系　92
缝隙连接　72,117,202,250,260
辅助运动区　199
负电位 N1　125
负反馈效应(阻尼效应)　54
负向驱力　64
复合包络振荡　354
复杂系统　79,119,143,192
复杂细胞　233
复杂性　11,13,53,55,64,119,127,164,
　166,266
复杂噪声　130
傅里叶变换　130
傅里叶分量　147
傅里叶分析　105,119
傅里叶合成　105
傅里叶频谱　240
富勒烯　43
腹侧基底核　180

G

钙结合蛋白　72
钙离子(Ca^{2+})　86

钙视网膜蛋白　72

概念　18

干扰　26,64,128,131,141,211,220,227,
　251,255,276

感觉(也可见感受质)　256,371

感觉反馈　215

感觉信息的位置　226

感受野　161

感受质　371

感知回馈(也可见德语的"感知回馈")
　33,199

感知相关的视觉　233

高电压纺锤波(HVS)　202,203

高尔基细胞　363

高级丘脑核团　179

高频放电细胞　251

高通滤波器　72,148

高维模式　354

高维数据　103

格式塔心理学　232

个人身份　277

个体感　362

个体性　277

工程学　171

工作记忆　116,245,267,339,352,356

功率的相位调制　109

功率谱　105,119,120,130

功能磁共振成像　37,92,110,131,264

功能地图　269

功能性神经元组合　221

共时性　238,239

共同激活的神经元对　348

共同交叉点　330

共振　142,143,147,155

共振回路　336

狗　21

构建　131

古埃及　41

古皮质　281

古希腊　41

谷氨酸能兴奋性作用　364

谷歌　39

骨骼肌　199,224

鼓掌　168

固定四肢　226

固有振荡　312

关联性记忆　328

光感受器　118

光流　304

光学成像　95,269

归类　330

归类错误　104

归纳的过程　9

硅探针　101—103

轨道(另可见极限环)　140

轨迹　13,176,187,204,217,269,271,291

果蝇　117

过度相关性　321

H

海马　149,152,160,161,163,170,173,267,
　272,278,283,318

海马CA1区　70

海马-内嗅皮质　209,278,349

海马-内嗅皮质θ振荡　338

海马-新皮质　347

海马地图　306

海马和杏仁核　281

海马结构　284

海马旁结构　341

海马下托复合体　282,306,345,351

海马与新皮质之间的交流　342

海绵　114

海豚　17

航位推算　296,304,307,316,328,371

航位推算法　294,302,306

耗散　143

核间神经连接　180

黑猩猩 21,371

黑质 367

红外摄像机 97

宏观变量 175

猴子 255

后部联合皮质 339

后部下托 306

后扣带皮质 341

忽视 228

胡须 46

互联网 39

互联网心智 23

互为因果 176,227

花旗集团中心 357

怀孕 223

环胞体抑制 69

缓解压力 217

缓慢去极化 74

幻觉 220

灰质 43,92

恢复视力 219

回传 159,237

回传式通路 352

回返环状 282

回路的分形 30

回忆 206,271,338

会聚 36,165

惠更斯 169

混沌 13,15,54,128

混沌行为(另可见非线性动力学) 157

J

机械笔式记录仪 112

肌腱 224

肌球蛋白 33

肌肉抽动 223

积累和放电阶段 141

基本皮质回路 70

基本演绎错误 16

基底前脑 309

基底神经节 31,68,280,365,366

基线漂移 158

基线相减法 271

基因转录 346

基于 HTML 的网络通信 23

基于地图的导航 302,304,315,328

基于吸引子的动力学模型 321

基于振荡动力学的时间协调 321

激素 72,118,197,282

极限环 108,137

集群行为 104

几何圆顶 48

计划 262

计算 116

计算机建模 173,283

计算机模型 190,201,249,290,315

计算机网络 132

记录局部场电位 81

记忆 21,132,206,210

记忆编码 272

记忆表现 215

记忆的分类 278

记忆巩固 206,207,209,349

记忆巩固的两阶段模型 209

记忆空间 327

记忆内容 160,206,267

记忆容量 289

加权网络 302

假想存在的整合器 307

尖波涟漪复合体 344,348,356

尖锐电极 98

监督,代理 14

检索策略 289

建筑理念 41

交叉点 304,316,328,330,332

焦虑症 217

脚桥核 186

校准 8,11,221,302,371

节律疾病　372

节律性运动　30,114

节律障碍　372

节奏　125

结合性神经元　305

捷径　285

解释过程　26

经同步绑定　232,242,243

经验(另可见学习)　10,206,221,278

惊跳反射　32

精神疾病　27

精神体验　6,215

鲸类　254

静息态(下沉状态)　343

旧皮质　280

局部场电位　83,85,89,90,95,134,153,269

局部回路内中间神经元(另可见中间神经元)　65

局部集簇　38

局部连接　45,48,78,168

局部平均电场　89

局部抑制　290

巨大的去极化电位　221

巨阻封接　98

具有明确位置场的位置细胞　302

距离和方向　307

聚类　177

决策　19,262

觉知　361

K

科学词汇　18

颗粒细胞　90,283,291,312,343,365,368

可解释方差　348

可扩展结构　42

可塑性　347

可塑性规则　159

可预测的　111

可重入回路　366

空白状态　227

空间尺度　126

空间地图　330

空间对称性　6

空间距离　321

空载　341

恐惧性条件反射　338

控制机器　218

跨膜电活动　83

跨频率相位同步　109,354

快速眼动睡眠　187,197,207

快速抑制　248

快速振荡　113,116

L

蓝斑　274

篮状细胞　66,69,167,253,310,313

类人猿　59

离子通道　89,126,144,145

李雅普诺夫指数　13

立体电极　99

利贝发现的"心理时间"　116

连接的神经元图　301

连接模式　179

涟漪振荡　203,310,348

两可图形　228,275

淋巴循环　86

六边形　42

六度分离　36

颅骨　82

颅相学　39

路径交叉点(另可见连接)　304

路径整合(另可见航位推算法)　307

路易斯安那超级穹顶　42

滤波器　122

滤波特性　146

氯离子(Cl⁻)　86

罗夏墨迹测验　47

逻辑错觉　10

逻辑深度 297

M

麻醉状态 19,166,192
马提诺帝细胞 70
麦克斯韦方程组 84
脉冲性振荡（另可见弛豫子） 138
慢波睡眠 152,187,194,198,210,349
慢速振荡 113,122,151,156,191,194,356
猫 19,126,159
矛盾睡眠（另可见快速眼动睡眠） 198
门控功能 184
梦 206,207,211,229
密度高 101
密铺 296
幂律 39,40,49,54,56,121,124,129,340
面部神经 226
面孔失认症 237
明确的参考系统 221
明确的位置 297
明确地图 308
鸣禽 227
冥想 214,217
模块化组织 59
模式分离 65
膜电压固定 98
膜片钳技术 97,98
默认状态 175,186,192
目标定向 15
目的论 221

N

氖管 138
难题 308
脑-芯片接口 102
脑磁图 84,121,126,129,130,192
脑电图 4,81,82,89,110,121,197
脑电图的分形性质 126
脑干横切 186

脑内微型人 263
脑切片 25,96
内部同步 215
内部注意水平 217
内侧隔核 309
内分泌功能 72
内克尔立方体 228,275
内嵌的 γ 振荡 351
内容寻址 289
内省 19,29,131
内嗅-嗅周结构 283
内嗅皮质 192,296,306,345
内嗅皮质投射 325
内源性（另可见自组织活动） 11
内源性大麻素 325
内在机制 151
能量耗散 122
逆向工程 24,81,93
逆向工程问题 81
逆向关联 316
逆转电位 144
诺斯替单位 234,242,330

O

欧姆定律 91,144
耦联的弛豫子 148

P

爬行 223
爬行脑 280
爬行纤维 365
帕金森震颤 354
抛物线关系 158
跑轮任务 348
碰撞 61
皮质纺锤波 223
皮质感觉地图 221
皮质回路 57
皮质脑电图 83

皮质柱　203
偏好的皮质状态　268,269
胼胝体　363
频率成分　105
频率增强作用　292
频谱　106
频域分析　104,105
平衡电位　144
平衡关系　66
平衡状态　13
平均场　86,108
平均诱发反应　267
平面对称　299,302,304
平行共变　351
平移不变性　51
屏状核　358
浦肯野细胞　363

Q

期望　131,262
气味检测　74
起搏器　117,181,183,190,201,203,252,
　　309,359
起搏器-跟随器　142
千禧桥　143
牵张-坍缩　42
前额叶区　272
前扣带皮质　341
前馈　57,58,63,64,164,242,282
前馈加工　334
前馈模型　235,237
前馈网络　115
前馈系统　234,235
前馈抑制　63,72,325
前馈抑制性回路　365
前庭功能　363
前向双目视觉　201
嵌入特性　227
强烈树突去极化　319

清醒经验　211
清醒状态　197,214
情景回忆　329
情景记忆　272,292,308,341,350,353
情境　263
情境提取　336
情绪　17,19,262,281
穷尽搜索　289
穿窿　282
丘脑　31,45,176,177,179,192,252
丘脑-皮质纺锤波　350
丘脑-皮质系统　175,184
丘脑-皮质振荡　180
丘脑底核　366
丘脑腹侧核　367
丘脑黑质部　180
丘脑网状核　179,184,203
丘脑网状核神经元　179,183,189,196,205
丘脑枕　185
区分图像和背景　256
驱力　145
躯体-环境框架中的大脑　335
躯体表面　226
躯体感觉皮质　45,225,341
躯体感觉系统　199,221
去甲肾上腺素　41,70,185,207
去同步化　131,200,258,268,338,354
全方向性位置细胞　306,315,328,330
全细胞记录　368
确定性系统　176
确定性振荡　209
群体编码　157
群体放电现象　253
群体振荡　170

R

绕行问题　301
热力学　12
人工智能　23

人类语言 45

认知表现 262

认知地图 302

认知功能 254

认知科学 93

认知相关电位 125

妊娠后期 230

冗余 166,167

入睡 185

软脑膜 82

弱混沌 137

S

三角测量 99,295,307,313

三角测量法 99

三摩地 215

三维阵列 102

熵 12,55

上升状态 194

上下转换 195

社交 227

摄像机 95

身体结构 224

深部电极 245

深部脑刺激 354

深蓝 23

神经达尔文主义 53

神经递质 58,64,70,74,88

神经反馈 216

神经胶质细胞 72,89

神经节细胞 118

神经网络"片刻" 111

神经元的共振特性 148

神经元的灵活性 15

神经元放电史 151

神经元轨迹 330

神经元集群 150

神经元信息交换的方向 337

生理拓扑特性 299

生命之圈 7

生物物理学家 145,180

圣经 17

失明 219

失匹配负波 125

时间安排 359

时间编码 322

时间不对称性 292

时间常数 75,136

时间尺度 113

时间窗 257

时间多路复用模型 352

时间分辨率 93,94

时间记忆效应 121

时间间隔 225

时间累积 90

时间维度 313

时空情境 278,326

时频表征 107

时频分析 104

时序安排机制 237

时域分析 104

时滞为零的同步 252

时钟时间 8

识别神经元(另可见细胞外动作电位) 103

史蒂文斯定律 124

矢量 7

使役 14

视黑素 118

视交叉上核 119

视觉辨别 337

视觉工作记忆 339

视觉想象力 217

视皮质 221

视网膜 45,118

视野细胞 304

适应 15

受迫振荡 355

枢机神经元 235

输入-决策-反应　233

输入电阻　194

输入复杂性　166

熟悉性　262

树突　49,66,71

树突的一部分　67

树突突触　179

数量神经元　125

数学　171

双峰模式　343

双光子或多光子激光扫描显微镜　95

双通滤波器　146

双稳态　156

双向开关　196

双眼刺激　242

双眼竞争　228,242

双眼视差　275

睡眠　27,35,50,112,118,175,176,186,
　187,208,209,262

睡眠纺锤波　188,194,196,228

睡眠纺锤波的传播　190

睡眠相关振荡　198

睡眠周期　197,211,348

睡眠周期的下降期　197

瞬膜　272

瞬时神经振荡　142

四端电极　99

速度　304

速度的增益作用　323

随机步行　121

随机共振　155—158,268

随机能量源　142

随机图论　35

随机图式构建　299

锁相放电　109,308,341

T

塔科马海峡大桥　143

胎儿　222,226

胎儿运动　223

苔藓突触　291

苔藓纤维　364

特殊振荡　362

提取记忆　282,290

体积扩张的法则　78

体外 θ 振荡　309

体外切片　249

体外切片制备　97,145,184,192,231,249

天体导航　295

通道动力学　145

通过 γ 振荡实现绑定　256

通过时间实现绑定　238

通过时间一致性实现绑定　238

通透性　144

同伴预测法　161

同步　152,155,164,254,368

同步发放链　57,164

同步性　51,77,128,150,159,164,170,189,
　224,238,254

同步性信号源　189

同构性　301

同一个"种子"　194

桶状组织　202

头朝向系统　306,307

头朝向细胞　306,313

头皮脑电图　81—84,89,91,126,187,
　212,338

投射神经元　258

突触　33,90,247,285

突触标签　347

突触电位　88

突触后端　88

突触可塑性　159,229,247,329,332,345,
　346

突触路径长度　37,49,78,116,170,185,252

突触前端　151

突触强度　247

突触图模型　301

突触延迟 78

图案 49

图灵式策略 23

图形-背景分割 243

兔子 21,112,126,272

豚鼠 21,126

拖尾 323

脱离 198,341

W

外部干扰 215

外部起搏器 320

外侧背侧顶盖核 186

外显表现(也可见诺斯替单位) 16

外显记忆 292

万维网 39

万物恒变 8

网格细胞 298,312,326

网络的兴奋性 346

网络振荡 184

微机电系统 102

微觉醒 197

微眼跳 255

围产期 371

维持稳态 66

未连通性 78

位置编码 315

位置细胞(另可见诺斯替单位) 161,290,
296,313

位置细胞集群协同假说 320

位置之间的距离 301,307,326,327

文化演变 16

纹外皮质 340

纹状体 192,202,209,366

纹状体节律 369

钨作为细胞外电极 98

无尺度系统 39,40,49,54,56,119,121,131

无限循环 294

物理学 171

物理学家 81

X

吸引子 14,120,207,307

吸引子动力学 301

希尔伯特变换 107

稀疏表征 290

稀疏放电的特性 297

习惯 209

习惯化 125

系统 14,15

系统过去的所有变化 127

系统耦联 334

系统神经科学 15,231

细胞隔离 98

细胞集群 56,65,236,247,260,319,326,
340,348

细胞结构 363

细胞内记录 250

细胞色素 95

细胞外场电位 90

细胞外电流 89

细胞外动作电位 91,101

细胞外记录 98,250

下沉阶段 195

下沉状态(也可见上下转换) 192

下橄榄核 365,368

下丘脑分泌素 207

下位词 21

下行因果 14,227

先天性失明 219

显微精细操控器 98

限波 146

线路优化 52

线性轨道 304,307,314,316,326

线性因果关系 9,16

腺苷三磷酸 95

相反驱力 142,360

相反相位放电 325,331

相干性　108,243,340

相关的神经噪声　131

相关性　20,185,206

相互竞争的细胞集群　65

相互连接的系统　185

相互协同　107

相邻性原则　292

相位编码信息　158

相位调制　109,351,352

相位动力学　354

相位角　139,140

相位进动　109,314,319,354

相位进动斜率　314

相位偏移　117,335,336

相位相干性　272

相位协方差　108

相位延迟　109,336

相位重置　109,264—268

相移偶极子　312

响铃式振荡　265

小波变换　107

小波分析　106,130

小猫　213

小脑　31,68,74,210,280,363

小脑脑电图　368

小清蛋白（另可见中间神经元）　72

小世界结构　239

小世界网络　39,49,170

小鼠　21,213

协同　14

斜视性弱视　242

谐振子　137,151,171,318,337

泄漏　125

谢弗侧支　284

心电图　99

心理时间　125,292

心理物理学韦伯定律　123

心理学　22

心灵感应　3,84

心智　361

新皮质—海马回路　336

新皮质网络　166,185

信息　11,254,347

信息编码依靠速率　165

信息传递　350

信息论　175

信息整合　370

兴奋/激发　62

兴奋性谷氨酸能神经回路　285

兴奋性连接　132,167

兴奋性前馈结构　284

兴奋性神经递质　88

兴奋性突触后电位　66,189

兴奋性循环回路　344

行为相关的视觉　233

杏仁核　41,179,210,282,338

杏仁核—海马回路　338

休息或睡眠阶段　175

休息状态相关的振荡　204

序列加工　233

序列性编码　316

序列压缩　321

嗅觉　257

嗅觉信息　257,281

嗅裂　43

嗅脑　281

嗅球　280

嗅周皮质　341

学习　33,109,132,212

雪崩样行为　163

血管活性肠肽（另可见中间神经元）　72

血红蛋白　95

血流反应　93

血氧水平依赖（BOLD）　93

循环因果　359

蕈状体　257

Y

压后皮质　306

压缩的回放　349

亚里士多德逻辑　21

亚马逊　39

亚稳态　64,120,128

延迟线　292

眼球扫视运动　305

演化　32

氧提取　271

耶克斯-多德森定律　156

一般系统理论　15,57

一维轨道　304,318,328

一种高度横切的大脑操作　186

依赖经验的可塑性　222

依赖于动作电位发生时刻的可塑性　247,318,329

咿呀学语　227

移液管　97,98

遗漏和归类错误　104

乙酰胆碱　185,309

以环境为参照　297

以自己为内核、进行自我参照　302

异源皮质　278,280

抑制　62,90,167,185

抑制性γ-氨基丁酸　179

抑制性回路　167,363,365,366

抑制性突触　66

抑制性突触后电位　66,89,90

抑制性中间神经元　51,62

意识　19,278,360,369,371

意识和神经元之间的关联　22

意向性　21

意志　262

意志引导　20,275

因果关系　9,16

因果律　8

英国经验主义　233

赢者通吃　64,167,313

硬膜下网格电极　83

硬脑膜　82

涌现　11,14,26,176

涌现出的群体节律　108

涌现特性　238

由局部影响整体　14

由内而外　26

由外而内　26

犹太法典　17

有袋目动物　51

有节奏的掌声　169

有意义的巧合　238

诱发电位　274

诱发节律　109

瑜伽　215

语言　227

语义记忆　272,308,330

语义知识　292,330

预测　127,131

预期　131,262

阈下振荡　90,146

阈值　66

元素周期表　211

源定位　81

远距离连接　16,30,38,49,51,56,58,77,170,177,185,239

远距离中间神经元　70,78,260,310,320

约瑟夫森结　84

运动诱发感觉反馈　227

Z

再生放大的反馈　142

早产儿　220

噪声　12,126,128,132,154,156,168,263,264,319

增益控制　305

张拉整体性　41

哲学　22

哲学角度上的自由意志　12

枕叶　121

枕叶 α 振荡　198

振荡　4—6,19,74,112,129,136,137,
143,173

振荡疾病　372

振荡耦联　158,188,248,350,354

振荡死亡或淬灭　109

振荡锁相　355

振荡同步　107,168,232

振荡网络　171

振荡占空比　268

振荡之间的耦联　354

振幅包络相关　109

整倍数关系　354

整合-放电振荡器　138

整合时间窗口　151

整合系统　307

整体同步　170

整体振荡　173

正电子发射体层成像　39,271

正反馈　11,54,74,142,368

正交化　284

正态分布或高斯分布　40

正弦波　105

正弦振荡　171

正向关联　316

正向偏转 P1　125

知觉　21,158,228,235

知觉的稳定性　275

执行网络(也可见意愿)　263

指令参数　14

智力　47

中尺度　127

中隔起搏器　313

中间神经元　43,51,57,62,65,250,253,
258,342,346

中间神经元种类　68,78

中心极限定理　40

中型多棘神经元　367

中央产生的振荡　254

钟摆　137,142

钟形曲线　40

重新编码　297

重置 θ 振荡　267

周期长度　116

周期相关基因　117

周期性　5,115

周期性抑制　294

周期性肢体运动障碍　227

轴突　67,88

轴突末端　88

轴突起始段　69

轴突髓鞘形成　227

轴突信息传递　177

昼夜节律　117

主动-从动机制　142

主细胞　43

注意　19,217

状态依赖性　11,275

状态转变　64

锥体细胞　34,58,167

准正弦　171,173

准周期　113

自发性　11

自发性活动　12,76,370

自发涌现出的同步性　254

自发振荡　216

自关联模型　320

自关联图　290

自关联网络　289,308,329

自己涌现出的　16

自然对数　113

自上而下的方法　24,142

自生成　11,27,123,183,223,268,335

自适应共振　157

自体训练　216

自我参照　328

自我觉知　371

自我维持性去极化　192

自我意识　371

自我运动　307

自下而上的连接　232

自下而上的研究　24

自相关　107

自相似性（另可见分形）　126

自由回忆　292,316,329

自由意志　12

自主产生的神经元活动　370

自主神经系统功能　281

自主运动　21,227,244

自主振荡　141,371

自组织　10,11,17,74,110,121,175,204,
　208,211,275,335,349

自组织产生的相互作用　259

自组织的海马活动　346

自组织的自发模式　368

自组织临界性　64

自组织振荡　175

阻尼振荡　139,145,187,262

组胺　185,207

组合复杂性　233

组合扩张　68

组块　10,321,352

组织结构　367

组织培养　117

译 后 记

　　2010年博士研究生阶段的我第一次阅读了《大脑节律》英文原版书。当时作为神经生物学的入门学生，这本书为我的学业开展起到了启蒙的作用，也帮助我深入地认识了神经生物学领域的众多基本知识，拓宽了我的视野。翻译这本书的一个原因是纪念那段无知但充满求知欲和好奇心的岁月，并感谢帮助和支持我在科学研究领域成长的众多长者、合作者和学生。因为篇幅原因很遗憾不能一一列举大家的姓名，请大家谅解。

　　本书作者是神经生物学领域的著名学者György Buzsáki教授。在我研究生阶段，Buzsáki教授与我的导师Edvard I. Moser教授有着密切的学术交流，因此在我博士期间，他多次到访实验室。他们的合作交流和学术讨论给予了我重要的指导和启发。通过翻译这本书，我希望表达对Buzsáki教授与Moser教授的感激之情。

　　我希望通过将这本书翻译为中文版，以降低它的阅读门槛，让更多对神经生物学感兴趣的学生和学者可以在阅读这本书的过程中有所收获。在本书即将出版的时候，我认识到作为第一次翻译一本复杂学术兼科普性质英文书的译者，我的经验和技能是欠缺的，因此一定程度上我们翻译的版本很可能并不能完美地向读者展示Buzsáki教授的一些学术思想、才华和高度。如果在阅读的过程中，读者遇到难以理解的问题，或者对我们的描述有异议，很欢迎读者与我联系并帮助我们提高对原作的理解。

　　最后，向和我一起完成翻译工作的赵嘉琳同学表示感谢，她在大三和大四繁忙的毕业季期间仍然坚持和我一起完成了全书的翻译工作，她的细致和认真的学习态度，极致安排时间的努力精神是我称赞和应该学习的。同时本书中的许多插图因为版权的原因需要重新手绘制作，非常感谢我的博士生袁昕同学的无私贡献，她在紧张的博士课题工作之余,热心地帮助我们完成了大多数手绘插图,她在绘图方面的能力为本书的完成起到了必不可少的帮助。感谢指导我们翻译出版此书的北京大学出版社的编辑郑月娥老师和刘洋老师,在此为您二位的工作和帮助,表示深深的谢意!

苗成林

2024 年 11 月 5 日于北京大学